图解钢结构施工细部做法100讲

主编　沈　璐　周　永

哈爾濱工業大學出版社

内 容 简 介

本书依据现行《钢结构工程施工规范》(GB 50755—2012)、《钢结构焊接规范》(GB 50661—2011)、《钢结构现场检测技术标准》(GB 50621—2010)和《钢结构工程施工质量验收规范》(GB 50205—2001)等最新标准、规范编写。本书结构体系上重点突出、详略得当,注重相关知识的融贯性,突出整合性的编写原则。全书内容包括:钢结构焊接细部做法、钢结构紧固件连接细部做法、钢零件与钢部件加工细部做法、钢构件组装拼装细部做法、钢结构安装细部做法、压型金属板安装细部做法、钢结构涂装细部做法。

本书可供钢结构施工技术人员、现场管理人员、相关专业大中专院校的师生学习参考。

图书在版编目(CIP)数据

图解钢结构施工细部做法100讲/沈璐,周永主编.—哈尔滨:哈尔滨工业大学出版社,2017.5

ISBN 978-7-5603-6527-5

Ⅰ.①图… Ⅱ.①沈… ②周… Ⅲ.①钢结构-工程施工-图解 Ⅳ.①TU758.11-64

中国版本图书馆CIP数据核字(2017)第050820号

策划编辑 郝庆多
责任编辑 张 荣
出版发行 哈尔滨工业大学出版社
社 址 哈尔滨市南岗区复华四道街10号 邮编150006
传 真 0451-86414749
网 址 http://hitpress.hit.edu.cn
印 刷 黑龙江艺德印刷有限责任公司
开 本 787mm×1092mm 1/16 印张17.75 字数43.5千字
版 次 2017年5月第1版 2017年5月第1次印刷
书 号 ISBN 978-7-5603-6527-5
定 价 45.00元

编　委　会

主　编　沈　璐　周　永

参　编　周东旭　于海洋　牟英娜　苏　健

马广东　张明慧　杨　杰　齐丽丽

张润楠　远程飞　邵　晶　姜　媛

韩　旭　白雅君

前　言

随着我国国民经济的迅速发展，钢结构在建筑结构中应用的比例越来越高，国家建筑技术政策的支持，也使钢结构建筑出现了规模更大、技术更新的局面。现在不论是大跨度的体育场馆，还是超高层的办公楼乃至大面积的工业厂房，无不见到钢结构的踪影。为适应目前钢结构建筑发展需要，我们根据国家最新颁布实施的钢结构工程各相关设计规范、施工规范，并结合有关方面的著述，编写了本书。

本书依据现行《钢结构工程施工规范》（GB 50755—2012）、《钢结构焊接规范》（GB 50661—2011）、《钢结构现场检测技术标准》（GB 50621—2010）和《钢结构工程施工质量验收规范》（GB 50205—2001）等最新标准、规范编写。本书结构体系上重点突出、详略得当，还注重相关知识的融贯性，突出整合性的编写原则。全书内容包括：钢结构焊接细部做法、钢结构紧固件连接细部做法、钢零件与钢部件加工细部做法、钢构件组装拼装细部做法、钢结构安装细部做法、压型金属板安装细部做法、钢结构涂装细部做法。

本书可供钢结构施工技术人员、现场管理人员、相关专业大中专院校的师生学习参考。

由于编者水平有限，不足之处在所难免，恳请有关专家和读者批评指正。

编　者

2017.01

目　录

1　钢结构焊接细部做法 …… 1
1.1　焊接操作细部做法 …… 1
讲 1：焊条电弧焊的基本操作 …… 1
讲 2：各种焊接位置的焊条电弧焊 …… 7
讲 3：管材的焊条电弧焊 …… 19
讲 4：板材的焊条电弧焊 …… 28
讲 5：管板的焊条电弧焊 …… 31
讲 6：管道的向下立焊 …… 34
讲 7：焊条电弧焊的补焊 …… 36
讲 8：CO_2气体保护焊的基本操作 …… 37
讲 9：管材的 CO_2气体保护焊 …… 39
讲 10：板材的 CO_2气体保护焊 …… 40
讲 11：管板的 CO_2气体保护焊 …… 42
讲 12：埋弧焊 …… 43
讲 13：电渣焊 …… 49
讲 14：栓焊 …… 51
1.2　钢结构焊接操作细部做法 …… 52
讲 15：焊接施工准备 …… 52
讲 16：焊接施工操作 …… 55
讲 17：焊接补强与加固 …… 61
2　钢结构紧固件连接细部做法 …… 64
2.1　普通紧固件连接细部做法 …… 64
讲 18：普通螺栓连接一般要求 …… 64
讲 19：普通螺栓直径和长度确定 …… 64
讲 20：普通螺栓的布置 …… 65
讲 21：普通螺栓的装配 …… 65
讲 22：螺栓紧固与防松 …… 66
讲 23：防松措施 …… 68
2.2　高强度螺栓连接细部做法 …… 70
讲 24：摩擦面的处理 …… 70

讲25:高强度螺栓孔制作 …… 72
讲26:高强度螺栓长度计算 …… 73
讲27:高强度螺栓连接施工 …… 74
讲28:高强度螺栓紧固与防松 …… 75

3 钢零件与钢部件加工细部做法 …… 79

3.1 放样细部做法 …… 79
讲29:钢构件放样 …… 79
讲30:样板和样杆制作 …… 79
3.2 号料细部做法 …… 83
讲31:号料操作 …… 83
讲32:号料加工余量与允许偏差 …… 86
3.3 下料细部做法 …… 87
讲33:剪切 …… 87
讲34:冲裁 …… 90
讲35:气割 …… 94
讲36:等离子弧切割 …… 98
讲37:激光切割 …… 99
讲38:切割余量与切割面质量 …… 100
3.4 矫正细部做法 …… 101
讲39:矫正准备 …… 101
讲40:冷矫正 …… 102
讲41:热矫正 …… 104
讲42:构件焊后矫正 …… 107
讲43:矫正要求 …… 109
3.5 弯曲细部做法 …… 111
讲44:弯曲的基本原理及弯曲过程 …… 111
讲45:折弯设备及弯模 …… 113
讲46:卷弯 …… 115
3.6 压制成形细部做法 …… 123
讲47:拉延 …… 123
讲48:旋压 …… 127
讲49:爆炸成形 …… 128
讲50:缩口、缩颈、扩口成形 …… 128
3.7 边缘加工细部做法 …… 131
讲51:坯料的边缘加工 …… 131
3.8 制孔细部做法 …… 133
讲52:制孔 …… 133
3.9 管球加工细部做法 …… 136

讲 53:螺栓球加工 …… 136
讲 54:焊接空心球加工 …… 138
讲 55:杆件加工 …… 140

4 钢构件组装拼装细部做法 …… 142

4.1 钢构件的组装细部做法 …… 142
讲 56:钢构件组装前准备工作 …… 142
讲 57:钢构件组装方法及要求 …… 144
讲 58:胎模组装 …… 147
讲 59:钢板拼装 …… 147
讲 60:桁架拼装 …… 149
讲 61:实腹工字形吊车梁组装 …… 150
讲 62:预总装 …… 150
4.2 钢构件的预拼装细部做法 …… 151
讲 63:钢构件预拼装方法及要求 …… 151
讲 64:典型的梁、柱拼装 …… 153
讲 65:钢屋架拼装 …… 156
讲 66:托架拼装 …… 158
讲 67:桁架拼装 …… 158
讲 68:预拼装的变形预防和矫正 …… 161

5 钢结构安装细部做法 …… 164

5.1 基础施工细部做法 …… 164
讲 69:一般规定 …… 164
讲 70:基础标高的调整 …… 165
讲 71:垫放垫铁 …… 165
讲 72:基础灌浆 …… 166
讲 73:地脚螺栓预埋 …… 168
5.2 单层钢结构安装细部做法 …… 169
讲 74:钢柱安装 …… 169
讲 75:钢屋架、桁架和水平支撑安装 …… 175
讲 76:钢吊车梁安装 …… 180
讲 77:钢结构轻型房屋安装 …… 181
讲 78:钢梯、钢平台、防护栏杆的安装 …… 185
5.3 多层、高层钢结构安装细部做法 …… 193
讲 79:施工一般规定 …… 193
讲 80:吊装顺序和方法 …… 193
讲 81:钢柱吊装和校正 …… 195
讲 82:钢构件安装 …… 196

5.4　钢网架结构安装细部做法 …………………………………………………… 199
讲83:钢网架的绑扎与吊装 ……………………………………………………… 199
讲84:钢网架高空散装法安装 …………………………………………………… 201
讲85:钢网架整体吊装法安装 …………………………………………………… 203
讲86:钢网架高空滑移法安装 …………………………………………………… 203
讲87:钢网架整体提升法安装 …………………………………………………… 207
讲88:钢网架顶升施工法安装 …………………………………………………… 209

6　压型金属板安装细部做法 ………………………………………………… 212

6.1　压型金属板加工细部做法 …………………………………………………… 212
讲89:压型金属板加工准备 ……………………………………………………… 212
讲90:压型金属板加工操作 ……………………………………………………… 213
6.2　压型金属板连接细部做法 …………………………………………………… 214
讲91:压型金属板常用连接件 …………………………………………………… 214
讲92:压型金属板连接方式 ……………………………………………………… 215
讲93:压型金属板连接固定 ……………………………………………………… 217
6.3　压型金属板安装细部做法 …………………………………………………… 218
讲94:屋面压型金属板安装 ……………………………………………………… 218
讲95:楼承板安装 ………………………………………………………………… 228
讲96:墙面压型金属板安装 ……………………………………………………… 240
讲97:板材栓焊焊接 ……………………………………………………………… 244

7　钢结构涂装细部做法 ……………………………………………………… 249

7.1　涂装前钢构件表面处理细部做法 ………………………………………… 249
讲98:钢材表面的除锈方法 ……………………………………………………… 249
讲99:表面油污和旧涂层的清除 ………………………………………………… 250
7.2　钢结构防火涂装细部做法 …………………………………………………… 251
讲100:防火涂料保护措施施工…………………………………………………… 251
讲101:防火板材保护措施施工…………………………………………………… 256
讲102:其他防火保护措施施工…………………………………………………… 263
7.3　钢结构防腐涂装细部做法 …………………………………………………… 265
讲103:防腐涂料的选用…………………………………………………………… 265
讲104:防腐涂装前准备工作……………………………………………………… 268
讲105:防腐涂装施工……………………………………………………………… 269

参考文献 ……………………………………………………………………… 273

1　钢结构焊接细部做法

1.1　焊接操作细部做法

讲1:焊条电弧焊的基本操作

1. 引弧

引弧的方法主要有两种:

(1)接触引弧法。将焊条垂直对着焊件碰击,然后迅速将焊条离开焊件表面4~5 mm产生电弧,如图1.1(a)所示,这种方法多应用在运动不方便的地方。

(2)擦火引弧法。将焊条像擦火柴一样擦过焊件表面,随即将焊条提起距焊件表面4~5 mm产生电弧,如图1.1(b)所示。

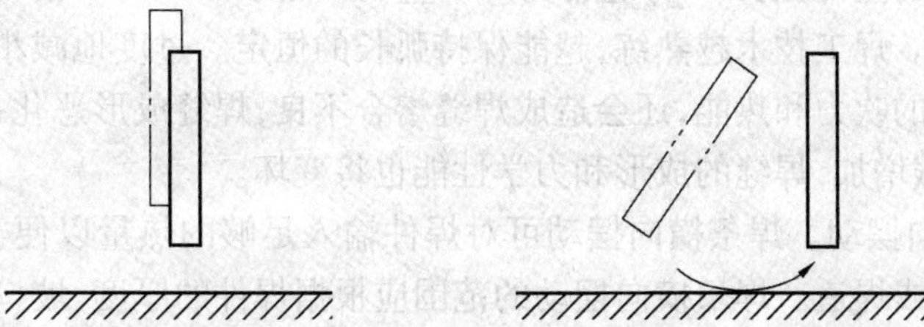

(a) 接触引弧法　(b) 擦火引弧法

图1.1　引弧的方法

引弧的注意事项如下:

(1)焊条与焊件接触时间宜短不宜长,以免焊条与焊件发生短路。

(2)无论是施焊开始的引弧还是施焊中换焊条后的重新引弧,均应在起焊点前面15~20 mm处焊缝内的母材上引燃电弧,然后将电弧拉长,带回到起焊点,待稍停片刻,做预热动作后,压短电弧,把熔池熔透并填满到所需要的厚度,再把焊条继续向前移动,如图1.2所示。

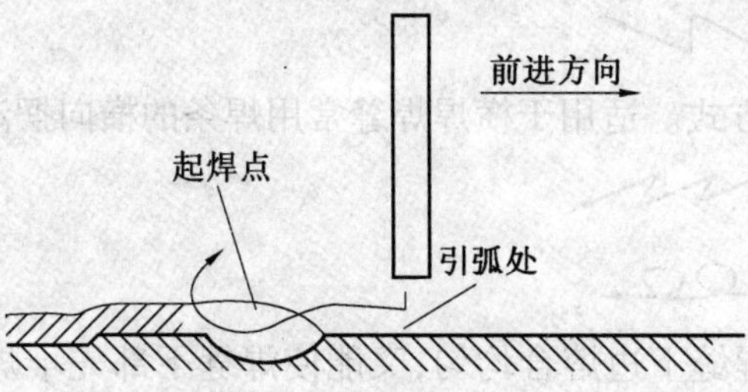

图1.2　断弧后的引弧

这样做的目的在于:①加热起焊点;②保持焊件的干净整齐。

(3)用堆焊方法修补重要工件时,不允许在焊件上引弧,应该在堆焊处旁边放置一块小铁板作引弧用,称为用引弧板引弧(一般自动焊和大型铝容器、铝管道的钨极氩弧焊也要用引弧板)。

2. 运条

焊条的运条有三个方向上的基本运动:向下送进、横向摆动和沿焊缝的纵向移动,如图 1.3 所示。

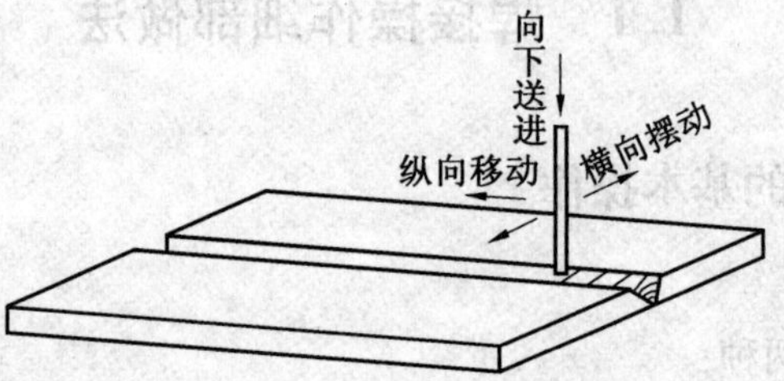

图 1.3　三个方向上的运条

(1)焊条向下送进。焊条向下送进是为了满足随着焊条的熔化填充焊缝使用,并保持电弧的连续。向下送进时,要注意电弧长度对焊缝质量的影响。

手工电弧焊的正常弧长($L_{弧}$)通常为焊条直径(d)的 0.5～1.2 倍,具体需根据焊接条件和焊条牌号而定。焊工技术越熟练,越能保持弧长的恒定。过度地减小电弧长度,不但不能充分地发挥电弧的吹力和热能,还会造成焊缝熔合不良,焊缝成形恶化,甚至短路;如果电弧过长,则会使飞溅增加,焊缝的成形和力学性能也将变坏。

(2)焊条横向摆动。焊条横向摆动可对焊件输入足够的热量以便于排气、排渣,并获得一定宽度的焊缝或焊道。焊条横向摆动的范围应根据焊件的厚度、坡口形式、焊缝层次和焊条直径等来决定。常用的横向摆动方式主要有:

1)普通焊缝常用的方式。普通焊缝常用焊条的横向摆动方式主要有:

①折线形,如 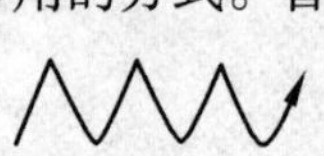 。

②正半月形,如 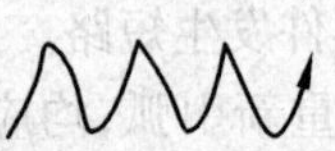 。

③反半月形,如 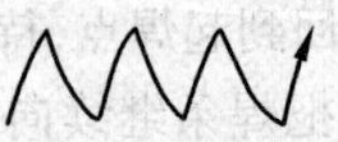 。

2)边缘堆焊常用的方式。适用于边缘堆焊常用焊条的横向摆动方式主要有:

斜折线形,如  。

3)横焊焊缝常用的方式。适用于横焊焊缝常用焊条的横向摆动方式主要有:

①下斜线形,如  。

②椭圆形,如  。

这两种方式既能使焊缝下边熔合均匀,又能使焊缝下部先堆焊一层,然后再堆焊上层,从而减少熔化金属下垂的力量。

4)加强焊缝中心的加热常用方式。对于需加强焊缝中心加热的焊条的横向摆动方式主要有:

三角形，如。

5)角焊或平板堆焊常用的方式。适用于角焊或平板堆焊的焊条的横向摆动方式主要有：

①圆圈形，如。

②一字形，如。

6)加强焊缝边缘加热常用的方式。适用于需加强焊缝边缘加热的焊条的横向摆动方式主要有：

八字形，如或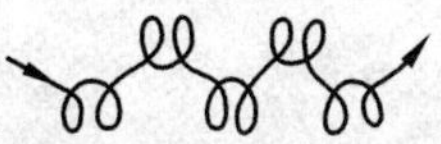。

(3)焊条纵向移动。焊条纵向移动是指沿焊缝纵方向移动焊条，这样方便形成焊道。焊道成形的好坏取决于焊条的移动速度。速度太快时，焊道细长，熔化金属与工件不能充分熔合，甚至出现断断续续的焊道脱节现象。同时，由于焊肉薄而小，熔化金属冷却快，气体来不及从熔化金属中逸出，因而在焊缝中形成气孔。速度太慢时又容易焊穿，产生焊瘤以及熔渣越前，甚至熔化金属与熔渣分离不清。因此只有通过反复实践才能形成良好的焊缝。

3. 焊缝的起头、接头和收弧

(1)焊缝起头操作。焊缝的起头是指刚开始焊接的部分。一般情况下，由于焊件在未焊接之前温度较低，而引弧后又不能迅速使这部分温度升高，所以起点部分的熔深较浅，使焊缝的强度也相应减弱。因此应该在引弧后先将电弧稍拉长，对焊缝端头进行必要的预热后再适当缩短电弧长度进行正常焊接。

(2)焊缝接头操作。后焊焊缝与先焊焊缝的连接处称为焊缝的接头。焊条电弧焊时，由于受焊条长度或焊接位置的限制，在焊接过程中产生焊缝接头的情况是不可避免的。接头处的焊缝应力求均匀，防止产生过高、脱节、宽窄不一致等缺陷。

1)焊缝接头的方式。焊缝接头的方式见表1.1。由于焊缝接头处温度的不同和几何形状的变化，如果操作不良，容易出现未焊透、焊瘤和密集孔、应力集中等缺陷。

表1.1 焊缝接头的方式

名称	图例	名称	图例
中间接头	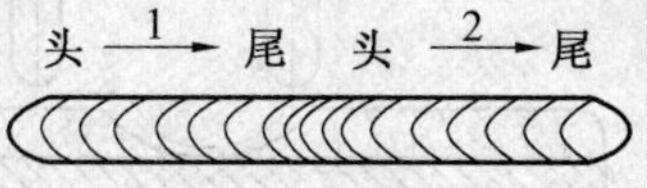	相向接头	
相背接头		分段退焊接头	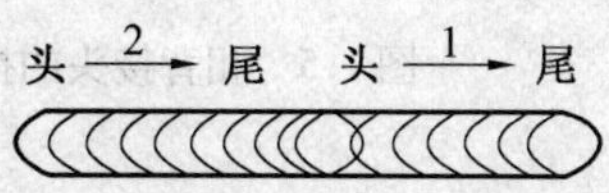

①中间接头。操作时，应在弧坑前约10 mm处引弧，电弧可比正常焊接时略长些(但低氢型焊条的电弧不可拉长，否则容易产生气孔)，然后将电弧后移到原弧坑的2/3处，填满弧坑后再向前进入正常焊接。如果中途要换焊条，换焊条的动作一定要快，以免时间长熔池温度降低，影响接头处焊缝的平整性，如图1.4(a)所示。采用这种接头操作时应注意电弧的

后移量。如果电弧后移量太多,则可能造成接头过高,易形成应力集中;如果后移量太少,会造成接头脱节或弧坑未填满。中间接头法适用于单层焊接及多层焊接的表层接头。

多层焊接时,层间接头要错开,以提高焊缝的致密性。

在多层焊接的根部焊接时,为保证根部接头处焊透,可采用以下方法:当电弧引燃后将电弧移到图1.4(b)所示1的位置,这样电弧的一半热量将一部分弧坑重新熔化,电弧的另一半热量将弧坑前方的坡口熔化,从而形成一个新的熔池;当弧坑存在缺陷时,在电弧引燃后应将电弧移至图1.4(b)所示2的位置进行接头。

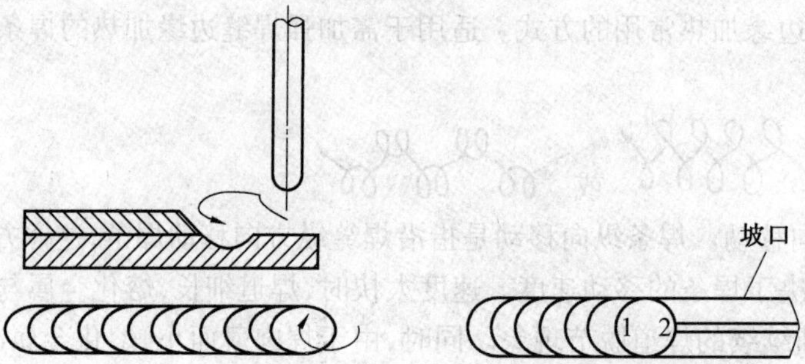

(a) 焊缝表层接头方法　(b) 焊缝根部接头方法

图1.4　中间接头的操作方法

②相背接头。相背接头是两条方向不同的焊缝在起头处相连接的接头。这种接头要求先焊的焊缝接头处略低些,一般削成缓坡,清理干净后,再在缓坡上引弧。操作时,先稍微拉长电弧(但碱性焊条不允许拉长电弧)预热,形成熔池后压低电弧,在交界处稍顶一下,将电弧引向起头处并覆盖前焊缝的端头,待起头处焊缝焊平后,再沿焊接方向移动,如图1.5所示。

如果温度不够高就加入熔化金属,则会形成未焊透和气孔缺陷;如果加入熔化金属后停步不前,又会出现焊瘤、塌腰等缺陷。

③相向接头。相向接头操作时,焊接速度要稍微慢些,以便填满前焊缝的弧坑,再以较快的焊接速度略向前焊一些,然后熄弧,如图1.6所示。

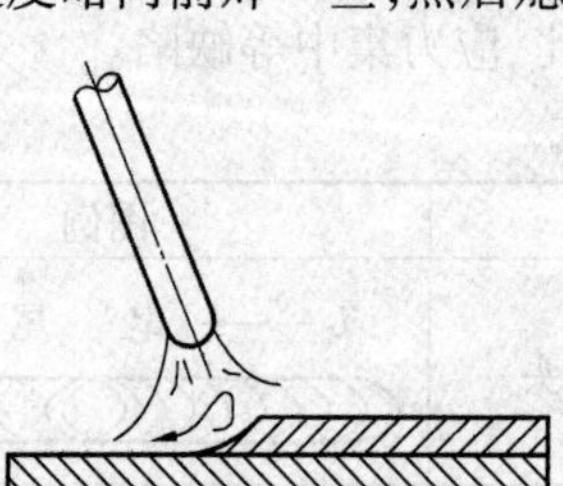
图1.5　相背接头的操作方法

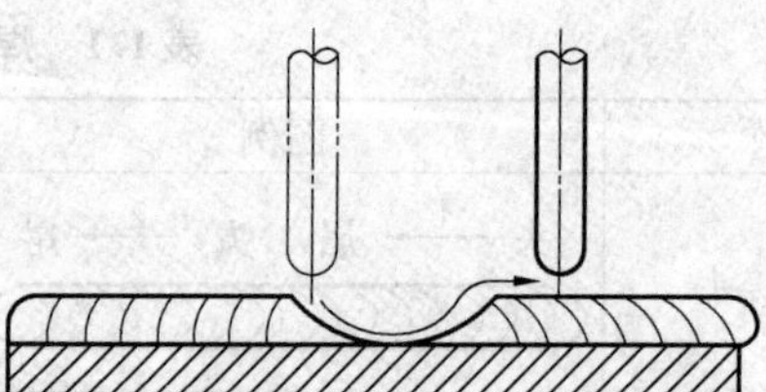
图1.6　相向接头的操作方法

④分段退焊接头。分段退焊接头的特点是焊波方向相同,头尾温差较大。其焊接操作方法是,当后焊焊缝靠近先焊焊缝起头处时改变焊条角度,使焊条指向先焊焊缝的起头处,拉长电弧,待形成熔池后再压低电弧往回移动,最后返回原来熔池处收弧。

2)焊缝接头的方法。施焊焊缝接头按照操作方法的不同可分为热接头与冷接头。

①热接头。热接头是指焊接过程中由于自行断弧或更换焊条,熔池处在高温红热状态

下的接头连接。热接头的操作方法包括两种：一种是快速接头法；另一种是正常接头法，如图 1.7(a)所示。快速接头法是指在熔池熔渣尚未完全凝固的状态下，将焊条端头与熔渣接触，在高温热电离的作用下重新引燃电弧后的接头方法。这种接头方法适用于厚板的大电流焊接，它要求焊工更换焊条的动作要特别迅速而准确。正常接头法是在熔池前方 5 mm 左右处引弧后，将电弧迅速拉回熔池，按照熔池的形状摆动焊条进行正常焊接的接头方法。如果等到收弧处完全冷却后再接头，则宜采用冷接头操作方法。

②冷接头。冷接头是指焊缝与焊缝之间的接头连接。冷接头在施焊前，应使用砂轮机或机械方法将焊缝的连接处打磨出斜坡形过渡带，焊接时在接头前方 10 mm 处引弧，电弧引燃后稍微拉长一些，然后移到接头处，稍做停留，待形成熔池后再继续向前焊接，如图1.7(b)所示。这种方法可以使接头得到必要的预热，保证熔池中气体的逸出，防止在接头处产生气孔。收弧时要在弧坑填满后，慢慢地将焊条拉向弧坑一侧熄弧。

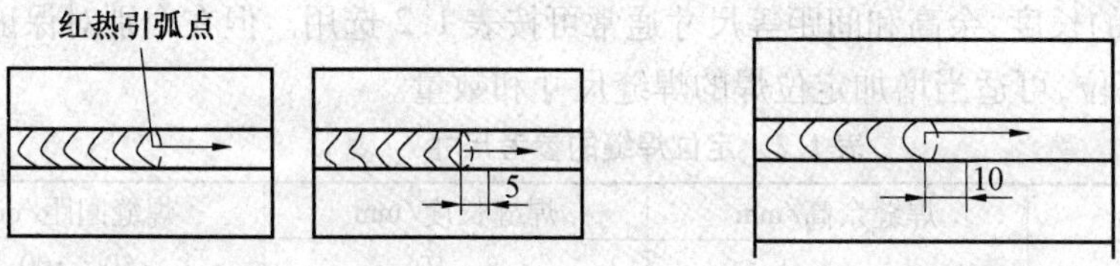

(a) 热接头连接　　(b) 冷接头连接

图 1.7　焊缝接头的方法

(3)焊缝收弧操作。焊缝收弧是指一条焊缝焊完时把收尾处的弧坑填满。焊接结束时，如果立即将电弧熄灭，则焊缝收尾处会产生凹陷很深的弧坑，不仅会降低焊缝收尾处的强度，还容易产生弧坑裂纹。过快拉断电弧，熔池中的气体来不及逸出就会产生气孔等缺陷。为防止出现这些缺陷，必须采取合理的收弧方法，以保证填满焊缝收尾处的弧坑。

1)画圈收弧法。焊条在收尾处做画圈运动，待填满弧坑时拉断电弧，进行熄弧，如图1.8所示。

定位焊接时，引燃电弧后直接在焊点处进行画圈收尾操作，可获得外形圆滑的焊点。

2)后移收弧法。焊条在收尾处停止不动，压低电弧并后移，回烧一段很小的距离，同时改变焊条角度，直至熄弧，如图 1.9 所示。

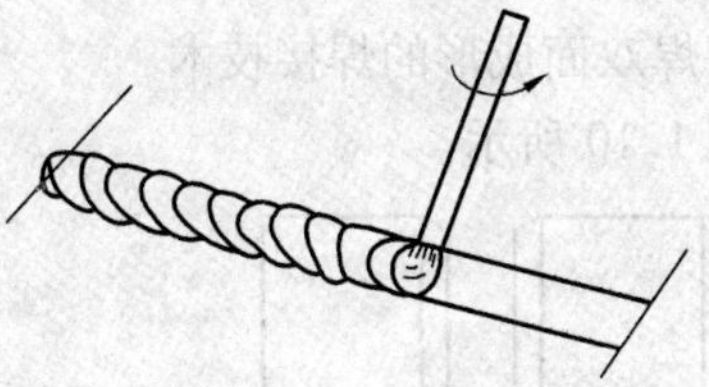

图 1.8　画圈收弧法

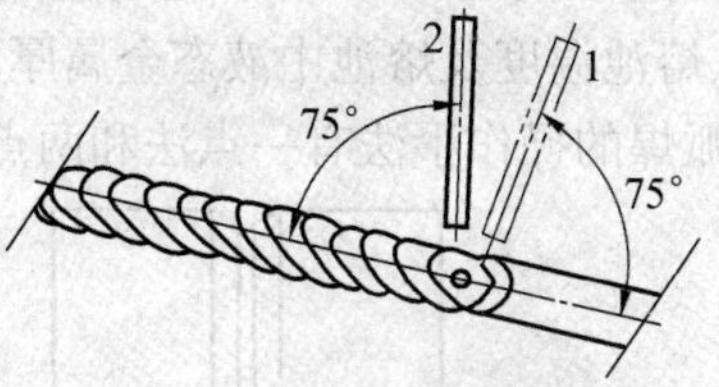

图 1.9　后移收弧法

焊条由图中 1 的位置转到 2 的位置，待填满弧坑后，再拉断电弧。由于熔池中液态金属较多，凝固时会自动填满弧坑。此法适用于碱性焊条收弧。

3)反复断弧收弧法。收弧时，在较短时间内反复数次引燃和熄灭电弧，直至将弧坑填满。这种方法在焊接薄板时采用得较多。

4)转移收弧法。收弧时，焊条移至焊缝终点，在弧坑处稍做停留后将电弧慢慢抬高，引到焊缝边缘的母材坡口内,这时熔池会逐渐缩小,凝固后一般不出现缺陷。这种方法适用于更换焊条或临时停弧时的收弧。

4. **定位焊缝的焊接**

(1)必须按照焊接工艺规定的要求焊接定位焊缝,如采用与正式焊缝工艺规定同牌号、同规格的焊条,需采用相同的焊接参数施焊;如果工艺规定焊前需预热,焊后需缓冷,则定位焊缝焊前要预热,焊后要缓冷,其预热温度与正式焊接时相同。

(2)定位焊缝的引弧和收弧端应圆滑,防止焊缝接头的两端焊不透。定位焊缝必须保证熔合良好,焊道不能太高。

(3)由于定位焊为间断焊接,工件温度较正常焊接时低,因此为防止热量不足而导致未焊透,焊接电流应比正式焊接时高10% ~15%。定位焊后必须尽快进行正常焊接,避免中途停顿或存放时间过长。

(4)定位焊缝的长度、余高和间距等尺寸通常可按表1.2选用。但在个别对保证焊件尺寸起重要作用的部位,可适当增加定位焊的焊缝尺寸和数量。

表1.2 定位焊缝的参考尺寸

焊件厚度/mm	焊缝余高/mm	焊缝长度/mm	焊缝间距/mm
≤4	<4	5 ~10	50 ~100
4 ~12	3 ~6	10 ~20	100 ~200
>12	3 ~6	15 ~30	200 ~300

(5)定位焊缝不能焊在焊缝交叉处或焊缝方向发生急剧变化的地方,通常应离开这些地方至少50 mm。

(6)为防止焊接过程中工件裂开,应尽量避免强制装配。如果是强行组装的结构,其定位焊缝的长度应根据具体情况加大,并减小定位焊缝的间距。

(7)在低温下焊接时,定位焊缝易开裂。为了防止开裂,应尽量避免强行组装后进行定位焊,定位焊缝的长度应适当加大,必要时采用碱性低氢型焊条,而且特别注意定位焊后应尽快进行正式焊接并焊完所有接缝,避免中途停顿和过夜。

5. **单面焊双面成形焊接**

(1)断弧焊法。断弧焊法是通过控制电弧的不断燃烧、灭弧的时间及运条动作来控制熔池形状、熔池温度及熔池中液态金属厚度的一种单面焊双面成形的焊接技术。

断弧焊的操作手法有一点法和两点法两种,如图1.10所示。

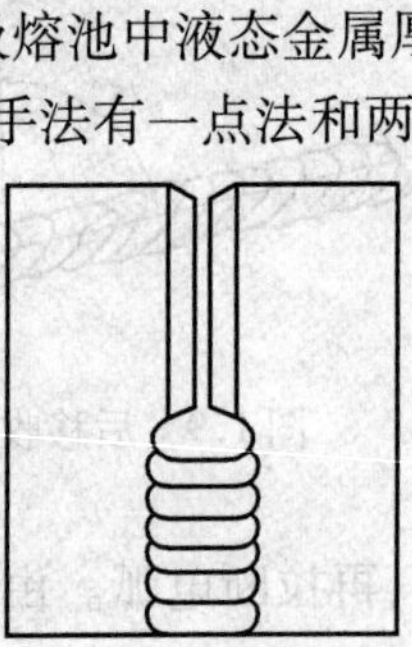

(a) 一点法

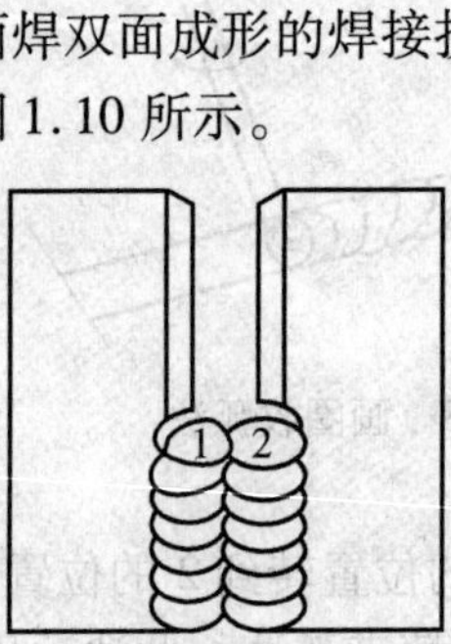

(b) 两点法

图1.10 断弧焊的操作手法

1)一点法的操作。先在焊件的焊接端前方10 ~15 mm处的坡口面上引燃电弧,然后将电弧拉至开始焊接处稍加摆动,对焊件进行1 ~2 s的预热。当坡口根部产生"汗珠"时,立即将电弧压低，经 1 ~ 1.5 s 后，可听到电弧穿透坡口而发出的“噗”声，果断灭弧，同时可看到定位焊缝以及相接的两侧坡口面金属开始熔化，并形成第一个熔池。为防止一点法击穿焊件的过程中产生缩孔，应使灭弧频率保持在每分钟 50 ~ 60 次。

2）两点法的操作。两点法建立第一个熔池的方法与一点法相同。在金属尚未完全凝固，熔化中心还处于半熔化状态（护目镜下呈黄亮颜色）时，重新引燃电弧，并在该熔池左前方接近钝边的坡口面上，以一定的焊条倾角击穿焊件根部。击穿时先以短弧对焊件根部加热 1 ~ 1.5 s，然后迅速将焊条朝焊接方向挑划，当听到焊件被击穿的“噗”声时，即已形成第一个熔孔，如图 1.11 所示。

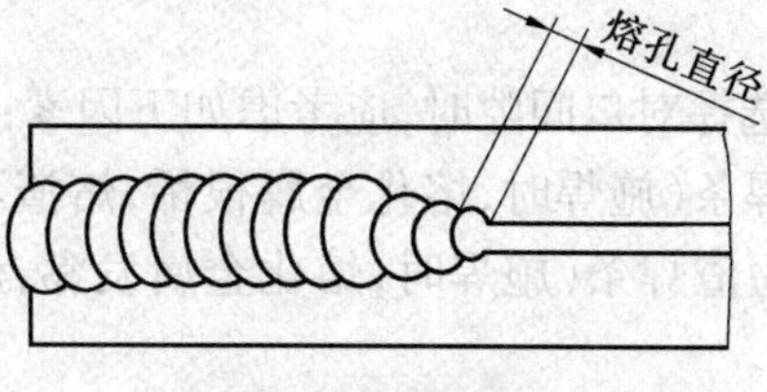

图 1.11　熔孔形式

此时，要迅速使一定长的弧柱带着熔滴穿过熔孔，使其与熔化金属分别形成背面和正面的焊道熔池，这时要迅速抬起灭弧（否则可能会造成根部烧穿）。约 1 s 后，当上述熔池还未完全凝固，尚有比所用焊条直径稍大的黄亮光点时，快速引燃电弧并在第一个熔池右前方进行击穿焊，然后继续按上述方法施焊，便可完成两点法单面焊双面成形的焊缝。

（2）连弧焊法。连弧焊法是在焊接过程中，电弧连续燃烧不熄灭，采取较小的坡口钝边间隙，选用较小的焊接电流，始终保持短弧连续施焊的一种单面焊双面成形焊接技术。

引弧后先将电弧压低到最低程度，并在施焊处以小齿距的锯齿形运条方式做横向摆动来对焊件进行加热，当坡口根部产生“出汗”现象时，将焊条往根部送下，做一个击穿动作，待听到“噗”的一声形成熔孔后，迅速将电弧移到任一坡口面，随后在坡口间以一定的焊条倾角做微小摆动，时间约为 2 s，坡口根部两侧各熔化 1.5 mm 左右，然后再将焊条提起1 ~ 2 mm，以小齿距的锯齿形运条方式做横向摆动，使电弧一边熔化熔孔前沿一边向前施焊。施焊时一定要将焊条中心对准熔池的前沿与母材交界处，使每个新熔池与前一个熔池重叠。

收弧时，缓慢地把焊条向熔池后方的左侧或右侧带一下，随后将焊条提起，收弧。接头时，先在距弧坑 10 ~ 15 mm 处引弧，以正常运条速度运至弧坑的 1/2 处，将焊条下压，待听到“噗”的一声后做 1 ~ 2 s 的微小摆动，然后再将焊条提起 1 ~ 2 mm，使其在熔化熔孔前沿的同时向前施焊。

在连弧焊法的施焊过程中，由于采用了较小的根部间隙与焊接参数，并在短弧条件下进行有规则的焊条摆动，因而可造成熔滴向熔池均匀过渡的良好条件，使焊道始终处于缓慢加热和缓慢冷却的状态，这样不但能获得温度均匀分布的焊缝和热影响区，而且还能得到成形整齐、表面细密的背面焊缝。

讲 2：各种焊接位置的焊条电弧焊

根据焊件接缝所处的空间位置，焊接位置可分为平焊、立焊、横焊和仰焊。

1. 平焊

焊缝处在水平位置时的焊接操作方法叫平焊法。根据焊接接头形式的不同，平焊法可分为对接、搭接和角接平焊法等。

(1)对接平焊法。平焊时,由于焊缝处在水平位置,熔化金属不会从熔池中流出,并且焊药熔渣能均匀地浮在熔化金属的上面,因此最易焊接。但当焊接电流和坡口技术规范选用不合适时,容易形成根部未焊透或由于烧穿而形成焊瘤。运条不正确时,熔渣和熔化金属经常混合不清,或熔渣向熔化金属前面流动(熔渣越前),容易造成焊缝中夹渣、气孔和未焊透等缺陷。对接平焊法应注意如下几项。

1)坡口的加工。坡口的加工可采用刨床刨削(或刨边机刨削)、氧-乙炔焰切割、风铲铲削,或用砂轮机打磨,也可用锉刀锉等,但不论采用哪种方式加工,都应保证坡口附近10 mm以内无油污、铁锈和脏物等。

2)正确选择对口间隙。选择对口间隙时,应考虑如下因素:

①焊条性质。对于长渣焊条(施焊时,熔化金属很稀,熔渣不易凝结的焊条),穿透力很强,对口间隙不能太大;对于短渣焊条(施焊时,熔化金属发黏,熔渣容易凝结的焊条),穿透力不大,对口间隙应适当放大。

②焊条直径。

③焊件厚度。

④焊接电流。

3)开坡口的对接平焊法具体施焊操作要点。当焊件、钢板(厚度≥6 mm)或重要焊件焊接时,由于电弧很难焊透焊缝的根部,所以应开坡口。开坡口的焊缝一般要进行多层焊接或多层多道焊接。

①第一层焊接时,采用较细焊条(直径为3.2 mm),其运条角度应视实际情况而定,如图1.12所示。其中,图1.12(a)所示为对口间隙偏小时的焊条角度(正弧焊法),图1.12(b)所示为对口间隙正常时的焊条角度(顶弧焊法),图1.12(c)所示为对口间隙偏大时的焊条角度(顺弧焊法)。

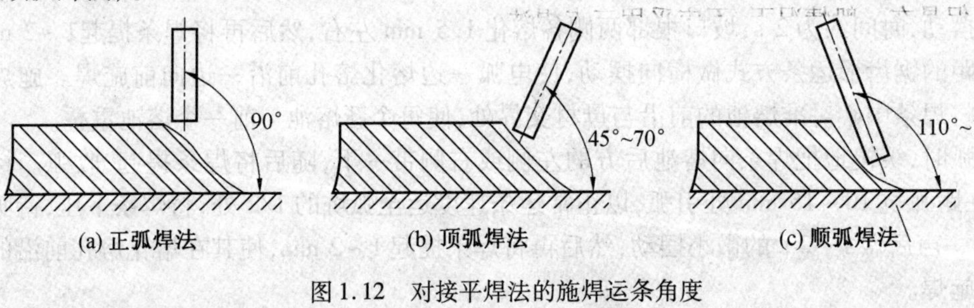

图1.12　对接平焊法的施焊运条角度

正常运条时采用顶弧焊法,即电弧始终吹在熔池上,而不打穿坡口,这种焊法可以避免穿透和气孔等缺陷。焊接过程中,要随时注意焊缝金属的熔化情况,应保持熔池(或弧坑)处于红热状态,当发现熔池变为白热(指通过有色防护镜观察)时,表示温度相当高,焊件可能要被烧穿,此时立即灭弧。灭弧时,焊条向熔池后方运动,使电弧熄灭。待熔池由白热转为红热(通过电焊护目镜观察熔池呈橘红色时,说明熔池并未完全凝固)时,需马上在熔池上方引燃电弧继续进行焊接。后续焊接中温度再增高时,可再使电弧熄灭,这样反复操作,即可得到质量较高的焊缝。

如果对口间隙偏小,或者焊接电流偏小时,为防止焊不透,焊条倾角应小一些,采用正弧焊法,并且压着电弧(短弧)紧靠坡口钝边来施焊,且电弧应该在间隙特别小的地方多停留一些时间，以使金属充分熔化。此时必须注意焊条轴线应与焊件保持垂直，如图1.13(a)所示；否则易烧偏，产生偏透缺陷，如图1.13(b)所示(图中箭头指向缺陷，即偏透造成的单边未焊透)。

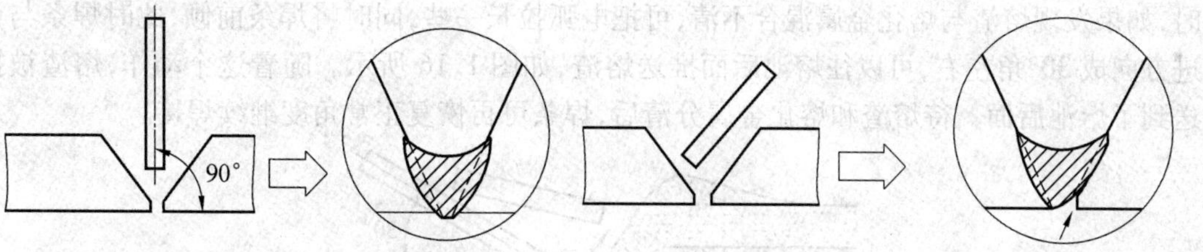

(a) 正确的焊条位置和形成的焊波形状　(b) 不正确的焊条位置和形成的焊波断面形状

图1.13　焊条的位置和形成的焊波形状

如果对口间隙较大，为防止烧穿，必须将焊条倾斜，严格遵循顺弧焊法，即电弧大部分吹在空间，而不打穿坡口。当间隙偏大时，如果无法一次焊成，则可采用三点焊法，如图1.14所示。

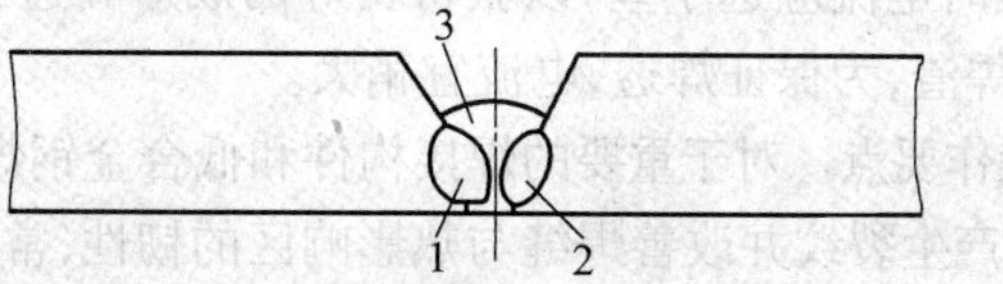

图1.14　三点焊法的敷焊次序

三点焊法的敷焊次序：先将坡口两侧各焊上一道焊肉(图1.14中1、2两道焊缝)，使对口间隙变小，然后再进行图中焊缝3的敷焊，从而形成由焊缝1、2和3共同组成的一个整体焊缝。但是在一般情况下，不应采用三点焊法。

②其余各层焊法。第二层焊缝焊接前，应将焊渣清除干净，焊接电流应比第一层大些，以便把第一层焊缝中的缺陷熔化掉(气孔、夹渣等)。第二层施焊中发现有类似沸腾和爆裂现象时，必须注意防止坡口两侧形成凹口(这种凹口处容易形成夹渣)。焊接表层时，焊接电流应适当小些，以防止咬肉(咬边)，运条(特别是横向摆动)应很均匀，以形成整齐美观的表层焊缝。

4)不开坡口的对接平焊法具体施焊操作要点。对于不开坡口的对接平焊，第一层焊接时采用直径为3.2 mm的焊条，对口间隙为焊件厚度的一半以上，电弧要短，焊接电流略大，焊条沿焊缝中心用直线或前后来回摆动、灭弧等方法施焊，动作要快。为保证根部焊透，在运条过程中，必须始终保持熔池前面留出一个被电弧吹成的小圆穴(圆穴大小等于焊条直径或略小)，如图1.15所示。

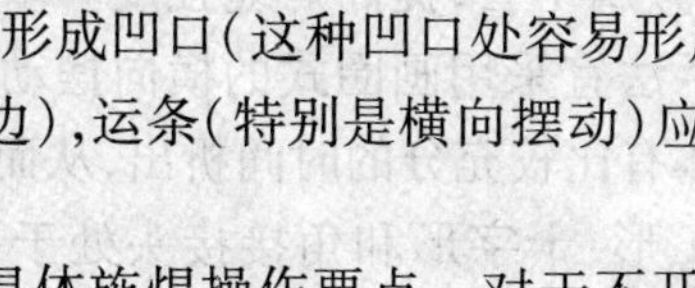

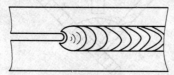

图1.15　熔池前面保持一小圆穴

运条速度应该均匀适当。如果过慢,形成的大量液体金属在电弧前面移动,妨碍电弧对焊缝根部的直接作用,会导致未焊透;如果过快,焊缝单位长度的受热不足,同样会导致未焊透。熔化金属的截面较小,在它里面由于冷却时的变形和应力集中,可能会产生裂纹。运条时,如果发现熔渣与熔化金属混合不清,可把电弧拉长一些,同时将焊条前倾,此时焊条与前进方向成30°角左右,可以往熔池后面推送熔渣,如图1.16所示。随着这个动作,熔渣被推送到了熔池后面。待熔渣和熔化金属分清后,焊条可再恢复正常角度继续焊接。

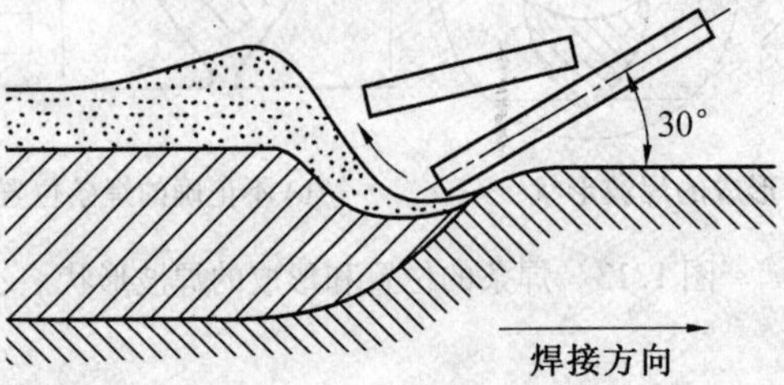

图1.16　推送熔渣方法

如果采用双面焊接,首先焊接正面焊缝,一般需焊接两层。第一层焊接时电流稍大些,速度宜快。第二层焊接时电流应选小些,以获得良好的成形和适当的宽度。反面封底焊接时,应首先清除根部的焊渣,为保证焊透,电流宜稍大。

5)低氢型焊条的操作要点。对于重要的焊接构件和低合金钢焊件的对接平焊,为防止焊接时由于低氢的作用而产生裂纹并改善焊缝与热影响区的韧性,常选用低氢型焊条。使用这种焊条时,首先要严格按照说明书的要求烘干焊条;其次构件焊接处必须彻底清除油污、铁锈、水分和其他脏物,并且要采取熟练而正确的操作方法,否则会产生大量气孔和夹渣等。

操作时,通常要采用短弧,且手把越稳、电弧越低越好。正确的焊条角度也很重要,焊条应与焊接前进方向成85°~90°角,焊条左右应保持90°,如果角度过大或不正,即便压低焊条,电弧也不是真正的短弧,特别是直流电源更易产生偏吹而形成长弧。之所以要求短弧,是不想让空气侵袭熔池。最好采用多层焊接并且每层焊肉应薄些,这样不但可使气体和熔渣容易析出,减少造成各种缺陷的可能性,而且在产生缺陷后也容易处理,同时还能更好地将母材的合金元素过渡到焊缝金属中去,提高焊缝强度。多层焊接时,每层方向应相反,以使整个焊缝热量均匀,其操作手法宜采用画圈式的横向摆动。这种手法的好处可使熔池的冷却速度缓慢,使焊缝中的气体有比较充分的时间析出,从而得到质量好的焊缝。

(2)搭接和角接平焊法。T形、十字形和角接接头处于平焊位置进行的焊接称为船形焊。船形焊的焊条位置如图1.17所示。这种焊接位置相当于在90°角V形坡口内的水平对接缝,低压无压容器及管道的搭接焊缝和角接焊缝常应用此类结构。

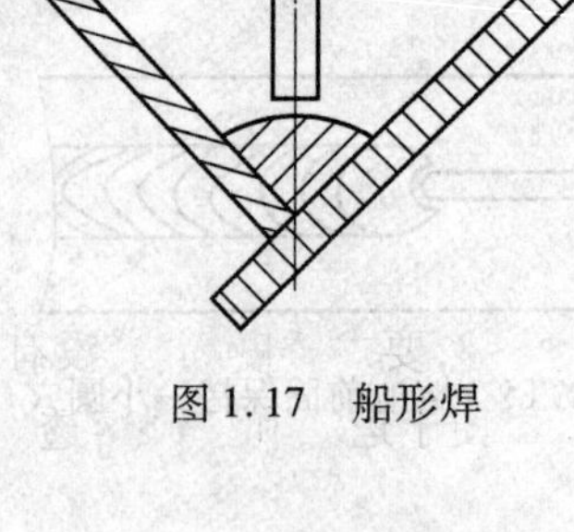
图1.17　船形焊

搭接和角接焊缝平焊第一层时,应选用较大的焊接电流,以保证焊缝有足够的熔深。当焊件厚度相同时,焊条倾角正好是夹角的一半,即 $t_1=t_2$时,$\alpha_1=\alpha_2$,如图 1.18 所示。

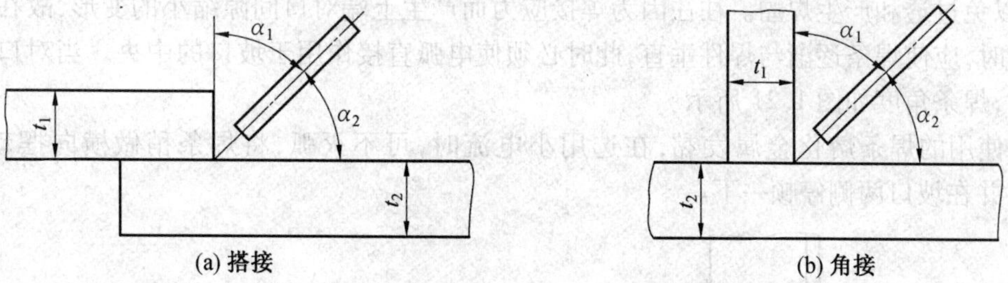

图 1.18　搭接和角接平焊时焊条倾角

当焊件厚度不同时,焊条应偏斜,使电弧热能的大部分作用于厚度较大的一侧,即 $t_2>t_1$ 时,$\alpha_2>\alpha_1$,如图 1.19 所示。

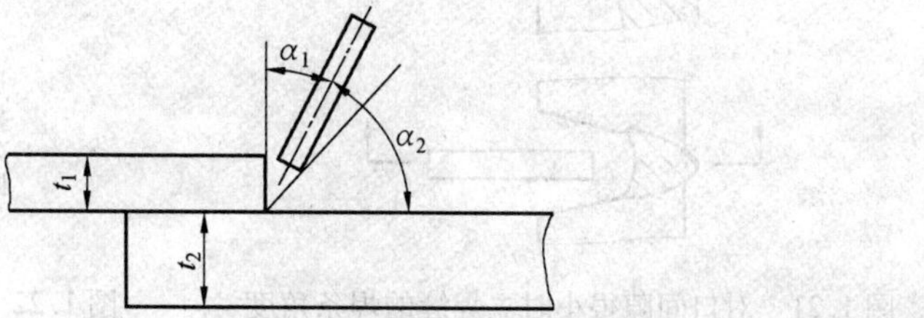

图 1.19　焊件厚度不同时焊条倾角

在多层焊的情况下,搭接平焊缝、横焊缝及仰焊缝通常采用多道焊接法(焊脚尺寸要求 8 mm 以上时)。如果采用单道多层焊接法(焊脚尺寸小于 8 mm 时),则焊条的位置和摆动形式如图 1.20 所示。

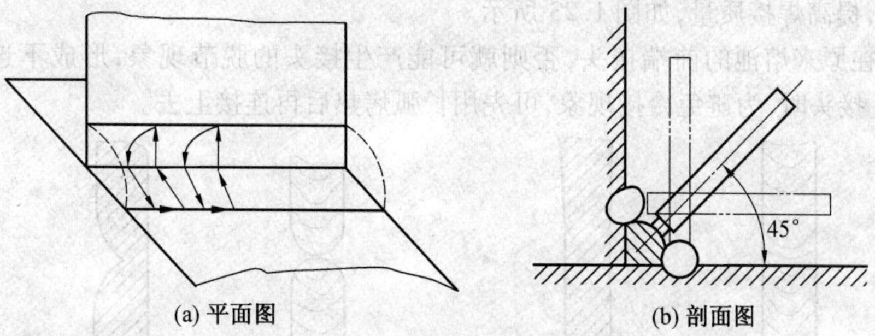

图 1.20　焊条的摆动

2. 立焊

焊缝处在垂直位置时的焊接操作方法称为立焊法。根据焊接接头形式的不同,立焊法也可分为对接、搭接和角接立焊法等。搭接和角接立焊时,其操作的运条方式基本与对接立焊法相同。

(1)开坡口的对接立焊法具体施焊操作要点。当焊件、钢板(厚度≥6 mm)或重要焊件焊接时需开坡口,焊接一般均采用多层施焊法,层数多少可根据焊件厚度来决定。运条手法大部分采用从下向上的焊接方式。各层的焊接方法如下。

1)根部焊接。根部焊接是一个关键,要求透度均匀,没有缺陷,所以应注意以下要领:焊接根部应选用直径为 3 mm 的焊条,以便于运条和控制熔透。选用较小焊接电流,一般比平焊时小15%～20%,焊条向下倾斜,其角度为60°～80°。熔穿时,在熔池上端有一小孔,并可观察到电弧从没有被熔化的坡口间隙当中贯穿过去。在保证熔透情况下,焊接速度尽可能快些,以免过透和产生焊瘤。往往因为焊接应力而产生上端对口间隙缩小的变形,故在运条到上方时,应使焊条逐渐与焊件垂直,此时必须使电弧直接作用于坡口的中央。当对口间隙很小时,焊条角度如图1.21所示。

当使用的焊条熔化金属发黏,在选用小电流时,可不灭弧,将焊条稍做横向摆动(图1.22),并在坡口两侧停顿一下。

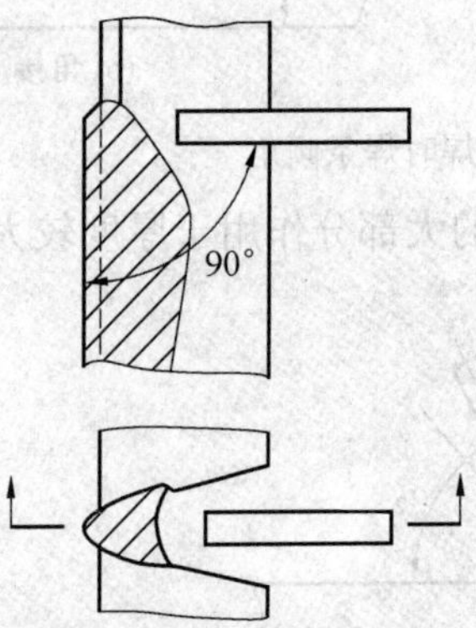

图1.21　对口间隙很小时立焊缝的焊条角度

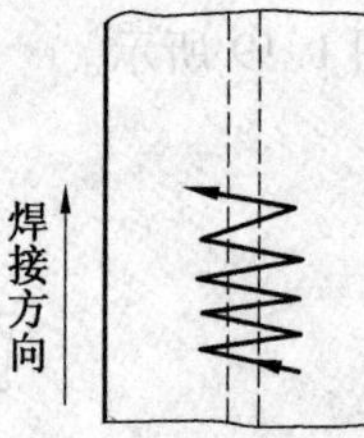

图1.22　小电流时焊条摆动焊法

当采用熔化金属发稀的焊条时,必须注意两点:第一,任何情况下,要保证熔池中的熔渣和熔化金属很好地分离,使熔化金属保持清亮,以便观察和掌握运条过程;第二,灭弧后再次引弧接头时,必须在原来熔池的末端接上去,这样不但外观整齐,而且可将原熔池中的残留缺陷熔化掉,提高焊接质量,如图1.23所示。

切不可在原来熔池的前端接头,否则就可能产生接头的脱节现象,形成不连续的焊缝(图1.24)。接头时,为避免冷接现象,可先用长弧烤热后再连接上去。

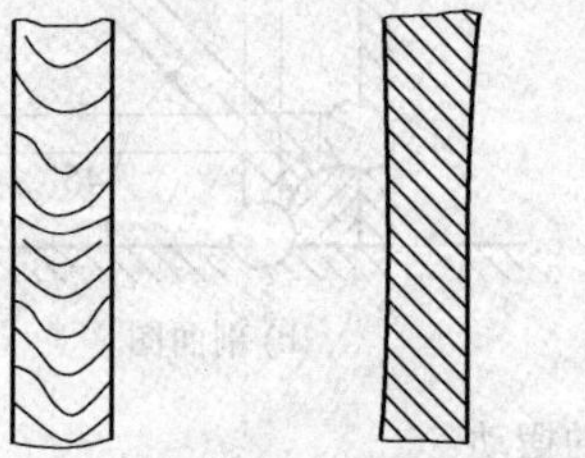

图1.23　连续的焊缝接头

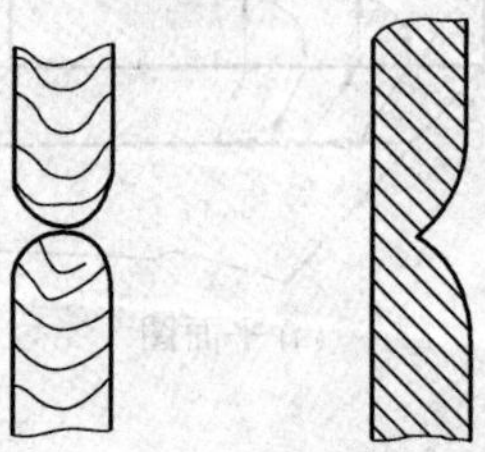

图1.24　不连续的焊缝接头

如果对口间隙很大又无法修整时,可采用三点焊法。

2)其余各层焊法。在焊接第二层之前,对第一层焊缝表面进行清理和修整,过于凸起的部分应该铲平,出现的缺陷和飞溅应全部清除干净,特别要注意坡口两侧,因为这些地方往往因存在咬边缺陷或深沟而易造成夹渣。

表层焊接时,一般采用一字形或反半月形运条,并选用较小的电流参数,以防熔化金属下坠和咬边。横向摆动时(图1.25),两边慢中间快,即图中1、2两点停留时间比3点长一些,以防咬肉并可使焊缝平整。

3)立焊表层接头方法。立焊表层的接头主要应注意：

①把灭弧时熔池处残留的熔渣去掉，最好使用工具将接头处修理成缓坡形，如图1.26所示。

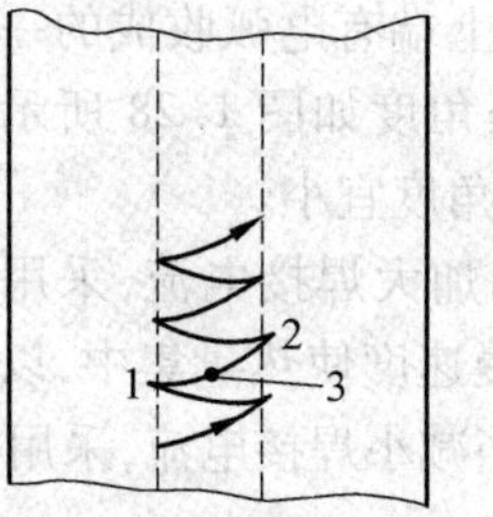

图1.25　表层立焊时焊条的横向摆动

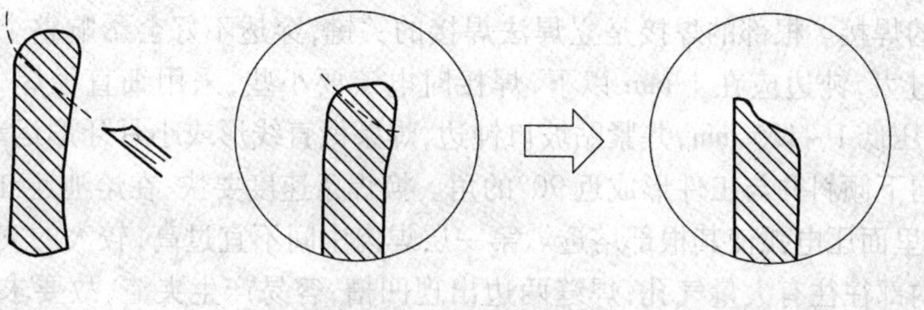

图1.26　接头的修理

②采用长弧烤热接头处(烤热时间为3～4滴熔化金属下落的时间)，烤热后马上将焊条移至接头的一侧(图1.27)。此时，电弧比正常焊接时略长一些。随即迅速把接头焊接起来。

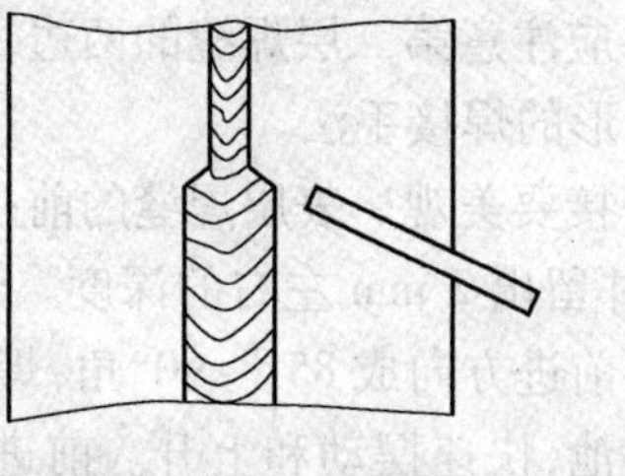

图1.27　焊接表层引弧烤热接头后的焊条位置

接头时，如果出现熔渣和熔化金属混合不清，一般是因为接头处预热温度不够及焊条角度不正确引起的，所以必须将电弧稍微拉长一些，并延长在接头处的停留时间，同时将焊条垂直于焊件(或偏向下方)，这样熔渣就会自然地滚落下去。当看清熔化金属后，就可以接头，并继续进行施焊。

③如果能迅速换好焊条，而且熔池还保持红热状态未完全冷凝，就可在焊道内熔池上方引弧，然后再将焊条拉回熔池中心进行焊接。

(2)不开坡口的对接立焊法具体施焊操作要点。常用于薄焊件(厚度<6 mm)的焊接。为防止熔滴下坠，应采用较小焊接电流和适当的焊条角度。其操作方法有：

1)从上向下焊接。采用该方法时，宜选用熔渣黏度大的细焊条，焊接电流适当加大，采用直流反接。电弧是在焊缝的上顶点引燃，然后将焊条稍向下倾斜，并向下移动。此时必须保持极短电弧，利用焊条端部托住熔化金属，尽量避免横向摆动。此方法熔透深度小、焊接速度快，但熔化金属和熔渣易下坠，焊缝易夹渣，故从上向下焊接多用于次要构件的焊接。

2)从下向上焊接。采用该方法时，其熔透深度较大，可利用焊条端部托住熔化金属，放慢焊接速度，采用短弧及快速灭弧的方法，同时必须保持熔池上端有电弧收成的一个小圆穴，否则不易熔透。正常的运条角度如图1.28所示。焊件厚，运条角度宜大；焊件薄，运条角度宜小。

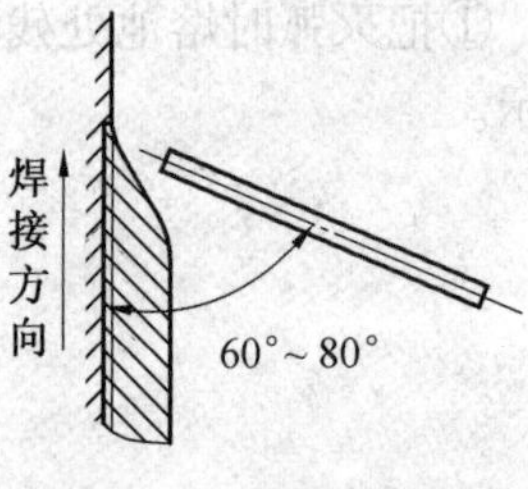

图1.28 运条角度

当对口间隙很小时，必须适当加大焊接电流，采用走直线或稍加摆动的方法，利用短弧、慢速度使热量集中，以便充分焊透；对口间隙很宽时，必须适当减小焊接电流，采用横向摆动、短弧、快速，熄弧时间也相应延长，以免烧穿。

(3)低氢型焊条的操作。

1)根部的焊接。根部的焊接是立焊法焊接的关键，穿透不好会影响整个焊缝质量。对口间隙不宜过大，钝边应在1 mm以下，焊接时电流要小些，采用细直径焊条(通常为3.2 mm)，电弧要压低1~1.5 mm，并紧贴坡口钝边，焊条做直线形或小月牙形运动，不准做挑火运动。焊条向下倾斜并与工件形成近90°的角。换焊条速度要快，在熔池还红热时就立即打火接头，并往里面压电弧使其根部熔透。第一层焊肉中间不宜过高，较大的突出部分和根部背面的焊瘤内部往往有大量气孔，焊缝两边出现凹槽，容易产生夹渣，故要求第一层焊肉的两面越平越好。

2)第二层的焊接。第一层可能由于间隙过大而造成气孔，因此在第二层焊接时，应采用三角形横向摆动，以便将第一层焊肉再次熔化，消除其内部缺陷。但这种方法易造成焊缝两边咬肉，所以摆动到焊缝两边应多停留一些时间。

3)其余各层的焊接。主要应注意第二层焊缝的两边，特别是咬肉过深的地方，否则易产生夹渣。应采用一字形或月牙形的焊接手法。

4)表层的焊接。表层的焊接要美观。表层焊缝的前一层焊接时，焊缝中间焊肉要平，不要把焊缝两边的坡口边烧掉，并留出2 mm左右的深度。焊接表层时，视线一定要正对着焊缝，焊条角度要正，一般与焊接前进方向成85°~90°角，焊条左右成90°角。运条时，两边慢中间快，采用短弧，焊条紧靠熔池，快速摆动和上升。前进跨度和压坡口边宽度均等于焊条半径。

3. 横焊

横向焊缝的焊接操作方法叫横焊法。根据焊接接头形式的不同，横焊法分为对接、搭接和角接横焊法等。

(1)对接横焊法。横焊焊缝一般均采用多道焊法。这种焊法易造成焊缝层间夹渣，焊缝外观经常形成条状凹槽而显得不平整。横焊时，由于熔化金属受重力作用有下坠倾向，如果掉落在未熔化的下侧坡口上易形成熔合不良和焊不透的缺陷。

对接横焊法的操作步骤及要点主要有：

1)对口要求。对于较薄构件(板厚3~5 mm)可不开坡口，通常其对口间隙为焊件厚度的一半；如果厚度较大时，为了易于焊透，同时又使焊接容易掌握，通常开单斜面坡口，对口的上侧做成40°~60°的坡口，如图1.29所示。很多构件也可采用V形坡口。

2)定位焊。定位焊焊缝起固定焊件并使焊缝具有一定的对口间隙的作用。因此定位焊尺寸不宜过大,焊点厚度为 5 mm 左右、长度为 30 ~ 50 mm。如果过短或过薄时,往往由于应力的作用而产生裂纹。这种裂纹在施焊中易残留在焊缝根部,并在受力作用后扩展,造成整个焊缝破裂。为便于熔透接头处,定位焊焊缝的两个端部必须修成缓坡形,如图 1.30 所示。定位焊所用焊条应和焊件焊接时使用的焊条一样。

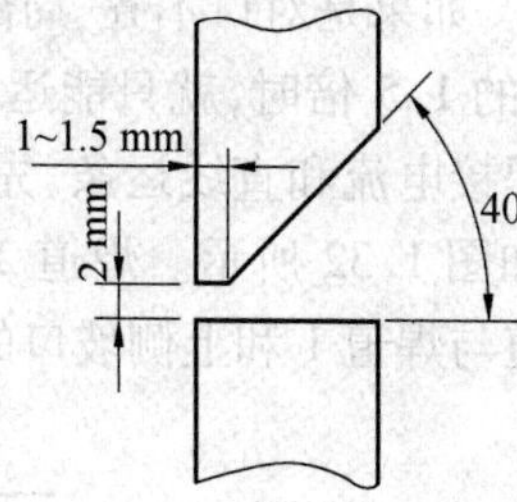

图 1.29 40° ~ 60°单斜面坡口

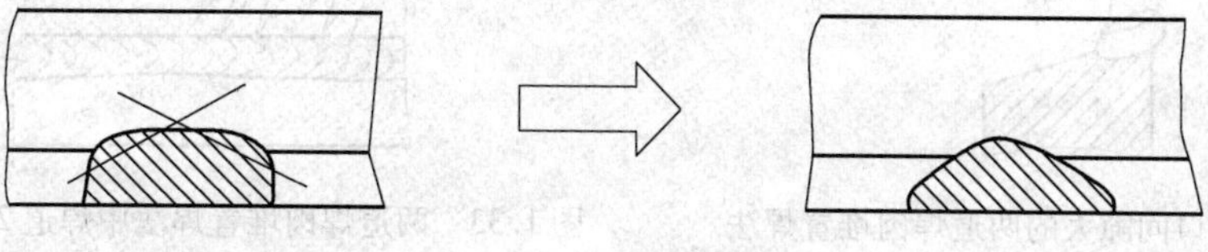

图 1.30 定位焊焊缝的修理

3)开坡口(V 形坡口焊缝根部)的焊接技巧。大型容器或贮罐都不带垫板。焊接时,一般运用挑弧或灭弧的焊法来焊接根部,且保持适当的电弧长度,以便使熔滴容易从焊条过渡到焊件上去,并形成足够的熔深,使熔化金属和熔渣易于分离。如果电弧压得太短或拉得过长,均会引起气孔、未熔透等缺陷。

对口间隙正常时,如果采用灭弧法焊接,通常从定位焊处开始引燃。引弧后,用长弧预热起焊点 3 ~ 5 s。预热后,迅速压短电弧,从坡口下侧引向焊道,不允许从坡口上侧引向焊道,因为该方式的熔滴会坠落在未熔化的坡口下侧表面上,形成焊不透的缺陷。起焊点 a 与原来焊点端部错搭 5 mm 左右,如图 1.31 所示。运条至焊点端部 b 点时,切勿灭弧,并在此稍停,同时将焊条向根部压一下,待发现接头处已被熔透时,才可灭弧。趁熔池未冷却尚保持红热状态时,立即引弧焊接,并全部采用顶弧焊法。当运条到与焊点另一端部(图 1.31 中 c 点)还有 5 mm 左右时,不可灭弧,将焊条沿焊缝来回挑弧向前移动,到达 c 点接头时,将焊条向根部压一下,并在此稍停,以填满熔池。只有这样,才能将接头处熔透,得到高质量的焊缝。

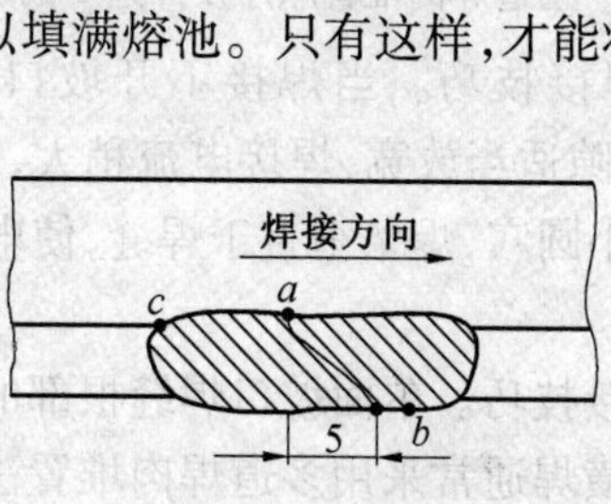

图 1.31 起焊处接头法

如果熄弧不是在定位焊焊缝上,不可突然熄弧,必须待熔池填满后再熄弧。再次引弧焊接时,运条中如果发现熔渣与熔化金属混合不清,可略把电弧拉长,并往后面带动一下,这样熔渣即被推向后方并与熔化金属分离开来。

当坡口钝边较薄时,对口间隙应小一些,可运用直线形或挑弧法焊接。该方法的起焊点必须有足够的电弧预热,否则不易焊透。运用此法时电弧要短、焊接电流要大些,焊条沿焊缝纵向来回挑动前进,在坡口根部处多停留一些时间,将熔池半打穿,让根部充分熔透,这样就形成焊肉较薄、透度较小的焊缝。当坡口钝边较厚时,对口间隙应大一些,为防止根部烧穿过大,可采用带弧或灭弧方法前进。如果是对口不齐、局部缺肉,又无法修理的特殊情况,而对口间隙又很大,即大于焊条直径的1.5倍时,就只能运用两道或三道焊肉堆置法焊接。两道或三道焊肉堆置法采用较小的焊接电流和直线运条,先在坡口下侧堆置焊道1,使对口间隙减小,然后进行焊道2的焊接,如图1.32所示。焊道2的运条方式采用斜直线横向摆动顶弧焊法。此时应特别注意该焊道与焊道1和上侧坡口的熔合情况,如图1.33所示。

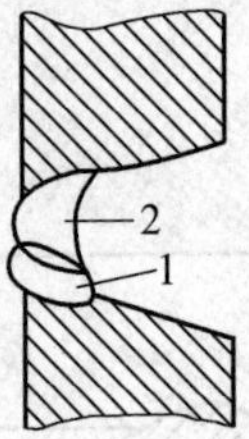

图1.32　对口间隙大的两道焊肉堆置焊法

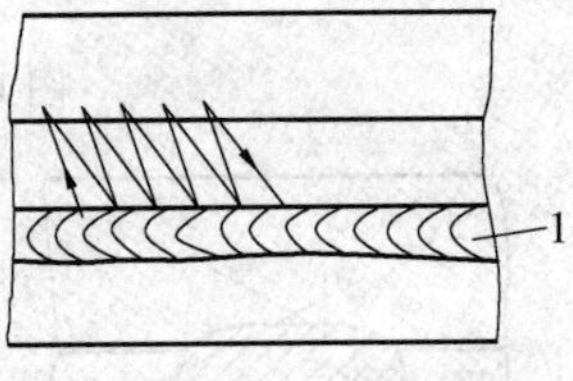

图1.33　两道焊肉堆置焊法中焊道2的运条方式

如果间隙更大,可运用三道焊肉堆置法焊接,即先采用较小的焊接电流和直线运条分别在坡口上、下侧堆置焊道1及焊道2,然后运条方式采用斜折线形方式堆置焊道3,如图1.34所示。

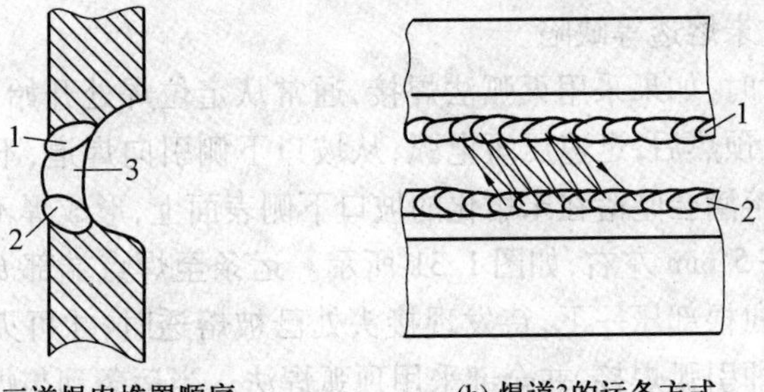

图1.34　三道焊肉堆置顺序及焊道3的运条方式

4)不开坡口焊缝根部的焊接技巧。当焊接不开坡口的对接横焊缝根部时,应采用ϕ3.2 mm或更细的焊条,对口间隙适当放宽,焊接电流稍大,使用灭弧或挑弧法焊接。同时,必须保持熔池前端有一熔穿的小圆穴,焊条垂直于焊缝,使电弧穿透对口间隙,如图1.35所示。

5)单面坡口焊缝根部的焊接技巧。单面坡口焊缝根部的焊接方法与V形坡口相同。

6)其余各层的焊接。对接横焊通常采用多道焊肉堆置法来堆置焊缝,其焊接要点为:

①一定要把焊道之间及焊道与坡口交接处清理干净。焊接中要避免焊道之间及焊道与坡口交接处出现凹槽及咬边,否则里面残存熔渣很难清理,并常会引起焊缝夹渣。多层多道焊肉堆焊顺序如图1.36所示。

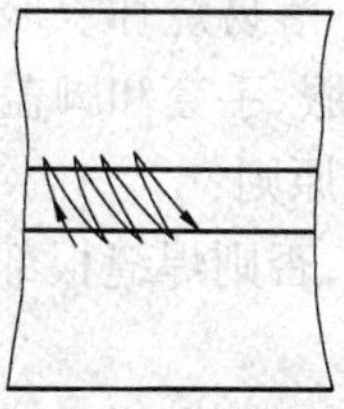

图 1.35　挑弧法焊接

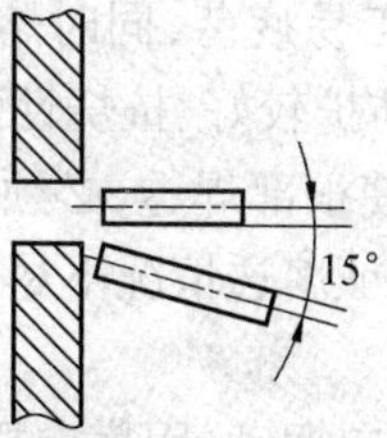

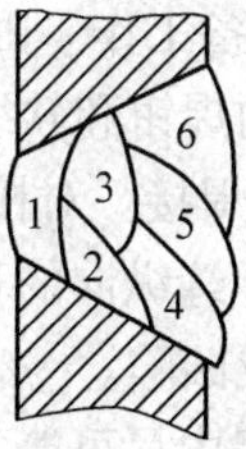

图 1.36　多层多道焊肉堆置顺序

②为使焊缝表面平整、干净及美观，必须选用适当加大的电流值，且各道之间不清除焊渣，连续堆焊。当运条至焊肉凸起处时，要加快前移速度，而在低凹处时要放慢运条速度，以填平凹坑。焊道接头时，电弧要稍拉长些，运条速度要快，以防接头突起，其运条方式可根据具体情况，采用直线或斜线运条，但每道焊肉的接头要错开 10～30 mm。

7）低氢型焊条的操作。当采用低氢型焊条进行对接横焊操作时，坡口形式应采用 V 形或 X 形坡口，角度为 70°。第一层要求焊透，无夹渣和气孔，焊条角度为 80°～90°。尽量避免挑弧或带弧法，此法容易产生气孔，增加飞溅，弄脏焊道。

其他各层采用叠焊法（即多层多道焊肉堆置法）焊接，最好使用直径为 4 mm 的焊条。其他各层也可采用多层单道焊接法。操作过程为：将焊条向下斜前方移动，电弧移到焊缝下部时，压过坡口边缘 2 mm 左右，并做一小段直线运动，以保证焊缝整齐和焊缝强度；在不熄弧的情况下，快速提上来，途中不停留；然后迅速在已形成斜焊波的二分之一处，紧压电弧做斜线运动（或将电弧向左方稍带动一下避免咬肉，然后再做斜线运动），但每条焊波的粗细不宜超过 5 mm。这种手法不宜过于成直线，否则会形成焊肉中部和下部突出，而上部有咬肉的现象。一般斜度均在 35°～50°。完成后的焊缝表面应高出母材 2 mm。

（2）搭接横焊法。搭接横焊焊缝的操作方法比较简单，要求焊条角度与水平成 45°，与前进方向成 75°，采用顶弧焊法，如图 1.37 所示。

一般第一层采用直线运条，运条速度不宜过快，且运条时要看到一半熔池发亮而另一半熔池逐步随着焊条前进而覆盖焊肉，否则易造成夹渣。第二层采用斜线形运条，电弧要短，速度稍慢，这样可使焊缝两边熔合良好，焊肉饱满。

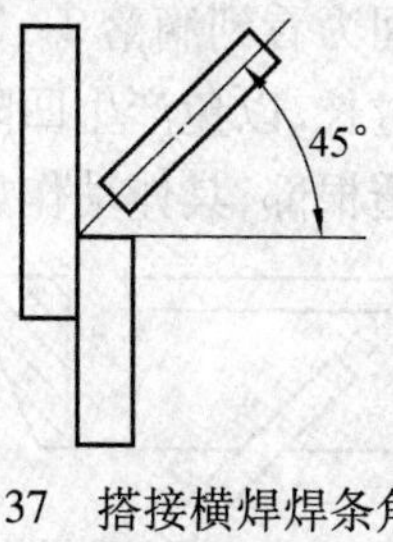

图 1.37　搭接横焊焊条角度

4. 仰焊

仰焊是各种焊接位置中最困难的一种焊接方法。由于熔池倒悬在焊件下面，没有固体金属承托，使焊缝成形十分困难。另外，仰焊时，熔化金属由于重力作用有向下滴落的倾向，且焊工易疲劳；施焊中，常发生熔渣越前，因此控制运条方面也比立焊和平焊困难得多。

最常见的仰焊形式是对接仰焊。对接仰焊的操作步骤及要点包括以下方面。

（1）坡口的开设。当焊件厚度为 4 mm 左右可不开设坡口，选用 $\phi3.2$ mm 的焊条即可；如果焊件厚度大于 5 mm 则要开坡口，坡口角度应比平焊和立焊大些。为便于运条，焊条可以在坡口内自由摆动和变换位置。钝边厚度应小些，这是为了防止焊不透，经验证明，钝边厚度为 1 mm 左右最合适，而坡口角度为 60°～80°、对口间隙为 2.5 mm 左右时能很好地运条，可得到根部熔透的焊缝。

(2)焊前准备工作。由于仰焊时焊工易疲劳,同时熔渣飞溅下落易烧坏衣服,故在仰焊时要准备轻便的焊钳和软线,并且穿上防护较好、抗烧性强的工作服、手套和脚盖等。

(3)根部的焊接。对接仰焊时为了使根部焊透,必须遵循以下原则:

1)焊条沿焊缝纵向的移动速度在保证熔透情况下尽可能快些,否则焊缝根部容易烧穿,根部背面易形成凹陷。

2)运条过程中尽可能不做或少做横向摆动,因横向摆动会使熔池面积增大,根部产生凹陷现象。

3)焊接电流比平焊小、比立焊大。如果焊接电流太大易形成烧穿、凹陷等缺陷,而且飞溅很大,焊条熔化率增高,控制运条很不方便;但是电流过小会形成焊不透、熔化不良和夹渣等缺陷。

使用熔化金属发稀的焊条(长渣焊条)时,焊条角度要大些(成 45°~60°角),这样可避免熔渣越前而引起焊缝夹渣和妨碍运条。随着焊接过程的进行,为便于使焊缝根部焊透,可将焊条逐渐成 50°~70°倾角,如图 1.38 所示。

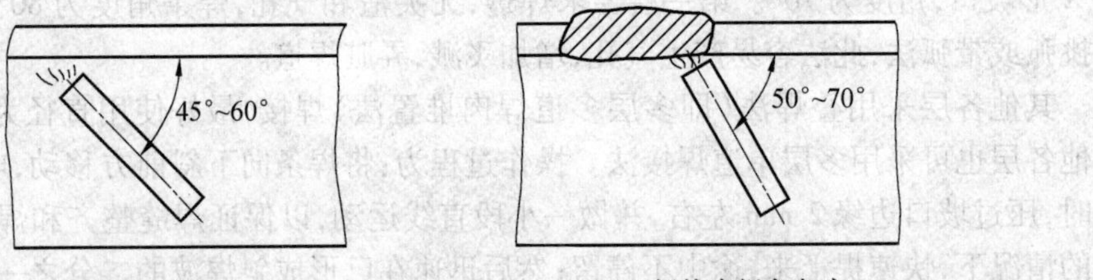

(a) 引弧时焊条角度　　(b) 焊接中焊条角度

图 1.38　仰焊运条角度

焊接过程中,引弧时需利用长弧预热起焊处,预热时间不宜过长,通常较薄钢板的预热时间为看到滴落 2~3 滴铁液后即可。如果焊件厚度大于 10 mm,可延长预热时间,但也不宜过长,以免产生凹陷现象。烤热后,迅速压短电弧,使其顶至坡口根部,稍停 2~3 s,以便烧透根部,具体动作如图 1.39 所示。

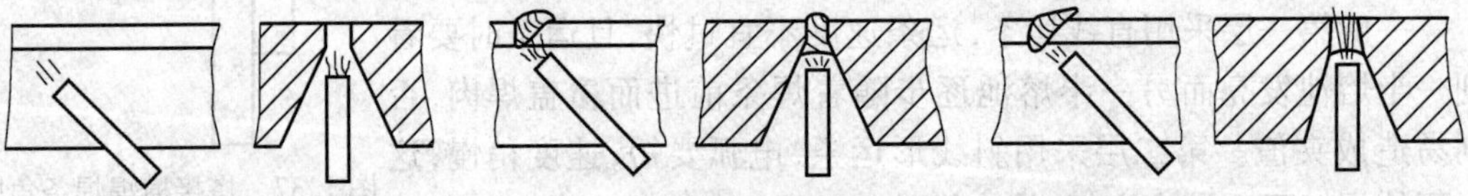

(a) 焊前利用长弧预热　　(b) 压短电弧送上熔化金属　　(c) 焊条前移稍停以熔透根部

图 1.39　对接仰焊的起焊动作

当发现焊缝根部被熔穿(露出一个被电弧烧穿的小圆穴)时,迅速将焊条带回熔池后方灭弧,在熔池尚未完全凝固时,再立即引弧在原熔池处接头。整个焊接过程应始终保持电弧在半打穿状态下运条,即电弧一半作用在熔池、另一半作用在未熔化的坡口上。焊条沿焊缝纵方向的前移速度可稍快些,以形成比较薄的焊道。

如果对口间隙太小,可选用较大的焊接电流和快速挑弧施焊;如果对口间隙太大,可选用较小焊接电流,并做横向摆动或灭弧方法施焊。必要时,适当延长灭弧时间,以控制熔化金属不致下坠。"三点焊法"在仰焊时宜少用,因为操作不便,且易造成夹渣和焊不透等缺陷。

如果采用熔化金属发黏的焊条(短渣焊条),则选用较小的焊接电流,采用半打穿状态。

任何情况下，焊条都应前倾，以熔化端部指向熔池，但应避免用以下两种方法运条：

①焊条完全离开熔池而打穿坡口根部焊接。用这种焊法会使焊缝根部透度不均匀，甚至形成焊波的“脱节”现象，而且焊缝中常有气孔和夹渣，如图1.40(a)所示。

②不打穿坡口根部焊接(即电弧完全作用于已熔化的熔池上)。用这种焊法会使焊缝根部熔化不良、透度不均，易产生焊瘤和凹陷，如图1.40(b)所示。

根据经验，用半打穿状态焊接法能得到优质的焊缝根部(图1.40(c))。用熔化金属发黏的焊条时可稍做横向摆动，在坡口两侧运条稍慢，焊条前移的速度比用熔化金属发稀的焊条时要慢些。

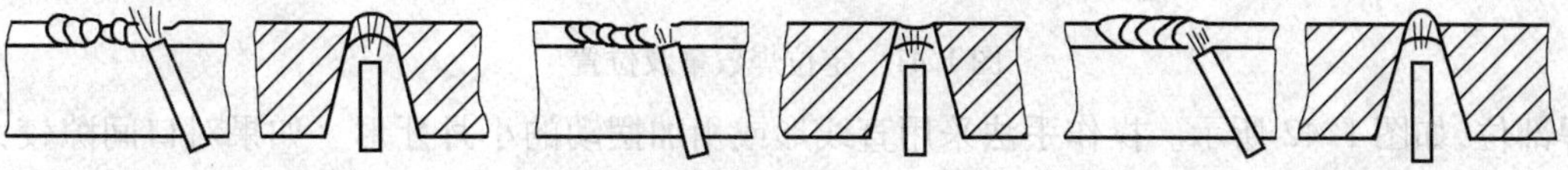

(a) 打穿坡口根部焊接法　(b) 不打穿坡口根部焊接法　(c) 半打穿状态焊法

图1.40　仰焊时运条方式的比较

根部焊缝接头方法和立焊相似，先用长弧烤热熔池再压短电弧，从熔池后端3～5 mm处开始焊接，当焊条走至熔池前端坡口间隙处时将焊条向上顶一下，并稍做横向摆动，这时会在坡口间隙处被熔成第一个孔眼，这样可使接头熔透。

(4)其余各层的焊接。对接仰焊时，为便于熔滴从焊条端部吹到焊件上去，应保持短弧焊接。此外，焊层清理也很重要，下垂的焊瘤应铲平，焊道及坡口两侧的飞溅熔滴、焊渣等均应清理干净。层间焊接应选用较大的焊接电流，横向摆动方法与平焊和立焊相似，即两边较慢中间快，通常运用反月牙形或一字形手法的横向摆动，焊道比较薄。如果焊接电流较大，则电弧要短，运条速度要快。运条中如果遇凹凸不平之处，则凹处运条要慢，凸处运条要快，但两侧运条要慢，以便得到平整的焊缝。

表面层焊接不要使用大焊接电流，以免产生咬肉现象。为了使焊缝平整，最好不灭弧而连续施焊，且焊波要薄些。

讲3：管材的焊条电弧焊

管材按照焊接放置位置的不同，可分为管材的转动焊接、水平固定管的焊接、垂直固定管的焊接和倾斜固定管的焊接等。

1. 管材的转动焊接(管材水平放置)

管材采用转动焊接，不仅操作简便，能保证质量，而且生产效率高，所以在预制场大量使用。各类装置或设备上的联系管道及工艺管道干线应尽量提高预制装配程度，减少固定焊口。

(1)对口及定位焊。管材的焊接要求坡口端面的不平齐度小于0.5 mm，焊口拼装错口不得大于1 mm，对口处的弯曲度不得大于1/400。定位焊时，对于管径小的($\phi \leq 70$ mm)只需在管材对称的两侧进行定位焊即可。管径大的可定位焊三点或对更多点进行定位焊(图1.41)。定位焊焊肉的尺寸应适宜，通常当管壁厚度小于或等于5 mm时，定位焊焊肉厚度可与管壁齐平；如果管壁厚度大于5 mm时，则定位焊焊肉厚度约为5 mm，定位焊长度为20～30 mm。为便于接头熔透，定位焊焊肉的两个端部必须修成缓坡形。

(2)根部的焊接。不带垫圈管材的转动焊接，为了使根部容易熔透，运条范围选择在立

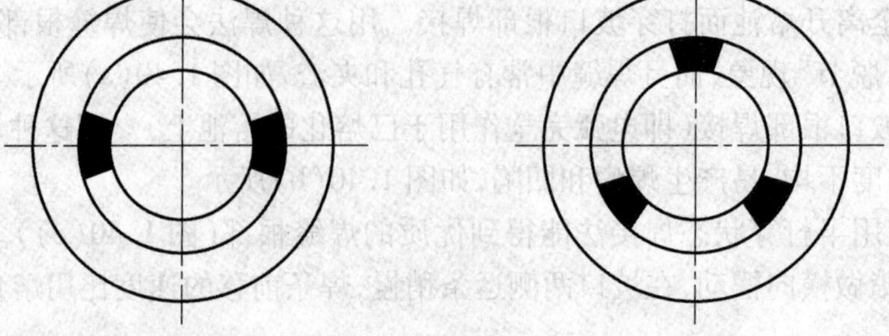

图1.41 定位焊数量及位置

焊部位,如图1.42所示。操作手法采用直线形或稍加摆动的小月牙形。如果对口间隙较大时,可采用灭弧方法焊接。

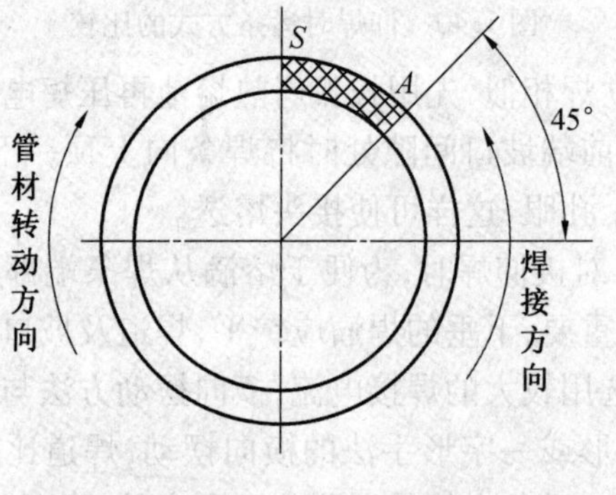

图1.42 管材转动焊接的立焊部位

A—起焊点;S—焊段终点

对于厚壁管,为防止转动时由于振动使焊口根部出现裂纹并便于操作,在对口前应将管材放在平整的转动台或滚杠上。焊接时,最好每一焊段焊接两层后再转动,同时定位焊焊缝必须有足够的强度,靠近焊口两个支点的距离最好是管径的1.5~2倍,如图1.43所示。

(3)多层焊的其他各层焊接。对于管材的转动焊接的多层焊接,运条范围选择在平焊部位,如图1.44所示。

操作时,焊条应在垂直中心线两边15°~20°范围内运条,焊条与垂直中心线成30°角,采用月牙形手法,压住电弧做横向摆动,这样可得到整齐美观的焊缝。也可选用斜立焊部位进行焊接,这种方法适用于现场无转动台的转动焊接。

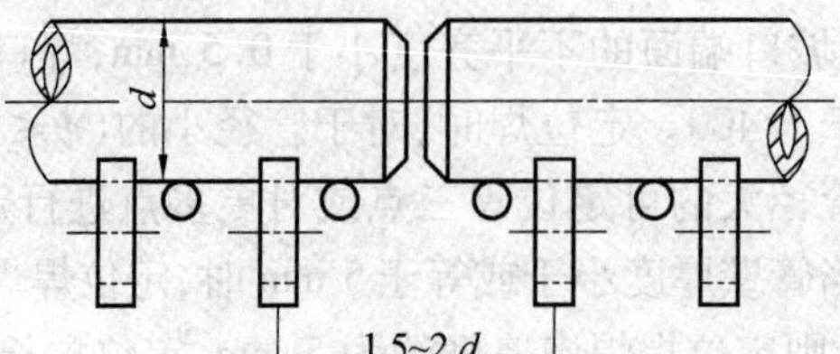

图1.43 滚动支点的布置

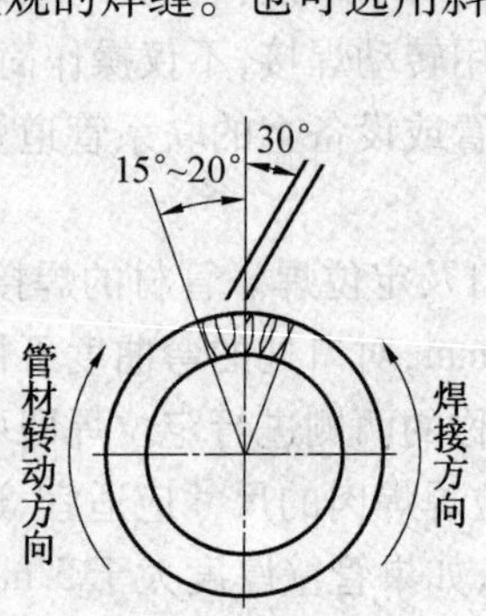

图1.44 多层焊的运条范围

2. 水平固定管的焊接

水平固定管的焊接易发生如下问题。

(1)施焊过程中焊条位置变化很大,操作比较困难。

(2)熔化金属在仰焊位置有向下(向焊道外)坠落的趋势,而在立焊及过渡到平焊位置时,则有向管材内部滴落的倾向,因而有透度不匀及外观不整齐的现象。

(3)仰缝施焊时,主要依赖电弧的吹力使熔化金属熔化到坡口中去,并与母材很好地接合在一起。如果电弧吹力不够,则熔滴输送到熔池的力量就会减弱,所以只有增大焊接电流强度才能使电弧吹力增加。但电流过大,熔池面积增加,熔化金属容易下坠。由于焊件温度随着焊接过程的进行而升高,所以为了防止熔化金属下坠,必须使用合适的焊接电流。

(4)焊接根部时,仰焊及平焊部位比较难于操作,通常仰焊部位背面出现焊不透或容易产生凹陷,表面因熔化金属下坠出现焊瘤、咬口和夹渣等缺陷。平焊部位容易产生焊不透以及因熔化金属下坠而形成的焊瘤。

(5)自立焊部位至平焊部位这一段焊缝,往往由于操作不当等原因容易产生气孔和裂纹等缺陷。

根据上述问题,在操作时应针对性地采取下列措施:

(1)对口间隙的要求及定位焊。组对时,管材轴线必须对正,以免形成弯折的接头;同时考虑到焊缝冷却时会引起对口间隙的收缩,所以对较大直径的管材,有必要于焊接前使平焊部位的对口间隙大于仰焊部位。定位焊基本上与转动焊接相同。

(2)根部施焊。在施工现场,常见的是不带垫圈的 V 形坡口对接焊,其焊接方法基本上与钢板的焊接方法相似。

焊接方法有两种:第一种是分两半焊接法;第二种是沿管材圆周焊接法。

1)分两半焊接法。分两半焊接法的施焊顺序为:仰焊→立焊→平焊,该方法能保证熔化金属和熔渣很好地分离,透度比较容易控制。

该操作方法是沿垂直中心线将管材截面分成相等的两半,各进行仰、立、平三种位置的焊接。在仰焊及平焊处形成的两个接头如图 1.45 所示。

操作要点为:首先对正定位焊坡口,在仰焊缝的坡口边上引弧至焊缝间隙内,用长弧烤热起焊处(时间为 3 ~ 5 s)。预热以后,迅速压短电弧熔穿根部间隙施焊。在仰焊至斜仰焊位置运条时,必须保证半打穿状态;至斜立焊及平焊位置,可运用顶弧焊接。其运条角度变化过程及位置如图 1.46 所示。

为便于仰焊及平焊接头,焊接管材前一半时,在仰焊位置的起焊点及平焊部位的终焊点都必须超过管材的半周(超越中心线 5 ~ 10 mm),如图 1.47 所示。

为使根部透度均匀,焊条在仰焊及斜仰焊位置时,尽可能不做或少做横向摆动,而在立焊及平焊位置时,可做幅度不大的反半月形横向摆动。

当运条至定位焊焊缝接头处时,应减慢焊条的前移速度,以便熔穿接头处的根部间隙,使接头部分能充分熔透。当运条至平焊部位时,必须填满熔池后再熄弧。

焊接环形焊缝后一半的运条方法基本上与前一半相同,但运条至仰焊及平焊接头处时必须多加注意。

各种接头施焊时,应注意如下几点。

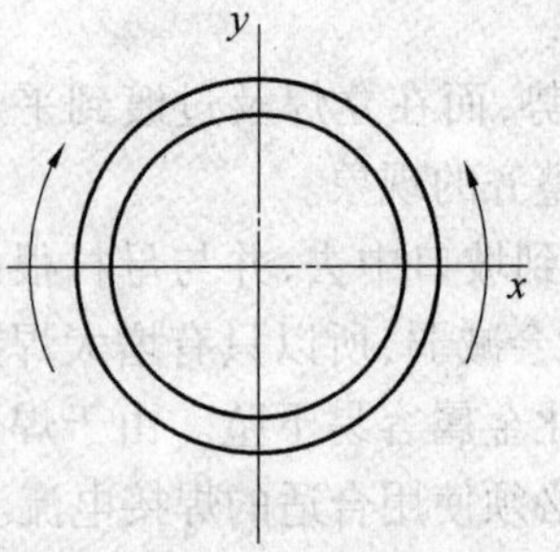

图 1.45　分两半焊接法

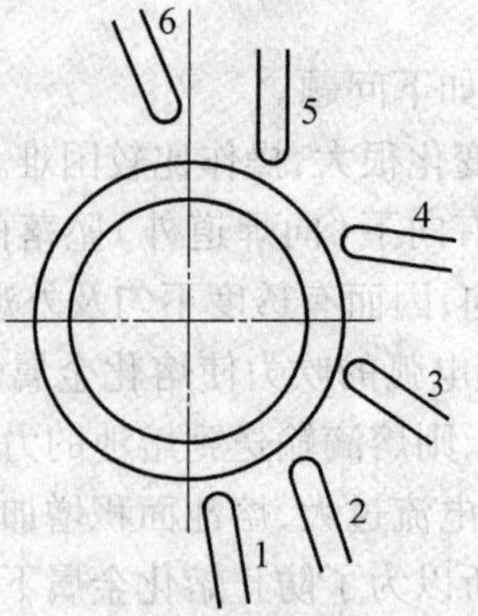

1.46　分两半焊接法运条位置

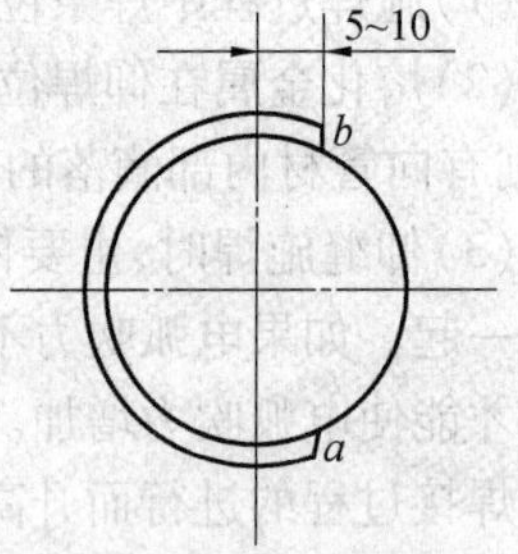

图 1.47　管材前一半的焊接

a—起焊点;*b*—终焊点

①仰焊接头方法。由于起焊处容易产生气孔和未焊透等缺陷,故接头时应把起焊处的原焊缝用电弧割去一部分(约 10 mm 长),这样既割除了可能有缺陷的焊缝,又可以形成缓坡形割槽,便于接头。操作方法为:首先用长弧烤热接头部分,稍微压短电弧,此时弧长约等于两倍焊条直径;从超越接头中心约 10 mm 的焊波上开始焊接,此时电弧不宜压短,也不做横向摆动,一旦运条至接头中心时,立即拉平焊条压住熔化金属向后推送,未凝固的熔化金属即被割除而形成一条缓坡形的割槽;焊条随即回到原始位置(约 30°),从割槽的后端开始焊接;运条至接头中心时,切勿灭弧,必须将焊条向上顶一下,以打穿未熔化的根部,使接头完全熔合,其操作过程如图 1.48 所示。

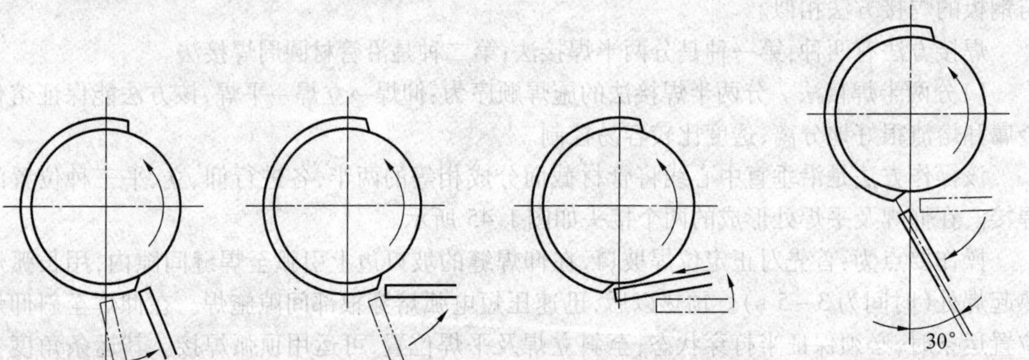

(a) 电弧预热之后开始用长弧焊接（不摆动）　(b) 拉平焊条准备割槽　(c) 焊条向后推送形成割槽　(d) 焊条回到原始位置并从割槽后端起焊

图 1.48　仰焊接头操作过程

对于重要管材或使用低氢型焊条的焊接,可用凿、锉等手工加工方式修理接头处,把仰焊接头处修理为缓坡形,然后再施焊。

②平焊接头方法。平焊接头时,应先修理接头处,使其成一缓坡形。选用适中的焊接电流,当运条至斜立焊(立平焊)位置时,焊条前倾,保持顶弧焊,并稍做横向摆动(图 1.49)。当距接头处尚有 3 ~5 mm 间隙(即将封闭)时,绝不可灭弧。接头封闭的时候,需把焊条向里稍微压一下(这时可听到电弧打穿根部而产生的“啪啦”声),并在接头处来回摆动以延长停留时间,从而保证充分的熔合。熄弧之前必须填满熔池,然后将电弧引至坡口一侧熄灭。

③定位焊缝和换焊条时的接头操作方法。定位焊缝与平焊处的接头施焊方法相似,要

点在于首先修理定位焊焊缝，使其成为具有两个缓坡形的焊点。在与定位焊焊缝的一端开始连接时，必须用电弧熔穿根部间隙，使其充分熔合。当运条至定位焊缝的另一端时，焊条在接头处稍停，使接头熔合。

换焊条时有两种接头方法：一种是当熔池尚保持红热状态时就迅速地从熔池前面引弧至熔池中心接头（图1.50），此法接头比较平整，但运条要灵活，动作要敏捷；另一种是由于某种原因，如换焊条动作缓慢或焊缝冷却速度太快等，以致熔池完全冷凝，这时焊缝终端由于冷却收缩时常形成较深的凹坑，并且也常产生气孔和裂纹等缺陷，因此必须用电弧割槽或手工修理后，方可施焊。

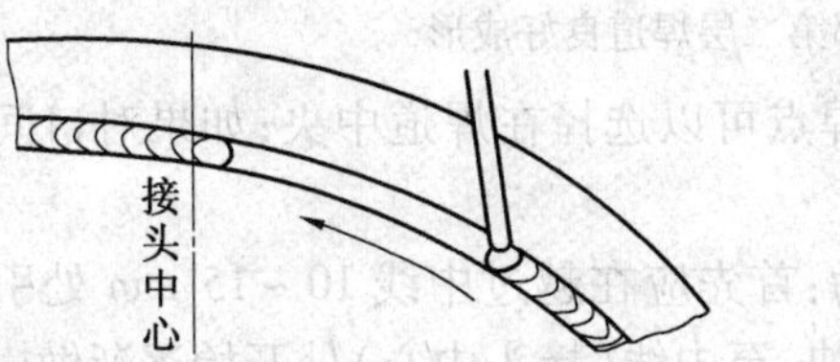

图1.49 平焊接头采用顶弧焊法

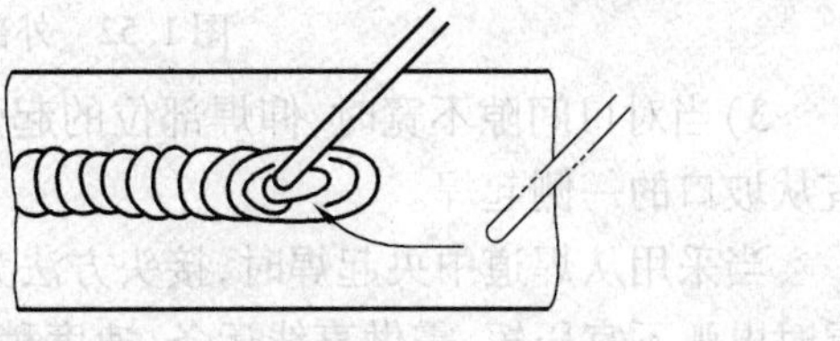
图1.50 红热状态时的接头方法

2）沿管材圆周焊接法。沿管材圆周焊接法主要用在对质量要求不高的薄壁管的焊接。操作方法为：以斜立焊位置作为起焊点（图1.51），在自上而下的运条过程中最好不要灭弧，焊条端部托住熔化金属使用顶弧焊接。在平焊→立焊→斜仰焊这几段焊接过程中，焊条几乎与管材圆周成切线位置，在由斜仰焊至仰焊这一段，焊条位置可以稍偏于垂直。在仰焊→立焊→平焊位置运条过程中，施焊方法与分两半焊接法相同。整个环形焊缝最后在斜立焊位置闭合。

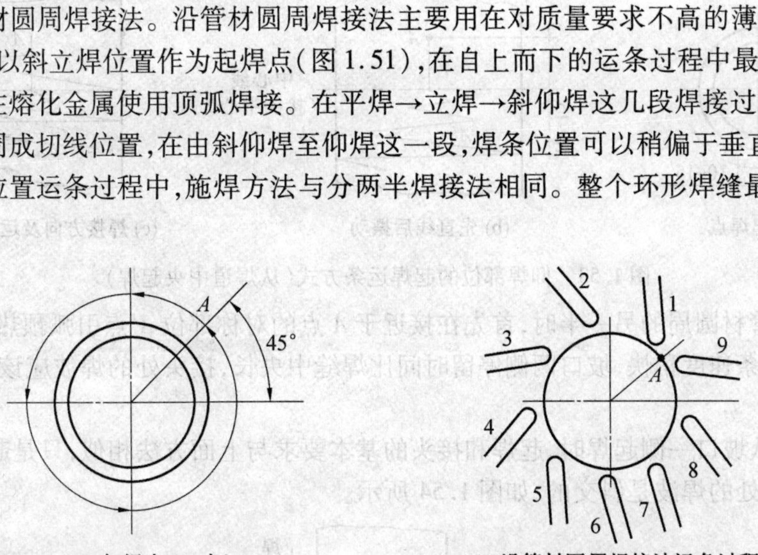

(a) 起焊点（A点）　　(b) 沿管材圆周焊接法运条过程

图1.51 沿管材圆周焊接法施焊方式

沿管材圆周焊接法由于有一半是自上而下运条，熔化金属及熔渣有向下坠落的趋势，所以熔深不大，透度不易控制，熔化金属与熔渣不易分离，焊缝容易产生夹渣等缺陷。但由于运条速度快，能提高焊接生产率。

（3）其他各层的焊接。其他各层也分两半进行仰焊→立焊→平焊的施焊方法，操作要领基本上与相应位置的钢板焊接法相似，但还须注意：

1）为了消除底层焊缝中存在的隐藏缺陷，在其外层焊缝施焊时，应选用较大的焊接电流，并适当控制运条，达到既不产生严重咬边又能熔化掉底层焊缝中隐藏缺陷的目的。

2）为了使焊缝成形美观，当焊接外部第二层焊道时，仰焊部位的运条速度要快，使形成厚度较薄、中部下凹的焊缝（图1.52（a））；平焊部位的运条速度应该缓慢，使形成略为肥厚而中央稍有凸起的焊缝(图 1.52(b))。必要时,在平焊部位可以补焊一道焊肉(图 1.52(c)),以达到整个环形焊缝高度一致的目的。

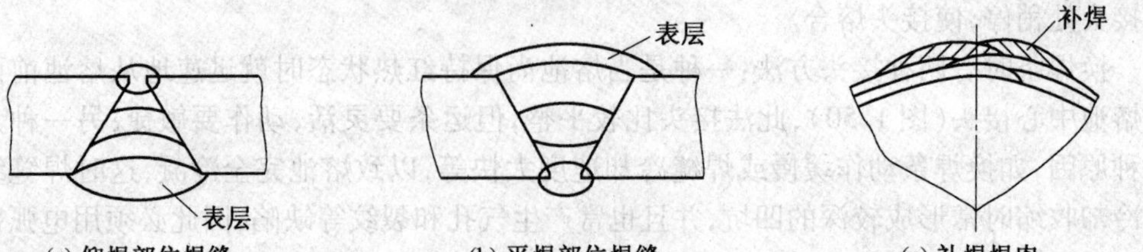

(a) 仰焊部位焊缝　(b) 平焊部位焊缝　(c) 补焊焊肉

图 1.52　外部第二层焊道良好成形

3)当对口间隙不宽时,仰焊部位的起焊点可以选择在焊道中央;如果对口间隙很宽,则宜从坡口的一侧起焊。

当采用从焊道中央起焊时,接头方法为:首先应在越过中线 10 ~ 15 mm 处引弧预热,起焊时电弧不宜压短,需做直线运条,速度稍快,至中线(接头中心)处开始逐渐做横向摆动,如图 1.53 所示。

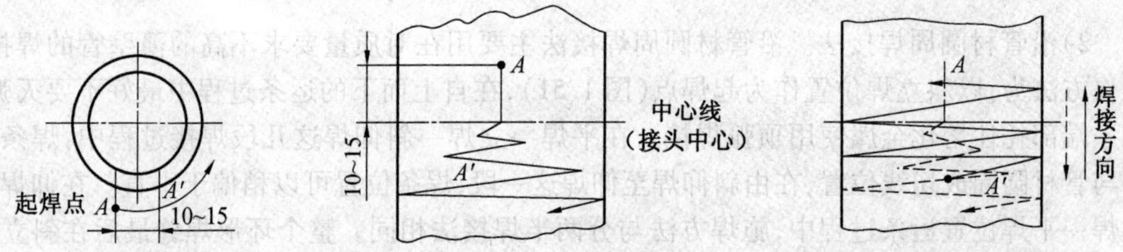

(a) 起焊点　(b) 先直线后摆动　(c) 焊接方向及运条方式

图 1.53　仰焊部位的起焊运条方式(从焊道中央起焊)

在焊接管材圆周的另一半时,首先在接近于 A 点的对称部位 A' 点引弧预热,接头起焊时电弧较长,运条速度稍快,坡口两侧停留时间比焊缝中央长,接头处的焊波应该薄些,避免形成焊瘤。

当采用从坡口一侧起焊时,起焊和接头的基本要求与上面方法相似,只是起焊点在坡口的一侧,接头处的焊波是斜交的,如图 1.54 所示。

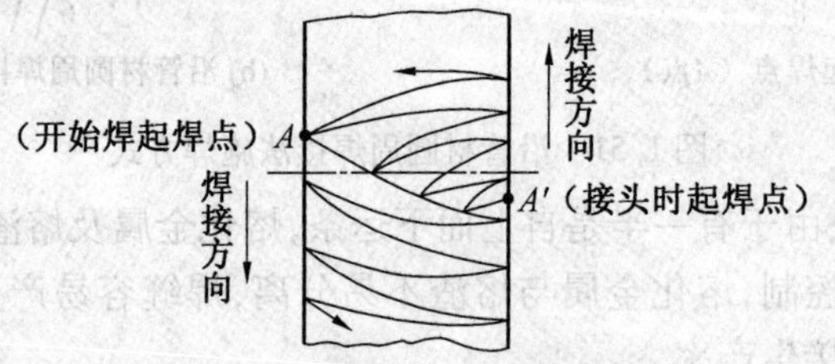

图 1.54　从坡口一侧的起焊方法

3. 垂直固定管的焊接

(1)对口要求及定位焊。当对口两侧管径不等时(错口),可以将直径较小的管材置于下方,并且保证沿圆周方向的错口数值均等;绝对避免偏于一侧集中错口,因为当错口值很大时将不可能熔透,在根部必然产生咬口缺陷,这种缺陷会由于应力集中而导致焊缝根部破裂,如图 1.55 所示。

错口 c 大于 2 mm 时则必须通过加工使内径相同,其加工坡度为 1 : 5,如图 1.56 所示。

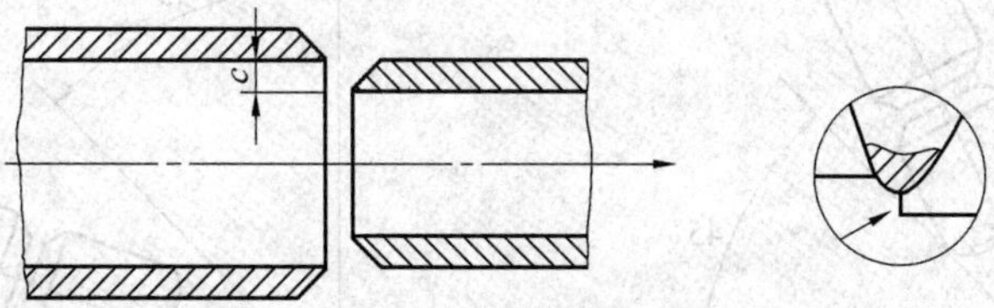

图 1.55 错口接头(箭头指处为咬口缺陷)

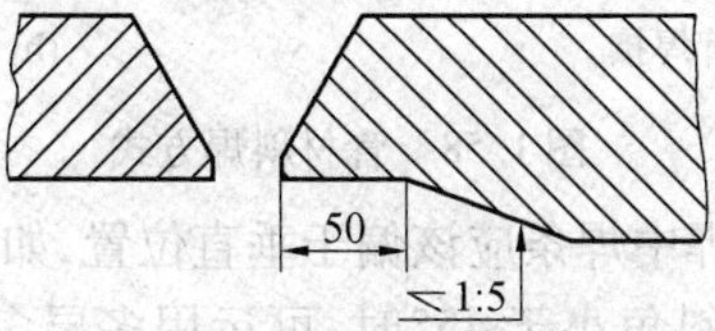

图 1.56 管材内圆加工

为了使焊口对正,管材端面应垂直于管材轴线。焊接之前,坡口及其两侧 10 mm 范围内应清除锈污,直至显露出金属光泽为止。

定位焊及焊点的修理均与钢板横焊的定位焊相似。当管径直径 ϕ 较小($\phi \leqslant 70$ mm)时,只需在管材对称的两侧定位焊两点即可;当管材较大($\phi > 70$ mm)时,可定位焊三点或更多的焊点。

(2)根部焊接。根部焊接同横焊基本操作法。

(3)多层焊接。多层焊接同横焊基本操作法。

(4)单人焊接大直径管材的方法。当焊接直径较大的管材时,如果沿着圆周连续运条,则变形量较大,必须应用"逆向分段跳焊法"来焊接,如图 1.57 所示。

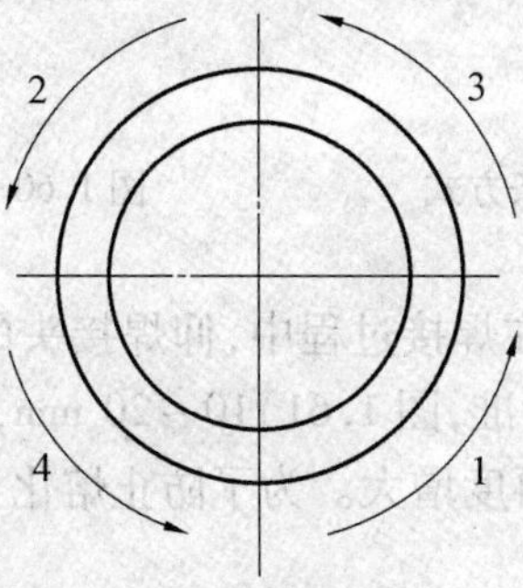

图 1.57 逆向分段跳焊法

多层焊接时,每层焊道的接头应错开 20 ~ 30 mm。

4. 倾斜固定管的焊接

倾斜固定管的焊接可看成是水平固定管焊接和垂直固定管焊接的结合,其根部焊接与水平固定管焊接相似。多层焊接时,当管材倾斜角小于 45°,可采用垂直固定管焊接的方法(图 1.58(a));当倾斜角大于 45°时,可采用水平固定管焊接的方法(图 1.58(b))。但采用这种焊接形式很难获得美观的外表,特别是焊缝接头处。

(1)对口要求及定位焊。与水平固定管焊接相同。

(2)根部焊接。根部施焊可分成两半焊成。由于管材是倾斜的,熔化金属有从坡口上侧

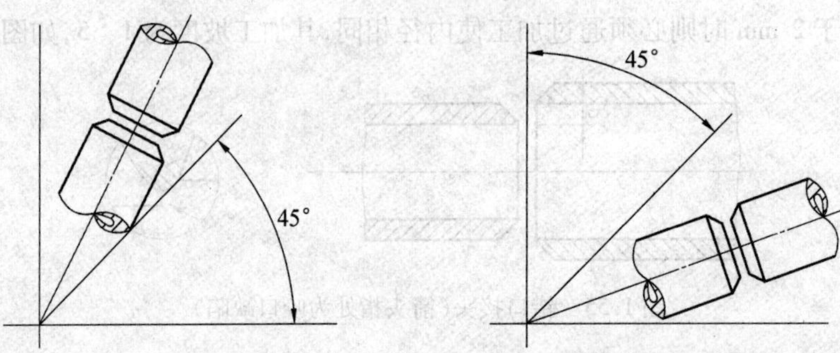

(a) 垂直固定管焊接　　(b) 水平固定管焊接

图1.58　管材斜焊方式

坠落到下侧的趋向，所以在施焊中焊条应该偏于垂直位置，如图1.59所示。

(3)多层焊接。当管材倾斜角小于45°时，可运用多层多道焊，分两半焊成。每道焊缝运条方式与根部焊接相似，但可略做水平方向的横向摆动；当管材倾斜角大于45°时，则可与水平固定管焊接相似，运用单道焊法，但由于横向摆动的幅度较大，为了不使熔化金属下坠，焊条在坡口下侧的停留时间应比上侧略长，即图1.60中的 a 侧焊条停留时间应比 b 侧长。

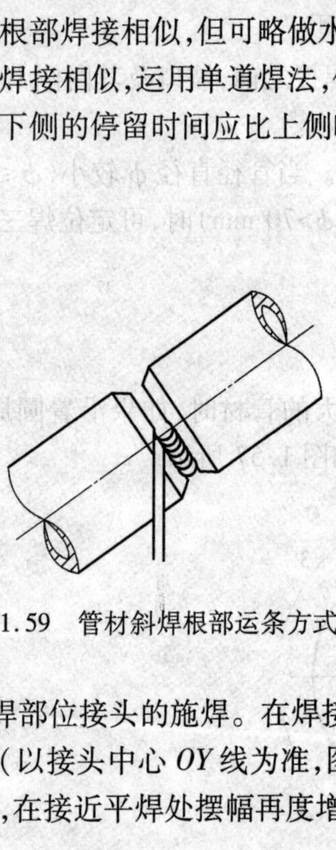

图1.59　管材斜焊根部运条方式

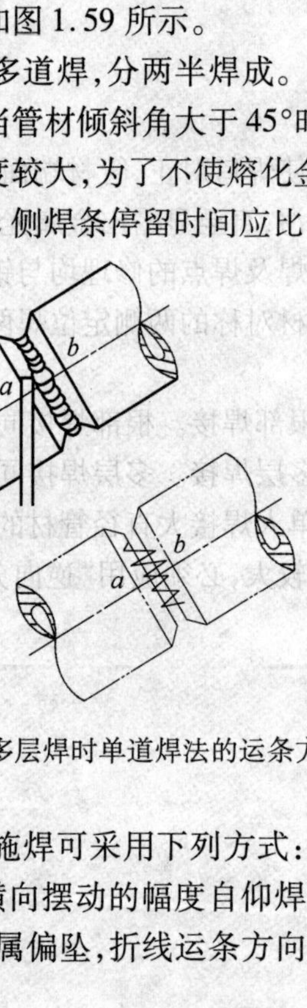

图1.60　多层焊时单道焊法的运条方式

(4)仰焊部位接头的施焊。在焊接过程中，仰焊接头的施焊可采用下列方式：起焊点越过管材半周(以接头中心 OY 线为准，图1.61)10～20 mm，横向摆动的幅度自仰焊至立焊部位越来越小，在接近平焊处摆幅再度增大。为了防止熔化金属偏坠，折线运条方向也需随之改变。

接头时，从 A' 起焊，电弧略长，摆幅自 A' 点至 A 点逐渐变大，如图1.61和图1.62所示。

(5)平焊部位接头的施焊。平焊接头比仰焊接头容易操作。为防止咬边，应选用较小的焊接电流，焊条在坡口上侧的停留时间略长，如图1.63所示。

5. 管材焊接注意事项

(1)大直径管材的焊接。对于直径很大的管材，因轧制无缝钢管比较困难，可采用钢板卷圆，然后焊接成管。在焊接纵向焊缝时，为了防止变形，可采用逆向分段跳焊法。

图1.64中数字表示分段施焊的次序，每段长为150～300 mm。多层焊时，上下两层的焊段接头应该错开。

(2)对口焊。进行对口焊时，相邻两管段的纵向焊缝应错开一段距离 l，且 l 应大于

200 mm,如图 1.65 所示。

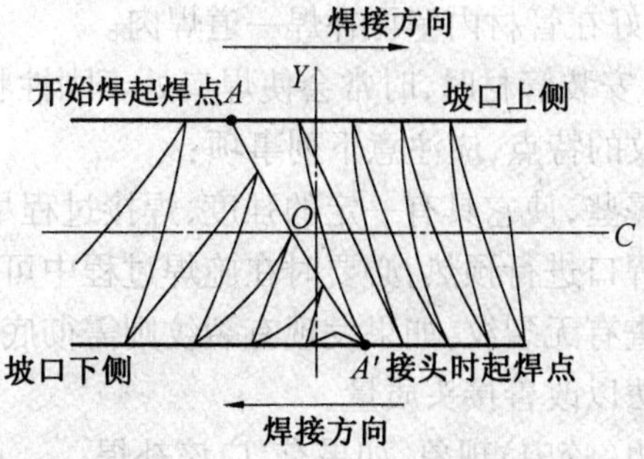

图 1.61　管材斜焊时的仰焊部位接头方式（*OY* 为接头中心；*OC* 为焊缝中心）

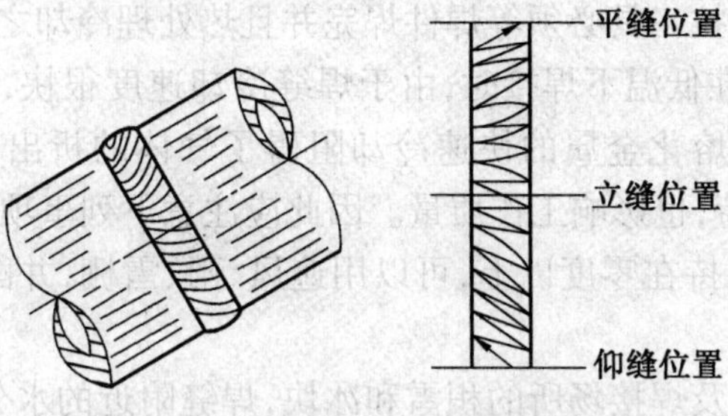

图 1.62　管材斜焊时的仰焊焊缝外貌

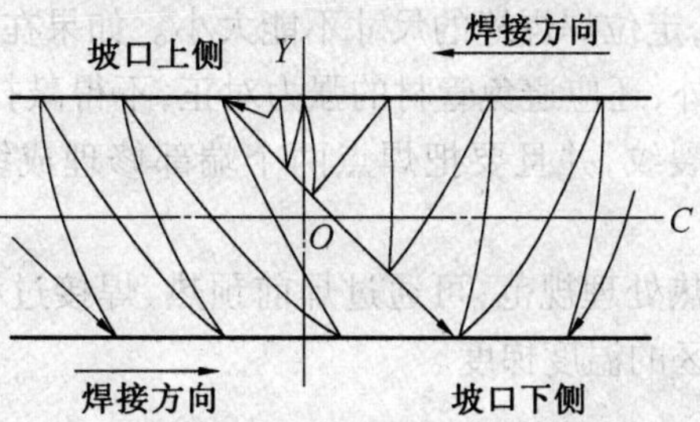

图 1.63　管材斜焊时的平焊部位接头方式

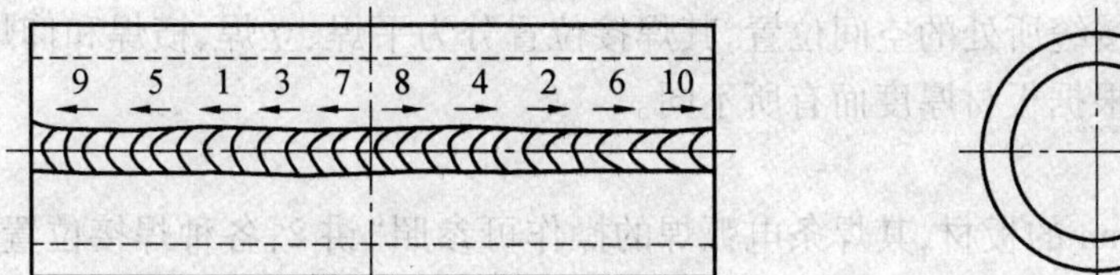

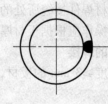

图 1.64　纵向焊缝的逆向分段跳焊法

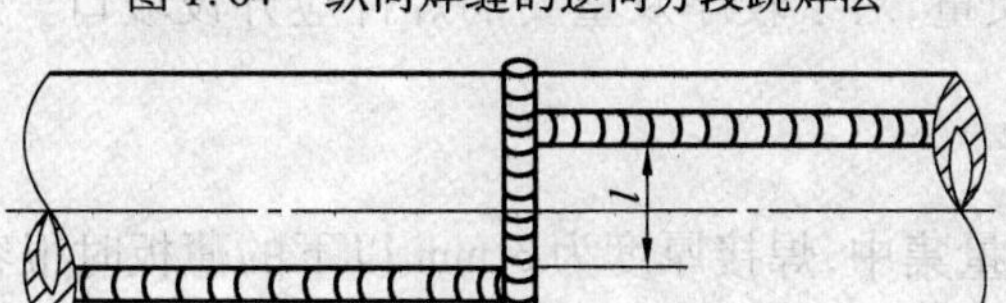

图 1.65　焊制管材对接方式

为了减小变形和提高劳动生产率，尽可能采用两人对称焊或转动管材进行焊接。如果要取得良好的根部质量，最好在管材内壁再补焊一道焊肉。

(3)刚性对口的焊接。安装管材时，时常会使焊口处于刚性状态。对于此种焊口或冷拉焊口进行焊接时易产生裂纹的特点，应注意下列事项：

1)根部焊缝应焊得肥厚些，使它具有一定的强度，焊接过程尽可能不中断。

2)最好在焊接之前对焊口进行预热，必要时在施焊过程中可以保持预热温度。

3)根部焊完之后应检查有无裂纹，如果发现有裂纹则需彻底清除。

4)尽可能利用多层焊法以改善接头质量。

5)表层焊肉不得有咬边(咬肉)现象，如果有，应该补焊。

6)焊后应退火，以消除残留应力。

7)用以拉紧焊件的冷拉工具必须等焊件焊完并且热处理冷却之后方可松去。

(4)低温下的焊接。在低温下焊接时，由于焊缝冷却速度很快，因而产生较大的焊接应力，焊缝容易破裂。另外，熔化金属的快速冷却阻碍了气体的析出，故焊缝中易产生气孔。当温度很低时，焊工易疲劳，也影响工作质量。因此应注意下列事项：

1)焊接场所尽可能保持在零度以上，可以用遮风、雨、雪棚，并配置暖气、火炉或电炉来调节温度和取暖。

2)必须扫清焊件内外及焊接场所的积雪和冰块，焊缝附近的水分应擦干或烤干。

3)低温下焊接时必须严格按照规程要求，对焊缝进行预热及退火。

4)在坡口内定位焊时，定位焊焊缝的尺寸不能太小。如果在合金钢管坡口内定位焊时，定位焊前应进行预热。另外，还应避免管材的强力对正，不得敲打和弯折定位焊焊缝。焊接前必须仔细检查焊点有无裂纹，并且要把焊点两个端部修理成缓坡形，定位焊后应立即施焊。

5)低温焊接时要重视热处理规范，可通过焊前预热、焊接过程中加热、增加焊接电流或采用保温方法以降低焊缝区的温度梯度。

讲4：板材的焊条电弧焊

根据板材焊件接缝所处的空间位置，其焊接位置分为平焊、立焊、横焊和仰焊四种形式。板材的焊接操作应根据板材厚度而有所不同。

1. 厚板的焊接

对于厚度≥3 mm 的板材，其焊条电弧焊的操作可参照“讲2：各种焊接位置的焊条电弧焊”进行。

为保证焊件的焊接质量，对于较厚及重要的焊件应开设坡口。焊缝坡口的基本形式及坡口尺寸见表1.3。

2. 薄板的焊接

由于电弧温度高、热量集中，焊接厚度为3 mm 以下的薄板时很容易产生烧穿现象，有时也会产生气孔，因此焊接操作时，应采用小直径焊条和小焊接电流，运条方法宜采用往复直线形。

表 1.3　焊缝坡口的基本形式

工件厚度/mm	名称	符号	坡口形式	坡口尺寸/mm				
				α(β)	b	p	H	R
1 ~ 2	卷边坡口	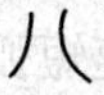	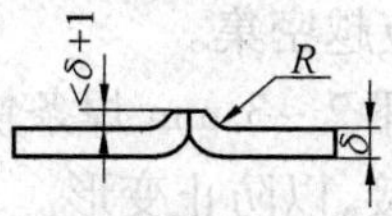	—	—	—	—	1 ~ 2
		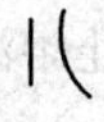	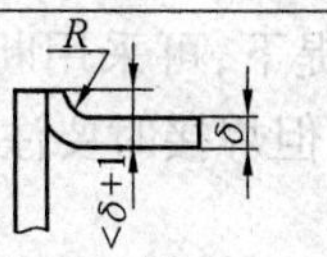	—	—	—	—	1 ~ 2
1 ~ 3	I 形坡口		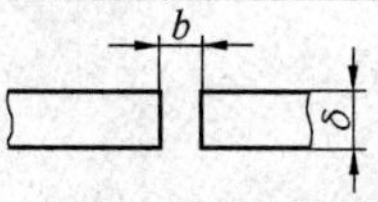	—	0 ~ 1.5	—	—	—
3 ~ 4					0 ~ 2.5			
3 ~ 26	Y 形坡口	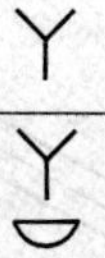	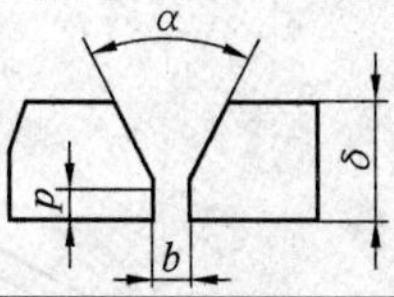	40° ~ 60°	0 ~ 3	1 ~ 4	—	—
6 ~ 26	Y 形带垫板坡口		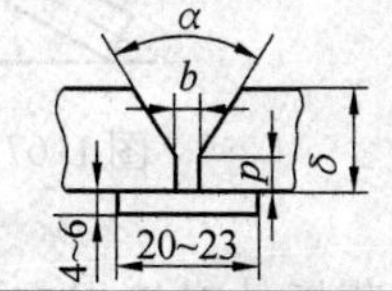	45° ~ 55°	3 ~ 6	0 ~ 2	—	—
20 ~ 60	带钝边 U 形坡口	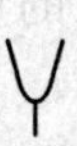	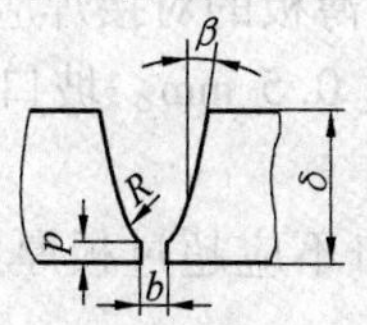	(1° ~ 8°)	0 ~ 3	1 ~ 3	—	6 ~ 8
12 ~ 60	双 Y 形		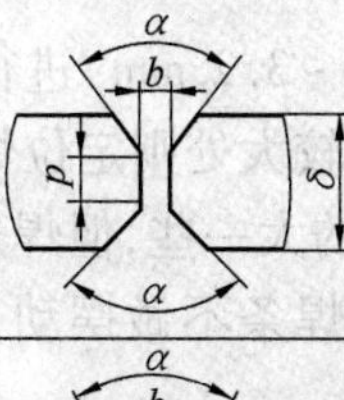	40° ~ 60°	0 ~ 3	1 ~ 3	—	33
>10	双 V 形坡口		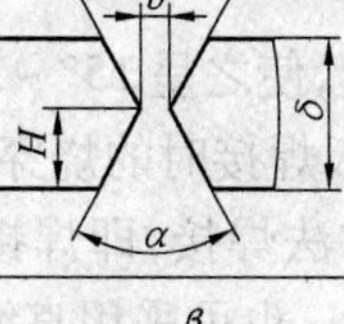	40° ~ 60°	0 ~ 3	1 ~ 3	δ/2	—
>30	双 U 形坡口		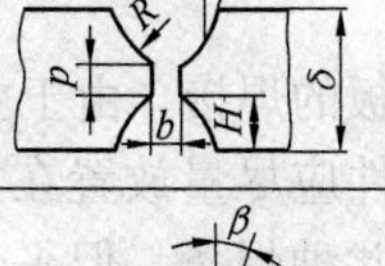	(1° ~ 8°)	0 ~ 3	2 ~ 4	(δ-p)/2	6 ~ 8
>30	UY 形坡口		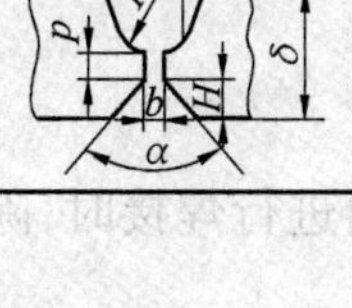	40° ~ 60° (1° ~ 8°)	0 ~ 3	2 ~ 4	(δ-p)/2	6 ~ 8

对于厚度2 mm以下的薄板焊件,最好采用弯边焊接方法焊接,如图1.66所示。

焊接前,应先将焊件的直边用弯边机压制成弯边或在方钢上用锤子手工弯边,曲线弯边可利用专用模具在压力机上完成,然后将弯边焊件对齐修平进行定位焊。一般每隔50~100 mm定位焊一次,越薄的板料,定位焊点应越密集。

焊接时,最好采用直流反接,不留间隙,用2~3 mm焊条快速短弧焊接,焊条沿焊缝做直线运动。如果焊缝较长,可固定在模具上焊接,以防止变形。

除焊接各种容器外,在不影响质量的前提下,可采用断续焊接方法焊接薄板焊件,也可将焊件一端垫高12°~20°,如图1.67所示。但焊接时要注意防止熔渣流到熔池的前方造成夹渣及气孔等缺陷。

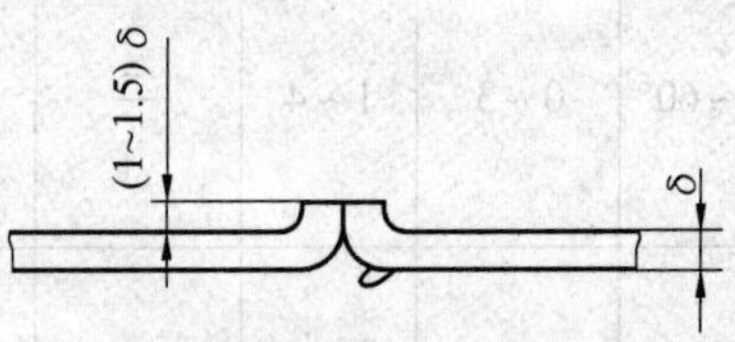

图1.66　薄板的弯边焊接方法

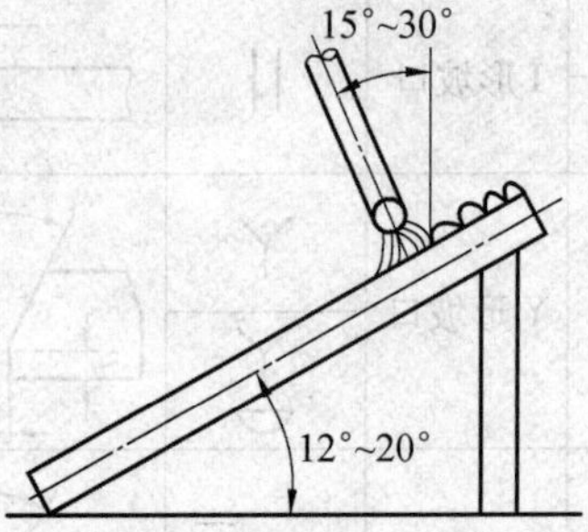

图1.67　薄板垫高一端的焊接

薄板的搭接焊比对接焊相对容易。对于薄板的对接焊应注意如下事项:

(1)装配间隙应越小越好,最大不要超过0.5 mm。坡口边缘的切割熔渣与剪切毛刺应清除干净。

(2)两块薄板装配时,对口处的上下错口不应超过板厚的1/3。对某些要求高的焊件,错口应不大于0.3 mm。

(3)应采用较小直径的焊条(直径为2.0~3.2 mm)进行定位焊及焊接。定位焊的间距应适当小一些,定位焊的焊缝呈点状,在间隙较大处则定位焊的间距应更小些。

(4)焊接电流可采用比焊条说明书规定的大一些,但焊速应稍高,以获得小尺寸的熔池。

(5)焊接时应采用短弧、快速直线焊接,焊条不做摆动,以得到小熔池和整齐的焊缝表面。

(6)对可移动的焊件,最好将其一头垫起,使之呈15°~20°角,进行下坡焊,如图1.67所示。这样可提高焊速和减小熔深,对防止薄板焊接时的烧穿和减小变形极为有效。

(7)对不能移动的焊件,可采用灭弧的方法焊接,即焊接一段后发现熔池将要漏穿时立即灭弧,使焊接处温度降低,然后再进行焊接。也可采用直线前后往复焊接(向前时,将电弧稍提高一些)。

(8)有条件时可采用立向下焊条进行薄板的焊接。由于立向下焊条焊接时熔深浅、焊速高,操作简便,不易烧穿,因此对可移动的焊件应尽量放置在立焊位置进行向下立焊。对不能移动的焊件,其立焊缝或斜立缝也可采用此种焊条。但平焊位置用此种焊条焊接成形不好,不宜采用。

3. 焊缝衬垫

当要求焊缝全焊透且只能从接头的一面进行焊接时,除了采用单面焊双面成形焊接操作技术外，还可以采用焊缝背面加焊接衬垫的方法。这种方法能使第一层金属熔敷在衬垫上，从而避免该层熔化金属从接头底层漏穿。

常用的衬垫有衬条、铜衬垫、非金属衬垫和打底焊缝四种形式。

(1)衬条。衬条是放在接头背面的金属条。第一条焊道使接头的两边结合在一起并与衬条相接。衬条如果不妨碍接头的使用特性，可保留在原位置上，否则应拆除掉。衬条须采用与所使用的母材和焊条在冶金上相配的材料制成。

(2)铜衬垫。铜衬垫是在接头底层支撑焊接熔池，适用于平直对接焊缝。铜的热导率较高，有助于防止焊缝金属与衬垫熔合。

(3)非金属衬垫。非金属衬垫是一种可伸缩的成形件，用夹具或压敏带贴紧在接头背面，适用于空间曲面对接焊缝。焊条电弧焊有时也使用这种衬垫，使用时应遵循衬垫制造厂推荐的规范。

(4)打底焊缝。打底焊缝是在单面坡口焊接接头中的一道或多道的背面焊道。这种焊缝是在坡口正面熔敷第一道焊缝之前在接头背面熔敷的。完成打底焊缝之后，所有的其余焊道均从正面在坡口内完成。

讲5:管板的焊条电弧焊

管板的焊接方法根据管板固定形式及施焊位置的不同，主要有平角焊、仰角焊及管板水平固定焊几种。

1. 平角焊位置的操作

管板平角焊位置的焊接操作分为打底焊、填充焊和盖面焊三步。

(1)打底焊。打底焊主要保证根部焊透，底板与立管坡口熔合良好，背面成形无缺陷。焊接时，首先在左侧的定位焊缝上引弧，稍加预热后开始由左向右移动焊条，当电弧移到定位焊缝的前端时开始压低电弧，向坡口根部的间隙处运送焊条，形成熔孔后保持短弧并做小幅度的锯齿形摆动，电弧在坡口两侧稍加停留。打底焊时，焊接电弧的大部分覆盖在熔池上，另一部分保持在熔孔处，保证熔孔大小一致，如果控制不好电弧，容易产生烧穿或熔合不好。打底焊的焊条角度如图1.68所示。

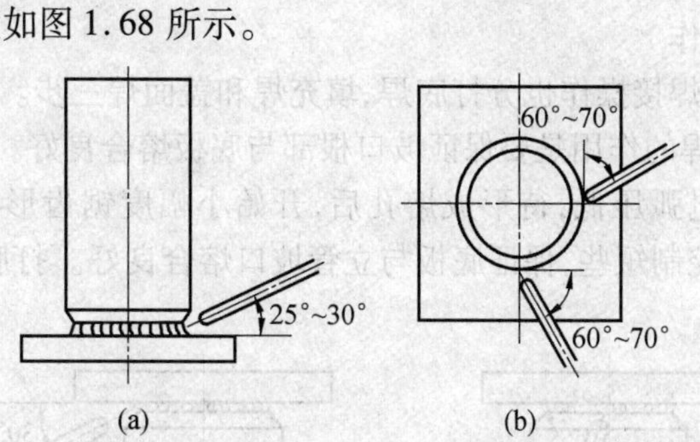

图1.68 打底焊的焊条角度

在焊接过程中，由于焊接位置不断发生变化，因此要求焊工手臂和手腕要相互配合，保证合适的焊条角度，并控制熔池的形状和大小。打底焊的接头一般采用热接法，因为打底焊时的熔池较小，凝固速度快，因此一定要注意接头速度和接头位置。如果采用冷接法，一定要将接头处处理成斜面后再接头。焊接最后的封闭接头时，要保证焊缝有10 mm左右的重叠，填满弧坑后再熄弧。

(2)填充焊。填充焊前，要将打底层焊道的熔渣清理干净，处理好焊接有缺陷的地方。焊接时，要保证地板与管的坡口处熔合良好。填充层的焊缝不能太宽、太高，焊缝表面要保持平整。填充焊的焊条角度如图1.69所示。

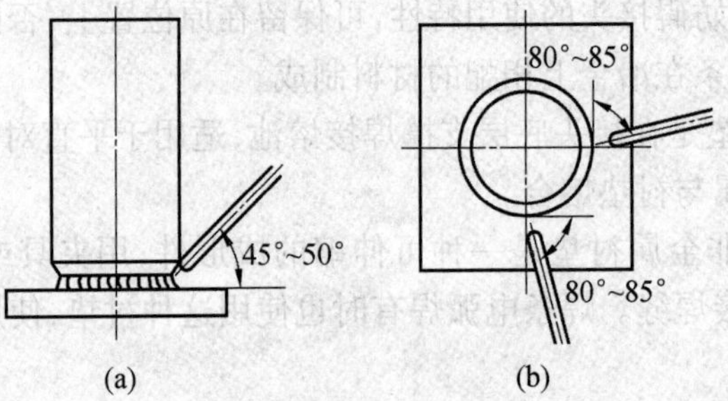

图1.69　填充焊的焊条角度

(3)盖面焊。盖面焊有两道焊道，焊接前要将填充层焊道的焊渣清理干净，处理好局部缺陷。焊接下面的盖面焊道时，电弧要对准填充层焊道的下沿，保证底板熔合良好；焊接上面的盖面焊道时，电弧要对准填充层焊道的上沿，该焊道应覆盖下面焊道的一半以上，以保证与立管熔合良好。盖面焊的焊条角度如图1.70所示。

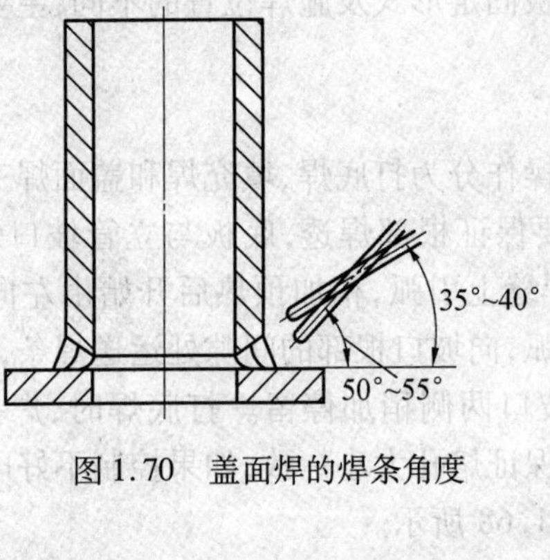

图1.70　盖面焊的焊条角度

2. 仰角焊位置的操作

管板仰角焊位置的焊接操作也分打底焊、填充焊和盖面焊三步。

(1)打底焊。打底焊的作用是要保证坡口根部与底板熔合良好。焊接时，引燃电弧后对起焊处先预热，然后将电弧压低，待形成熔孔后，开始小幅度锯齿形横向摆动，进入正常焊接。操作时，电弧尽量控制短些，保证底板与立管坡口熔合良好。打底层焊道的焊条角度如图1.71所示。

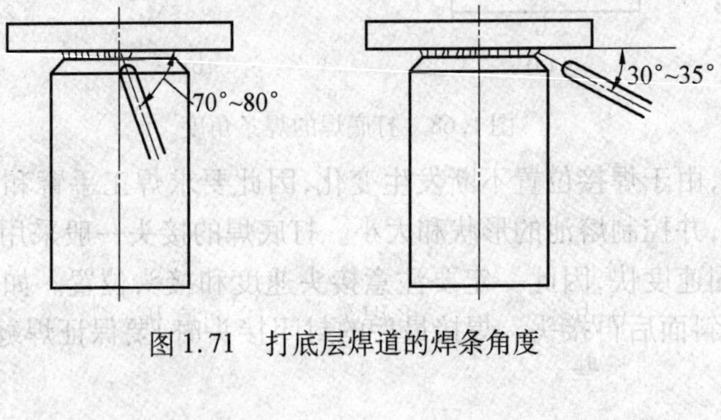

图1.71　打底层焊道的焊条角度

(2)填充焊。填充层焊道的表面不能有局部突出的现象,且须保证焊道的两侧熔合良好。

(3)盖面焊。盖面焊有两道焊道,先焊上面的焊道,后焊下面的焊道。焊上面的焊道时,摆幅略加大,焊道的下沿要覆盖填充焊道的一半以上。焊下面的焊道时,焊道上沿与上面的焊道要熔合良好,保证两条盖面焊道圆滑过渡,从而使焊缝外形成形良好。盖面焊时,其焊条的角度如图 1.72 所示。

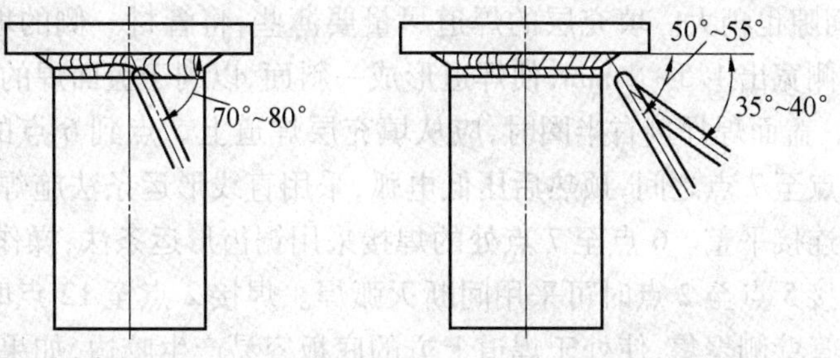

图 1.72　盖面层焊道的焊条角度

3. 管板水平固定焊的操作

管板水平固定焊要求对平焊、立焊和仰焊的操作技能都要熟练掌握。焊接过程中,焊条的角度随着焊接位置的不同而不断发生变化,各位置焊接时的焊条角度如图 1.73 所示。

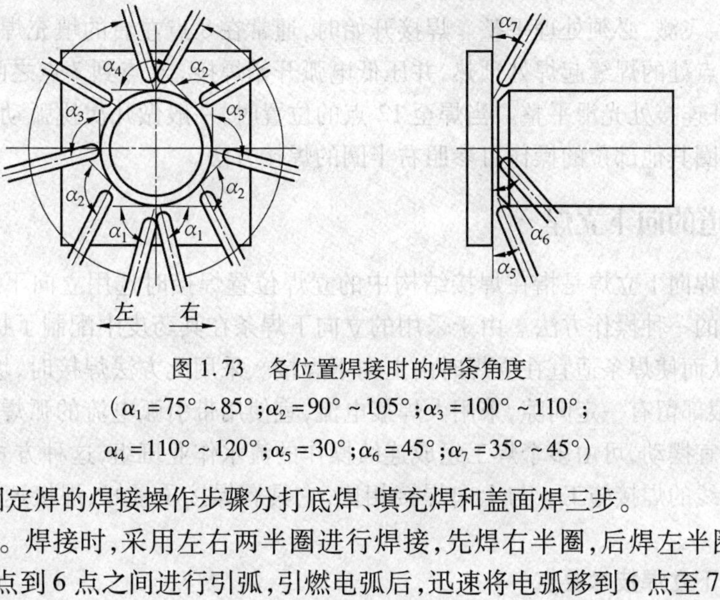

图 1.73　各位置焊接时的焊条角度

($\alpha_1=75°\sim85°$;$\alpha_2=90°\sim105°$;$\alpha_3=100°\sim110°$;

$\alpha_4=110°\sim120°$;$\alpha_5=30°$;$\alpha_6=45°$;$\alpha_7=35°\sim45°$)

管板水平固定焊的焊接操作步骤分打底焊、填充焊和盖面焊三步。

(1)打底焊。焊接时,采用左右两半圈进行焊接,先焊右半圈,后焊左半圈。焊右半圈时,应在时钟 4 点到 6 点之间进行引弧,引燃电弧后,迅速将电弧移到 6 点至 7 点之间,对工件稍加预热后压低电弧,等管板根部充分熔合形成熔池和熔孔后开始向右焊接,在 6 点至 7 点处的焊缝尽量薄些,以便左半圈焊接时连接平整。在时钟 6 点至 5 点之间时,为避免产生焊瘤,操作时可采用短弧焊接和斜锯齿形运条,向斜下方摆动要快,向斜上方摆动相对要慢,并在两侧稍加停留。在焊接时钟 5 点至 2 点之间时,焊条向工件里面送得要相对浅些,有时为了更好地控制熔池形状和温度,可采用间断灭弧焊或挑弧焊法熄弧焊接。采用间断灭弧焊时,如果熔池出现下坠,可横向摆动焊条且在两侧加以停留,扩大熔池面积,以使焊缝成形平整。在焊接时钟 2 点至 0 点位置时,应将焊条端部偏向底板一侧做短弧锯齿形运条,并使电弧在底板处停留时间稍长些。

左半圈焊接前,应先将右半圈焊缝的开始和末尾处的焊渣清理干净。如果时钟 6 点至 7 点处焊道过高或有焊瘤、飞溅,必须清理干净。焊接开始时,先在时钟 8 点处引弧,引燃电弧后,快速将电弧移到起焊处(时钟 6 点处)进行预热,然后压低电弧,以快速斜锯齿形运条,由 6 点向 7 点处进行焊接。左半圈的焊接除方向不同外,其余与右半圈相同。当焊至 0 点处与右半圈焊道相连时,采用挑弧焊或间断灭弧焊,等弧坑填满后,熄弧停止焊接。

(2)填充焊。填充焊的焊条角度和焊接步骤与打底焊相同,但焊条的摆动幅度比打底焊时略大些,摆动间隙也稍大。填充层的焊道尽量要薄些,将管材一侧的坡口填满,底板一侧要比管材坡口一侧宽出 1.5 ~ 2 mm,使焊道形成一斜面,以利于盖面焊的焊接。

(3)盖面焊。盖面焊焊接右半圈时,应从填充层焊道上 5 点到 6 点的位置引弧,然后迅速将电弧移到 6 点至 7 点之间,预热后压低电弧,采用直线形运条法施焊,焊道尽量要薄,以利于左半圈焊道连接平整。6 点至 7 点处的焊接采用锯齿形运条法,操作方法和焊条角度与填充焊相同。焊接 5 点至 2 点时可采用间断灭弧焊。焊接 2 点至 12 点时,由于熔敷金属在重力作用下易向管壁侧聚集,使处于焊道上方的底板容易产生咬边,如果操作不当则很难达到所要求的焊脚尺寸。因此操作时可采用间断灭弧焊,当焊到 12 点的位置时,将焊条端部靠在填充层焊道的管壁处,以直线形运条到 12 点与 11 点之间收弧,同时为左半圈的焊接打好基础。

左半圈焊接前,应先将右半圈焊缝的开始和末尾处的焊渣清理干净。如果接头处焊道过高或有焊瘤、飞溅,必须处理平整。焊接开始时,通常在 8 点左右的填充焊缝上引弧,然后将电弧拉至 6 点处的焊缝起焊处预热,并压低电弧开始焊接。6 点到 7 点之间一般采用直线形运条,并保证连接处光滑平整。当焊至 12 点的位置时,一般做几次挑弧动作,将熔池填满后收弧。左半圈其他部位的操作可参照右半圈的焊接方法。

讲 6:管道的向下立焊

焊条电弧焊向下立焊是指在焊接结构中的立焊位置焊接时选用立向下焊条,由上向下运条进行施焊的一种操作方法。由于采用的立向下焊条在其药皮中配制了提高熔渣熔点及黏度的物质,从而使焊条适宜在立焊时由上向下焊接。采用此方法焊接时,坡口应留有一定的均匀钝边,根部留有一定间隙,采用大焊接电流,宜使用带引弧电流的弧焊电源,电弧吹力强,熔深大,不宜摆动,可由多个焊工组成连续操作的流水作业班组,这种方式特别适用于长距离大口径管线的焊接施工。与上向焊接相比,它具有焊接质量好、焊接速度快、生产效率高等优点。

1. 管道向下立焊技术要点

(1)坡口形式及尺寸。管道向下立焊采用单面 V 形坡口,单面焊双面成形,坡口形式如图 1.74 所示。管道向下立焊对接焊缝的尺寸要求见表 1.4。

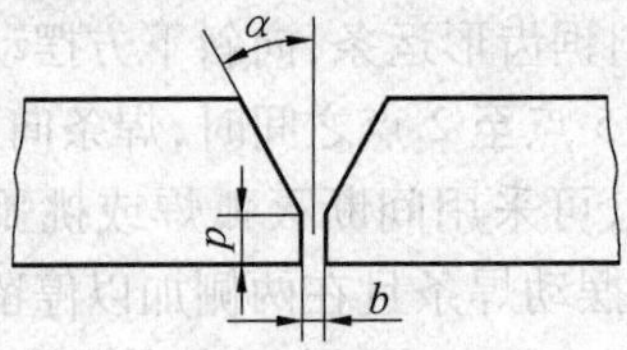

图 1.74　管道向下立焊坡口

表 1.4　管道向下立焊对接焊缝的尺寸要求

焊条类型	范围尺寸	坡口角度 α/(°)	钝边厚度 p/mm	对接缝间隙 b/mm
纤维素型立向下焊条	推荐范围	30～35	1.2～2.4	1.2～2.0
	允许范围	25～37.5	0.8～2.4	0.8～2.4
低氧型立向下焊条	推荐范围	30～40	0.4～1.6	2.4～3.2
	允许范围	27.5～40	0.4～2.4	2.0～3.6

(2)管道向下立焊参数。

1)管道向下立焊遵循多层多道焊的原则。焊接层数根据管壁厚度确定,不同壁厚要求的焊接层数见表 1.5,焊接顺序如图 1.75 所示。

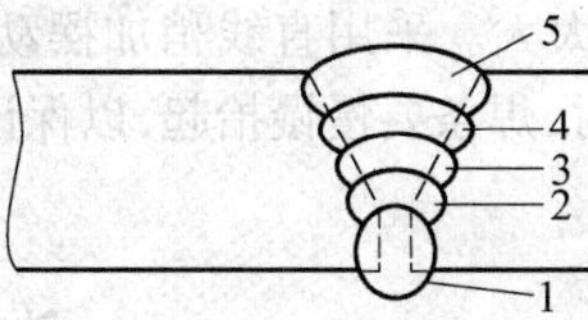

图 1.75　焊接顺序

1—根部焊道;2—热焊焊道;3、4—填充层焊道;5—盖面层焊道

表 1.5　不同壁厚要求的焊接层数

壁厚/mm	6	7～8	9～10	10～12
焊接层数	3～4	4～5	5～7	7～9

2)焊接材料应根据不同的管材和输送介质选择不同的焊条。输气管线原则上选用低氧型立向下焊条,输油和水管线选用纤维素型立向下焊条。管道向下立焊均采用直流电源反极性接法。

(3)管道向下立焊注意事项。

1)管材采用内对口器对口时,去掉对口器前必须完成全部根部焊道的焊接;采用外对口器对口时,去掉对口器前须完成 50% 以上的根部焊道的焊接,并且焊完的每段长度近似相等,且分布于圆周上的每段间距也应均匀。

2)更换焊条要快,应在熔池熔渣未冷却前换完焊条并再引弧。如果工作间断后再焊,应先清除接头处的焊渣再引弧焊接。每相邻两层焊道更换焊条接头处应错开 30～50 mm,避免相互重叠。

3)根部焊道要保证全部焊透,背面成形稍有凸起,凸起的高度以(1.0±0.5)mm 为宜。

4)根部焊道完成后,要尽快焊接第二层焊道(热焊),一般要求根部焊道与热焊焊道的间隔时间不超过 5 min。

5)每根焊条引弧后应一次连续焊完,焊接面每边一般应一次连续焊完,中间不要中断。

2. 管道向下立焊操作方法

管道向下立焊多采用纤维素型立向下焊条。焊接时,要求采用单面焊双面成形,背面焊缝要求焊波均匀、表面光滑并略有凸起。因此根部焊道是保证背面成形良好的关键。管道向下立焊操作方法主要分为根焊、热焊、填充焊和盖面焊四个过程。

(1)根焊。根焊指焊接根部第一层焊道。焊接时从管顶中部略超过中心线 5～10 mm 处起焊,从坡口表面处引弧,然后将电弧引至起焊处。电弧在起焊处稍做停留,待钝边熔透后沿焊缝直拖向下,采用短弧操作。焊条角度的变化如图 1.76(a)所示。根部焊道焊完后,应彻底清除表面焊渣，特别是焊缝与坡口表面交界处应仔细清除干净，以免在下层焊道焊接时产生夹渣。

(2)热焊。根部焊道焊完后应立即焊接第二层焊道，即热焊。进行热焊时，与根焊时间的间隔不宜太长，焊条直径可与根焊时相同或略大，运条时一般直拖向下或稍做摆动，但摆动时电弧长度要适中，保持短弧焊接，焊条角度与根焊时相同。

(3)填充焊。填充层焊道是为盖面焊接打基础，焊道要求均匀、饱满，两侧熔合良好且不能破坏坡口。焊条直径和焊接电流可大些，采用直线运条或稍做摆动，保持短弧焊接，焊条角度与根焊时基本相同。

(4)盖面焊。盖面层焊道是保证焊缝尺寸及外观的关键工序。焊条直径可以与填充焊的焊条相同或更大，但焊接电流不宜太大。采用直线稍加摆动运条，摆动幅度要适当，以压两侧坡口 1.5～2.0 mm 为宜。收弧时，焊条要慢慢抬起，以保证焊道均匀过渡。焊接时焊条角度的变化如图 1.76(b)所示。

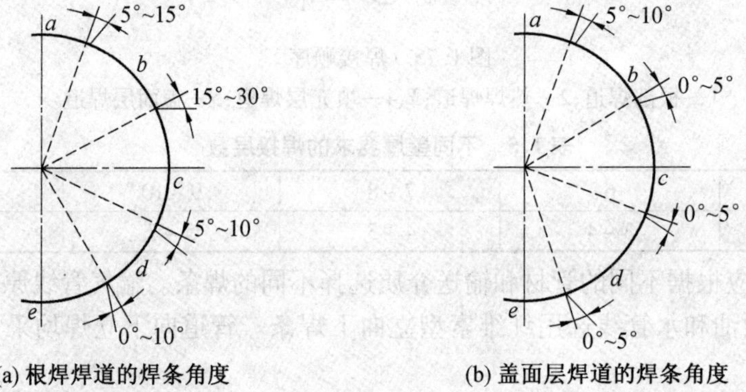

图 1.76 管道向下立焊的焊条角度

讲 7：焊条电弧焊的补焊

焊条电弧焊在生产中除用于焊接外，还可用于焊补加工。对于不同的泄露形式，应有针对性地采用不同的堵漏方案和补焊方案。

1. 泄漏原因分析

确定正确的堵漏方案，首先要找出发生泄漏的原因。一般设备泄漏处的介质都为蒸汽，因此观察泄漏点介质喷出的形状可初步确定泄露的原因。

如果喷出的介质成束状或气柱状，则说明是砂眼；如果成扇状，则说明缺陷是本体材料内部的夹渣或松散组织。用焊工刨锤尖部轻微敲打距泄漏点 50 mm 的远本体并逐渐接近泄漏点，如果声音由脆变哑，则说明缺陷大都是由腐蚀引起的。应对泄漏处附近进行测厚，如果壁厚<2 mm，不得采用直焊法堵漏。

2. 堵漏方案的确定

通过对泄漏处的介质进行检查和判断后，即可确定正确的堵漏方案。

对砂眼可以采取捻缝后补焊法。捻打时必须采用专门的头部呈球形的冲子，用冲子轻微敲打砂眼四周金属，通过使金属产生塑性变形来缩小砂眼而止漏。在捻打砂眼止漏后，必须进行补焊。在补焊时运条慢、熔池过深和裂纹未收严也均会产生砂眼，因此要注意控制熔深,运条动作不宜太慢,引弧点应在收严的裂纹上,熄弧时需填满弧坑。补焊前要仔细检查裂纹,引弧点应在收严的范围内,发现裂纹中有异物应清除干净。补焊能使裂纹自然收严一小段后,才能采用分段逆向焊法。

在管道、容器及阀体上,一般会在原有焊缝及应力集中处产生裂纹。对本体裂纹的带压堵漏,一般采用分段逆向焊法,即在焊缝起点引弧,向裂纹反方向运条,在原焊缝金属上熄弧,使裂纹起始段由于裂纹收缩而收紧。再在已收严的一小段裂纹末端引弧,反向运条熄弧。采用分段逆向焊法能保证焊接电弧、熔池及熄弧点都避开喷出的介质。

对泄漏介质为易燃、易爆物的焊件不应采用补焊法,对于压力不高的可燃介质可进行带引流阀门的加强板补焊法止漏。

对于由各种原因引起的本体局部腐蚀或流体冲刷减薄的管壁,在补焊时可以采取引流阀门、加补强板及上下引流阀门套箱等方法止漏。引流阀门应注意选择相应压力等级的闸阀,加强补焊时则必须采用壁厚足够的优质钢板。在套箱成形焊接时也可以采取分段逆向焊法。

3. 补焊工艺的确定

补焊工艺的确定主要是根据被修复件的材质、补焊部位和要求制定合理的工艺。一般应注意:

(1)坡口形式。坡口形式要根据待补焊部位的几何形状制定坡口的加工方法,以能保证缺陷全部被清除为标准。坡口形式的确定以待补焊部件易焊透且尽量少消耗焊条为目的,另外还要考虑焊后的加工和焊件的变形。

(2)焊接材料。应根据被焊母材的需要选用相匹配的焊接材料,此外,还要根据现场的焊接设备情况和母材的材质,考虑选用酸性或碱性焊条。通常应选用碱性低氢型焊条,因为此焊条的黏性较大,熔池内的熔化金属不易被吹走。焊接电流比正常情况下焊接各位置的电流要高出 35% ~60%,以增强电弧吹力,提高熔合性,提高熔池和母材的温度。

(3)在补焊工作量不大时,尽量采用小直径焊条进行补焊。

(4)在保证焊接修复时能够焊透、熔合良好及不产生夹渣的情况下尽量选择焊接电流的下限,以防止温度过高产生变形、飞溅、咬边和气孔缺陷等。为了防止产生缺陷,焊接时电弧不要拉得过长或把电弧压得太低,应根据具体情况,以电弧能正常燃烧为准。

(5)根据焊接修复时坡口的形式和焊后加工的要求,在保证熔合良好的情况下,焊接速度要根据焊件灵活控制。补焊时,一般采用多层多道的焊接,因为多层多道的焊接能起到预热和缓冷的作用,且有利于提高焊缝金属的塑性和韧性。

(6)焊接电源采用直流或交流电焊机均可。采用直流电焊机时应正接,宜选择直径为 2.5 ~3.2 mm 的焊条,引弧时应采用接触法。对于捻打后较小的针孔状砂眼,补焊时可先在周围以较长的电弧轻微预热,此时熔滴金属较细,并不形成熔池。当温度升高后,应迅速而准确地将焊条引向缺陷点。当孔眼被堵住后,应马上熄弧。采用分段逆向焊法时,电弧长度应尽量控制在 2 ~4 mm,不能在裂纹上熄弧,熔池深度要低于工件厚度的 1/2。

(7)根据具体要求选择合理的热处理工艺。

讲 8:CO_2气体保护焊的基本操作

CO_2气体保护焊的操作方法,按焊枪的移动方向(向左或向右)可分为左向焊法(图

1.77(a))和右向焊法(图1.77(b))两种。

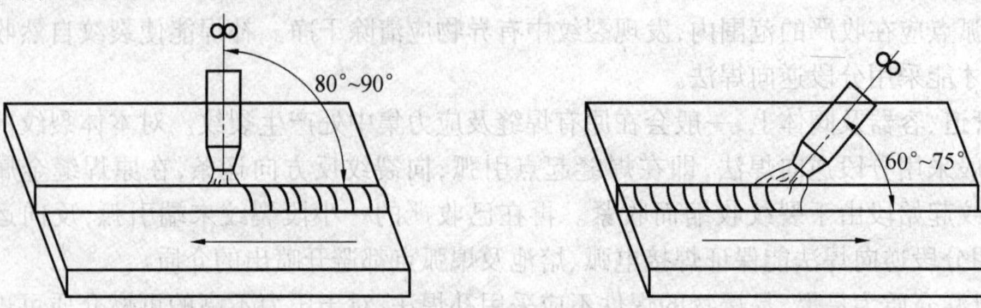

(a) 左向焊法 (b) 右向焊法

图1.77 左向焊法和右向焊法

采用左向焊法时,喷嘴不会挡住焊工视线,能够清楚地看到接缝,故不容易焊偏,并且能够得到较大的熔宽,焊缝成形平整美观,因此一般都采用左向焊法。同时,焊工必须正确控制焊枪与焊件间的倾角和喷嘴高度,使焊枪和焊件保持合适的相对位置。

采用右向焊法时,熔池可见度及气体保护效果都比较好,但焊接时不便观察接缝的间隙,容易焊偏,而且由于焊丝直指熔池,电弧对熔池有冲刷作用,如果操作不当,可使焊波高度过大,影响焊缝成形。

1. 操作姿势

CO_2气体保护焊操作时,要保证持枪手臂处于自然状态,手腕能够灵活自由地带动焊枪进行各种操作。CO_2气体保护焊常用操作姿势如图1.78所示。

引弧、运弧及收弧是CO_2气体保护焊最基本的操作,但操作手法与焊条电弧焊有所不同。

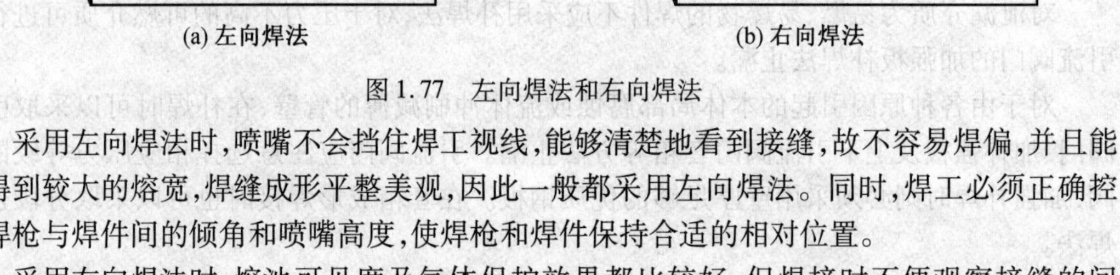

(a) 站姿施焊 (b) 坐姿施焊 (c) 左向焊法姿势 (d) 右向焊法姿势

图1.78 CO_2气体保护焊常用操作姿势

2. 引弧

CO_2气体保护焊通常采用短路接触法引弧。引弧的具体操作步骤:首先按遥控盒上的点动开关或按焊枪上的控制开关送出一段焊丝,伸出长度小于喷嘴与工件间应保持的距离;然后将焊枪按要求(保持合适的倾角和喷嘴高度)放在引弧处(此时焊丝端部与工件未接触),喷嘴高度由焊接电流决定,如果操作不熟练,最好双手持枪;最后按焊枪上的控制开关,焊机自动提前送气,延时接通电源,保持高电压,当焊丝碰撞工件短路后,自动引燃电弧。短路时,焊枪有自动顶起的倾向,引弧时要稍用力下压焊枪,防止因焊枪抬高,电弧太长而熄灭。引弧过程如图1.79所示。

3. 运弧

为了控制焊缝的宽度和保证熔合质量,CO_2气体保护焊操作时焊枪也要像焊条电弧焊那

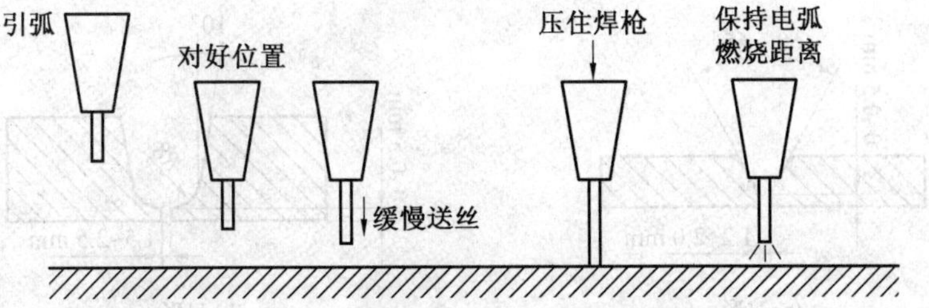

图 1.79　引弧过程

样做横向摆动。通常为了减少热输入和热影响区，减小变形，不应采用大的横向摆动来获得宽焊缝，应采用多层多道焊来焊接厚板。焊枪的摆动形式及应用范围见表 1.6。

表 1.6　焊枪的摆动形式及应用范围

应用范围及要点	焊枪摆动形式
薄板及中厚板打底焊道	
薄板根部有间隙或坡口有钢垫板时	
坡口较小时及中厚板打底焊道，在坡口两侧需停留 0.5 s 左右	
厚板焊接时的第二层以后采用横向摆动，在坡口两侧需停留 0.5 s 左右	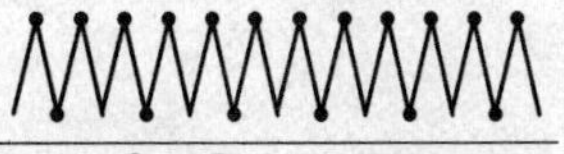
多层焊时的第一层	
坡口大时，在坡口两侧需停留 0.5 s 左右	

4. 收弧

CO_2 气体保护焊焊机有弧坑控制电路，焊枪在收弧处停止前进的同时接通此电路，焊接电流与电弧电压自动变小，待熔池填满时断电。如果焊机没有弧坑控制电路，或因焊接电流小没有使用弧坑控制电路时，在收弧处焊枪停止前进，并在熔池未凝固时反复断弧、引弧几次，直至弧坑填满为止。操作时动作要快，如果熔池已凝固才引弧，则可能产生未熔合及气孔等缺陷。

收弧时应在弧坑处稍做停留，然后慢慢抬起焊枪，这样就可以使熔滴金属填满弧坑，并使熔池金属在未凝固前仍受到气体的保护。如果收弧过快，容易在弧坑处产生裂纹和气孔。

讲 9：管材的 CO_2 气体保护焊

由于焊丝自动进给，在管材对接的 CO_2 气体保护焊时，为提高工作效率，一般将焊件放在滚轮架上进行焊接。

(1) 焊前准备。管材对接焊时通常采用 V 形（图 1.80(a)）或 U 形（图 1.80(b)）坡口形式。

装配前，要将管材坡口及其端部内外表面 20 mm 范围内的油污、水锈等清除干净，并使用角向磨光机打磨至露出金属光泽；按图 1.80 的形式将管材装配合格后进行定位焊；在管材圆周上等分三处进行定位焊，焊缝长度为 10 ~ 15 mm。定位焊要保证焊透并无缺陷，焊接后要将焊点两端用角向磨光机打磨成斜坡。

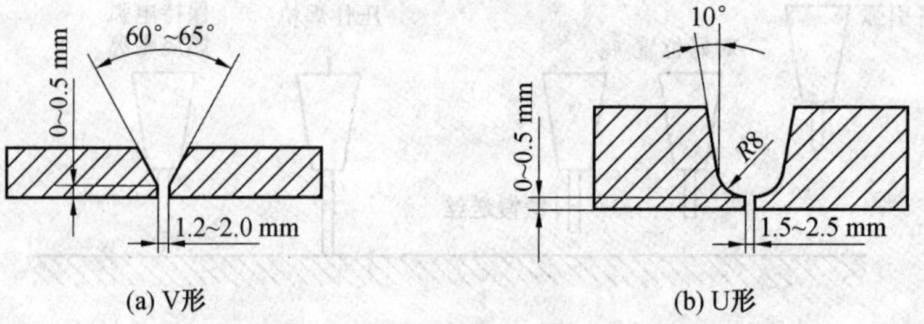

图1.80　管材对接焊时的坡口形式

正式焊接时,要将管材置于滚轮架上,并使其中的一个定位焊缝位于1点钟的位置,焊接采用左向焊法。管材对接焊时焊枪的位置如图1.81所示。

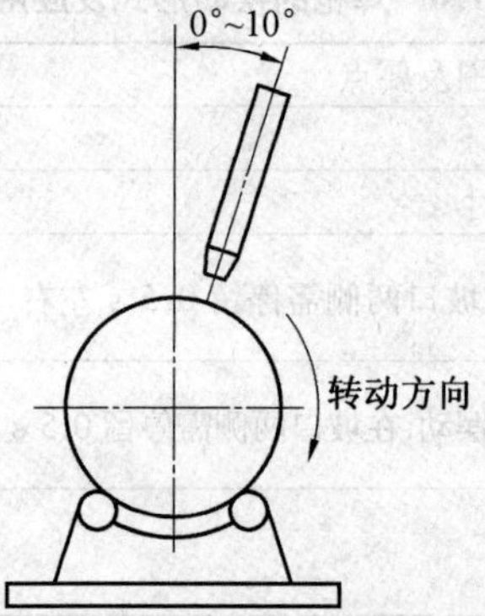

图1.81　管材对接焊时焊枪的位置

(2)打底焊。在位于1点钟的定位焊缝上引弧,并顺时针边转动管材边焊接。注意,管材转动时要使熔池保持水平位置,并同平焊一样要控制熔孔的直径比根部间隙大0.5~1 mm。焊接完后须将打底层焊道清理干净。

(3)填充焊。填充焊同样在管材1点钟处引弧,可采用月牙形或锯齿形摆动方式焊接,摆动时在坡口两侧稍做停留,以保证焊道两侧熔合良好,并使焊道表面略微下凹和平整,并低于焊件金属表面1~1.5 mm。注意操作时不能熔化坡口边缘,焊接完后要把焊道表面清理干净。

(4)盖面焊。盖面焊同样要在管材1点钟处引弧并焊接,焊枪摆动幅度略大一些,使熔池超过坡口边缘0.5~1.5 mm,以保证坡口两侧熔合良好。焊接完后要用钢丝刷清理焊道表面,并检查焊道表面有无缺陷,如果有缺陷,须进行打磨修补。

讲10:板材的CO_2气体保护焊

板材的焊接位置分为平焊、横焊和立焊及仰焊等。

1.平焊

平焊主要有平板对接焊、平角焊和搭接焊三种形式。

平板对接焊通常采用左向焊法。在薄平板对接焊时,焊枪做直线运动,如果有间隙,焊枪可做适当的横向摆动,但幅度不宜过大,以免影响气体对熔池的保护作用。在中、厚板V形坡口对接焊时,底层焊缝应采用直线运动,焊接上层时焊枪可做适当的横向摆动。

平角焊和搭接焊采用左向焊法或右向焊法均可,但右向焊法的外形较为饱满。焊接时要根据板厚和焊脚尺寸来控制焊枪的角度。在不等厚焊件的 T 形接头平角焊时，要使电弧偏向厚板，以使两板加热均匀。在等厚板焊接时，如果焊脚尺寸小于 5 mm，可将焊枪直接对准夹角处，其焊枪的位置如图 1.82(a)所示；当焊脚尺寸大于 5 mm 时，需将焊枪水平偏移 1 ~ 2 mm，同时焊枪与焊接方向保持 30° ~ 50°的夹角，如图 1.82(b)所示。

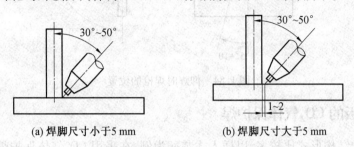

(a) 焊脚尺寸小于5 mm　(b) 焊脚尺寸大于5 mm

图 1.82　平角焊时焊枪的位置

2. 立焊和横焊

立焊有两种操作方法：一种是由下向上的焊接，焊缝熔深较大，操作时如果适当地做三角形摆动，则可以控制熔宽，并可改善焊缝的成形，多用于中、厚板的细丝焊接；另一种是由上向下的焊接，速度快，操作方便，焊缝平整美观，但熔深浅，接头强度较差，多用于薄板焊接。

横焊多采用左向焊法。焊接时焊枪做直线运动，也可做小幅度的往复摆动。立焊和横焊时焊枪与焊件的相对位置如图 1.83 所示。

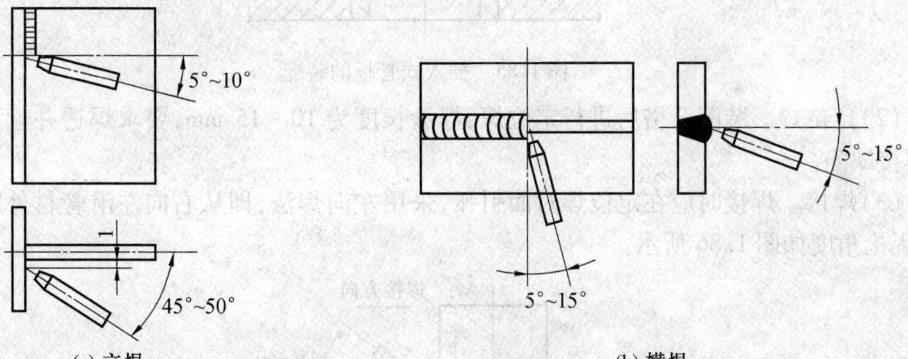

(a) 立焊　(b) 横焊

图 1.83　立焊和横焊时焊枪与焊件的相对位置

3. 仰焊

仰焊应采用较细的焊丝、较小的焊接电流及短弧，以增加焊接过程中的稳定性，且 CO_2 气体流量要比平、立焊时稍大一些。薄板件仰焊多采用小幅度的往复摆动；中、厚板仰焊应做适当的横向摆动，并在接缝或坡口两侧稍停片刻，以防焊波中间凸起及液态金属下淌。仰焊时焊枪的位置如图 1.84 所示。

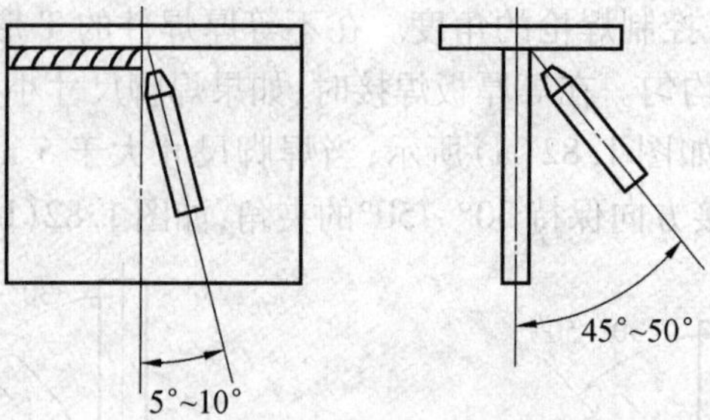

图1.84 仰焊时焊枪的位置

讲11:管板的CO_2气体保护焊

管板焊接的结构形式比较多,以插入式装配为例,在采用CO_2气体保护焊焊接管板结构时,其操作步骤为:

(1)焊前清理。装配前,应将管材待焊处20 mm范围内、板件孔壁及其周围20 mm范围内的油污和水锈清除干净,并露出金属光泽。插入式管板的装配如图1.85所示。

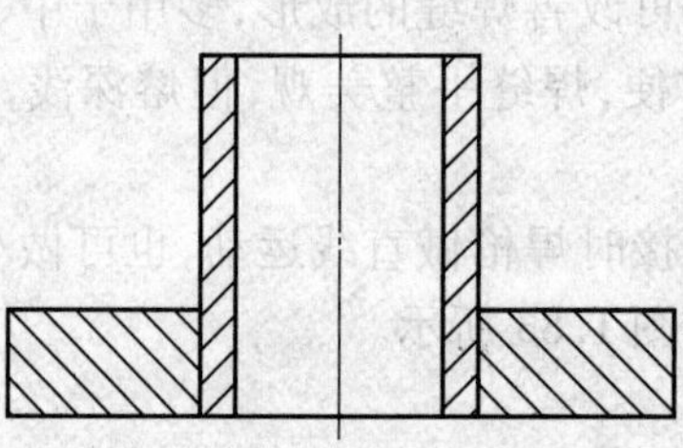

图1.85 插入式管板的装配

(2)定位焊。装配合格后进行定位焊,焊缝长度为10~15 mm,要求焊透并且不能有各种焊接缺陷。

(3)焊接。焊接时应在定位焊对面引弧,采用左向焊法,即从右向左沿管材外圆进行焊接,焊枪角度如图1.86所示。

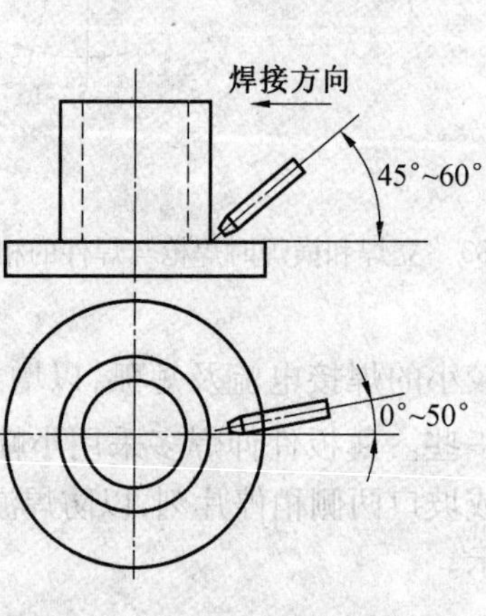

图1.86 插入式管板CO_2气体保护焊焊接的焊枪角度

在焊接至距定位焊缝约20 mm处收弧,用角向磨光机磨去定位焊缝,并将起弧和收弧处磨成斜面,以便连接。然后将焊件旋转180°,在前收弧处引弧,完成焊接。收弧时一定要填满弧坑,并使接头处不要太高。

(4)焊后清理。用钢丝刷清理焊缝表面,并目测或用放大镜观察焊缝表面是否有裂纹、气孔和咬边等缺陷,如果有缺陷,需打磨掉缺陷并重新进行补焊。

讲 12:埋弧焊

埋弧焊是一种电弧在焊剂层下燃烧进行焊接的方法。埋弧焊主要分为对接直焊缝焊接,对接环焊缝焊接和中、厚板的平板对接双面焊三种形式。

1. 对接直焊缝焊接操作要点

(1)焊接检查。检查焊机控制电缆线接头有无松动,焊接电缆是否连接妥当;导电嘴是易损件,检查它的磨损、导电情况和是否夹持牢靠;焊机要做空车调试,检查各个按钮、旋钮开关、电流表和电压表等是否工作正常;实测焊接速度,检查离合器能否可靠接合与脱开。

(2)清理焊丝、焊件与烘干焊剂。对焊丝表面的油锈严格除净,然后按顺序盘绕在焊丝盘内。由于埋弧焊对焊件表面的清理比焊条电弧焊要求高,其中对于对接口根部表面的污染特别敏感。因此,对接口根部的清理要彻底,并且应在装配定位焊之前进行,否则无法清理干净。对附着在坡口或接口表面附近的气割熔渣,也应彻底清除干净。对于重要的接头,如果清理后又生了锈迹,则必须在定位焊之前再用砂轮或其他方法将坡口两侧表面 20 ~ 30 mm宽度内的锈迹清除干净,以确保焊接质量。

焊剂中的水分在使用之前必须排除到最低含量,因此焊前要进行烘干。烘干温度为(300±10)℃,保温 1.5 h,然后随取随用。

(3)不开坡口的平对接直焊缝焊接。

1)不开坡口不留间隙的平对接直缝焊。

①架空焊件背面不加衬垫焊法。取 10 mm 厚的碳钢板,按图 1.87 进行装配定位焊。定位焊时采用 E4303 焊条,直径为 4 mm;焊接电流为 180 ~ 210 A,以焊条电弧焊方式进行,然后将焊件按图 1.88 所示架空状态焊接。

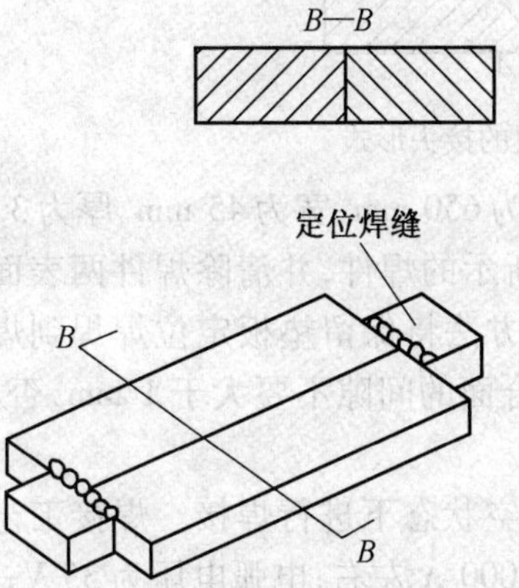

图 1.87　不开坡口不留间隙的平对接直缝焊焊件

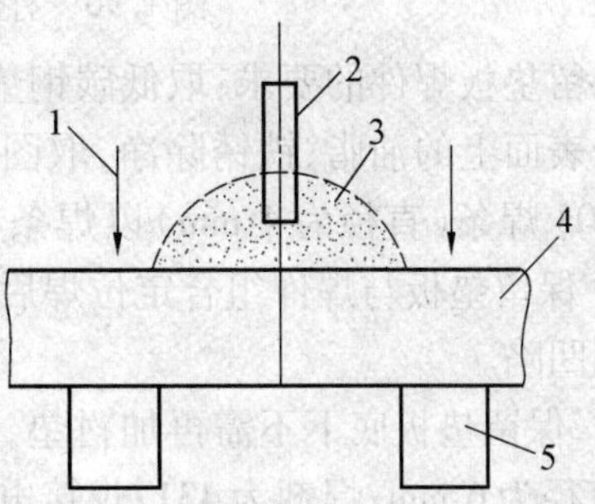

图 1.88　架空焊件

1—夹紧方向;2—焊丝;3—焊剂;4—焊件;5—支撑垫

架空焊接时,不开坡口不留间隙,装配定位焊后,其接口上的局部间隙不应大于 0.8 mm。进行架空埋弧焊时,正面第一道焊缝是关键,应保证不烧穿,故工艺参数应适当小些,一般熔透深度达到焊件厚度的 40% ~50% 即可,而背面焊缝焊接时电流可适当加大些,熔透深度为焊件厚度的 60% ~70% 。

正面焊缝工艺参数：焊丝为H08A，直径为4 mm；焊剂为431；焊接电流为440～480 A；焊接速度为35～42 m/h。背面焊缝的焊接电流为530～560 A，其余工艺参数均参照正面焊缝。正面焊缝焊接完后，利用碳弧气刨清除焊根，并刨出一定深度与宽度的坡口，如图1.89所示。

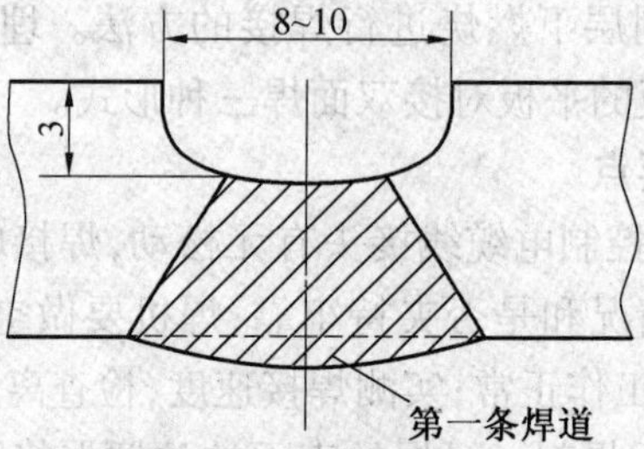

图1.89 碳弧气刨坡口尺寸

碳弧气刨的主要工艺参数：碳棒直径为6 mm，刨削电流为280～300 A。刨削时，要从引弧板的一端沿对接缝的中心线一直刨至引出板的一端。碳弧气刨后要彻底清除槽内和槽口表面两侧的熔渣，并采用手动砂轮轻轻打光表面后，方可进行背面焊缝的焊接。

进行架空焊接时，要注意观察背面板材表面的颜色变化，注意不要焊漏。对背面焊缝的坡口要保证充分焊满。焊接过程中，焊丝要严格控制在接线或坡口的中心线上，不要焊偏；如果出现偏差时，要及时调整。

②保留垫板焊接法。保留垫板焊接法是在焊接时将衬垫置于对接接口的背面，通过正面第一道焊缝的焊接，将衬垫一起熔化并与焊件永久连接在一起。这个衬垫叫保留垫板，保留垫板的材料应与焊件一致。该法适用于受焊件结构形式或工艺装备等条件限制，而无法实现单面焊双面成形的场合。保留垫板或锁底对接的焊接接头形式如图1.90所示。

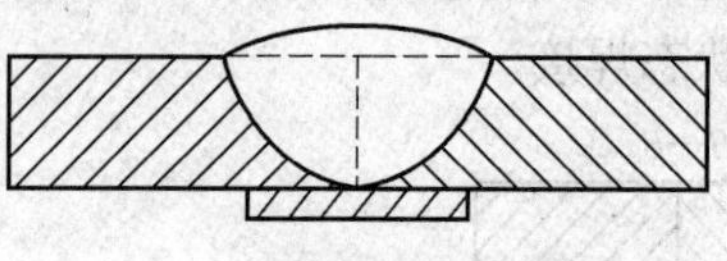

图1.90 有保留垫板的接头形式

制作保留垫板焊件的要求：取低碳钢垫板，长为650 mm、宽为45 mm、厚为3.5 mm，将其与焊件贴合表面上的油脂、铁锈除净，取图1.91所示的焊件，并清除焊件两表面的油锈，然后使用E4303焊条（直径为4 mm）以焊条电弧焊方法将保留垫板定位焊焊到焊件上，如图1.91所示。保留垫板与焊件组合定位焊后，其贴合面的间隙不要大于1 mm，否则焊缝容易产生焊瘤和凹陷。

焊接时，保留垫板底下不需再加衬垫，可在悬空状态下进行焊接。焊接工艺参数：焊丝为H08A，直径为6 mm；焊剂为431；焊接电流为1 000 A左右；电弧电压为35 V；焊接速度为36～38 m/h。

2）不开坡口留间隙的平对接直缝焊。取10 mm厚低碳钢板，每组两块，并作为引弧板和引出板。采用E4303、直径为4 mm的焊条以手工电弧焊方式进行定位焊，如图1.92所示，作为实习焊件。

焊接时，采用焊剂-铜垫法可实现单面焊双面成形。

焊接前，将带槽铜垫和实习焊件按图1.93所示装配。装配时，铜垫需贴紧于焊件的下

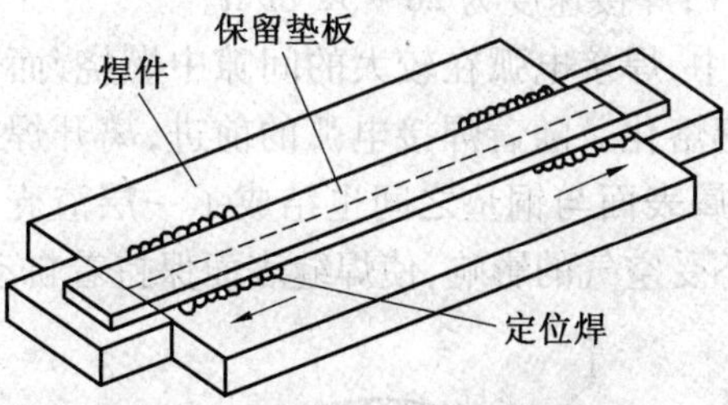

图 1.91　带保留垫板的实习焊件

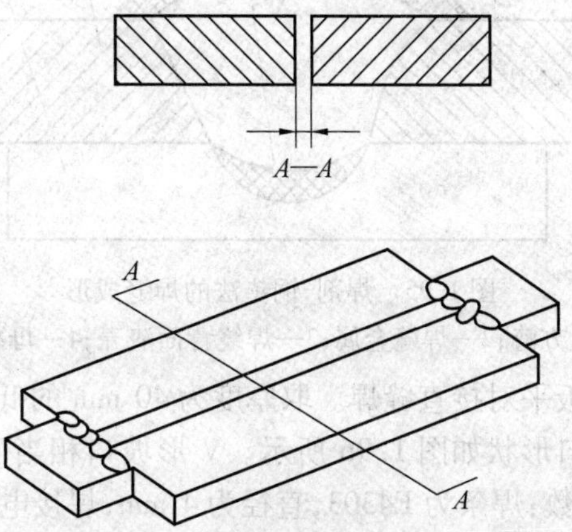

图 1.92　不开坡口留间隙的平对接直缝焊焊件

方。同时,铜垫要有一定的厚度和宽度,其体积大小应能足够承受焊接的热量而不致熔化。焊剂的敷设程度直接影响到焊缝成形。如果焊剂敷设得太紧密,会出现图 1.94(a)所示的背面凹陷情况;如果焊剂敷设得太疏松,则会出现图 1.94(b)所示的背面凸出情况。预埋焊剂的颗粒应采用每 25.4 mm×25.4 mm 为 10×10 眼孔的筛子过筛。

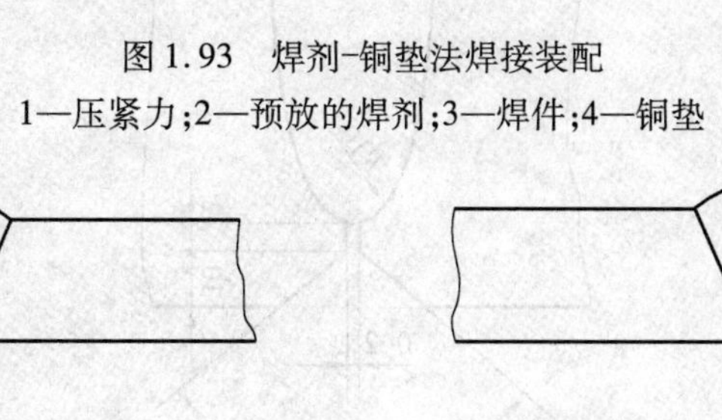

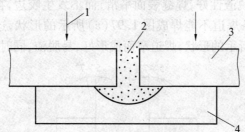

图 1.93　焊剂-铜垫法焊接装配

1—压紧力;2—预放的焊剂;3—焊件;4—铜垫

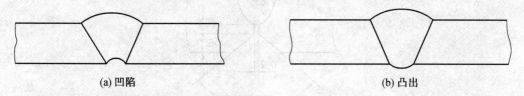

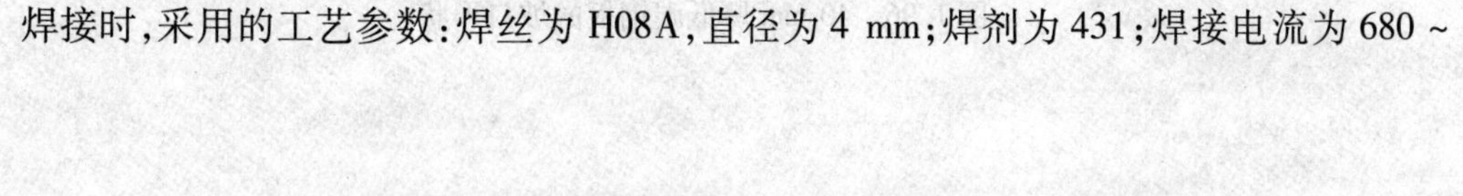

(a) 凹陷　(b) 凸出

图 1.94　焊剂-铜垫法的焊缝背面缺陷

焊接时,采用的工艺参数:焊丝为 H08A,直径为 4 mm;焊剂为 431;焊接电流为 680 ~

700 A；焊接电压为35～37 V；焊接速度为28～32 m/h。

在焊剂-铜垫法的焊接中，焊接电弧在较大的间隙中燃烧，而使预埋在缝隙间的和铜垫槽内上部的焊剂与焊件一起熔化。随着焊接电弧的前进，离开焊接电弧的液态金属和焊剂渐渐凝固，在焊缝下方的金属表面与铜垫之间也结成了一层渣壳，如图1.95所示。这层渣壳保护着焊缝金属的背面不受空气的影响，使焊缝表面保持着自动焊焊缝应有的光泽。

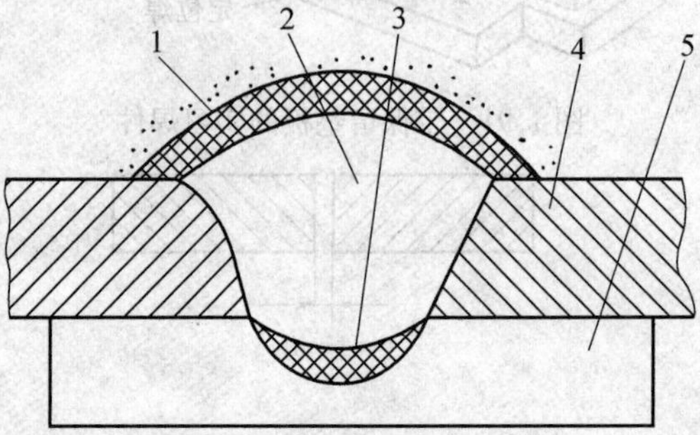

图1.95　焊剂-铜垫法的焊缝成形

1—焊缝上方渣；2—焊缝金属；3—焊缝背面渣壳；4—母材；5—铜垫

（4）开双面坡口的厚板平对接直缝焊。取厚度为40 mm的低碳钢板，加工出正面U形、反面V形的双面坡口，坡口形状如图1.96所示。V形坡口相当于封底焊接，先采用手工电弧焊法进行焊接。工艺参数：焊条为E4303，直径为4 mm；焊接电流为180～210A。

然后对U形坡口采用多层埋弧焊焊接。工艺参数：焊丝为H08A，直径为4 mm；焊剂为431；焊接电流为600～700 A；焊接电压为36～38 V；焊接速度为25～29 m/h。

进行手工电弧焊法封底焊接时，每焊完一条焊道，应将焊渣彻底清除干净，然后再进行下一条焊道的焊接。在焊接之前，应将焊条烘干，以减少或消除焊缝中的气孔。盖面焊焊道的焊接，先焊靠坡口两边的焊道，后焊中间焊道，应使焊缝表面形成圆滑过渡并焊满。进行多层埋弧焊时，为使焊缝脱渣性好，焊缝表面平滑，而不发生咬边，在焊接每条焊道时，要严格控制焊道的形状。每条焊道不能焊成图1.97(a)所示的形状，这种焊道宽且咬边，难脱渣，而应焊成图1.97(b)所示的形状，焊道窄而成形好，易脱渣，同时也不易产生咬边。

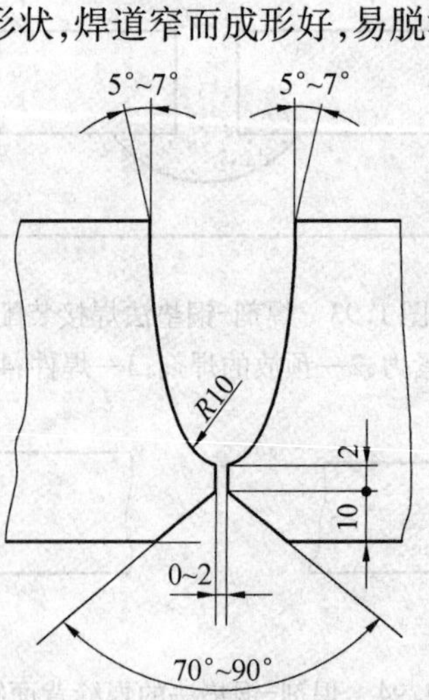

图1.96　40 mm厚低碳钢板的坡口形状

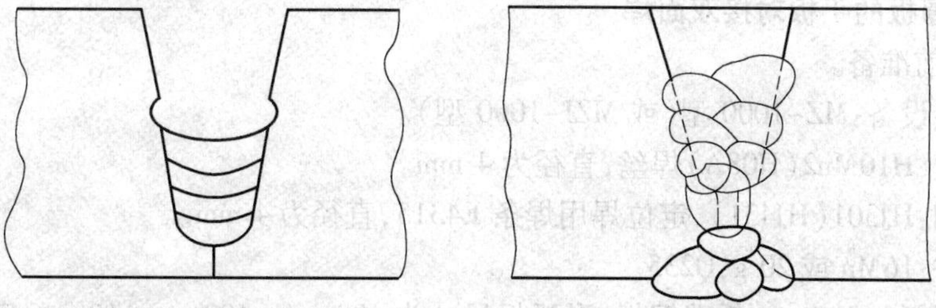

(a) 宽而咬边，难脱渣　(b) 窄而成形好，易脱渣

图1.97 焊道的形状和尺寸

进行U形坡口的多层埋弧焊时，头两层或头三层焊缝中每层可焊一条焊道，焊丝应对准坡口中心线。随着层数增加，坡口的宽度增加，每层分两条焊道进行焊接，焊丝可偏离坡口中心线。此时，焊丝边缘与相近一侧坡口边缘的距离约等于焊丝的直径，以控制焊道成形、不产生咬边为准。当焊到一定高度时，坡口宽度又增加了，如果一层两条焊道焊不平，可增加该层的焊道数，直至焊满。

盖面层焊道的焊接，先焊坡口边缘的焊道，后焊中间的焊道。这样既可以利用焊接加热的回火作用，改善焊缝接头热影响区的性能，同时也使焊缝表面丰满而圆滑。开始施焊前，应使用钢丝刷将U形坡口根部仔细刷一遍，并用干燥的压缩空气对准坡口底部吹一遍，将杂物吹干净。每条焊道焊完后，仔细敲渣和清除渣壳。

2. 对接环焊缝焊接操作要点

对接环焊缝焊接操作要点以锅炉筒体的焊接为例，锅炉筒节环焊缝焊接采用双面埋弧焊。筒节边缘应在卷圆之前用刨边机刨出直边，保证边缘整齐。筒节与筒节、筒节与半球形封头的对接环焊缝装配不留间隙，局部间隙不大于1.0 mm。待焊边缘20 mm范围内要清理干净。在对接环焊缝接口的外侧采用焊条电弧焊进行定位焊。装配时要保证错边均匀，如果错边较大，应采用螺旋撑圆器对齐后再定位焊。半球形封头只装配定位焊无孔的那一个。组装定位焊后，将筒体吊放到焊接滚轮架上，接好电缆线。先焊筒体内环缝。引弧前，将焊丝调到偏离筒体中心30～40 mm的地方，处于上坡焊位置。焊接工艺参数：焊丝为H08MnA，直径为5 mm；焊剂为HJ431；焊接电流为720～750 A；焊接电压为34～36 V；焊接速度为30～32 m/h。焊接过程中，要注意工艺参数稳定，防止烧穿，不要焊偏。

内环缝焊接完后，从筒体外面对接口处用碳弧气刨清理焊根，刨槽深为6～7 mm，宽为10～12 mm。选择的碳弧气刨工艺参数：圆形实心碳棒，直径为8 mm；刨削电流为300～350 A；压缩空气压力为0.5 MPa；刨削速度控制在32～40 m/h。碳弧气刨后，清除刨槽中及其侧边表面的刨渣。操纵操作机将焊机移到筒体上方，使焊丝偏离中心约35 mm，相当于在下坡焊位置焊接外环缝。其他工艺参数不变。

筒体环缝焊完后在环缝与纵缝的“T”字相接处，离环缝约50 mm处打上焊工钢印，然后对环缝进行外观检查和X射线透视检查。

另一条封头环缝的对接焊，由于组装后筒体两端都被半球形封头封闭，故定位焊后，其内环缝只能采取焊条电弧焊焊接。焊工由人孔进出。工艺参数：直径为4 mm的E4303焊条；焊接电流为180～210 A。外环缝仍用埋弧焊焊接。

3. 中、厚板的平板对接双面焊

(1)焊前准备。

1)焊接设备:MZ-1000型(或MZI-1000型)。

2)焊丝:H10Mn2(H08A)焊丝,直径为4 mm。

3)焊剂:HJ301(HJ431),定位焊用焊条E4315,直径为4 mm。

4)焊件:16Mn或20 g,Q235。

5)引弧板和引出板:低碳钢板,引弧板尺寸为100 mm×100 mm×10 mm,2块,引出板尺寸为100 mm×100 mm×6 mm,4块。

6)碳弧气刨准备:碳弧气刨设备和直径为6 mm镀铜实心碳棒。

7)紫铜垫槽:如图1.98所示,图中$a=40\sim50$ mm,$b=14$ mm,$r=9.5$ mm,$h=3.5\sim4$ mm,$c=20$ mm。

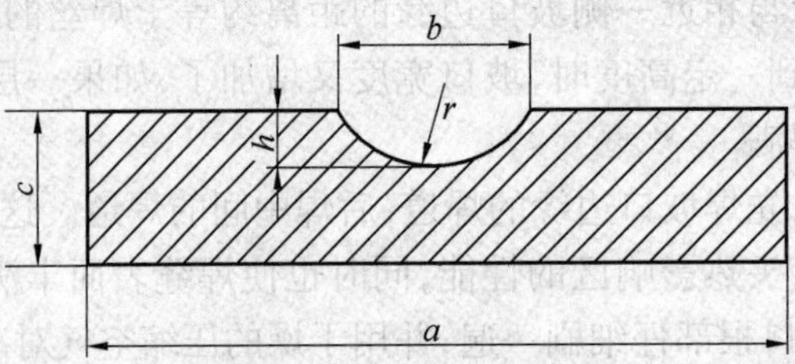

图1.98　紫铜垫槽

(2)工件装配。

1)清理:清除焊件坡口面及其正反两侧20 mm范围内油、锈及其他污物,直至露出金属光泽。

2)装配:焊件的定位焊及装配要求如图1.99所示。装配间隙为2~3 mm;错边量≤1.5 mm;反变形为3°~4°。

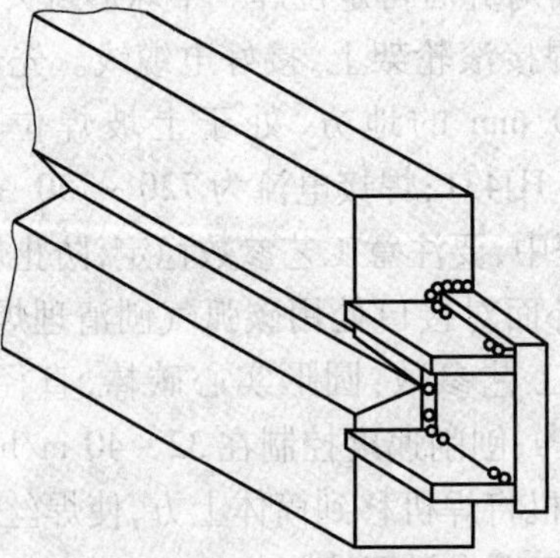

图1.99　定位焊及装配要求

(3)操作要点及注意事项。

1)焊接顺序。在先焊V形坡口的正面焊缝时,应将焊件水平置于焊剂垫上,并采用多层多道焊。焊接完正面焊缝后清渣,将焊件翻转,再焊接反面焊缝,反面焊缝为单层单道焊。

2)正面焊。调试好焊接工艺参数,在间隙小端(2 mm)起焊,操作步骤为:

①焊丝对中。

②引弧焊接。

③收弧。

④清渣。

焊完每一层焊道后，必须清除渣壳，检查焊道，不得有缺陷，焊道表面应平整或稍下凹，与两坡口面的熔合应均匀，焊道表面不能上凸，特别是在两坡口面处不得有死角，否则易产生未熔合或夹渣等缺陷。

如果发现层间焊道熔合不良时，应调整焊丝对中，增加焊接电流或减小焊接速度。焊接时层间温度不得过高，一般应小于 200 ℃。

盖面焊焊道的余高应为 0～4 mm，每侧的熔宽为(3±1) mm。其焊接步骤和要求与正面焊相同。为保证反面焊缝焊透，焊接电流应大些，或使焊接速度稍慢一些，焊接参数的调整既要保证焊透，又要使焊缝尺寸符合规定要求。

讲 13：电渣焊

1. 焊前准备工作

(1)焊件尺寸及要求。

1)焊件材料。

2)焊件及坡口尺寸：如图 1.100 所示。

3)焊接位置：垂直位置。

4)焊接要求：双面成形。

5)焊接材料：焊丝为 H10Mn2，直径为 3 mm；焊剂为 360 或 HJ301(HJ431)。使用前焊丝必须除油、锈，焊剂必须经 250 ℃烘焙 2 h。

6)焊机：HS-1000 型电渣焊机。

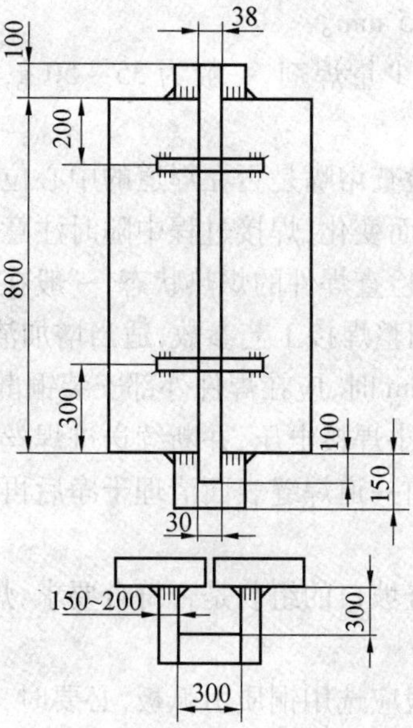

图 1.100 焊件及坡口尺寸(单位：mm)

(2)焊件清理。

1)坡口：焊件的坡口加工可以采用刨边机或其他机械加工方法进行，也可采用自动或半自动气割进行,但要求坡口边缘应成直角,表面不得有深度大于3 mm、宽度大于5 mm的凹坑,波浪度不大于1.5 mm/m,全长不得超过4 mm。

2)清理:清除坡口面及其正反两侧各40 mm范围内的油、锈和氧化物等脏物,直至露出金属光泽。

(3)焊件装配。

1)焊件装配定位焊:如图1.100所示。

2)装配间隙:下端30 mm、上端38 mm。

3)焊件上、下端焊上引出板及引弧板,其尺寸如图1.100所示,材料牌号及厚度同焊件。

4)按图示尺寸装上"Ⅱ"形板二块,其装焊位置及尺寸见图1.100,焊脚高度应不小于30 mm。

2.焊接操作要点

(1)施焊前,检查组装间隙的尺寸,装配缝隙应保持在1 mm以下;当缝隙大于1 mm时,应采取措施进行修整和补救。

(2)检查焊接部位的清理情况,焊接断面及其附近的油污、铁锈和氧化物等污物必须清除干净。

(3)焊道两端应按工艺要求设置引出板和引弧板。

(4)安装管状熔嘴并调整对中,熔嘴下端距引弧板底面距离一般为15~25 mm。

(5)引弧时,电压应比正常焊接过程中的电压高3~8 V,渣池形成后恢复正常焊接电压。

(6)焊接速度可在1.5~3 m/h的范围内选取。

(7)常用的送丝速度范围为200~300 m/h,造渣过程中选取200 m/h为宜。

(8)渣池深度通常为35~55 mm。

(9)焊接启动时,慢慢投入少量焊剂,一般为35~50 g,焊接过程中应逐渐少量添加焊剂。

(10)焊接过程中,应随时检查熔嘴是否在焊道的中心位置上,严禁熔嘴和焊丝过偏。

(11)焊接电压随焊接过程而变化,焊接过程中随时注意调整电压。

(12)焊接过程中注意随时检查焊件的炽热状态,一般在800 ℃(樱红色)以上时熔合良好。当不足800 ℃时,应适当调整焊接工艺参数,适当增加渣池内总热量。

(13)当焊件厚度低于16 mm时,应在焊件外部安装铜散热板或循环水散热器。

(14)焊缝收尾时应适当减小焊接电压,并断续送进焊丝,将焊缝引到引弧板上收尾。

(15)采用多层焊时,应将前一道焊缝表面清理干净后再继续施焊。

3.焊接施工注意事项

(1)坡口条件。焊接应检查坡口的组装是否符合要求,焊接前应将坡口内的水分、油污、锈等杂质清除干净。

(2)引弧板和引出板。一般应选用铜质引弧板,必要时,引弧板配置冷却水装置,以便使引弧稳定,引弧板和引出板的孔径必须符合坡口的间隙形状,引弧板和引出板的长度应选择适当。

(3)长焊缝焊接。长焊缝焊接,特别是板比较薄时要接长水冷铜板,以防焊穿。

(4)熔嘴位置的调整。焊接渣柱形成后,熔嘴应向板厚的一侧调整,调整时应注意调整幅度的大小。

(5)焊接材料。焊接前应对焊剂、熔嘴按工艺规定要求预热,焊丝不得有腐蚀、油污等杂质。

(6)引弧。焊接启动后必须使电弧充分引燃,启动时焊接电压应比正常焊接时的电压稍高2~4 V。

(7)加焊剂。焊接过程中随着焊接渣柱的形成,应继续加入少量焊剂,待电压略有下降,并使其达到正常的焊接电压。

(8)收弧。收弧时可逐步减少焊接电流和电压,并投入少量焊剂,断续通电2~3次,断电时可送入适量的焊丝,以补充熔池金属凝固收缩时所需的金属,防止发生收缩裂纹。

讲14:栓焊

1. 焊前准备工作

(1)焊前处理。

1)焊接前应检查栓钉是否带有油污,两端不得有锈蚀,如有油污或锈蚀应在施工前采用化学或机械方法进行清除。

2)瓷环应保持干燥状态。

3)母材或楼承钢板表面如存在积水、氧化皮、锈蚀、非可焊涂层、油污、水泥灰渣等杂质,应清除干净。

4)施工前应有焊接技术负责人员根据焊接工艺评定结构编制焊接工艺文件,并向有关操作人员进行技术交底。

(2)焊接作业环境要求。

1)焊接作业区域的相对湿度不得大于90%,严禁雨雪天气露天施工。

2)当焊件表面潮湿或有冰雪覆盖时,应采取加热去湿除潮措施。

3)当焊接作业环境温度处于-5~0 ℃时,应将焊件焊接区域内大于或等于三倍钢板厚度且不小于100 mm范围内的母材预热到50 ℃以上;当焊接作业环境温度低于-5 ℃时,应单独进行工艺评定。

(3)机具准备。

1)栓钉施工主要的专用设备为熔焊栓钉机。

2)根据现场条件、供电要求和施焊数量确定台数、一次线长度、稳压电源、把线长度。因焊接电源耗用电流大,应考虑专路供电。正确接入初级电压后接地要牢靠。此外,还需要经纬仪、游标卡尺、钢尺、盒尺、钢板尺、记号笔、气割枪、烘干箱、电动砂轮等。

3)焊枪的检查。

①焊枪筒的移动要平稳,定期加注硅油。

②焊枪拆卸时,应先关掉开关后操作,另外应谨防零件失落。

③检查绝缘是否良好。

④检查电源线和控制线是否良好。

⑤每班焊前检查,焊后收齐。严禁水泡,施焊中电缆不许打圈,否则电流降低。

2. 栓钉焊接施工

(1)一般规定。栓钉焊接施工应按相关工艺文件的要求进行焊前准备。

每个工作日(或班)正式施焊之前,应按工艺指导书规定的焊接工艺参数,先在一块厚度和性能类似于产品构件的材料上试焊两个栓钉并进行检验。检验项目包括外观质量和弯曲试验,检验合格后方可进行施工。焊接过程中应保持焊接参数的稳定。当检验结果不符合规定时,应重复上述试验,但重复的次数不得超过两次,必要时应查明原因并重新制定工艺措施,重新进行工艺评定。

焊前准备工作:放线、抽检栓钉及瓷环,烘干。潮湿时焊件也需进行烘干。

焊前试验:每天正式施焊前做两个试件,弯45°检查合格后,方可正式施焊。

(2)操作要点。

1)焊枪要与焊件四周呈90°角,瓷环就位,焊枪夹住栓钉放入瓷环压实。

2)扳动焊枪开关,焊接电流通过引弧剂产生电弧,在控制时间内栓钉融化,随枪下压、回弹、弧断,焊接完成。

3)焊后用小锤敲掉瓷环,或将附着在角焊缝上的药皮全部清除。

(3)拉弧式栓钉穿透焊施工。

1)不是镀锌的板可直接焊接。镀锌板可用乙炔氧焰在栓钉焊位置烘焙,敲击后双面除锌。

2)采用螺旋钻开孔。

(4)拉弧式栓钉穿透焊要求。

1)栓钉穿透焊中组合楼盖板的楼承钢板厚度不应超过1.6 mm。

2)在组合楼板搭接的部位,当采用栓钉穿透焊无法获得合格焊接接头时,应先采用机械或热加工法在楼承钢板上开孔,然后再进行焊接。

3)栓钉穿透焊焊接的栓钉直径应不大于19 mm。

4)在准备进行栓钉焊接的构件表面不宜进行涂装。当构件表面已涂装对焊接质量有影响的涂层时,焊接前应全部或局部清除。

5)进行栓钉穿透焊的组合楼板应在铺设施工后的24 h内完成栓钉焊接。遇有雨雪天气时,必须采取适当措施保证焊接区干燥。

6)楼承钢板与钢构件母材之间的间隙大于1 mm时不得采用栓钉穿透焊。

(5)栓钉焊质量保证措施。栓钉不应有锈蚀、氧化皮、油脂、潮湿或其他有害物质。母材焊接处不应有过量的氧化皮、铁锈、水分、油漆、灰渣、油污或其他有害物质。如不满足要求应用抹布、钢丝刷、砂轮机等方法清扫或清除。

瓷环应保持干燥,受过潮的瓷环应在使用前置于烘箱中经120 ℃烘干1~2 h。

施工前应根据工程实际使用的栓钉及其他条件,通过工艺评定试验确定施工工艺参数。在每班作业施工前尚需以规定的工艺参数试焊接两个栓钉,通过外观检验及30°打弯试验确定设备完好情况及其他施工条件是否符合要求。

1.2 钢结构焊接操作细部做法

讲15:焊接施工准备

1.钢材的切割

钢材切割的方法很多,主要有气割和电弧切割。从气割机的使用性能上,又可分为手工

气割和自动气割。在手工或自动气割中,要得到良好的切割断面,应注意以下几点:

(1)根据板厚选择适当的割嘴孔径、氧气和乙炔气体的压力、切割速度等切割参数。

(2)认真清理切割氧气小孔和预热焰孔,使切割气体均匀流畅。

(3)保持正确的割嘴高度和角度。

(4)使用纯度高的气体。

(5)彻底清除母材表面的氧化皮和铁锈等。

2. 坡口加工

坡口加工是焊接前的重要工序,其形状和尺寸精度对焊接质量有很大的影响。焊接坡口原则上必须采取自动切割或机械加工,手工切割仅适用于薄板和个别部位。

建筑钢结构中坡口加工的精度检验应符合下列规定。

(1)对于自保护半自动焊、手工电弧焊和半自动气体保护焊,坡口钝边高度的允许偏差 Δa 应符合下列要求:

1)有背面衬板时,$-2\ \text{mm} \leqslant \Delta a \leqslant +1\ \text{mm}$。

2)无背面衬板时,$-2\ \text{mm} \leqslant \Delta a \leqslant +2\ \text{mm}$。

对于埋弧自动焊,坡口钝边高度的允许偏差:$-2\ \text{mm} \leqslant \Delta a \leqslant +1\ \text{mm}$。

(2)坡口切割断面的光洁度应不大于0.3 mm。

(3)坡口切割断面的缺口深度 d 应不大于1 mm。

(4)坡口切割断面的垂直度应不大于1/10,且不得大于2 mm。

(5)坡口切割线与号料之间的允许偏差:手工切割为±2 mm;自动、半自动切割为±1.5 mm,精密切割为±1.0 mm。

施工时,如果切割不当就会产生凹凸不平的切割断面(气割缺口),在这些部位进行焊接时很容易导致夹渣和未焊透等现象。因此,当切割面有深缺口时,必须用砂轮机整修平整,或堆焊后再用砂轮机整修,直至符合精度检验要求为止。

3. 构件组装

构件组装是焊接前的重要工序,组装过程中,必须特别注意钢板的位置、坡口角度及根部间隙等因素。构件组装后,应对其组装精度进行检查。

(1)组装后坡口尺寸允许偏差应符合表1.7规定。

表1.7 坡口尺寸组装允许偏差

序号	项目	背面不清根	背面清根
1	接头钝边	±2 mm	—
2	无衬垫接头根部间隙	±2 mm	+2 mm −3 mm
3	带衬垫接头根部间隙	+6 mm −2 mm	—
4	接头坡口角度	+10° −5°	+10° −5°
5	U形和V形坡口根部半径	+3 mm −0 mm	—

(2)严禁在接头间隙中填塞焊条头、铁块等杂物。

(3)坡口组装间隙超过表1.7允许偏差规定但不大于较薄板厚度2倍或20 mm(取其较

小值)时,可在坡口单侧或两侧堆焊,使其达到规定的坡口尺寸要求。

(4)当不等厚部件对接接头的错边量超过 3 mm 时,较厚部件应按不大于 1 : 2.5 坡度平缓过渡。

(5)T 形接头的角焊缝及部分焊透焊缝连接的部件应尽可能密贴,两部件间根部间隙不应超过 5 mm;当间隙超过 5 mm 时,应在板端表面堆焊并修磨平整使其间隙符合要求。

(6)T 形接头的角焊缝连接部件的根部间隙大于 1.5 mm,且小于 5 mm 时,角焊缝的焊脚尺寸应按根部间隙值而增加。

(7)对于搭接接头及塞焊、槽焊以及钢衬垫与母材间的连接接头,接触面之间的间隙不应超过 1.5 mm。

4. 定位焊

(1)定位焊必须由持相应合格证的焊工施焊,所用焊接材料应与正式焊缝的焊接材料相当。

(2)定位焊焊缝厚度应不小于 3 mm,长度应不小于 40 mm,间距宜为 300 ~ 600 mm。

(3)钢衬垫焊接接头的定位焊宜在接头坡口内焊接;定位焊焊接时预热温度应高于正式施焊时预热温度 20 ~ 50 ℃;定位焊焊缝与正式焊焊缝应具有相同的焊接工艺和焊接质量要求;定位焊焊缝若存在裂纹、气孔、夹渣等缺陷,要完全处理或清除。

(4)对于要求疲劳验算的动荷载结构,应制定专门的定位焊焊接工艺文件。

5. 引弧板、引出板和衬垫板

引弧板、引出板和衬垫板的钢材应符合规定,其屈服强度不大于被焊钢材标称强度,且应具有与被焊钢材相近的焊接性,如图 1.101 所示。

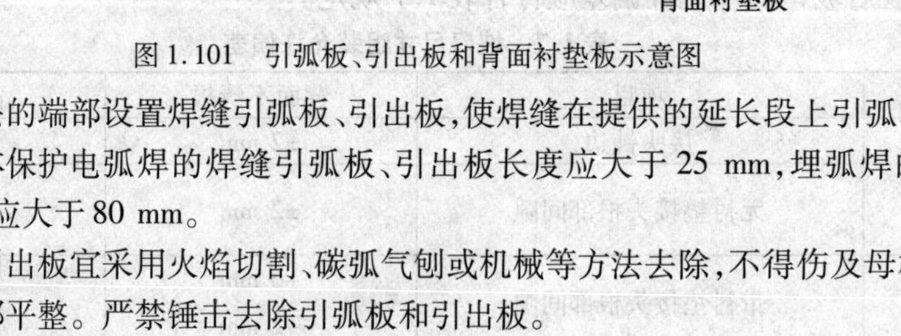

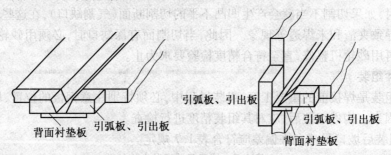

图 1.101　引弧板、引出板和背面衬垫板示意图

在焊接接头的端部设置焊缝引弧板、引出板,使焊缝在提供的延长段上引弧和终止。焊条电弧焊和气体保护电弧焊的焊缝引弧板、引出板长度应大于 25 mm,埋弧焊的焊缝引弧板、引出板长度应大于 80 mm。

引弧板和引出板宜采用火焰切割、碳弧气刨或机械等方法去除,不得伤及母材并将割口处修磨焊缝端部平整。严禁锤击去除引弧板和引出板。

衬垫板材质可选用金属、焊剂、纤维、陶瓷等。

当使用钢衬垫板时,应符合下述要求:

(1)保证钢衬垫板与焊缝金属熔合良好。

(2)钢衬垫板在整个焊缝长度内应连续。

(3)钢衬垫板应有足够的厚度以防止烧穿。用于焊条电弧焊、气体保护电弧焊和药芯焊丝电弧焊焊接方法,钢衬垫板厚度应不小于 4 mm;用于埋弧焊焊接方法的钢衬垫板厚度应不小于6 mm;用于电渣焊焊接方法的钢衬垫板厚度应不小于25 mm。

(4)钢衬垫板应与接头母材金属紧密贴合,其间隙不应大于1.5 mm。

6. 清理焊接区域

(1)组装构件前,对所有构件焊接坡口切割面与切割面两侧50 mm左右的范围内,以及待焊接的母材表面等处的氧化皮、铁锈、油污、水分等妨碍焊接的物质,均应清理干净,露出金属光泽。

(2)构件组装后,对已清理的区域应注意保护。若在施焊前又出现锈蚀的现象,或存在水分、灰尘等有害杂质时,应重新清理。清理方法可以采用喷丸除锈、砂轮打磨、钢丝刷清刷等方法。在使用砂轮打磨过程中不允许施加过大的压力,以免过热而损伤母材。

(3)对焊接坡口及其表面区域的水分和油污等,可以用氧-乙炔火焰加热的方法清除,但注意在加热过程中不允许温度过高以免损伤母材。

(4)采用埋弧焊焊接时,对焊剂流出可能接触到的钢材表面应在焊接前清除浮锈,以免回收焊剂时浮锈混入焊剂内。

讲16:焊接施工操作

1. 钢材的预热

预热温度和道间温度应根据钢材的化学成分、接头的拘束状态、热输入大小、熔敷金属含氢量水平以及所采用的焊接方法等因素综合考虑确定或进行焊接试验。

常用结构钢材采用中等热输入焊接时,最低预热温度宜符合表1.8的规定。

表1.8 常用结构钢材最低预热温度要求 (单位:℃)

钢材类别	接头最厚部件的板厚 t/mm				
	$t \leqslant 20$	$20<t \leqslant 40$	$40<t \leqslant 60$	$60<t \leqslant 70$	$t>70$
Ⅰ	—	—	40	50	80
Ⅱ	—	20	60	80	100
Ⅲ	20	60	80	100	120
Ⅳ	20	80	100	120	150

注:1. 焊接热输入约为15~25 kJ/cm,热输入每增大5 kJ/cm,预热温度可降低20 ℃

2. 当采用非低氢焊接材料或焊接方法焊接时,预热温度应比本表规定的温度提高20 ℃

3. 当母材施焊处温度低于0 ℃时,应将本表中母材预热温度增加20 ℃,且应在焊接过程中保持这一最低道间温度

4. 焊接接头板厚不同时,应按接头中较厚板的板厚选择最低预热温度和道间温度

5. 焊接接头材质不同时,应按接头中较高强度、较高碳当量的钢材选择最低预热温度

6. 本表各值不适用于供货状态为调质处理的钢材;控轧控冷(热机械轧制)的钢材最低预热温度可下降的数值由试验确定

7. "—"表示焊接环境在0 ℃以上时,可不采取预热措施

电渣焊和气电立焊在环境温度为0 ℃以上施焊时可不进行预热;但板厚大于60 mm时,宜对引弧区域的母材预热且不低于50 ℃。

焊接过程中,最低道间温度应不低于预热温度;静载结构焊接时,最大道间温度不宜超过250 ℃;周期性荷载结构和调质钢焊接时,最大道间温度不宜超过230 ℃。

焊接前预热及道间温度控制应符合下列规定:

(1)焊接前预热及道间温度的保持宜采用电加热法、火焰加热法和红外线加热法等方法进行,并采用专用的测温仪器测量。

(2)焊接前预热的加热区域应在焊缝坡口两侧,宽度应为焊件施焊处板厚的1.5倍以上,且不小于100 mm;预热温度宜在焊件受热面的背面测量,测量点应在离电弧经过前的焊接点各方向不小于75 mm处,当采用火焰加热器预热时正面测温应在加热停止后进行。

Ⅲ、Ⅳ类钢材及调质钢的预热温度、道间温度的确定应符合钢厂提供的指导性参数要求。

2. 背面清根

在电弧焊焊接过程中,当接头有全熔透要求时,对于V形、单边V形、X形、K形坡口的对接和T形接头,背面第一层焊缝容易发生未焊透、夹渣和裂纹等缺陷,因此必须从背面彻底清除后再行焊接,这种作业叫作清根。特别是在定位焊焊缝处更容易产生这类缺陷,所以必须注意背面清根工作。

(1)背面清根常用的方法是碳弧气刨。这种方法以镀铜的碳棒作为电极,采用直流或交流电弧焊机作为电源发生电弧,由电弧把金属熔化,从碳刨夹具孔中喷出压缩空气,吹去熔渣而刨成槽子。

(2)用碳弧气刨进行背面清根时,碳棒电极应保持一定的角度,一般以45°为宜,如图1.102所示。在角度选择时,一般根据手把的结构和压缩空气的压力来确定。角度过大,成槽的形状窄而深,熔化金属不易吹去,易留在底部;角度过小,成槽的形状浅,缺陷不易清除。

(3)背面清根时,应彻底清理出无缺陷的焊缝金属后方可施焊,如图1.103所示。背面清根状况的好坏对于以后的焊接有很大影响,必须加强管理。

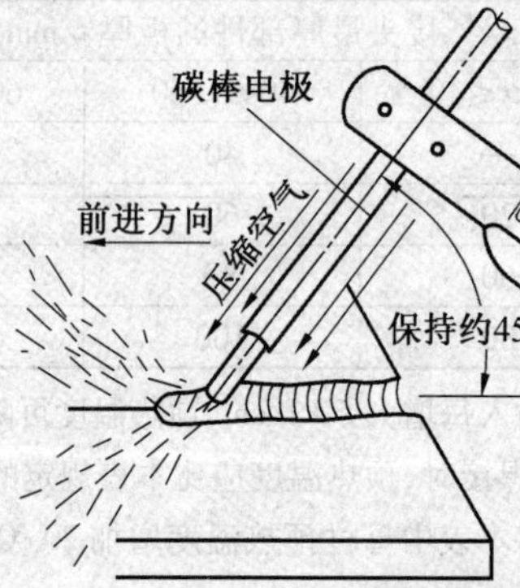

图1.102 碳弧气刨

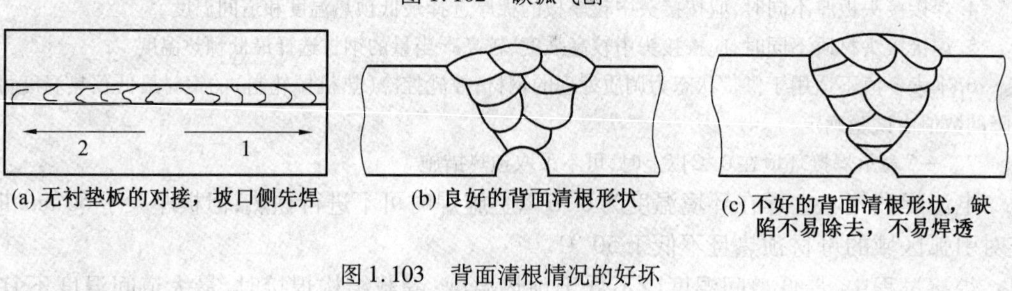

图1.103 背面清根情况的好坏

3. 引弧与熄弧

(1)焊接引弧时,应在焊接起动后,且必须使电弧充分引燃。启动时焊接电压应比正常焊接时的电压稍高 2 ~4 V。

(2)严禁在焊缝区以外的母材上打火引弧。在坡口内引弧的局部面积应熔焊一次,且不得留下弧坑。

(3)对接和 T 形接头的焊缝引弧和熄弧,应在焊件两端的引弧板和引出板开始和终止。

(4)引弧处不应产生熔合不良和夹渣,熄弧处和焊缝终端为了避免裂纹应充分填满坑口。

(5)收弧时可逐步减少焊接电流和电压,并投入少量焊剂,断续通电 2 ~3 次。断电时可送入适量的焊丝,以补充熔池金属凝固收缩时所需的金属,避免发生收缩裂纹。

(6)施焊中,因换焊条后的重新引弧,均应在起焊点前面 15 ~20 mm 处焊缝内的基本金属上引燃电弧,然后将电弧拉长,带回起焊点,稍停片刻,做预热动作后,再压短电弧,把熔池熔透并填满到所需要的厚度,再把焊条继续向前移动。

(7)用堆焊法修补重要工件时,不允许在焊件上引弧,应在堆焊处旁边放置一小块铁板作引弧用,称为引弧板引弧。

4. 焊接顺序

焊接顺序是影响焊接结构变形的主要因素之一。所以,为了防止钢结构焊接变形,必须制定合理的焊接顺序,并应注意以下原则:

(1)尽量采用对称焊接。对于具有对称焊缝的工件,最好由成对的焊工对称进行焊接,这样可以使由各焊缝所引起的变形相互抵消一部分。

(2)对某些焊缝布置不对称的特点,以焊接顺序控制焊接变形量。

(3)依据不同焊接顺序的特点,以焊接顺序控制焊接变形量。常见的焊接顺序有五种,如图 1.104 所示。

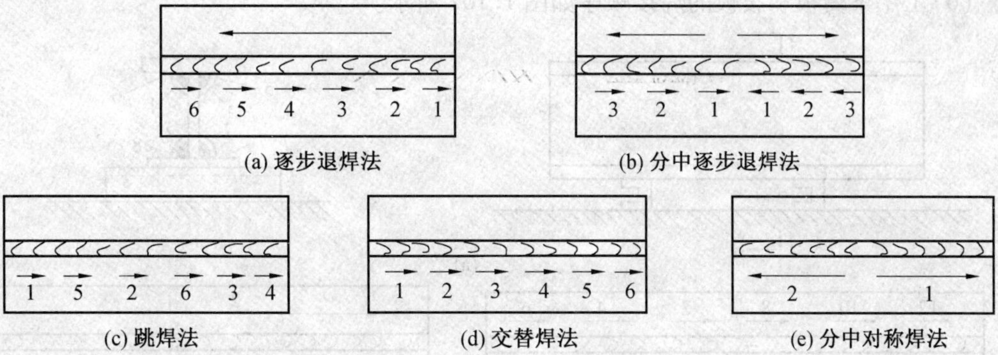

(a) 逐步退焊法　(b) 分中逐步退焊法　(c) 跳焊法　(d) 交替焊法　(e) 分中对称焊法

图 1.104　常见的焊接顺序

对于长焊缝,在结构允许的条件下,应将连续焊缝改成断续焊缝,以减少变形;如不允许采用断续焊缝时,应选择合理的焊接顺序使焊接变形减小或相互抵消。

如焊缝在 1 m 以上时,可采用逐步退焊法、分中逐步退焊法、跳焊法、交替焊法;中等长度(0.5 ~1 m)的焊缝可采用分中对称焊法。

一般情况下,退焊法和跳焊法的每一段焊缝长度约为 100 ~350 mm 较为适宜。交替焊法因工作位置移动次数太多而用得较少。

平行的焊缝尽可能地沿同一焊接方向同时进行焊接,可从结构的中心向外进行焊接,或从板的厚处向薄处焊接。

（4）工字钢接头的焊接顺序一般采用分中对称焊法，如图 1.105 所示。

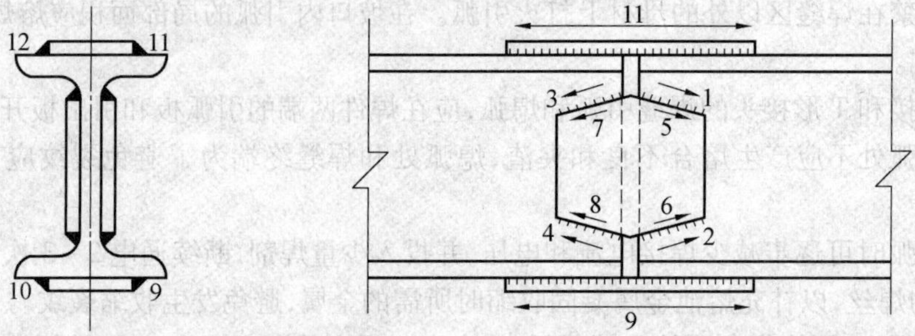

图 1.105　工字钢接头的焊接顺序

（5）屋架上下弦连接板与腹杆的焊接顺序如图 1.106 所示。

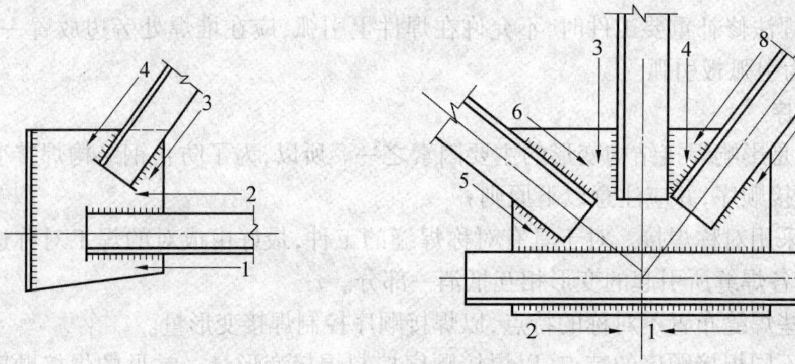

图 1.106　屋架上下弦连接板与腹杆的焊接顺序

（6）工字梁翼板和腹板的焊接顺序如图 1.107 所示。

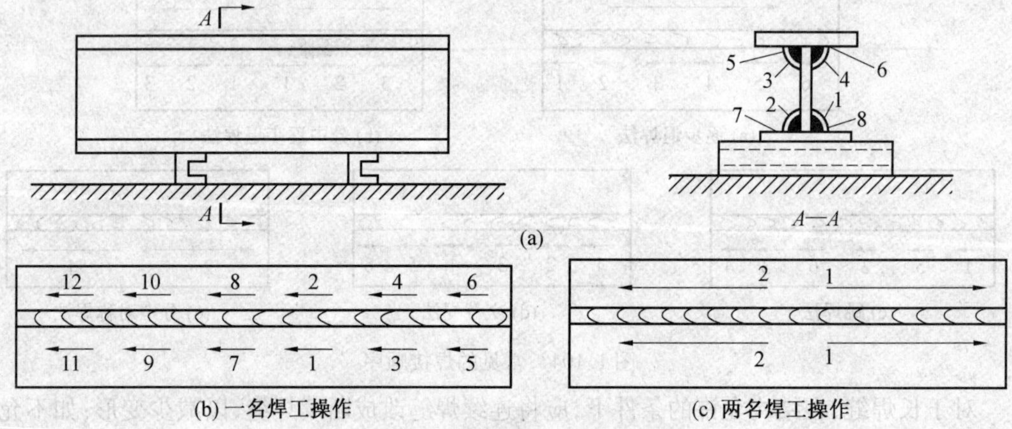

图 1.107　工字梁翼板和腹板的焊接顺序

如果只有一名焊工操作，如图 1.107（b）所示，可先焊接焊缝 1，再焊接焊缝 2，然后把工字钢翻过来，接着焊接焊缝 3、4 和 5、6，最后又翻过来焊接焊缝 7、8。如果四条角焊缝不需焊两层，则焊接焊缝 1、2 时，不焊接满焊缝的全长，留下焊缝长度的 30% ~50%，等焊接完焊缝 3、4 后再焊。焊接每一边焊缝时，均是从中间向外分段焊。

如果两名焊工同时操作，则应在互相对称的位置上采用基本相同的电流、焊速和方向进行焊接,如图 1.107(c)所示。

对带有筋板的工字梁,如先进行翼板和腹板的焊接,再焊接筋板的角焊缝时,由于角焊缝的横向收缩较大,会使翼板和腹板的角焊缝内产生很大的应力。为了使构件能够自由收缩,可按图 1.108 所示的焊接顺序进行焊接,但要注意腹板两侧必须同时进行焊接。

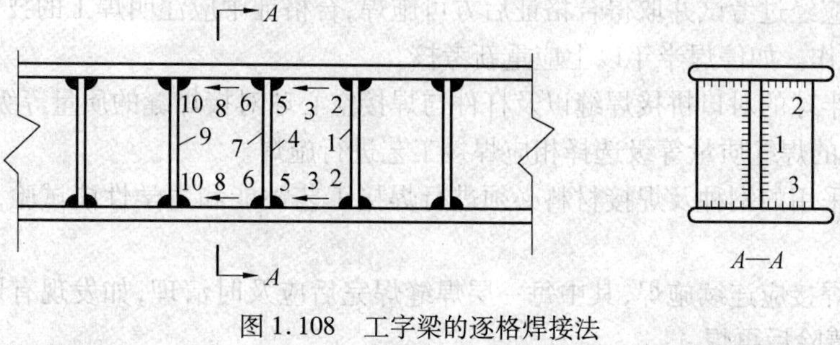

图 1.108 工字梁的逐格焊接法

(7)角钢接头的焊接顺序一般采用分中对称焊法,如图 1.109 所示。

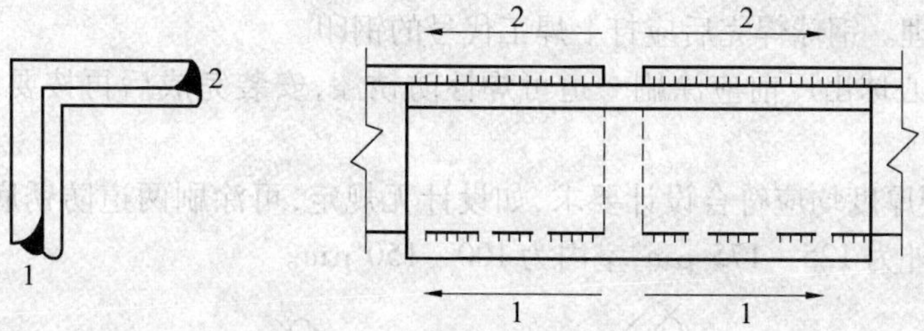

图 1.109 角钢接头的焊接顺序

5. 薄壁型钢构件焊接

薄壁型钢构件焊接时,为避免出现咬肉、未焊透、夹渣、气孔、裂纹、错缝、错位及单边等缺陷,应采取以下措施:

(1)构件焊接工作应严格控制质量,焊接前应熟悉薄壁钢材的特点和焊接工艺所规定的焊接方法、焊接程序和技术措施,根据具体情况先做试验以确定具体焊接参数。

(2)焊接前应将焊接部位附近的铁锈、污垢、积水等清除干净,焊条应进行烘干处理。

(3)型钢对接焊接或沿截面围焊时,不允许在同一位置起弧灭弧,应盖过起弧处一段距离后方可灭弧,也不允许在钢材的非焊缝部位和焊缝端部起弧或灭弧。

(4)构件所有焊缝的弧坑必须填满,钢材上不得有肉眼可见的咬肉,并应尽可能采用平焊以保证质量。

(5)焊缝表面熔渣待冷却后必须清除。

(6)焊接成形的型钢,焊接前应采取反变形措施,以减少焊接变形。

(7)对接焊缝,必须根据具体情况采用适宜的焊接措施(比如预留间隙、垫衬板单面焊及双面焊等方法),以保证焊透。

6. 焊接空心球-钢管网架

焊接空心球可分为不加肋焊接空心球和加肋焊接空心球两类产品,连接各杆件的焊接球节点如图 1.110 所示。不加肋焊接空心球如图 1.111 所示。当受力需要时,亦可制成加肋焊接空心球。

加肋焊接空心板加于两个半球的拼接缝平面处,用于提高焊接空心球的承载能力和刚度，如图1.112所示。

焊接空心球-钢管网架应注意以下原则：

(1)焊接空心球和杆件选用材料为3号钢时，若选用16Mn钢应符合《低合金高强度结构钢》(GB 1591—2008)的要求。

(2)焊工应经过考试并取得合格证后方可施焊，合格证中应注明焊工的技术水平及所能承担的焊接工作。如停焊半年以上应重新考核。

(3)两个半球的对口拼接焊缝以及杆件与焊接空心球对接焊缝的质量等级，应根据产品加工图纸要求的焊缝质量等级选择相应焊接工艺进行施焊。

(4)首次采用的钢种及焊接材料必须进行焊接工艺性能和力学性能试验，符合要求后，方可采用。

(5)多层焊接应连续施焊，其中每一层焊缝焊完后应及时清理，如发现有影响焊接质量的缺陷，必须清除后再焊。

(6)焊缝出现裂纹时，焊工不得擅自处理，应申报焊接技术负责人查清原因，制订出修补措施后，方可处理。钢球焊完后应打上焊工代号的钢印。

(7)焊接空心球出厂前应涂刷一道可焊性防锈漆，安装完成后再按要求补涂底漆和面漆。

涂料和涂层厚度均应符合设计要求，如设计无规定，可涂刷两道防锈底漆和两道面漆。漆膜总厚度：室外为125～175 μm，室内为100～150 μm。

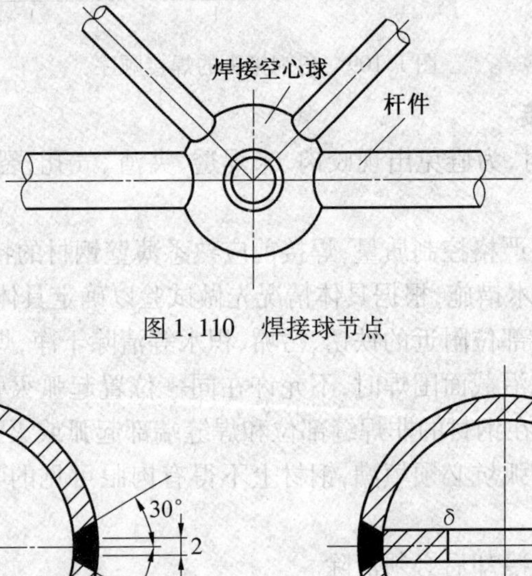

图1.110 焊接球节点

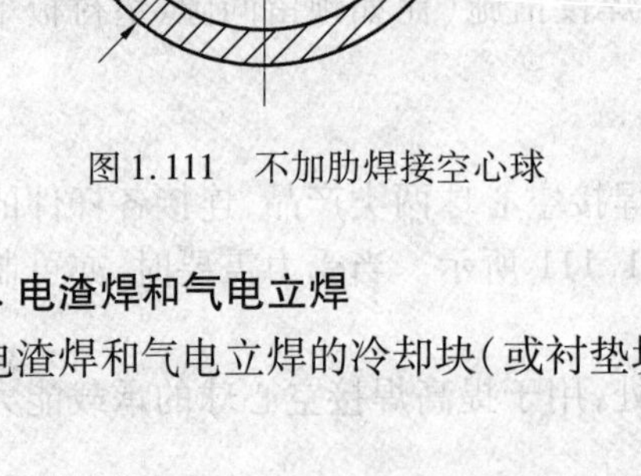

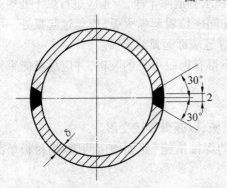

图1.111 不加肋焊接空心球

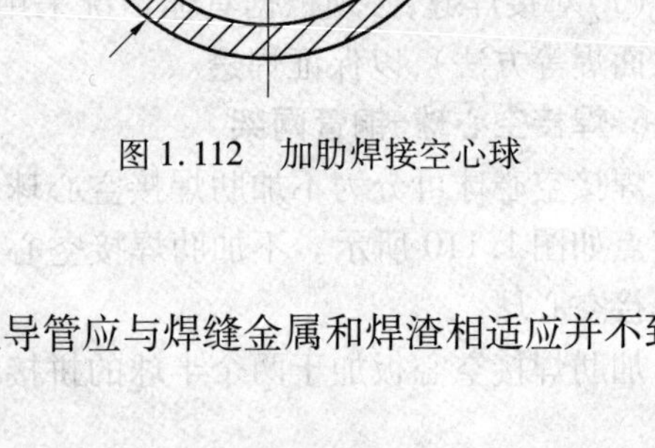

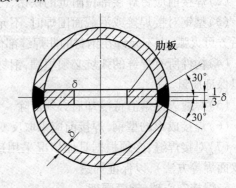

图1.112 加肋焊接空心球

7.电渣焊和气电立焊

电渣焊和气电立焊的冷却块(或衬垫块)以及导管应与焊缝金属和焊渣相适应并不致引

起焊缝缺欠。

电渣焊可以采用熔嘴或非熔嘴进行焊接。当采用熔嘴电渣焊进行焊接时，应防止熔嘴上的药皮受潮和脱落，受潮的熔嘴应经过 120 ℃约 1.5 h 的烘焙后方可使用，药皮脱落和油污的熔嘴不得使用。

电渣焊和气电立焊在引弧和熄弧时应使用延伸块或板，铜制的延伸块可以重复使用，也可以使用钢制延伸块。电渣焊使用的铜制引熄弧块长度应不小于 100 mm，引弧铜块中引弧槽的深度不小于 50 mm。引弧槽的截面积应与正式电渣焊接头的截面积大致相当。为便于电渣焊焊接开始时容易起弧，宜在引弧块的底部加入适当的碎焊丝（ϕ1 mm×1 mm）。

为避免电渣焊焊缝产生裂缝和缩孔，电渣焊焊丝中的 S、P 含量应控制在较低的含量，同时应确保焊丝中脱氧元素含量充分以避免焊缝因脱氧不足而造成焊缝气孔的产生。

电渣焊接头一般采用 I 型坡口接头，如图 1.113 所示，接头的坡口间隙 b 与板厚 t 之间的关系符合表 1.9 要求。

表 1.9　电渣焊接头间隙与板厚关系

母材厚度 t/mm	$t \leqslant 32$	$32 < t \leqslant 45$	$t > 45$
坡口间隙 b/mm	25	28	30 ~ 32

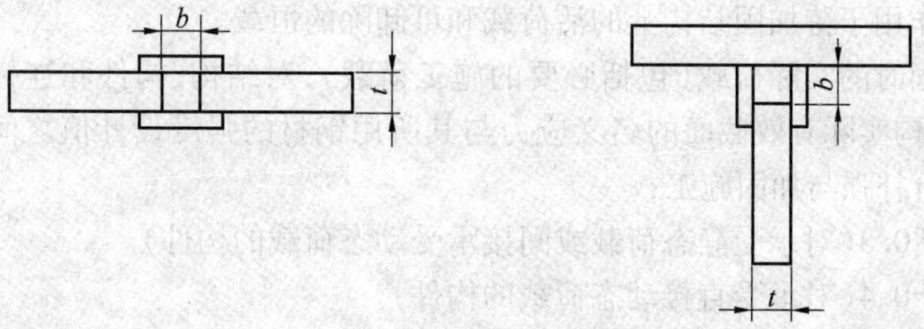

图 1.113　电渣焊接头坡口示意图

在电渣焊和气电立焊的焊接过程中，可采用填加焊剂和改变焊接电压的方法来调整渣池深度和宽度。

焊接过程中发生电弧中断或焊缝中间存在缺欠，可采用钻孔的方法清除已焊焊缝后重新进行焊接，必要时可刨开面板后采用其他焊接方法进行局部修复焊接，返修后按原检测要求进行探伤检查。

讲 17：焊接补强与加固

1. 一般规定

钢结构焊接补强与加固应符合国家现行《建筑结构加固工程施工质量验收规范》（GB 50550—2010）及《建筑抗震设计规范》（GB 50011—2010）的有关规定。补强与加固的方案应由设计、施工和业主等共同研究确定。

编制补强与加固设计方案时，应具备下列技术资料：

（1）原结构的设计计算书和竣工图，当缺少竣工图时，应测绘出结构的现状图。

（2）原结构的施工技术档案资料及焊接性资料，必要时应在原结构构件上截取试件进行检测试验。

（3）原结构或构件的损坏、变形、锈蚀等情况的检测记录及原因分析，并根据损坏、变形、锈蚀等情况确定构件(或零件)的实际有效截面。

(4)待加固结构的实际荷载资料。

钢结构焊接补强与加固设计,应考虑时效对钢材塑性的不利影响,不应考虑时效后钢材屈服强度的提高值。

对于受气象腐蚀介质作用的钢结构构件,应根据所处腐蚀环境按《工业建筑防腐蚀设计规范》(GB 50046—2008)进行分类。当腐蚀削弱平均量超过原构件钢板厚度的25%以及腐蚀削弱平均量虽未超过25%但剩余厚度小于5 mm时,对钢材的强度设计值应乘以相应的折减系数。

2. 补强与加固的方法

(1)钢结构的焊接补强与加固可按下列两种方法进行。

1)卸载补强或加固:在需补强与加固的位置使结构或构件完全卸载,条件允许时,可将构件拆下进行补强与加固。

2)负荷状态下进行补强与加固:在需补强与加固的位置上未经卸载或仅部分卸载状态下进行结构或构件的补强与加固。

(2)负荷状态下进行的焊接补强与加固工作时应符合下列规定。

1)应卸除作用于待加固结构上的活荷载和可卸除的恒载。

2)根据加固时的实际荷载(包括必要的施工荷载),对结构、构件和连接进行承载力验算,当待加固结构实际有效截面的名义应力与其所用钢材的强度设计值之间的比值符合下列规定时应进行补强与加固施工:

①β不大于0.8(对承受静态荷载或间接承受动态荷载的构件)。

②β不大于0.4(对承受直接动态荷载的构件)。

3)轻钢结构中的受拉构件严禁在负荷状态下进行补强与加固。

(3)在负荷状态下进行焊接补强与加固时,可根据具体情况采取下列措施:

1)必要的临时支护。

2)合理的焊接工艺。

(4)负荷状态下焊接补强与加固施工应注意下列事项:

1)对结构最薄弱的部位或构件应先进行补强与加固。

2)加大焊缝厚度时,必须从原焊缝受力较小部位开始施焊。道间温度应不超过200 ℃,每道焊缝厚度不宜大于3 mm。

3)应根据钢材材质,选择相应的焊接材料和焊接方法。应采用合理的焊接顺序,尽可能采用小直径、小电流及多层多道焊接工艺。

4)焊接补强与加固的施工环境温度不宜低于10 ℃。

(5)对有缺损的构件应进行承载力评估。当缺损严重,影响结构的安全时,应立即采取卸载、加固措施或对损坏构件及时更换;对一般缺损,可按下列方法进行焊接修复或补强:

1)对于裂纹,应查明裂纹的起止点,在起止点分别钻直径为12~16 mm的止裂孔,彻底清除裂纹后并加工成侧边斜面角大于10°的凹槽,当采用碳弧气刨方法时,应磨掉渗碳层。预热温度宜为100~150 ℃,并采用低氢焊接方法按全焊透对接焊缝要求进行。对承受动荷载的构件应将补焊焊缝的表面磨平。

2)对于孔洞,宜将孔边修整后采用加盖板的方法补强。

3)构件的变形影响其承载能力或正常使用时,应根据变形的大小采取矫正、加固或更换构件等措施。

(6)焊接补强与加固应符合下列要求:

1)原有结构的焊缝缺欠,应根据其对结构安全影响的程度,分别采取卸载或负荷状态下补强与加固,具体焊接工艺应按规定执行。

2)角焊焊缝补强宜采用增加原有焊缝长度(包括增加端焊缝)或增加焊缝有效厚度的方法。当负荷状态下采用加大焊缝厚度的方法补强时,被补强焊缝的长度应不小于50 mm;加固后的焊缝应力应符合下式要求,即

$$\sqrt{\sigma_f^2+\tau_f^2}\leqslant\eta\times f_f^w$$

式中　σ_f——角焊焊缝按有效截面($h_e\times l_w$)计算垂直于焊缝长度方向的名义应力;

τ_f——角焊焊缝按有效截面($h_e\times l_w$)计算沿长度方向的名义剪应力;

η——焊缝强度折减系数,可按表1.10采用;

f_f^w——角焊焊缝的抗剪强度设计值;

h_e——角焊缝的计算厚度,mm;

l_w——焊缝的计算长度,mm。

表1.10　焊缝强度折减系数

被加固焊缝的长度/mm	≥600	300	200	100	50
η	1.0	0.9	0.8	0.65	0.25

用于补强与加固的零件宜对称布置。加固焊缝宜对称布置,不宜密集、交叉,在高应力区和应力集中处,不宜布置加固焊缝。

用焊接方法补强铆接或普通螺栓接头时,补强焊缝应承担全部计算荷载。

摩擦型高强度螺栓连接的构件用焊接方法加固时,两种连接计算承载力的比值应在1.0~1.5范围内。

2　钢结构紧固件连接细部做法

2.1　普通紧固件连接细部做法

讲 18:普通螺栓连接一般要求

普通螺栓作为永久性连接螺栓时,紧固连接应符合下列规定:

(1)螺栓头和螺母侧应分别放置平垫圈,螺栓头侧放置的垫圈不应多于 2 个,螺母侧放置的垫圈不应多于 1 个。

(2)承受动力荷载或重要部位的螺栓连接,设计有防松动要求时,应采取有防松动装置的螺母或弹簧垫圈,弹簧垫圈应放置在螺母侧。

(3)对工字钢、槽钢等有斜面的螺栓连接,宜采用斜垫圈。

(4)同一个连接接头螺栓数量不应少于 2 个。

(5)螺栓紧固后外露丝扣不应少于 2 扣,紧固质量检验可采用锤敲检验。

讲 19:普通螺栓直径和长度确定

1. 螺栓直径的确定

螺栓直径的确定应由设计人员按等强原则参照设计规范通过计算确定,但对某一个工程来讲,螺栓直径规格应尽可能少,有的还需要适当归类,便于施工和管理。

螺栓直径应与被连接件的厚度相匹配,不同连接厚度选用的螺栓直径见表 2.1。

表 2.1　不同连接厚度推荐选用的螺栓直径　　单位:mm

连接件厚度	4 ~ 6	5 ~ 8	7 ~ 11	10 ~ 14	13 ~ 20
推荐螺栓直径	12	16	20	24	27

自攻螺钉(非自攻自钻螺钉)连接板上的预制孔径 d_0,可按下列公式计算:

$$d_0=0.7d+0.2t_t \quad (2.1)$$

$$d_0 \leqslant 0.9d \quad (2.2)$$

式中　d——自攻螺钉的公称直径, mm;

t_t——连接板的总厚度, mm。

2. 螺栓长度的确定

连接螺栓的长度应根据连接螺栓的直径和厚度确定。

螺栓长度是指螺栓头内侧到尾部的距离,一般为 5 mm 进制,具体计算为

$$L=\delta+m+nh+C \quad (2.3)$$

式中　δ——被连接件的总厚度, mm;

m——螺母厚度, mm;

n——垫圈个数;

h——垫圈厚度，mm；

C——螺纹外露部分长度(2～3 丝扣为宜，≤5 mm)，mm。

讲 20：普通螺栓的布置

螺栓的布置应使各螺栓受力合理，同时要求各螺栓尽可能远离形心和中性轴，以便充分和均衡地利用各个螺栓的承载能力。

螺栓的布置应遵循简单紧凑，整齐划一和便于安装、紧固的原则，通常采用并列和错列两种形式，如图 2.1 所示。并列简单，但栓孔削弱截面较大；错列可减少截面削弱，但排列较繁。

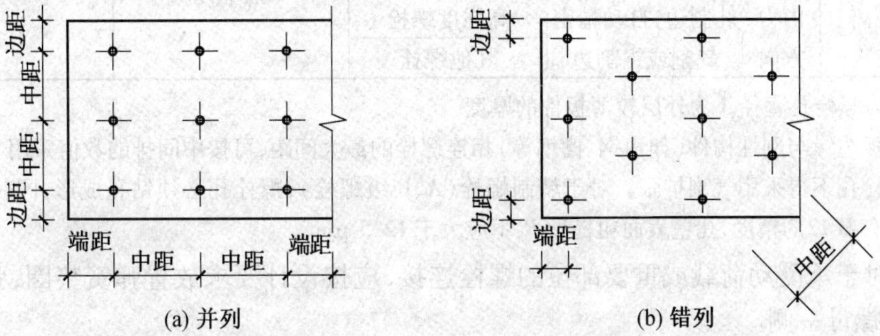

图 2.1 螺栓的布置方式

不论采用哪种布置方式，螺栓的中距、端距及边距应满足表 2.2 的要求。

表 2.2 螺栓中距、端距及边距

序号	项目	内容要求
1	受力要求	螺栓任意方向的中距以及边距和端距均不应过小，以免构件在承受拉力作用时，加剧孔壁周围的应力集中和防止钢板过度削弱而承载力过低，造成沿孔与孔或孔与边间拉断或剪断。当构件承受压力作用时，顺压力方向的中距不应过大，否则螺栓间钢板可能失稳而形成鼓曲
2	构造要求	螺栓的中距不应过大，否则钢板不能紧密贴合。外排螺栓的中距以及边距和端距更不应过大，以防止潮气侵入而引起锈蚀
3	施工要求	螺栓间应有足够距离以便于转动扳手，拧紧螺母

螺栓间的间距确定，既要考虑螺栓连接的强度与变形等要求，又要考虑便于拆装的操作要求，各螺栓间及螺栓中心线与构件之间应留有扳手操作空间。螺栓最大、最小容许距离见表 2.3。排列螺栓时宜按最小容许距离选取，且应取 5 mm 的倍数，按等距离布置以缩小连接尺寸。

讲 21：普通螺栓的装配

(1)螺栓头和螺母下面应放置平垫圈，以增大承压面积。

(2)每个螺栓一端不得垫两个及两个以上的垫圈，并不得采用大螺母代替垫圈。螺栓拧紧后，外露丝扣应不少于两扣。螺母下的垫圈一般应不多于一个。

(3)对于设计有要求防松动的螺栓、锚固螺栓应采用有防松装置的螺母(即双螺母)或弹簧垫圈，或用人工方法采取防松措施(如将螺栓外露丝扣打毛)。

表 2.3 螺栓的最大、最小容许距离

<table>
<tr><th>名称</th><th colspan="3">位置和方向</th><th>最大容许距离
(取二者的较小值)</th><th>最小容许距离</th></tr>
<tr><td rowspan="5">中心间距</td><td colspan="3">外排(垂直内力方向或顺内力方向)</td><td>$8d_0$ 或 $12t$</td><td rowspan="5">$3d_0$</td></tr>
<tr><td rowspan="3">中间排</td><td colspan="2">垂直内力方向</td><td>$16d_0$ 或 $24t$</td></tr>
<tr><td rowspan="2">顺内力方向</td><td>构件受压力</td><td>$12d_0$ 或 $18t$</td></tr>
<tr><td>构件受拉力</td><td>$16d_0$ 或 $24t$</td></tr>
<tr><td colspan="3">沿对角线方向</td><td>—</td></tr>
<tr><td rowspan="4">中心至构件边缘距离</td><td colspan="3">顺内力方向</td><td rowspan="4">$4d_0$ 或 $8t$</td><td>$2d_0$</td></tr>
<tr><td rowspan="3">垂直内力方向</td><td colspan="2">剪切边或手工气割边</td><td>$1.5d_0$</td></tr>
<tr><td rowspan="2">轧制边、自动精密气割或锯割边</td><td>高强度螺栓</td><td rowspan="2">$1.2d_0$</td></tr>
<tr><td>其他螺栓</td></tr>
</table>

注:1. d_0为螺栓孔直径,t 为外层较薄板件的厚度

2. 钢板边缘与刚性构件(如角钢、槽钢等)相连螺栓的最大间距,可按中间排的数值采用

3. 螺栓孔不得采用气割扩张。对于精制螺栓(A、B 级螺栓),螺栓孔必须钻孔成形,同时必须是Ⅰ类孔,应具有 H 12的精度,孔壁表面粗糙度 R_a不应大于 12.5 μm

(4)对于承受动荷载或重要部位的螺栓连接,应按设计要求放置弹簧垫圈,弹簧垫圈必须设置在螺母一侧。

(5)对于工字钢、槽钢类型钢应尽量使用斜垫圈,使螺母和螺栓头部的支撑面垂直于螺杆。

(6)双头螺栓的轴心线必须与工件垂直,通常用角尺进行检验。

(7)装配双头螺栓时,首先将螺纹和螺孔的接触面清理干净,然后用手轻轻地把螺母拧到螺纹的终止处,如果遇到拧不进的情况,不能用扳手强行拧紧,以免损坏螺纹。

(8)螺母或螺钉装配时,其要求如下:

1)螺母或螺钉与零件贴合的表面要光洁、平整,贴合处的表面应当经过加工,否则容易使连接件松动或使螺钉弯曲。

2)螺母或螺钉和接触的表面之间应保持清洁,螺孔内的脏物要清理干净。

讲 22:螺栓紧固与防松

1. 紧固轴力

为了使螺栓受力均匀,应尽可能减少连接件变形对紧固轴力的影响,保证节点连接螺栓的质量。螺栓紧固必须从中心开始,对称施拧。对于 30 号正火钢制作的各种直径螺栓旋拧时,所承受的轴向允许荷载见表 2.4。

2. 成组螺母的拧紧做法

拧紧成组的螺母时,必须按照一定的顺序进行,并做到分次序逐步拧紧(一般分 3 次拧紧),否则会使零件或螺杆产生松紧不一致,甚至变形。

在拧紧长方形布置的成组螺母时,必须从中间开始,逐渐向两边对称扩展,如图2.2(a)所示。在拧紧方形或圆形布置的成组螺母时,必须对称进行,如图 2.2(b)、(c)所示。

表 2.4 各种直径螺栓的轴向允许荷载

螺栓的公称直径/mm	轴向允许荷载		扳手最大允许扭矩/(kg·cm^{-2})	扳手最大允许扭矩/(N·cm^{-2})
	无预先锁紧/N	螺栓在荷载下锁紧/N		
12	17 200	1 320	320	3 138
16	3 300	2 500	800	7 845
20	5 200	4 000	1 600	1 569
24	7 500	5 800	2 800	27 459
30	11 900	9 200	5 500	53 937
36	17 500	13 500	9 700	95 125

注:对于 Q235 及 45 号钢应将表中允许值分别乘以修正系数 0.75 及 1.1

3. 螺栓防松做法

一般螺纹连接均具有自锁性,当受静载和工作温度变化不大时,不会自行松脱。但在冲击、振动或变荷载作用下,以及工作温度变化较大时,这种连接有可能松动,以致影响工作,甚至发生事故。为了保证连接安全可靠,对螺纹连接必须采取有效的防松措施。

常用的防松措施有增大摩擦力、机械防松和不可拆三大类,具体内容可见表 2.5。

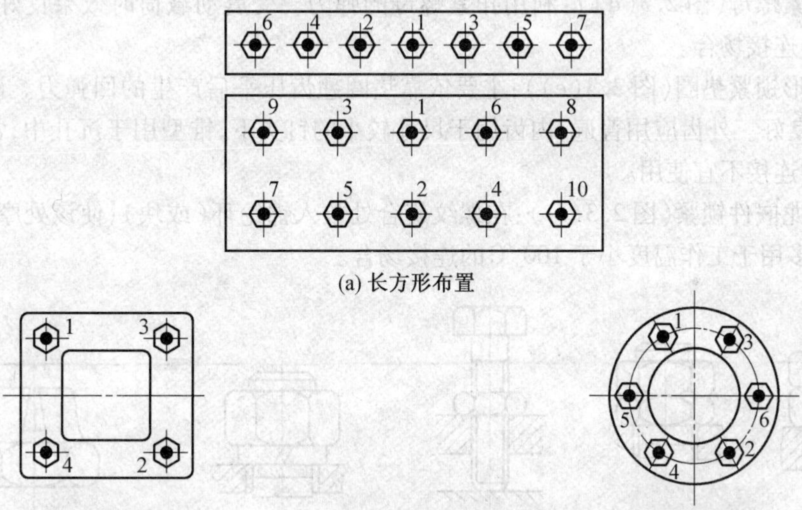

(a) 长方形布置

(b) 方形布置　　(c) 圆形布置

图 2.2 拧紧成组螺母的方法

表 2.5 常见的防松措施

序号	项目	内容说明
1	增大摩擦力	这类防松措施是使拧紧的螺纹之间不因外载荷变化而失去压力,因此始终有摩擦阻力防止连接松脱。增大摩擦力的防松措施有安装弹簧垫圈和使用双螺母等
2	机械防松	这类防松措施是利用各种止动零件,阻止螺纹零件的相对转动来实现的。机械防松较为可靠,因此应用较多。常用的机械防松措施有开口销与槽形螺母、止动垫圈与螺母、止退垫圈与圆螺母、串联钢丝等
3	不可拆	利用点焊、点铆等方法将螺母固定在螺栓或被连接件上,或者把螺钉固定在被连接件上,以达到防松的目的

讲23:防松措施

为了确保连接安全可靠,对螺纹连接必须采取有效的防松措施。一般常用的防松措施包括增大摩擦力、机械防松和不可拆三大类。

1.增大摩擦力的防松措施

增大摩擦力的防松措施是使拧紧的螺纹之间不因为外载荷变化而失去压力,所以始终有摩擦阻力防止连接松脱。增大摩擦力的防松措施主要包括安装弹簧垫圈和使用双螺母等各种增大摩擦力的防松措施(图2.3),具体如下。

(1)双螺母(图2.3(a)):利用螺母拧紧后的对顶作用。其缺点为质量增加且很不经济;副螺母采用薄型,不利于拧紧。双螺母多用于低速重载或较平稳的场合。

(2)弹簧垫圈(图2.3(b)):靠弹簧压平后产生的弹力。该结构简单,但因弹力不均,多用于不重要的连接场合。

(3)金属销紧垫圈(图2.3(c)):螺母一端非圆形收口或开缝后径向收口,拧紧后可张开,利用旋合螺纹间的弹性。该结构简单、可靠而且可以多次拆卸,可用于较重要的连接。

(4)扣紧螺母(图2.3(d)):利用扣紧螺母的弹力。受震动载荷时效果良好,通常用于不常拆卸的连接场合。

(5)齿形锁紧垫圈(图2.3(e)):主要依靠垫圈翘齿压平后产生的回弹力。该结构弹力均匀,效果良好。外齿应用普遍,内齿用于尺寸较小的钉头下,锥型用于沉孔中,常拆卸以及材料较软的连接不宜使用。

(6)尼龙嵌件锁紧(图2.3(f)):在螺纹旋合处放入锦纶环(或块),使该处摩擦力增加,效果良好,多用于工作温度小于100 ℃的连接场合。

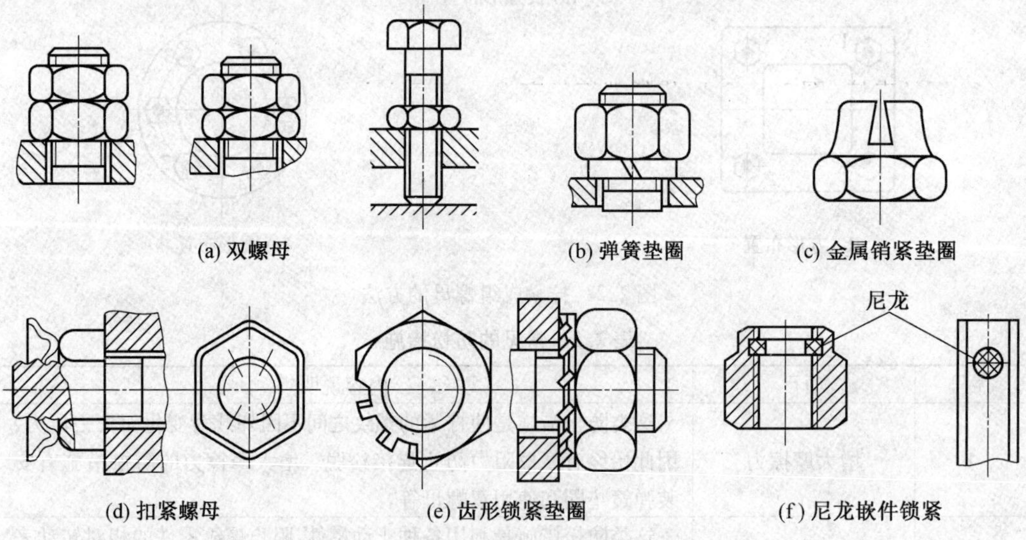

(a) 双螺母　(b) 弹簧垫圈　(c) 金属销紧垫圈

(d) 扣紧螺母　(e) 齿形锁紧垫圈　(f) 尼龙嵌件锁紧

图2.3　增大摩擦力螺纹防松示意图

2.机械防松措施

机械防松措施是利用各种止动零件阻止螺纹零件的相对转动进行防松。机械防松比较可靠,因此应用较多。常用的机械防松措施如图2.4和图2.5所示。

(1)止动垫圈(图2.4(a)):利用单耳或双耳止动垫圈将螺母或钉头锁住,防松可靠。一

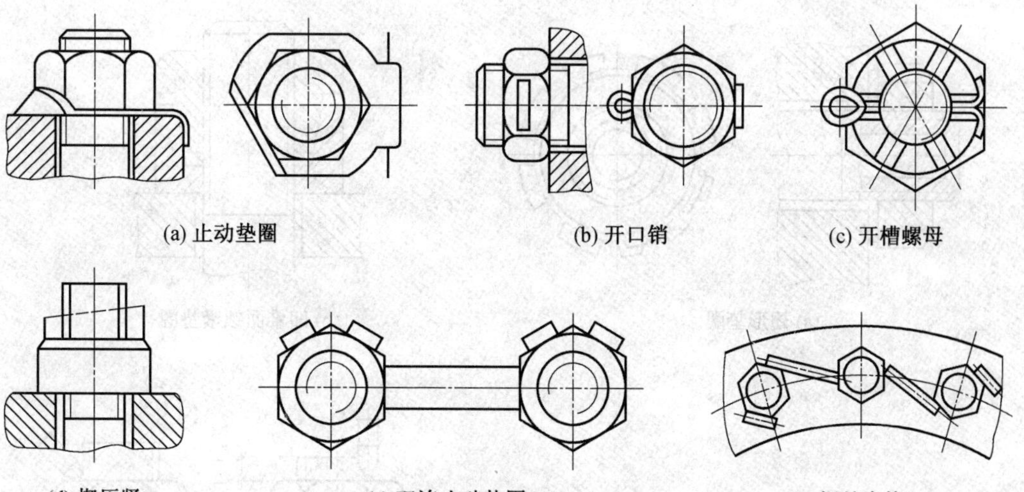

(a) 止动垫圈　(b) 开口销　(c) 开槽螺母

(d) 楔压紧　(e) 双连止动垫圈　(f) 钢丝串接

图 2.4　机械防松示意图(一)

般用于连接部分有容纳弯耳的场合。

(2)开口销(图 2.4(b)):普通螺母配以开口销,为方便装配,销孔待螺母拧紧后配钻,多用于单件或零星生产的重要连接场合。

(3)开槽螺母(图 2.4(c)):六角齿形螺母配以开口销,防松效果良好。但螺杆上的销孔位置很难与螺母最佳销紧位置的槽口吻合,装配不便,多用于变载、振动易松之处。

(4)楔压紧(图 2.4(d)):利用可以自锁的横楔楔入螺杆横孔压紧螺母,防松良好,通常用于大直径的螺栓连接场合。

(5)双连止动垫圈(图 2.4(e)):利用双连止动垫圈将成对螺母或螺栓锁住,使之彼此制约,无法转动,防松效果良好。

(6)钢丝串接(图 2.4(f)):将低碳钢丝穿入一组螺栓头部的专用孔后使其相互制约,防松效果良好。但钢丝的缠绕方向必须正确(图中是右旋螺纹的绕向)。

(7)翅形垫圈(图 2.5(a)):翅形垫圈的内翅位于螺纹杆的纵向槽内,圆螺母拧紧后,将对应的外翅锁在螺母的槽口内,防松可靠,通常用于较大直径的连接及滚动轴承的紧固。

(8)凹锥面锁紧垫圈(图 2.5(b)):螺母的一端是外圆锥体,拧紧螺母时,楔入垫圈到相应的凹锥内,增加摩擦力,防松效果良好,多用于重载或存在振动的连接场合。

(9)铆封螺母(图 2.5(c)):装配时在栓杆末端外露(1~1.5)P(螺距)的长度,在螺母拧紧后将外露部分铆死。

(10)端面冲点(图 2.5(d)):冲点中心在螺纹的小径处或在钉头直径的圆周上,$d>8$ mm 时冲 4 点,$d\leq 8$ mm 时冲 2 点(d 为外螺纹大径)。

3. 其他方法

其他螺母防松措施可使用涂黏合剂,如图 2.6 所示。

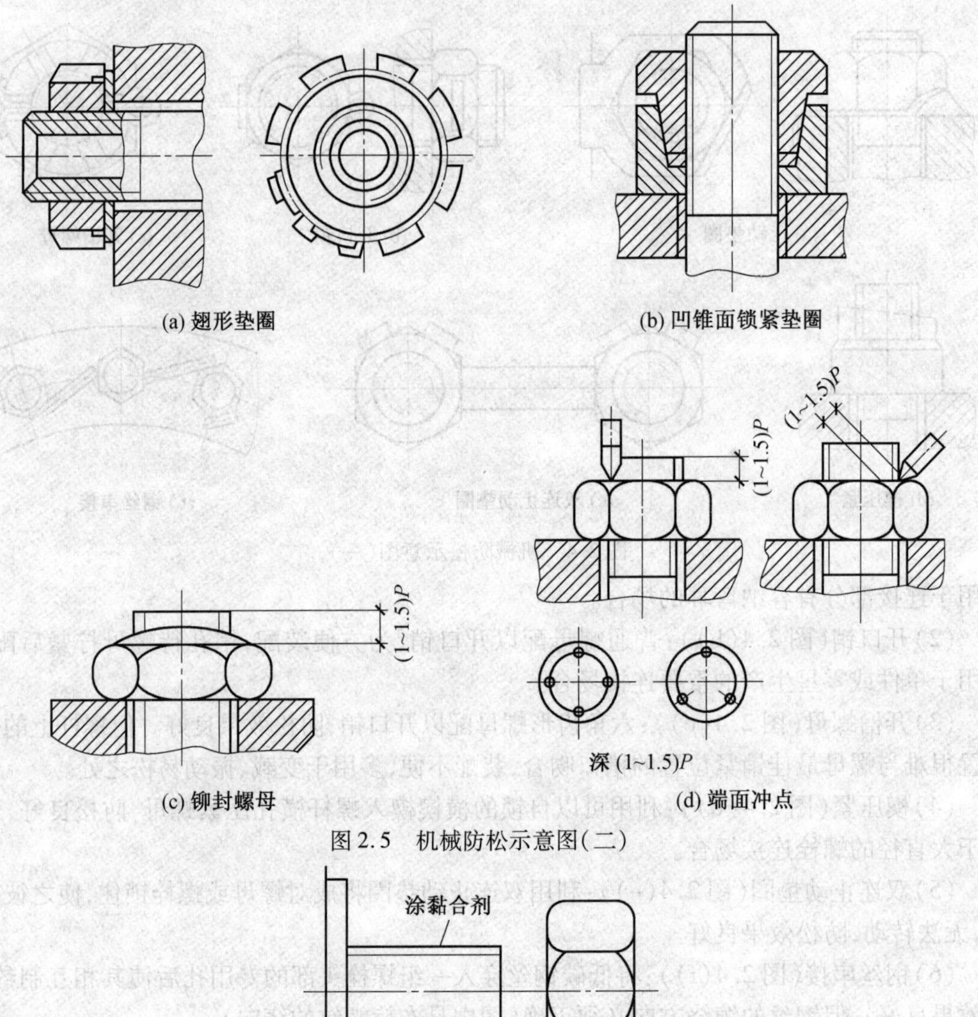

(a) 翅形垫圈　(b) 凹锥面锁紧垫圈　(c) 铆封螺母　(d) 端面冲点

图2.5　机械防松示意图(二)

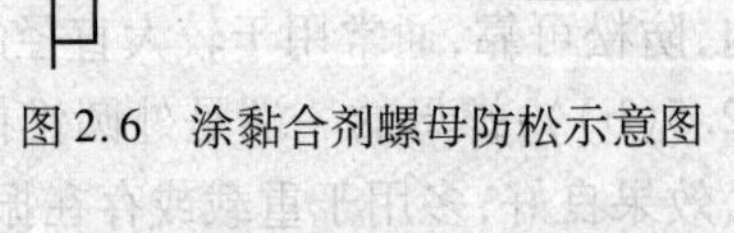

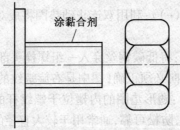

图2.6　涂黏合剂螺母防松示意图

2.2　高强度螺栓连接细部做法

讲24:摩擦面的处理

1.摩擦面处理要求

(1)在高强度螺栓连接范围内,构件接触面的处理方法应在施工图中说明。处理后的表面摩擦系数应符合设计要求的额定值,一般为0.45~0.55。

(2)处理好的摩擦面不得有飞边、毛刺、焊疤和污损等。

(3)应注意摩擦面的保护,要防止构件在运输、装卸、堆放、二次搬运、翻吊时连接板的变形。安装前,应处理好被污染的连接面表面。

(4)处理好的摩擦面放置一段时间后会产生一层浮锈,经钢丝刷清除浮锈后,其抗滑移系数会比原来提高。一般情况下,摩擦面生锈会在60 d左右达到最大值。因此,从工厂摩擦面处理到现场安装时间宜在60 d左右时间内完成。

(5)已处理好摩擦面的构件应有保护摩擦面的措施,并不得涂油漆或污损。出厂时必须附有三组同材质同处理方法的试件,以供复验摩擦系数。

(6)钢材摩擦面的抗滑移系数见表2.6。

表2.6　钢材摩擦面的抗滑移系数

在连接处构件接触面的处理方法	构件的钢号			
	Q235钢	Q345钢	Q390钢	Q420钢
喷砂(丸)	0.45	0.50		0.50
喷砂(丸)后涂无机富锌漆	0.35	0.40		0.40
喷砂(丸)后生赤锈	0.45	0.50		0.50
钢丝刷清除浮锈或未经处理的干净轧制面	0.30	0.35		0.40

(7)经处理的摩擦面,出厂前应按批做抗滑移系数试验,最小值应符合设计的要求;出厂时应按批附三套与构件相同材质、相同处理方法的试件,由安装单位复验抗滑移系数。在运输过程中试件的摩擦面不得损伤。

(8)高强度螺栓连接处的摩擦面可根据设计抗滑移系数的要求选择处理工艺,抗滑移系数应符合设计要求。在采用手工砂轮打磨时,打磨方向应与受力方向垂直,且打磨范围不应小于螺栓孔径的4倍。

2. 摩擦面处理做法

一般摩擦面的处理可结合钢构件表面处理方法一并进行处理,但不用涂防锈底漆。摩擦面的常用处理方法见表2.7。

表2.7　摩擦面的常用处理技巧

序号	处理方法	内容说明
1	钢丝刷人工除锈	用钢丝刷将摩擦面处的铁屑、浮锈、灰尘、油污等污物刷掉,使钢材表面露出金属光泽,此法一般用在不重要的结构或受力不大的连接处,摩擦面抗滑移系数值能达到0.3左右
2	化学处理一般洗法	将加工完的构件浸入酸洗槽中,槽内硫酸浓度为18%(质量比),内加少量硫脲;温度为70~80 ℃;停留时间为30~40 min,其停留时间不能过长,否则酸洗过度,钢材厚度减薄。然后放入石灰槽中中和,中和使用石灰水的温度为60 ℃左右,钢材放入槽内停留1~2 min提起。然后继续放入水槽中1~2 min,再转入清洗工序,清洗的水温为60 ℃左右,清洗2~3次。最后用酸度(pH)试纸检查中和清洗程度,应达到无酸、无锈和清洁为合格。此法优点为处理简便,省时间。缺点是残留酸极易引起钢板腐蚀,因此此法已比较少用
3	砂轮打磨法	对于小型工程或已有建筑物加固改造工程,常常采用手工方法进行摩擦面处理,其中砂轮打磨是最直接、最简便的方法。试验结果表明,砂轮打磨后,露天生锈时间为60~90 d,摩擦面的粗糙度能达到50~55 μm
4	喷砂(丸)法	利用压缩空气为动力,将砂(丸)直接喷射到钢板表面使钢板表面达到一定的粗糙度,露天生锈后将铁锈除掉。试验结果表明,经过喷砂(丸)处理过的摩擦面,在露天生锈一段时间,安装前除掉浮锈,能够得到比较大的抗滑移系数值,理想的生锈时间为60~90 d

3. 接触面间隙处理做法

高强度螺栓摩擦面对因板厚公差、制造偏差或安装偏差等产生的接触面间隙，应按照表2.8规定进行处理。

表2.8　接触面间隙处理

项目	示意图	处理方法
1	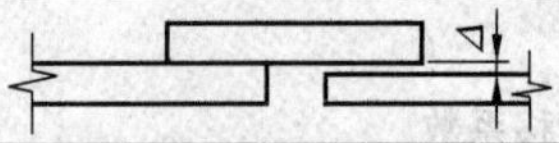	Δ<1.0 mm时不予处理
2	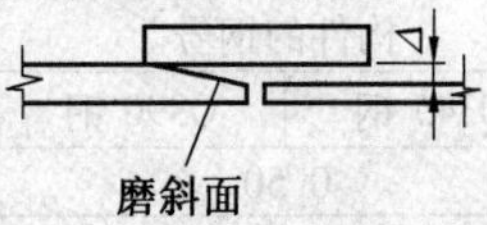	Δ=(1.0～3.0) mm时将厚板一侧磨成1∶10缓坡，使间隙小于1.0 mm
3	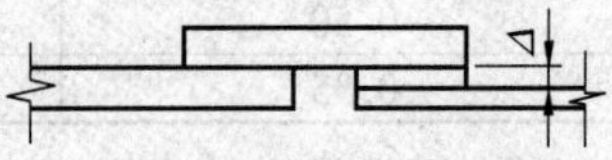	Δ>3.0 mm时加垫板，垫板厚度不小于3 mm，最多不超过3层，垫板材质和摩擦面处理方法应与构件相同

(1)当间隙小于1 mm时，对受力的滑移影响不大，可不做处理。

(2)当间隙在1～3 mm时，对受力后的滑移影响较大，为了消除影响，将厚板一侧磨削成1∶10缓坡过渡，也可以加垫板处理。

(3)当间隙大于3 mm时应加垫板处理，垫板材质及摩擦面应与构件做同样级别的处理。

4. 摩擦面处理后的要求

经表面处理后的高强度螺栓连接摩擦面应符合下列规定：

(1)连接摩擦面应保持干燥、清洁，不应有飞边、毛刺、焊接飞溅物、焊疤、氧化铁皮、污垢等。

(2)经处理后的摩擦面应采取保护措施，不得在摩擦面上做标记。

(3)摩擦面采用生锈处理方法时，安装前应以细钢丝刷垂直于构件受力方向除去摩擦面上的浮锈。

讲25：高强度螺栓孔制作

1. 高强度螺栓孔的分组

(1)在节点中，接板与一根杆件相连接孔为一组。

(2)接头处的孔：通用接头——半个拼接板上的孔为一组；阶梯接头——两接头之间的孔为一组。

(3)在两相邻节点或接头间的连接孔为一组，但不包括上述(1)、(2)两项所指的孔。

(4)受弯构件翼缘上，每1 m长度内的孔为一组。

2. 高强度螺栓孔径的选配

高强度螺栓制孔时，其孔径的大小可参照表2.9进行选配。

表 2.9　高强度螺栓孔径选配表　单位：mm

螺栓公称直径	12	16	20	22	24	27	30
螺栓孔直径	13.5	17.5	22	24	26	30	33

3. 高强度螺栓孔的孔距

高强度螺栓孔孔距的允许偏差应符合表 2.10 的规定。

表 2.10　螺栓孔孔距允许偏差　单位：mm

螺栓孔孔距范围	≤500	501～1 200	1 201～3 000	>3 000
同一组内任意两孔间距离	±1.0	±1.5	—	—
相邻两组的端孔间距离	±1.5	±2.0	±2.5	±3.0

4. 高强度螺栓孔的位移处理做法

高强度螺栓孔位移时，应先采用不同规格的孔量规分次进行检查。

(1)第一次采用比孔公称直径小 1.0 mm 的量规检查，应通过每组孔数的 85%。

(2)第二次采用比螺栓公称直径大 0.2～0.3 mm 的量规检查应全部通过。

(3)对两次不能通过的孔应经主管设计同意后，方可采用扩孔或补焊后重新钻孔来处理，并应符合以下要求：

1)扩孔后的孔径不得大于原设计孔径的 2.0 mm。

2)补孔时应采用与原孔母材相同的焊条(禁止用钢块等填塞焊)补焊，每组孔中补焊重新钻孔的数量不得超过 20%，处理后均应做出记录。

讲 26：高强度螺栓长度计算

高强度螺栓长度应以螺栓连接副终拧后外露 2～3 丝扣为标准计算，可按下列公式计算。选用的高强度螺栓公称长度应取修约后的长度，应根据计算出的螺栓长度 l 按修约间隔 5 mm 进行修约。

$$l=l'+\Delta l \tag{2.4}$$

$$\Delta l=m+ns+3p \tag{2.5}$$

式中　l'——连接板层总厚度；

Δl——高强度螺栓的附加长度，按表 2.11 选取；

m——高强度螺母公称厚度；

n——垫圈个数，扭剪型高强度螺栓的垫圈个数为 1，大六角头高强度螺栓的垫圈个数为 2；

s——高强度垫圈公称厚度，当采用大圆孔或槽孔时，高强度垫圈公称厚度按实际厚度取值；

p——螺纹的螺距。

表 2.11　高强度螺栓的附加长度 Δl　单位：mm

高强度螺栓种类	螺栓规格						
	M12	M16	M20	M22	M24	M27	M30
大六角头高强度螺栓	23	30	35.5	39.5	43	46	50.5
扭剪型高强度螺栓	—	26	31.5	34.5	38	41	45.5

注：本表中高强度螺栓的附加长度 Δl 由标准圆孔垫圈公称厚度来计算确定

螺纹的螺距可参考表2.12选用。

表2.12 螺纹的螺距取值表 单位：mm

螺栓规格	M12	M16	M20	M22	M24	M27	M30
螺距 p	—	1.75	2.5	2.5	3	3	3.5

讲27:高强度螺栓连接施工

高强度螺栓连接施工前,应对连接副实物和摩擦面进行检验和复验,合格后才能进入安装施工。大六角头高强度螺栓的构造如图2.7(a)所示,在施工前,应按出厂批复验高强度螺栓连接副的扭矩系数,每批复检八套,八套扭矩系数的平均值应在0.110～0.150范围之内,其标准偏差小于或等于0.010。扭剪型高强度螺栓的构造如图2.7(b)所示,在施工前,应按出厂批复验高强度螺栓连接副的紧固轴力,每批复检八套,八套紧固轴力的平均值和标准偏差应符合规定。

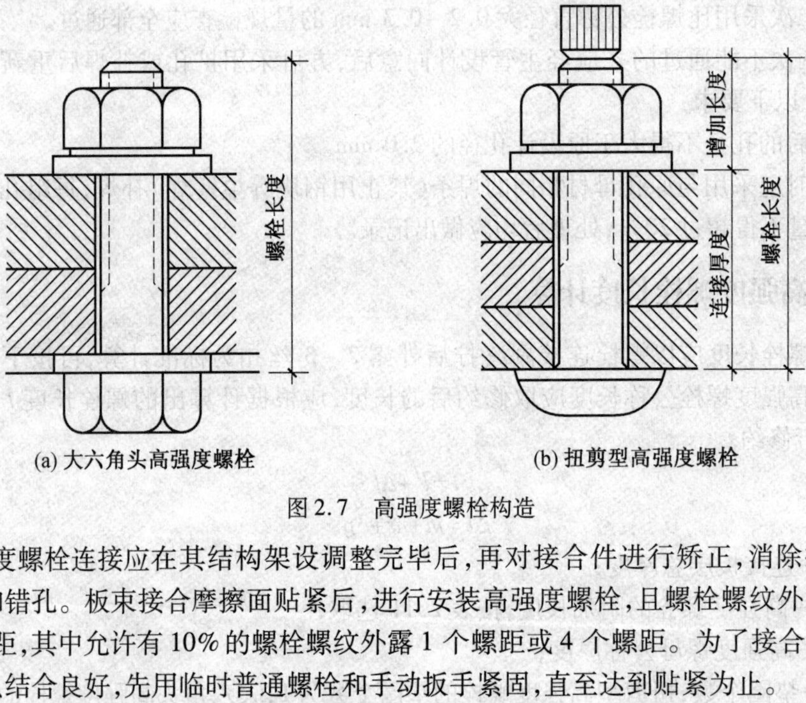

(a) 大六角头高强度螺栓 (b) 扭剪型高强度螺栓

图2.7 高强度螺栓构造

高强度螺栓连接应在其结构架设调整完毕后,再对接合件进行矫正,消除接合件的变形、错位和错孔。板束接合摩擦面贴紧后,进行安装高强度螺栓,且螺栓螺纹外露长度应为2～3个螺距,其中允许有10%的螺栓螺纹外露1个螺距或4个螺距。为了接合件板束间摩擦面贴紧、结合良好,先用临时普通螺栓和手动扳手紧固,直至达到贴紧为止。

(1)高强度螺栓安装时应先使用安装螺栓和冲钉。在每个节点上穿入的安装螺栓和冲钉数量,应根据安装过程所承受的荷载计算确定,并应符合下列规定:

1)不应少于安装孔总数的1/3。

2)安装螺栓不应少于2个。

3)冲钉穿入数量不宜多于安装螺栓数量的30%。

4)不得采用高强度螺栓兼做安装螺栓。

(2)高强度螺栓应在构件安装精度调整后进行拧紧。高强度螺栓安装时应符合下列规定:

1)扭剪型高强度螺栓安装时,螺母带圆台面的一侧应朝向垫圈有倒角的一侧。

2)大六角头高强度螺栓安装时,螺栓头下垫圈有倒角的一侧应朝向螺栓头,螺母带圆台面的一侧应朝向垫圈有倒角的一侧。

高强度螺栓现场安装时应能自由穿入螺栓孔，不得强行穿入。螺栓不能自由穿入时，可采用铰刀或锉刀修整螺栓孔，不得采用气割扩孔，扩孔数量应征得设计单位同意，修整后或扩孔后的孔径不应超过螺栓直径的1.2倍。

讲28：高强度螺栓紧固与防松

1. 高强度螺栓的紧固方法

(1)扭矩法。扭矩法是根据施加在螺母上的紧固扭矩与导入螺栓中的预拉力之间有一定关系的原理，以控制扭矩来控制预拉力的方法。

(2)转角法。因扭矩系数的离散性，尤其是螺栓制造质量或施工管理不善，扭矩系数超过标准值，采用扭矩法施工会出现较大误差，此时可采用转角法施工。转角法是用控制螺栓应变，即控制螺母的转角来获得规定的预拉力，因不需专用扳手，故简单有效。转角是从初拧做出的标记线开始，再利用长扳手(或电动、风动扳手)终拧1/3～2/3圈(120°～240°)。终拧角度与板叠厚度、螺栓直径等有关，可预先测定。

高强度螺栓转角法施工分初拧和终拧两步进行，初拧的目的是为了消除板缝影响，使终拧具有一致的基础，初拧扭矩一般为终拧扭矩的50%为宜，原则是以板缝密贴为准。转角法施工的工艺顺序如下：

1)初拧：按规定的初拧扭矩值，从节点或栓群中心顺序向外拧紧螺栓，并采用小锤敲击法检查，防止漏拧。

2)画线：初拧后对螺栓逐个进行画线，如图2.8(a)所示。

3)终拧：利用扳手使螺母再旋转一个额定角度，并画线，如图2.8(b)所示。

4)检查：检查终拧角度是否达到规定的角度。

5)标记：对已终拧的螺栓用色笔做出明显的标记，以防漏拧或重拧。

螺母的旋转角度应在施工前复验，复验应在国家认可并有资质的检测单位进行，试验所用的轴力计、扳手及量角器等仪器应经过计量认证。

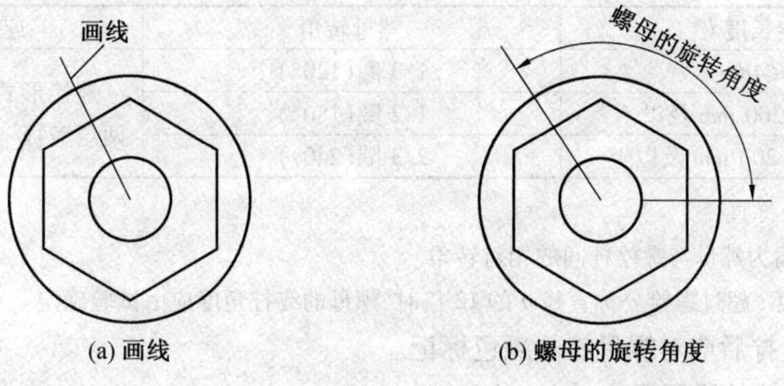

(a) 画线　(b) 螺母的旋转角度

图2.8 转角法施工

(3)电动扳手施拧。扭剪型高强度螺栓连接副应采用专用的电动扳手施拧，施工时应符合下列规定：

1)施拧分为初拧和终拧，大型节点宜在初拧和终拧间增加复拧。

2)初拧扭矩值应取施工终拧扭矩 T_c 计算值的50%，其中 k 应取0.13，也可按表2.13选用；复拧扭矩应等于初拧扭矩。

表2.13　扭剪型高强度螺栓初拧(复拧)扭矩值

螺栓公称直径/mm	M16	M20	M22	M24	M27	M30
初拧(复拧)扭矩/(N·m)	115	220	300	390	560	760

3)终拧应以拧掉螺栓尾部梅花头为准,少数不能采用专用扳手进行终拧的螺栓,扭矩系数 k 应取0.13。

4)初拧或复拧后应对螺母涂画颜色标记。

大六角头高强度螺栓连接副施拧可采用扭矩法或转角法,施工时应符合下列规定:

1)施工用的扭矩扳手在使用前应进行校正,其扭矩相对误差不得大于±5%;校正时采用的扭矩扳手,其扭矩相对误差不得大于±3%。

2)施拧时,应在螺母上施加扭矩。

3)施拧也分为初拧和终拧,大型节点应在初拧和终拧间增加复拧。初拧扭矩可取施工终拧扭矩的50%,复拧扭矩应等于初拧扭矩。终拧扭矩应按下式计算,即

$$T_c = kP_c d \tag{2.6}$$

式中　T_c——施工终拧扭矩,N·m;

k——高强度螺栓连接副的扭矩系数平均值,取0.110~0.150;

P_c——大六角头高强度螺栓施工预拉力,可按表2.14选用,kN;

d——高强度螺栓公称直径,mm。

表2.14　大六角头高强度螺栓施工预拉力　　单位:kN

螺栓性能等级	螺栓公称直径/mm						
	M12	M16	M20	M22	M24	M27	M30
8.8S	50	90	140	165	195	255	310
10.9S	60	110	170	210	250	320	390

4)采用转角法施工时,初拧(复拧)后连接副的终拧转角角度应符合表2.15的要求。

表2.15　初拧(复拧)后连接副的终拧转角角度

螺栓长度 l	螺母转角	连接状态
$l \leqslant 4d$	1/3圈(120°)	连接形式为一层芯板加两层盖板
$4d < l \leqslant 8d$ 或200 mm及以下	1/2圈(180°)	
$8d < l \leqslant 12d$ 或200 mm及以上	2/3圈(240°)	

注:1. d 为螺栓公称直径

2. 螺母的转角为螺母与螺栓杆间的相对转角

3. 当螺栓长度 l 超过螺栓公称直径 d 的12倍时,螺母的终拧角度应由试验确定

5)初拧或复拧后应对螺母涂画颜色标记。

2. 高强度螺栓的紧固顺序

初拧、复拧和终拧应按照合理的顺序进行,由于连接板的不平,随意紧固或从一端或两端开始紧固,其紧固时会使接头产生附加内力,也可能造成摩擦面空鼓,从而影响摩擦力的传递。高强度螺栓连接副的初拧、复拧、终拧应在24 h内完成。紧固顺序应从接头刚度较大的部位向约束较小的方向、从栓群中心向四周顺序进行。具体为:

(1)箱形节点按图2.9所示A、B、C、D的顺序进行。

(2)工字梁节点螺栓群按图2.10所示①~⑥顺序进行。

(3)一般节点从中心向两端,如图 2.11 所示。

(4)H 形截面柱对接节点按先翼缘后腹板的顺序进行。

(5)两个节点组成的螺栓群按先主要构件节点,后次要构件节点的顺序进行。

(6)高强度螺栓和焊接并用的连接节点,当设计文件无特殊规定时,宜按先螺栓紧固后焊接的施工顺序。

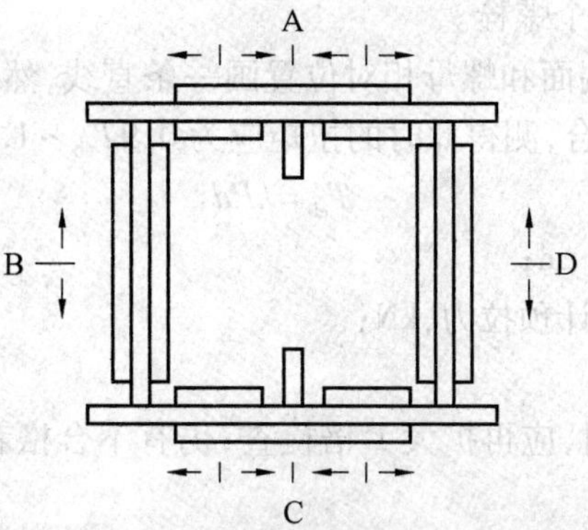

图 2.9　箱形节点施拧顺序

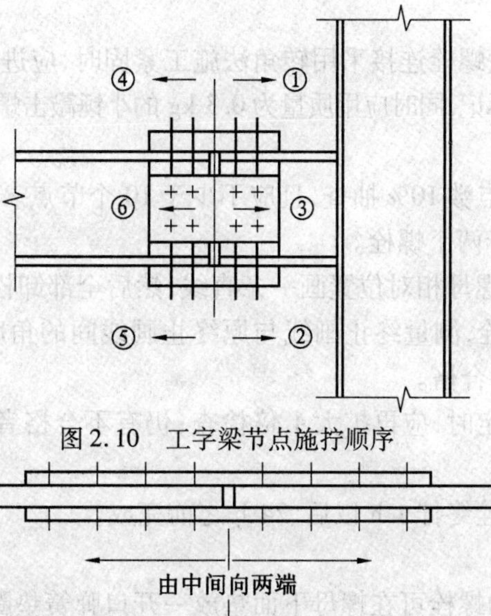

图 2.10　工字梁节点施拧顺序

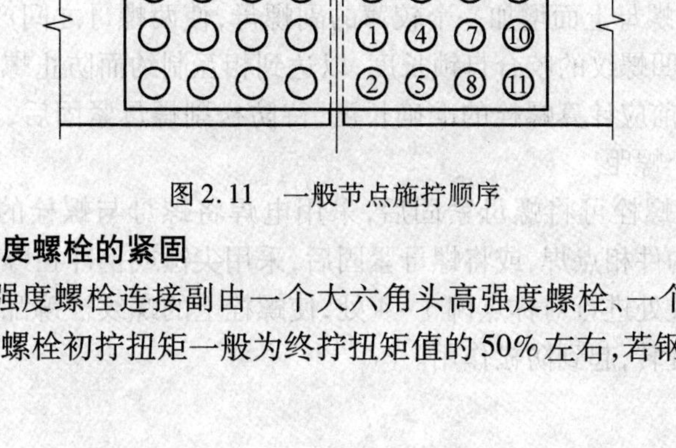

图 2.11　一般节点施拧顺序

3. 大六角头高强度螺栓的紧固

(1)大六角头高强度螺栓连接副由一个大六角头高强度螺栓、一个螺母和两个垫圈组成。大六角头高强度螺栓初拧扭矩一般为终拧扭矩值的 50% 左右,若钢板厚度、螺栓间距较大时,初拧扭矩宜大一些为好;复拧扭矩值等于初拧扭矩值;终拧扭矩值应由计算取得。

(2)大六角头高强度螺栓连接采用扭矩法施工紧固时,应进行下列质量检查:

1)应检查终拧颜色标记,并应用质量为0.3 kg的小锤敲击螺母,对高强度螺栓进行逐个检查。

2)终拧扭矩应按节点数10%抽查,且应不少于10个节点。对每个被抽查节点应按螺栓数10%抽查,且应不少于两个螺栓。

3)检查时应先在螺杆端面和螺母相对位置画一条直线,然后将螺母拧松约60°;再用扭矩扳手重新拧紧,使两线重合,测得此时的扭矩应为$0.9T_{ch}$~$1.1T_{ch}$。T_{ch}可按下式计算

$$T_{ch}=kPd \tag{2.7}$$

式中　T_{ch}——检查扭矩,N·m;

P——高强度螺栓设计预拉力,kN;

k——扭矩系数。

4)发现有不符合规定时,应再扩大1倍检查;仍有不合格者时,则整个节点的高强度螺栓应重新施拧。

5)扭矩检查宜在高强度螺栓终拧1 h以后、24 h之前完成,检查用的扭矩扳手的相对误差不得大于±3%。

(3)大六角头高强度螺栓连接采用转角法施工紧固时,应进行下列质量检查:

1)应检查终拧颜色标记,同时应用质量为0.3 kg的小锤敲击螺母,对高强度螺栓进行逐个检查。

2)终拧转角应按节点数10%抽查,且应不少于10个节点。对每个被抽查节点应按螺栓数10%抽查,且应不少于两个螺栓。

3)应在螺杆端面和螺母相对位置画一条直线,然后全部卸松螺母,再按规定的初拧扭矩和终拧角度重新拧紧螺栓,测量终止画线与原终止画线间的角度,该角度应符合表2.15的要求,误差在±30°者应为合格。

4)发现有不符合规定时,应再扩大1倍检查;仍有不合格者时,则整个节点的高强度螺栓应重新施拧。

5)转角检查宜在螺栓终拧1 h以后、24 h之前完成。

4.螺栓的防松方法

(1)垫放弹簧垫圈的螺栓可在螺母下面垫放一开口弹簧垫圈,螺母紧固后在上下轴向产生弹性压力,起到防松作用。为防止开口弹簧垫圈损伤构件表面,可在开口弹簧垫圈下面垫放一平垫圈。

(2)在紧固后的螺母上面增加一个较薄的副螺母,使两螺母之间产生轴向压力,同时也能增加螺栓、螺母凸凹螺纹的咬合自锁长度,以达到相互制约而防止螺母松动。使用副螺母防松的螺栓,在安装前应计算螺栓的准确长度,待防松副螺母紧固后,应使螺栓伸出副螺母外的长度不少于两个螺距。

(3)对于永久性螺栓可将螺母紧固后,采用电焊将螺母与螺栓的相邻位置,对称点焊3~4处或将螺母与构件相点焊,或将螺母紧固后,采用尖锤或钢冲在螺栓伸出螺母的侧面或靠近螺母上平面螺纹处进行对称点铆3~4处,使螺栓上的螺纹被铆乱丝凹陷,以破坏螺纹,阻止螺母无法进行旋转,起到防松作用。

3　钢零件与钢部件加工细部做法

3.1　放样细部做法

讲 29：钢构件放样

钢结构是由许多构件组成的，有些结构的形状较为复杂，在施工图上很难反映出来，有时连标注的尺寸也无法表示，因此需按照施工图上的几何尺寸，以 1∶1 的比例在样台上放出实样以求出真实形状和尺寸，然后根据实样的形状和尺寸制成样板、样杆，作为号料、搣制、装配等加工的依据，上述过程称为放样。放样是整个钢结构制作工艺中的第一道工序，只有放样尺寸精确，才能避免以后各道加工工序的累积误差，才能保证整个工程的质量。

(1)首先要仔细看清技术要求，并逐个核对图纸之间的尺寸和相互关系，有疑问时应联系有关技术部门予以解决。

(2)放样作业人员应熟悉整个钢结构加工工艺，了解工艺流程及加工过程，以及加工过程中需要的机械设备性能及规格。

(3)样台应平整，其四周应作出互相成 90°的直线，再在其中间作出一根平行线及垂直线，作校对样板之用。

(4)放样时以 1∶1 的比例在样台上弹出大样。当大样尺寸过大时，可分段弹出。对一些三角形的构件，如果只对其节点有要求，则可以缩小比例弹出样子，但应注意其精度。

(5)放样所画的实笔线条粗细不得超过 0.5 mm，粉线在弹线时的粗细不得超过 1 mm。

(6)用作计量长度依据的钢盘尺，特别注意应经授权的计量单位计量，且附有偏差卡片，使用时按照偏差卡片的记录数值校对其误差数。钢结构制作、安装、验收及土建施工用的量具，必须采用同一标准进行鉴定，应具有相同的精度等级。

(7)倾斜杆件互相连接的地方，应根据施工详图及展开图进行节点放样，并且需要放构件大样，如果没有倾斜杆件的连接，则可以不放大样，直接做样板。

(8)实样完成后应做一次检查，主要检查其中心距、跨度、宽度及高度等尺寸，如果发现差错应及时进行改正，如果对于复杂的构件，其线条很多而不能都画在样台上时，可用孔的中心线代替。

讲 30：样板和样杆制作

样板一般采用厚度 0.3 ~0.5 mm 的薄钢板或薄塑料板制成，样杆一般用钢皮或扁铁制作，当长度较短时可用木尺杆。也可采用旧的样板和样杆，但必须铲除原样板、样杆上的字迹和记号，以免出错。

1. 样板、样杆的类型和材质要求

样板通常可以分为四种类型，具体内容见表 3.1。

表 3.1 样板的分类

序号	种类	图示	内容
1	成型样板	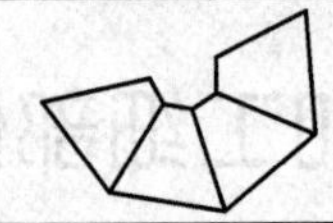	用于煨曲或检查弯曲件平面形状的样板。此种样板不仅用于检查各部分的弧度，同时又可以作为端部割豁口的号料样板
2	号孔样板	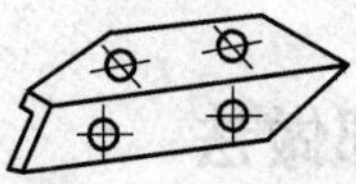	专用于号孔的样板
3	号料样板	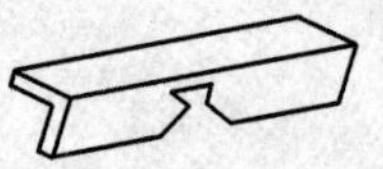	供号料或号料同时号孔的样板
4	卡型样板		用于煨曲或检查构件弯曲形状的样板。卡型样板分为内卡型样板和外卡型样板两种

样板、样杆通常采用铝板、薄钢板等材料制作，按精度要求不同选用的材料也不同。在采用除薄钢板以外的材料时，需注意由于温度和湿度引起的误差。零件数量多且精度要求较高时，可选用 0.5 ~ 2.0 mm 的薄钢板制作样板、样杆；号料数量少、精度要求不高时，可用硬纸板、油毡纸等制作。

样板、样杆上应注明构件编号，如图 3.1(a)是某钢屋架的一个上弦节点板的样板，钢板厚度为 12 mm，共 96 块。对于型钢则用样杆，它的作用主要是用来标定螺栓或铆钉的孔心位置，如图 3.1(b)所示是某钢屋架上弦杆的样杆。

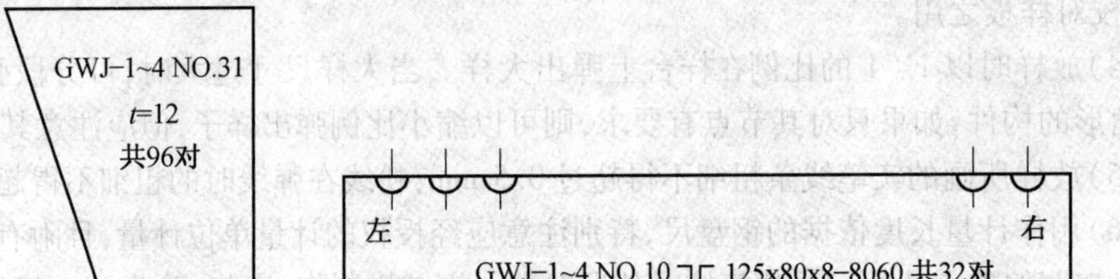

(a) 样板　　(b) 样杆

图 3.1 样板和样杆

样板、样杆应妥善保管，防止折叠和锈蚀，以便于在出现误差时进行校核，直至工程结束后方可销毁。对单一的产品零件，从经济上讲没有制作样杆、样板的必要时，可以直接在所需厚度的平板材料或型钢上进行划线号料。

2. 制作方法

对不需要展开的平面形零件的号料样板有如下两种制作方法。

(1)画样法。画样法即按零件图的尺寸直接在样板料上做出样板。

(2)过样法。过样法(又称移出法)，主要可以分为不覆盖过样法和覆盖过样法两种。不覆盖过样法是通过作垂线或平行线，将实样图中的零件形状过到样板料上。覆盖过样法则是把样板料覆盖在实样图上，再根据事前作出的延长线，画出样板。

为了保存实样图，一般采用覆盖过样法，而当不需要保存实样图时，则可采用画样法制作样板。对单一的产品零件，可以直接在所需厚度的平板材料(或型材)上进行划线号料，不必在放样台上画出放样图和另行制出样板。对于较复杂带有角度的结构零件，不能直接在板料型钢上号料时，可用覆盖过样法制出样板，利用样板进行划线号料，如图3.2所示。

覆盖过样法的步骤如下：

1）按施工设计图样的结构连接尺寸画出实样。

2）以实样上的型钢件和板材件的重心线或中心线为基准并适当延长。

3）把所用样板材料覆盖在实样上面，用直尺或粉线以实样的延长线在样板面上画出重心线或中心线。

4）再以样板上的重心线或中心线为基准画出连接构件所需的尺寸，最后将样板的多余部分剪掉，做成过样样板。

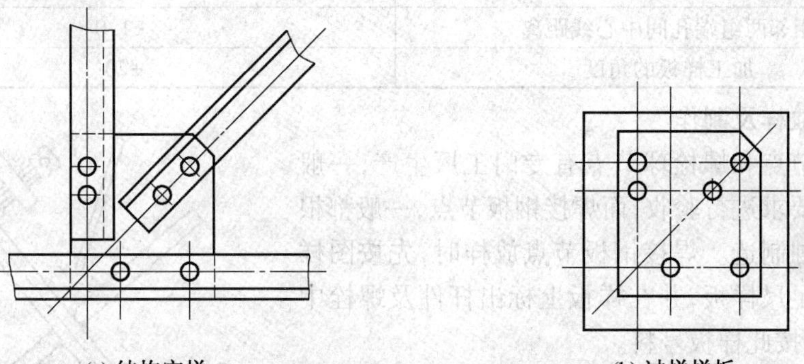

(a) 结构实样　(b) 过样样板

图3.2　覆盖过样法示意图

3. 样板、样杆的制作要点

（1）根据施工图中的具体技术要求，按照1∶1的比例尺寸和基准划线以及正投影的作图步骤，画出构件相互之间的尺寸及真实图形。

（2）产品放样经检查无误后，采用0.5～1 mm的薄钢板或油毡纸及马粪纸壳等材料，以实样尺寸为依据，制出零件的样杆、样板。

（3）使用油毡纸或马粪纸壳材料制作样板时，应注意温度和湿度影响所产生的误差。

（4）当构件较大时，样板的制作可采用板条拼接成花架，以减轻样板的质量，便于使用。

（5）放样所画的石笔线条粗细不得超过0.5 mm，粉线在弹线时的粗细不得超过1 mm。

（6）剪切后的样板不应有锐口，直线与圆弧剪切时应保持平直和圆顺光滑。

（7）样板制出后，必须在上面注明图号、零件名称、件数、位置、材料牌号、规格以及加工符号等内容，以便使号料工作有序进行。同时，应妥善保管样板，防止折叠和锈蚀，以便进行校核，查出原因。

4. 样板、样杆的允许偏差

样板、样杆制作时，应做到按图施工，从划线到样板制作，应做到尺寸精确，尽可能减少误差。对于号料样板，其尺寸一般应小于设计尺寸0.5～1.0 mm，因划线工具沿样板边缘划线时增加距离，这样正负值相抵，可减少误差。

样板、样杆的制作尺寸允许偏差应符合表3.2的规定。

表3.2　样板、样杆的制作尺寸允许偏差

项目		允许偏差/mm
样板	长度	0 −0.5
	宽度	5.0 −0.5
	两对角线长度差	1.0
样杆	长度	±1.0
	两最外排孔中心线距离	±1.0
同组内相邻两孔中心线距离		±0.5
相邻两组端孔间中心线距离		±1.0
加工样板的角度		±20′

5. 节点放样及制作

焊接球节点和螺栓球节点有专门工厂生产，一般只需按规定要求进行验收；而焊接钢板节点，一般都根据各工程单独制造。焊接钢板节点放样时，先按图样用硬纸剪成足尺样板，并在样板上标出杆件及螺栓中心线，钢板即按此样板号料。

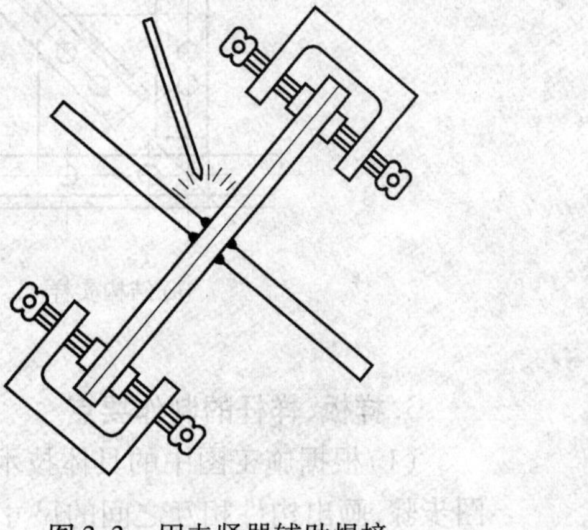

图3.3　用夹紧器辅助焊接

制作时，钢板相互间先根据设计图样用电焊点上，然后以角尺及样板为标准，用锤轻击逐渐校正，使钢板间的夹角符合设计要求，检查合格后再进行全面焊接。为了防止焊接变形，带有盖板的节点，在点焊定位后，可用夹紧器夹紧，再全面施焊，如图3.3所示。钢板节点的焊接顺序如图3.4所示，同时施焊时应严格控制电流并分批焊接，例如用$\phi4$的焊条，电流控制在210 A以下，当焊缝高度为6 mm时，分成两批焊接。

为了使焊缝左右均匀，应用船形焊接法焊接，如图3.5所示。

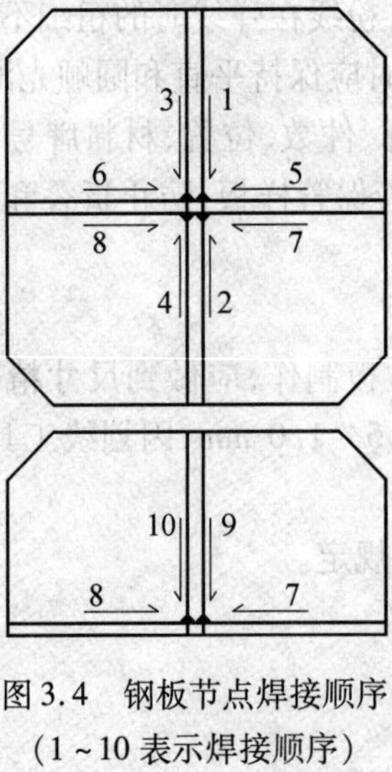

图3.4　钢板节点焊接顺序
（1～10表示焊接顺序）

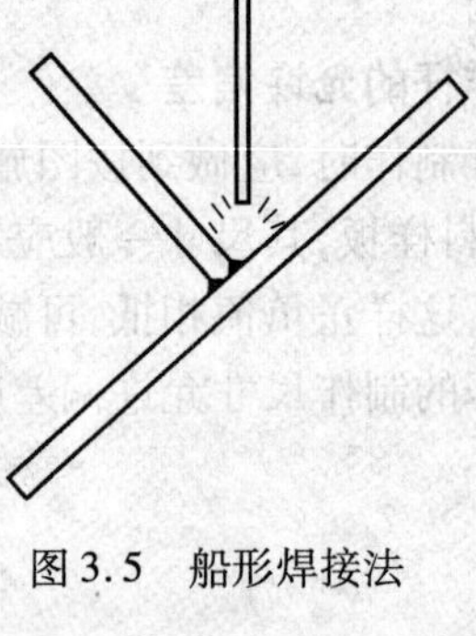

图3.5　船形焊接法

3.2 号料细部做法

讲31:号料操作

1.号料的基本要求

(1)熟悉施工图样以及产品制造工艺,如发现有疑问之处,应与相关技术部门联系解决。合理安排各零件号料的先后次序,而且零件在材料上位置的排布,需符合制造工艺的要求。

(2)放样需要钢尺必须经由计量部门的校验复核,合格后方可使用。

(3)依据施工图样,检查样板、样杆是否满足设计图纸要求。应检查号料尺寸是否正确,以防止产生偏差甚至错误,产生废品。核对钢材牌号、规格,确保图样、样板、材料三者一致。对重要产品所用的材料,需有检验合格证书,并在号料前进行验证符合要求。不同规格、不同材质的零件必须分别号料,并根据先大后小的原则依次号料。

(4)检验材料有无裂缝、夹层、表面疤痕或厚度不均匀等缺陷,并依据产品的技术要求酌情处理。当钢材遇到有较大弯曲、凹凸不平等问题,影响号料精度时,需先进行矫正。

(5)号料前应将材料垫放平整、稳妥,既要有利于号料划线并保证精度,又要确保安全和不影响他人工作。对于较大型钢构件划线多面的情况,注意平放材料同时可靠固定,以防止发生事故。号料场地需标示警示牌,防止其他人员进入号料现场造成不必要的失误和损失。

(6)依据配料表和样板进行套裁,尽量节约材料。正确使用号料工具、量具、样板和样杆,尽可能减少操作引起的号料偏差。

(7)当工艺有规定时,应按规定的方向进行划线,以确保零件对材料轧制纹路所提出的要求。

(8)需要剪切的零件,应考虑剪切线是否合理,防止发生不适于剪切操作的情况。

(9)采用进口钢材时,应检验其化学成分以及力学性能是否满足相对应牌号的标准。

(10)主要受力构件和需要弯曲的构件,在号料时应按照工艺规定的方向取料,弯曲件的外侧不应有样冲点及伤痕缺陷。

(11)钢材的规格尺寸与设计要求不同时,不得随意以大代小,须经计算后方可代用。如钢材供应不全,可依据钢材选择的原则灵活调整,但需与设计单位商定。

(12)号料划线后,在零件的加工线、接缝线以及孔的中心位置等处,应依据加工需要打上錾印或样冲眼。同时,根据样板上的技术说明,用白铅油或磁漆标注清楚,为下道工序提供方便,其文字、符号、线条应端正、清晰。

(13)号料应有利于切割同时保证零件质量。

(14)本次号料后的剩余材料需进行余料标识,包括余料编号、规格、材质和炉批号等,以便于余料的再次使用。

2.钢板的号料

在钢材上(包括钢板和型钢)号料时,为了提升材料的利用率,总是将零件靠近钢板的边缘,以留有一定的加工余量。如果零件制造的数量较多,则必须考虑在钢板上怎样排列才合理,即为合理用料。合理用料对节约材料具有重要作用,也就是在确保下料质量的前提下,提高材料的利用率。图3.6是同一种零件两种排样方案的比较。

(a) 不合理　　(b) 合理

图3.6　排样比较

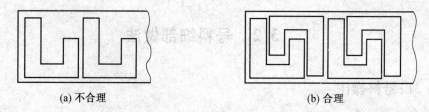

下料时,必须采用各种途径,最大限度地提升原材料的利用率,以节约材料。

当零件下料的数量较多时,为使板材获得充分利用,必须精心安排零件的圆形位置。同一形状的零件或者各种不同形状的零件进行排样套料时,必须分析零件的形状特点,不同形状的零件应按照不同的方式排列。零件形状通常有方形、梯形、三角形、圆形及多边形、半圆及山字形、椭圆及盘形、十字形、丁字形和角尺形等,零件图样外形的分类见表3.3。零件在钢板上常用的排列方式主要包括直排、单行排列、多行排列、斜排、对头直排、对头斜排,具体见表3.4。

在钢板上号料时需注意的问题。

(1)充分利用下脚料钢板。在下料使用后剩余的较大面积,还可作为其他工件下料,尤其是小工件下料的材料称为下脚料。因此在钢板工件下料时,优先考虑是否可以利用原来的下脚料。这样能够节约大批材料(有材质要求的工件使用下脚料时,应先验证下脚料材质是否符合要求)。

(2)合理更改设计、节约材料。因为在产品设计时,对材料规格有时可能考虑不全面。

(3)钢板排样套料时,除考虑提高材料利用率外,还需充分考虑材料的切割下料方法。

3. 型钢(包括钢管)的号料

型钢(指角钢、槽钢及工字钢等)的弯曲形式很多,常见的弯曲形式有下列几种。

(1)内弯和外弯:当曲率半径在角钢(或槽钢)内侧的弯曲称为内弯;当曲率半径在角钢(或槽钢)外侧的弯曲称为外弯。工字钢无内弯、外弯之分。

(2)平弯和立弯:当曲率半径和工字钢(或槽钢)的腹板处在同一平面内的弯曲,称为平弯;当曲率半径和工字钢(或槽钢)的腹板处在垂直位置时的弯曲,称为立弯。角钢无平弯、立弯之分。

(3)切口弯曲和不切口弯曲:依据零件的结构和工艺要求,在型钢弯曲处需要切口的称为切口弯曲,不需要切口的称为不切口弯曲。

切口的内弯,均不需加补料。切口的内弯又分为直线切口和圆弧切口两种。

切口的外弯,均需加补料,这种通常被称为弯曲后补角。

另外,还有一些特殊的弯曲形式。例如螺旋弯曲和"劈八字"弯曲等。

4. 二次号料

对于金属切削加工的工件,在一次号料以后,需要经过二次号料、下料等工序加工才能对工件进行金属切削的加工等工序。

对于需要热加工的零件,通常在坯料上留有加工余量,以便在工件加热后进行二次号料,将实料线划出。通常二次号料是直接把样板铺在加工好的工件上,依照样板划上实料位置,并打上样冲等切割线标记,或一次号料留出加工余量,二次号料是重新划线。

表 3.3　零件图样外形的分类

序号	名称	图形
1	方形	
2	梯形	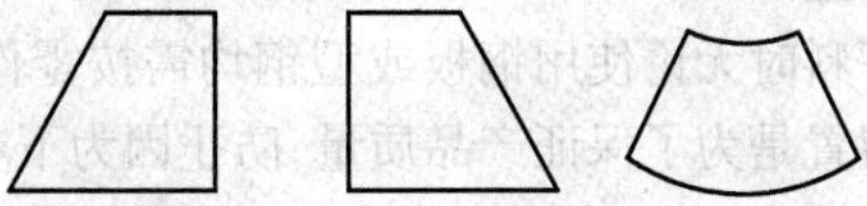
3	三角形	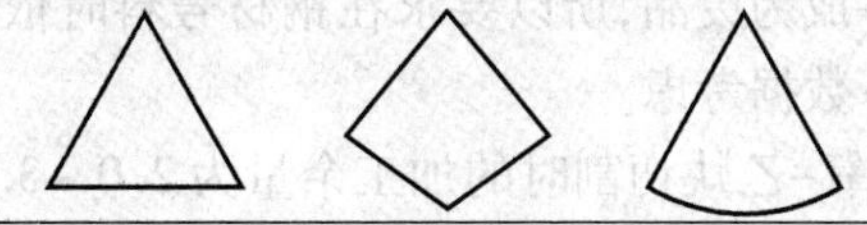
4	圆形及多边形	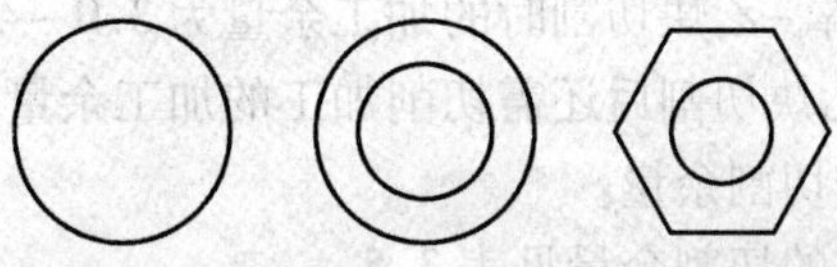
5	半圆及山字形	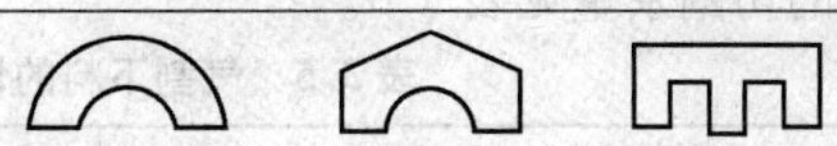
6	椭圆及盘形	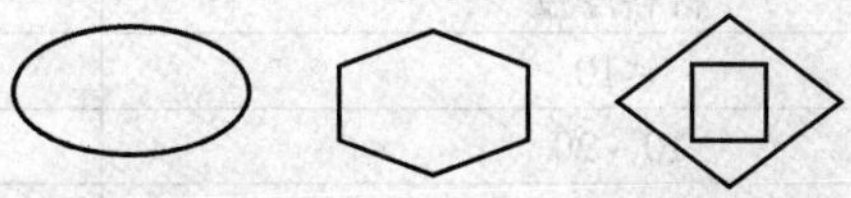
7	十字形	
8	丁字形	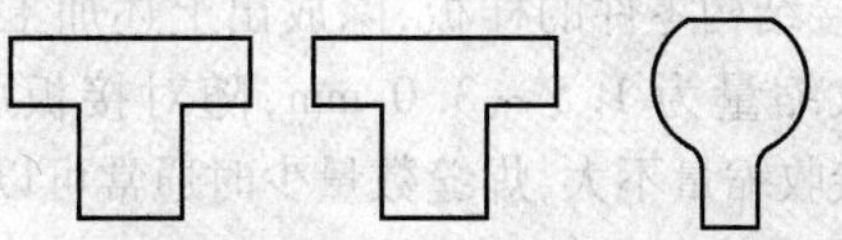
9	角尺形	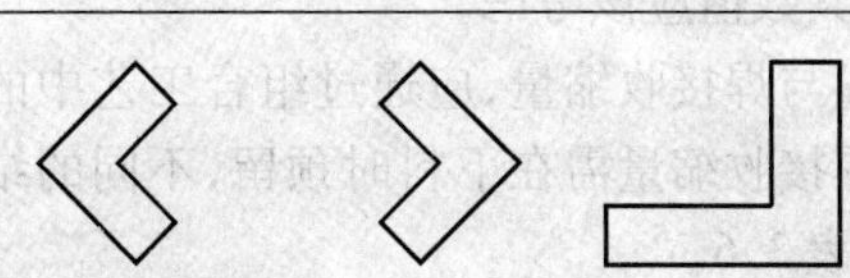

表 3.4　常用的排列式

序号	排样类型	排样简图	序号	排样类型	排样简图
1	直排	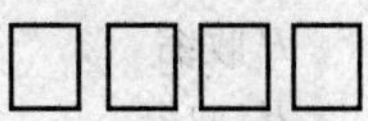	4	斜排	
2	单行排列	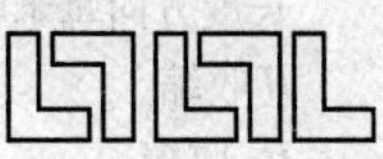	5	对头直排	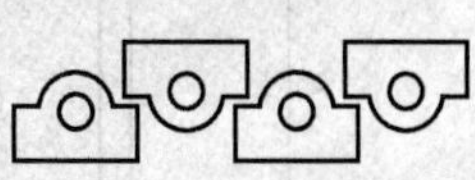
3	多行排列	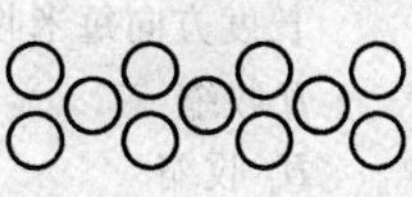	6	对头斜排	

对于有些钢结构的零部件,在装配过程中需要留有余量时,往往依据草图或样杆进行二次号料,留出一定的装配余量。

讲32:号料加工余量与允许偏差

1.加工余量

在工件下料时无论使用钢板或型钢均需按零件的加工要求和工艺手段留出加工余量。加工余量的留置是为了保证产品质量,防止因为下料失误,未留加工余量或加工余量不符合要求导致零件成为废品,所以要求在钢材号料时依据加工的实际情况,适当留出加工余量,一般可按如下数据考虑。

(1)自动氧-乙炔切割时的加工余量为2.0~3.0 mm。

(2)手动氧-乙炔切割时的加工余量为3.0~4.0 mm。

(3)氧-乙炔切割后还需切削加工的加工余量为4.0~5.0 mm。依据材料厚度和切割方法留出适当的切割余量。

气割下料的切割余量见表3.5。

表3.5　气割下料的切割余量表　　单位:mm

材料厚度	切割余量
≤10	1.0~2.0
10~20	2.5
20~40	3.0
40以上	4.0

(4)剪切后还需切削加工的加工余量为3.0~4.0 mm。

(5)板材工件的厚度方向留量应按照工艺规定留出加工量。

(6)对焊接结构零件的样板,除放出上述加工余量外,还需要考虑焊接零件的收缩量。对接焊缝的收缩量为1.5~3.0 mm,随对接板厚的增加而增大;角焊缝的收缩量小于1.5 mm。焊接收缩量不大,焊缝数量少时通常可以忽略不计,但焊缝数量过多时,由于焊接收缩量累计,其数值应该考虑。

加工余量与焊接收缩量,应通过组合工艺中的拼装方法、焊接方法及钢材种类、焊接环境等决定。焊接收缩量需在下料时预留,不同的结构形式所要求的焊接收缩量也不完全相同,具体参见表3.6。

表3.6　焊接收缩量　　单位:mm

结构形式	收缩量		
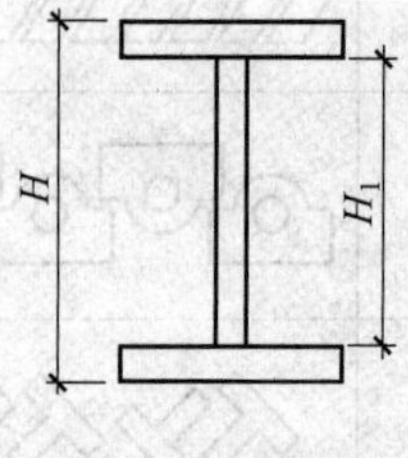	(1) H≤1 000	长度方向每米收缩	0.6
	板厚≤25	H 收缩	1.0
	每对加劲板	H_1 收缩	0.8
	(2) H≤1 000	长度方向每米收缩	0.4
	板厚>25	H 收缩	1.0
	每对加劲板	H_1 收缩	0.5
	(3) H>1 000	长度方向每米收缩	0.2
	各种板厚	H 收缩	1.0
	每对加劲板	H_1 收缩	0.5

续表 3.6 单位:mm

结构形式	收缩量		
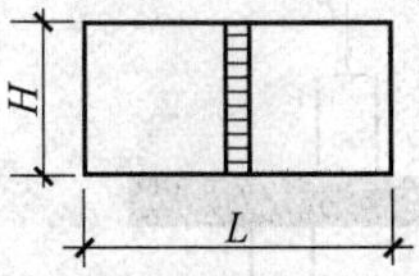	L方向每米收缩		0.7
	H方向每米收缩		1.0
格构式结构	轻型桁架:接头焊缝每个接口收缩		1.0
	搭接焊缝:每米收缩		0.5
	重型桁架:搭接角焊缝每米收缩		0.25
圆筒形结构	板厚≤16	直焊缝:一条缝周长收缩	1.0
		环焊缝:一条缝长度收缩	1.0
	板厚>16	直焊缝:一条缝周长收缩	2.0
		环焊缝:一条缝长度收缩	2.0

2. 允许偏差

金属结构中的所有零件,均需经过号料工序,为保证工件质量,号料不得超过允许误差。常用号料的允许偏差见表3.7。

表3.7 常用号料的允许偏差 单位: mm

序号	名称	允许误差	序号	名称	允许误差
1	直线	±0.5	6	料宽和长	±1
2	曲线	±(0.5~1)	7	两孔(钻孔)距离	±(0.5~1)
3	结构线	±1	8	铆接孔距	±0.5
4	结孔	±0.5	9	样冲眼和线间	±0.5
5	减轻孔	±(2~5)	10	扁铲	±0.5

3.3 下料细部做法

讲33:剪切

剪切是利用上下刀刃的相对运动切断材料的加工方法。剪切的生产效率高、切口光洁平整,可以剪切各种型钢和中等厚度以下钢板。

1. 剪床的分类

依据被剪切零件的厚度和几何形状,剪床可以分为平口剪床、斜口剪床、圆盘剪床、振动剪床和龙门剪床等。

(1)平口剪床。图3.7所示为平口剪床,有上、下两个刀片,下刀片3固定于剪床的工作台4的前沿,上刀片1固定于剪床的滑块5上。滑块在曲柄连杆机构的带动下进行上下运动。被剪切的板料2放在工作台上,放在上、下刀片之间,由上刀片的运动而将板料分离。因为上、下刀片的刃口互相平行,所以称为平口剪床。这种剪床的特点为:上刀片刃口与被剪切的板料在整个宽度方向同时接触,板料的整个宽度同时被切断,因此所需的剪切力较大,适用于剪切宽度较小且厚度较大的钢条。

(2)斜口剪床。斜口剪床的结构形式及工作原理与平口剪床相同,只是上刀片呈倾斜状

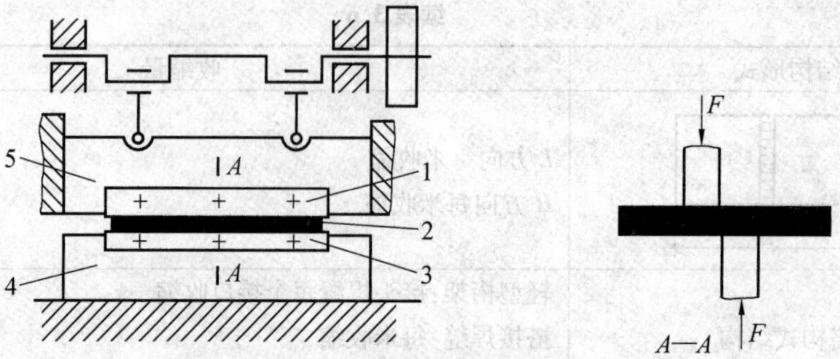

图3.7 平口剪床剪切示意图

1—上刀片;2—板料;3—下刀片;4—工作台;5—滑块

态,和下刀片成一个夹角β,如图3.8(a)所示,与平口剪床比较,斜口剪床剪切时并不是沿板料的整个宽度方向同时剪切分离,而仅是某一部分材料受剪,随着刀刃的下降,板料的两部分连续地沿宽度方向逐渐分离。所以,在剪切过程中,所需要的剪切力小,其值近似为一常数,能够剪切又宽又厚的钢板,因此这种剪床得到较广泛应用。但是,因为上刀片的下降将推开已剪部分板料,使其向下弯,向外扭而产生弯扭变形,如图3.8(b)所示。上刀片倾斜角越大,弯扭现象越明显。在大块钢板上剪切窄而长的条料时,变形尤为显著。

平口剪床与斜口剪床只能剪切直线。

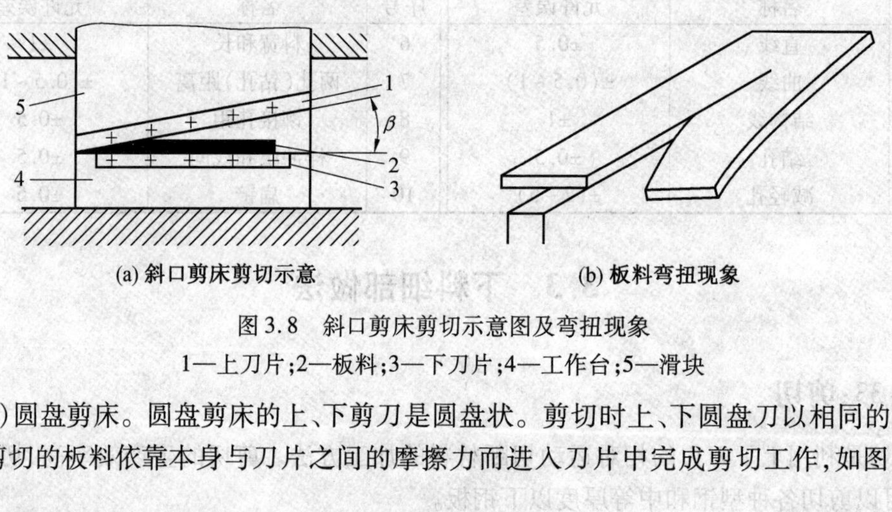

(a) 斜口剪床剪切示意 (b) 板料弯扭现象

图3.8 斜口剪床剪切示意图及弯扭现象

1—上刀片;2—板料;3—下刀片;4—工作台;5—滑块

(3)圆盘剪床。圆盘剪床的上、下剪刀是圆盘状。剪切时上、下圆盘刀以相同的速度旋转,被剪切的板料依靠本身与刀片之间的摩擦力而进入刀片中完成剪切工作,如图3.9所示。

圆盘剪床剪切是连续的、生产率较高,可以剪切各种曲线轮廓,但所剪切板料的弯曲现象严重,边缘有毛刺,多用于剪切较薄钢板的直线或曲线轮廓。

(4)振动剪床。振动剪床的工作原理和斜口剪床相同,但上、下剪刀窄而尖,上剪刀1通过连杆和曲柄连接,偏心轴直接由电动机带动,使上剪刀紧靠固定的下剪刀2迅速的做往复运动,类似振动,其频率高达每分钟1 200~2 000次。其工作部分简图如图3.10所示。

振动剪床能剪3 mm以下钢板的各种曲线。振动剪床剪刀的刃口容易受损,剪断面有毛刺,生产率很低,只适合单件或小批生产。

(5)龙门剪床。龙门剪床主要适于剪切直线,它的刀刃比其他剪切机的刀刃长,可以剪切较宽的板料。所以,龙门剪床在剪切加工中是应用最广的一种剪切设备。龙门剪床依据传动系统的布置,分上传动与下传动两种结构形式。图3.11(a)所示为Q11-13×2500型剪

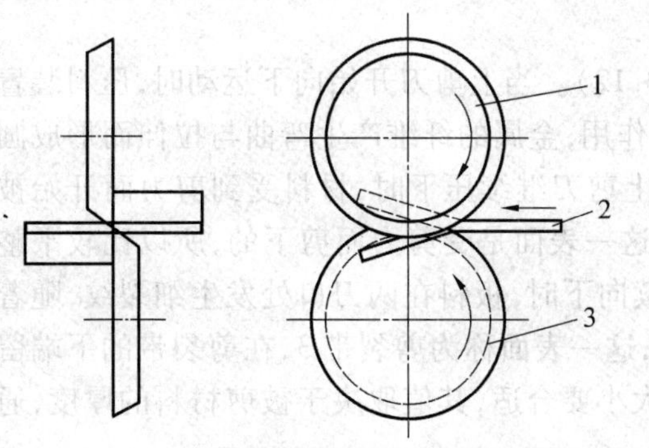

图 3.9 圆盘剪工作示意

1—上圆盘刀;2—板料;3—下圆盘刀

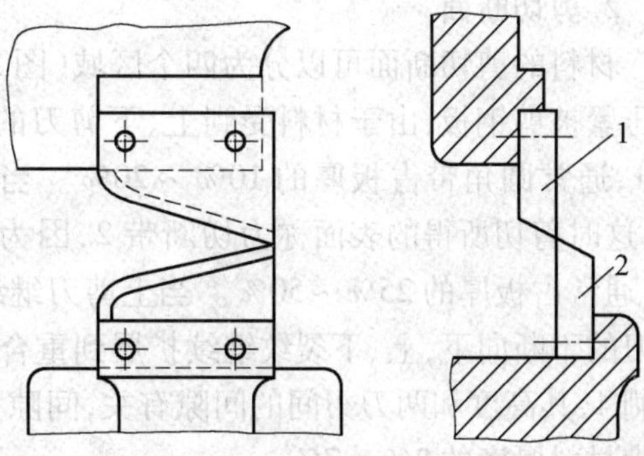

图 3.10 振动剪床工作部分

1—上剪刀;2—下剪刀

板机结构,它的传动部分布置在剪床的上部,因此是上传动式的。

剪板机型号的含义如下。

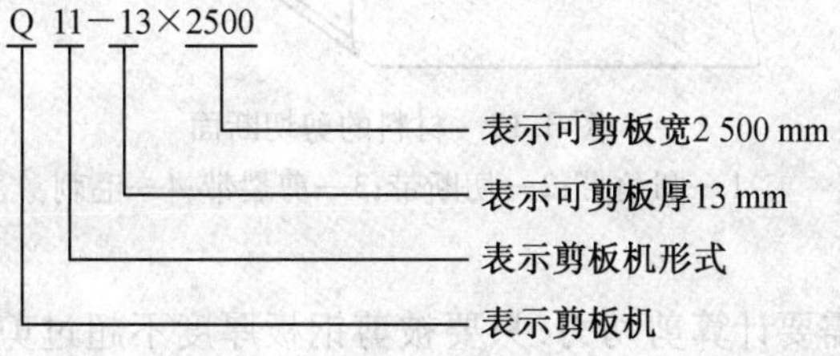

图 3.11(b)所示为 Q11－13X2500 型剪板机的传动系统,它是由电动机 2 经两级齿轮减速,带动双曲柄轴 3 旋转。

(a) Q11－13×2500 型剪板机结构　(b) 传动系统

图 3.11 Q11－13×2500 型剪板机结构及传动系统

1—飞轮;2—电动机;3—双曲柄轴;4—连杆;5—上刀架

2. 剪切断面

材料的剪切断面可以分为四个区域(图3.12)。当上剪刀开始向下运动时,压料装置已经压紧被剪钢板,由于材料受到上、下剪刀的作用,金属的纤维产生弯曲与拉伸而形成圆角带1,通常圆角带占板厚的10% ~20%。当上剪刀继续压下时,材料受到剪力而开始被剪切,这时剪切所得的表面称为切断带2,因为这一表面是受剪力而剪下的,所以比较平整光滑,通常占板厚的25% ~50%。当上剪刀继续向下时,板料在两刀口处发生细裂纹,随着上剪刀的不断向下,上、下裂纹继续扩展到重合,这一表面称为剪裂带3,在剪裂带的下端留有毛刺4,其高度和两刀刃间的间隙有关,间隙大小要合适,其值取决于被剪材料的厚度,通常约为材料厚度的2% ~7%。

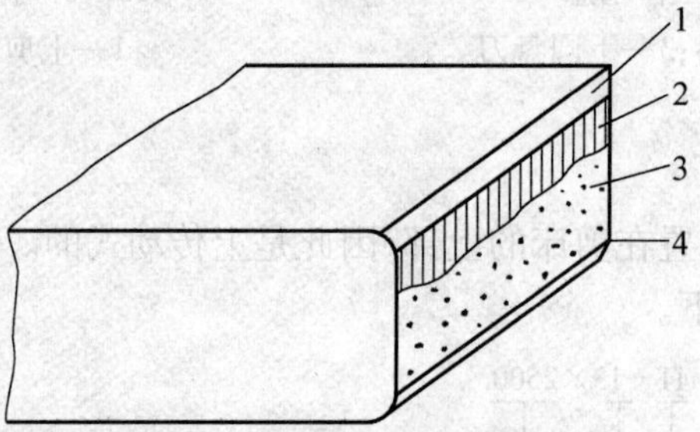

图3.12 材料的剪切断面

1—圆角带;2—切断带;3—剪裂带;4—毛刺

3. 剪切力

在通常情况下不需要计算剪切力,只要被剪钢板厚度不超过剪床规格中给出的最大剪板厚度即可。剪床的最大剪板厚度是以25 ~30钢板的抗拉强度为依据计算出来的。若被剪切板料的抗拉强度大于25 ~30钢板材料的抗拉强度时,就需要计算其剪切力,防止剪床过载受损。

讲34:冲裁

冲裁是利用模具使板料分离的冲压工序。冲裁可分为落料与冲孔两种:冲裁时沿封闭曲线以内被分离的板料为零件时称作落料;封闭曲线以外的板料为零件时称作冲孔。

冲裁的基本原理和剪切相同,只不过是将剪切时的直线刀刃改变成封闭的圆形或其他形式的刀刃。

1. 冲裁设备

曲柄压力机是最常见的冲裁设备(图3.13)。工作时,只需踩动脚踏开关1,离合器9啮合,偏心轮7转动,通过连杆6带动滑块5与凸模4做上下往复运动,进行冲压。当离合器脱开后制动器8可使滑块停止在最高位置。

为了适应不同模具的高度以及对冲压行程的要求,可通过调节滑块的行程来实现。

2. 冲裁变形过程

冲裁时,其基本原理和剪切相同,板料分离的变形过程分为三个阶段,即弹性变形、塑性变形以及断裂。其冲裁断面有三个比较显著的区域,即圆角带、切断带和剪裂带,但各带所占厚度的比例和剪切时不同。

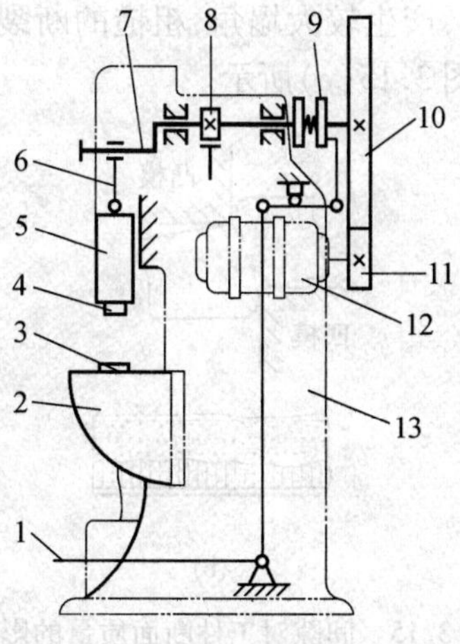

图 3.13 开式曲柄压力机

1—脚踏开关;2—工作台;3—凹模;4—凸模;5—滑块;6—连杆;7—偏心轮;
8—制动器;9—离合器;10—大齿轮;11—小齿轮;12—电动机;13—机架

3. **冲裁间隙的影响**

在冲裁过程中,材料受到弯矩的作用,工件发生弯曲而不平整。因为冲裁变形的特点,在冲裁断面上具有显著的四个特征区(图 3.14),即塌角、光亮带、断裂带及毛刺。

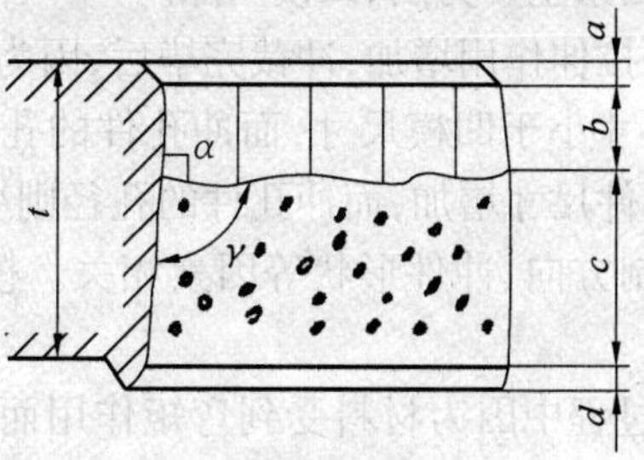

图 3.14 冲裁切断面示意图

(a 为塌角;b 为光亮带;c 为断裂带;d 为毛刺)

冲裁件的四个特征区在整个断面上所占比例的大小并不是一成不变,而是随着材料的力学性能、冲裁间隙、刃口状态等条件的不同而改变。

冲裁间隙指冲裁模的凸模与凹模刃口之间的间隙,它的大小对于冲裁件质量、模具寿命、冲裁力的影响非常大,它是冲裁工艺与模具设计中一个重要的工艺参数。

(1)对冲裁质量的影响。冲裁件的质量主要是指断面质量、尺寸精度以及弯曲度。

1)对断面质量的影响。冲裁断面需平直、光洁、圆角小,光亮带应占据一定的比例,毛刺较小,冲裁件表面应尽量平整。影响冲裁件质量的因素包括:凸、凹模间隙值大小及其分布的均匀性,模具刃口锋利状态,模具结构和制造精度、材料性能等。其中,间隙值大小与分布的均匀程度为主要因素。

冲裁时,间隙恰当,可使上、下裂纹与最大切应力方向重合,这时产生的冲裁断面比较平直、光洁、毛刺较小,制件的断面质量良好,如图 3.15(b)所示。间隙过小或过大将导致上、下裂纹不重合。当间隙不大时,上、下裂纹中间部分被第二次剪切,形成了第二个光亮带,如图3.15(a)所示,并在端面产生挤长毛刺。间隙过大,板料所受弯曲与拉伸均变大,断面容易撕裂,使得光亮带所占比例减小,产生较大塌角,粗糙的断裂带斜度增大,毛刺大而厚,很难除去,使冲裁断面质量下降,如图 3.15(c)所示。

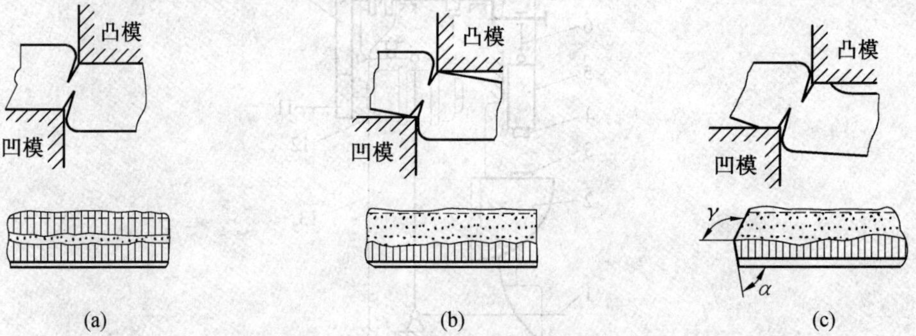

图 3.15 间隙对工件断面质量的影响

2)对尺寸精度的影响。冲裁件的尺寸精度是指冲裁件实际尺寸和基本尺寸的差值,差值越小,精度越高。这个差值包括两方面的偏差,一为冲裁件相对于凸模或凹模尺寸的偏差,二为模具本身的制造偏差。

冲裁件相对于凸模或凹模尺寸的偏差,主要是因为冲裁过程中,材料受到拉伸、挤压、弯曲等作用而产生的变形,在工件脱模后产生的弹性恢复造成的。偏差值可能为正的,也可能为负的。影响这一偏差值的因素主要为凸、凹模间隙。

当间隙值较大时,材料受拉伸作用增加,冲裁完毕后,因为材料的弹性恢复,冲裁件尺寸向实体方向收缩,使落料件尺寸小于凹模尺寸,而冲孔件的孔径则大于凸模尺寸;当间隙较小时,材料的弹性恢复使落料件尺寸增加,而冲孔件的孔径则变小。冲裁件的尺寸变化量的大小还和材料性能、厚度、轧制方向、冲件形状等因素相关。模具制造精度及模具刃口状态也会影响冲裁件质量。

3)对弯曲的影响。冲裁过程中因为材料受到弯矩作用而产生弯曲,如果变形达到塑性区,冲裁件脱模后即使回弹,工件仍然残留有一定弯曲,这种弯曲程度随凸、凹模间隙的大小,材料性能以及材料支撑方法而异。图 3.16 所示为在 1.6 mm 厚的钢板上冲制 $\phi20$ mm 的冲件试验所得到的凸、凹模刃口双面间隙与冲件曲率半径的关系。图中间隙 Z 是冲板厚度的百分之几,单位为 mm,固定支持指冲件冲压时使用固定板压紧周边,反之是自由支持。

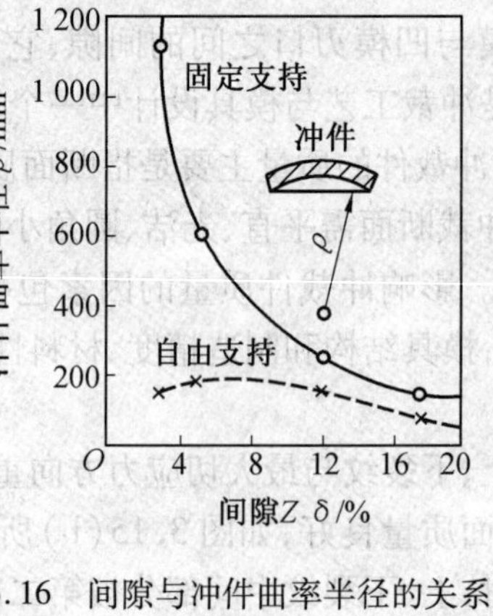

图 3.16 间隙与冲件曲率半径的关系

(2)冲裁间隙的确定。冲裁凸模工作的横断面通常小于凹模,两者尺寸之差称为间隙。凹模和凸模间每侧的间隙称为单面间隙;两侧间隙之和称为双面间隙。通常冲裁间隙指双面间隙。如图 3.17 所示,设凹模刃口尺寸是 D,凸模刃口尺寸是 d,冲裁间隙 Z 用下式表示,即

$$Z=D-d \tag{3.1}$$

式中　Z——冲裁间隙;

D——凹模直径;

d——凸模直径。

冲裁间隙 Z 是一个非常重要的工艺参数,Z 值的大小直接影响冲裁的质量,例如出现冲出的零件毛刺大、撕裂、尺寸不符等;其次,对冲裁力、卸料力、推件力以及模具使用寿命等均有影响。因而,必须合理选择一个适当的冲裁间隙的范围。间隙范围的上限是最大合理间隙 Z_{max};下限是最小合理间隙 Z_{min}。因为凹、凸模间隙工作时将会逐渐增大,所以,在制造新模具时应采用最小的合理间隙。对精度要求不高,间隙大一点也不影响零件使用时,为减少模具的磨损可以采用大一些的间隙。

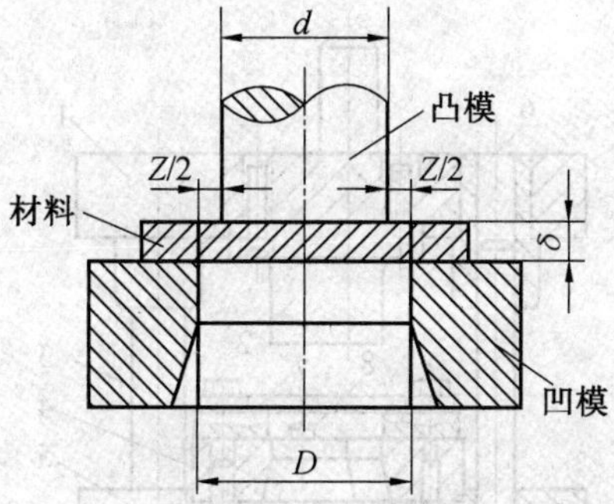

图 3.17　冲裁间隙

间隙的选择可以通过计算方法确定,也可利用查表法。计算法可用下面公式

$$Z_{min}=k\delta \tag{3.2}$$

式中　Z_{min}——最小间隙, mm;

δ——材料厚度, mm;

k——与材料性质、厚度有关的系数,常用材料的系数 k 见表 3.8。

表 3.8　常用材料系数 k

材料名称	08、10、黄铜、纯铜	Q235、Q255、20、25 钢	Q275、50 钢
k	0.08～0.18	0.1～0.24	0.12～0.27

4. 冲裁模

冲裁模的结构形式较多,常用的有简单冲裁模与导柱冲裁模等。

图 3.18 所示为简单冲裁模,在冲床上每一次行程仅能完成冲孔或落料一道工序。简单冲裁模结构简单、制造容易、成本低,适用于生产批量不大、精度要求不高、外形简单的零件冲裁。

图 3.19 所示为导柱冲裁模,具有两个导柱 3,其下端压入下模座 5 的孔内。导套 6 压入上模座 1 的孔内。这样在冲模工作的时候,导柱、导套都可以起到导向作用。导柱冲裁模具

有安装方便、使用寿命长的特点，但制作比较复杂，一般适用于大批量的冲裁。

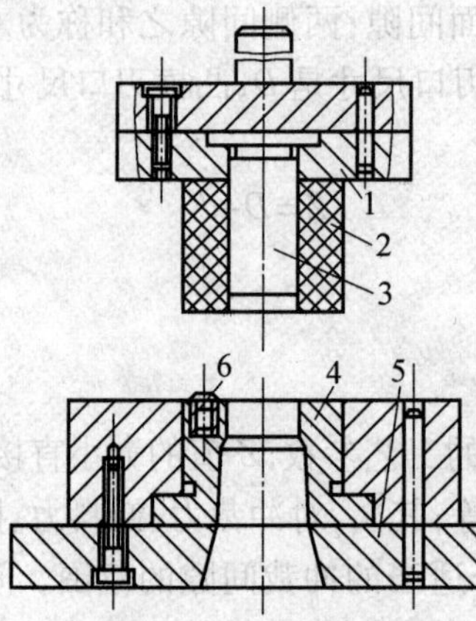

图3.18　简单冲裁模

1—模固定板；2—橡皮；3—凸模；

4—凹模；5—下模床；6—挡料板

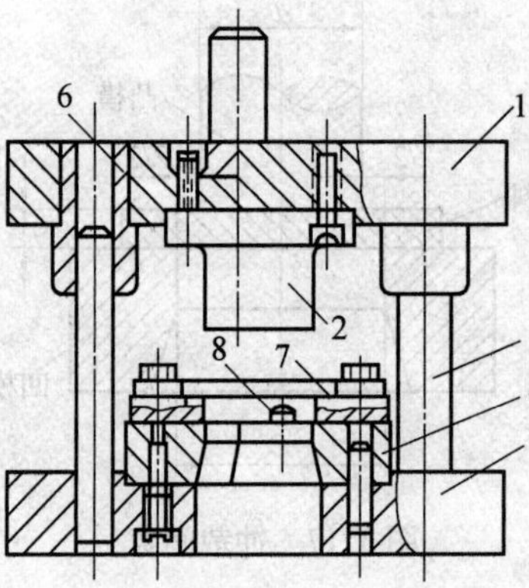

图3.19　导柱冲裁模

1—上模座；2—凸模；3—导柱；4—凹模；

5—下模座；6—导套；7—卸料板；8—定位销

讲35：气割

金属的氧气切割（简称气割）因为设备简单、操作方便、生产率较高、切割质量较好、成本较低等一系列优点，尤其是可以切割厚度大、形状复杂的零件，所以成为金属加工中一种极为重要且有效的工艺方法，被广泛应用。

1. 气割的原理和条件

（1）气割的原理。气割是利用氧-乙炔气体火焰将被切割的金属预热至燃点后，再向此处喷射高压氧气流，使得达到燃点的金属在切割氧流中燃烧，从而形成熔渣，同时借助切割氧的吹力将熔渣吹掉，所释放的热量又进一步加热切割缝边的金属，再次达到燃点。故而移动割嘴即又重复了预热—燃烧—吹渣的过程，割嘴沿着划线方向均匀地移动，就形成了一条割缝。

（2）气割的必要条件。

1）燃点要低于熔点。这样才能确保金属在固体状态下燃烧，形成切口和割缝。例如低碳钢的燃点约 1 350 ℃，而熔点约为 1 500 ℃，因此具备良好的气割条件。而铜、铝以及铸铁的燃点比熔点高，所以无法用普通氧气切割的方法。

2）金属氧化物的熔点要低于金属熔点。否则表面上的高熔点金属氧化物即会阻碍下层金属的连续燃烧，使气割出现困难。

3）燃烧是放热反应。也就是说气割是一个完全的燃烧过程，这样方可对下层金属起到预热作用。释放热量越多，预热作用越大，越有助于气割过程的顺利进行。在气割低碳钢时所需要的热量，其中金属燃烧所产生的热量约为 70%，而由预热火焰所供给的热量只有 30%。

4）导热性能不应太高。铜和铝等金属具有很好的导热性，使气割处的温度急剧下降。

5）阻碍切割过程的杂质要少。如碳、铬和硅等元素阻碍气割的正常进行。能满足气割条件的一般是含碳量在 0.3% ~0.6%（质量分数）以下的低中碳钢。不同金属的气割性能见表 3.9。

表 3.9　不同金属的气割性能

金属种类	气割性能
钢：含碳量在 0.4% 以下	切割良好
钢：含碳量在 0.4% ~0.5%	切割良好，为防止发生裂纹，应预热至 200 ℃，并且在切割之后要退火，退火温度为 600 ℃
钢：含碳量在 0.5% ~0.7%	切割良好，切割前必须预热至 700 ℃，且后热退火
钢：含碳量在 0.7% 以上	不易切割
铸铁	不易切割
高锰钢	切割良好，预热更好
硅钢	不易切割
低铬合金钢	切割良好
低铬及低镍不锈钢	切割良好
18-8 铬镍不锈钢	可以切割，但要有技术
铜及铜合金	不能切割
铝	不能切割

（3）影响气割质量的因素。

1）如果气割氧气纯度低于 98%，氧气中的氮气等在切割时就会吸收热量，同时在切口表面形成其他化合物薄膜，影响金属燃烧，使气割速度降低，氧气消耗量增加。

2）气割氧气的压力过低会导致金属燃烧不完全，降低了切割速度，且割缝间有黏渣现象；过高的压力反而使过剩的氧气起到冷却作用，使切口表面不平，通常为 450 ~500 kPa。

3）气割氧气最佳的射流长度为 500 mm 左右，且有明晰的轮廓，这时吹渣流畅，切口光洁，棱角分明，否则黏渣严重，切口上下宽窄不一。

2. 仿形气割

气割可分为手工气割、半自动气割、仿形气割、光电跟踪气割、数控气割等。

仿形气割的样板可用 3 ~6 mm 厚的低碳钢板制成，因为割缝的宽度与磁头直径不一样大，所以样板的尺寸就无法与零件尺寸完全一样。图 3.20 所示为样板和被切割零件的关系。仿形气割的样板有外形样板（沿样板外轮廓线切割，图 3.21），以及内形样板（磁头沿样板内轮廓线切割，图 3.22）两种，可依据切割的具体情况来选用。

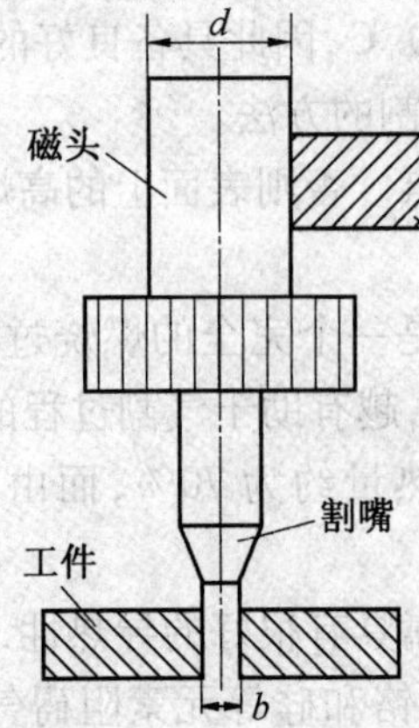

图 3.20　样板和被切割零件的关系示意图

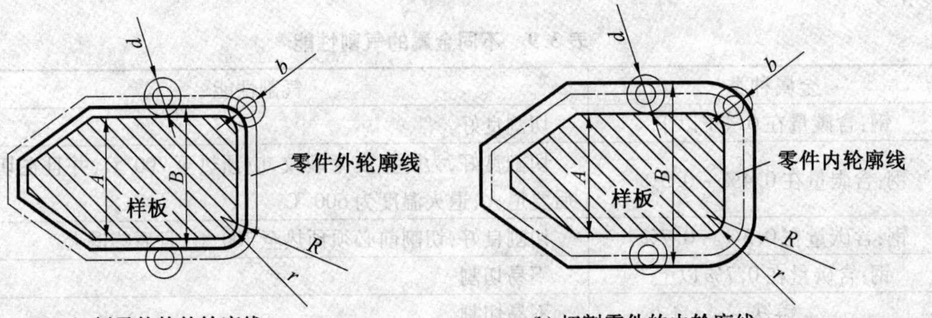

(a) 切割零件的外轮廓线　　(b) 切割零件的内轮廓线

图 3.21　外形样板切割零件

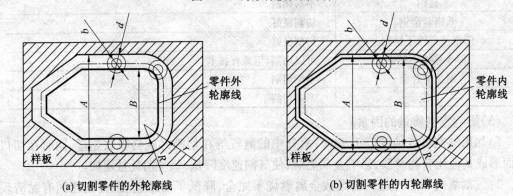

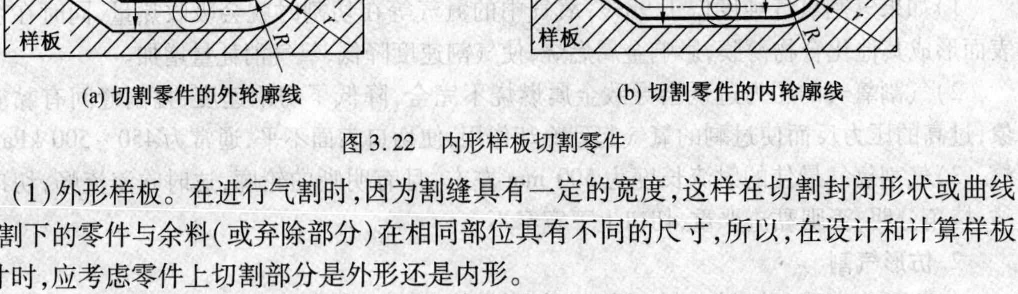

(a) 切割零件的外轮廓线　　(b) 切割零件的内轮廓线

图 3.22　内形样板切割零件

(1)外形样板。在进行气割时,因为割缝具有一定的宽度,这样在切割封闭形状或曲线时,割下的零件与余料(或弃除部分)在相同部位具有不同的尺寸,所以,在设计和计算样板尺寸时,应考虑零件上切割部分是外形还是内形。

切割零件的外形时,如图 3.21(a)所示,可按照下式计算

$$A = B - (d - b) \tag{3.3}$$

$$r = R - \frac{(d - b)}{2} \tag{3.4}$$

式中　A——样板尺寸;

B——零件尺寸；

d——磁头滚轮直径；

b——割缝的宽度；

r——样板的圆弧半径；

R——零件的圆弧半径。

切割零件的内形时，如图3.21(b)所示，按照下式计算

$$A=B-(d+b)$$

$$r=R-\frac{(d+b)}{2}$$

(2)内形样板切割零件的外形时，如图3.22(a)所示，按照下式计算

$$A=B+(d+b)$$

$$r=R+\frac{(d+b)}{2}$$

或

$$r=\frac{(d+b)}{2}\quad (R=0)$$

切割零件的内形时，如图3.22(b)所示，按照下式计算

$$A=B+(d-b)$$

$$r=R+\frac{(d-b)}{2}$$

其中，只有用内形样板切割零件的外形时，才能切出 $R=0$ 的尖角，其余均不能切出尖角，切出零件的最小 R 值为 $b/2$。

3. 光电跟踪气割

光电跟踪气割机是一台利用光电原理对切割线进行自动跟踪移动的气割机，它可用于复杂形状零件的切割，是一种高效率、多比例的自动化气割设备。

光电跟踪原理包括光量感应法和脉冲相位法两种基本形式。光量感应法是将灯光聚焦形成的光点投射至钢板所划线上(要求线粗一些，以便跟踪)，并使光点的中心处在所划线的边缘(图3.23)，如果光点的中心位于线条的中心时，白色线条会使反射光减少，光电感应也相应降低，通过放大器后控制和调节伺服电机，使光点中心恢复至线条边缘的正常位置。

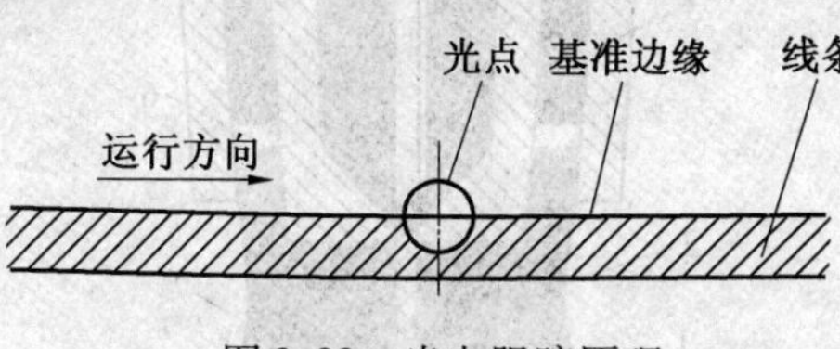

图3.23　光电跟踪原理

4. 数控气割

数控气割是利用电子计算机控制的自动切割。它可以准确地切割出直线与曲线组成的平面图形，也可以用足够精确的模拟方法切割其他形状的平面图形。数控气割的精度非常高，其生产率也比较高，它不仅适用于成批生产，而且也更适合于自动化生产线。

数控气割是通过数控气割机来实现的，该气割机主要由数字程序控制系统(包括稳压电源、光电输入机、运算控制小型电子计算机等)以及执行系统(即切割机部分)两大部分组

成。

数控气割机的工作原理及程序为：首先对切割零件的图样进行分析，看零件图线是由哪几种线段组成，并分段编出指令；然后将这些指令连接起来并判断出它的切割顺序，将其顺序排成一个程序，并在纸带上穿孔；再通过光电输入机输入给计算机。切割时，计算机将这些穿孔纸带的含义翻译并显示出编码，同时发出加工信息，通过执行系统去完成，即按程序控制数控气割机进行切割，就能够得到预定要求的切割零件。图 3.24 所示为数控气割机的工作原理框图。第Ⅰ部分是输入部分，依据所切割零件的图样，按计算机的要求，将图形划分成数个线段——程序，然后用计算机能够阅读的语言——数字来表达这些图线，将这些程序和数字打成穿孔纸带，通过光电输入机输送给计算机；第Ⅱ部分是一台小型专用计算机，依据输入的程序和数字进行插补运算；从而控制第Ⅲ部分——气割机，使割炬按照所需要的轨迹移动。

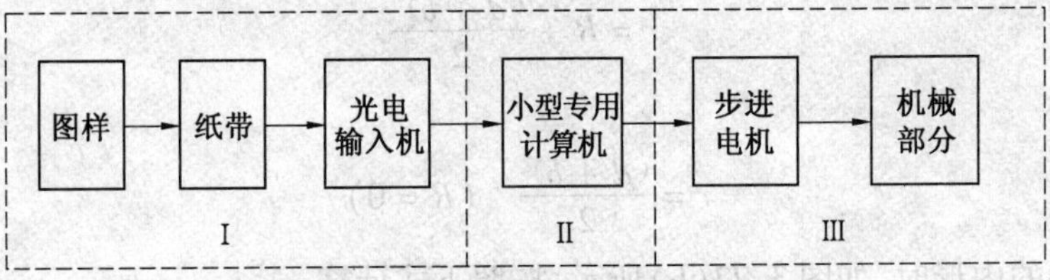

图 3.24　数控气割机工作原理框图

讲 36：等离子弧切割

等离子弧切割是一种新工艺，它是利用气体介质通过电弧生成“等离子体”。等离子弧可以通过极大的电流，具有极高的温度，因其截面非常小，能量高度集中，在喷嘴出口的温度可达 20 000 ℃，能够进行高速切割。等离子弧发生装置如图 3.25 所示。等离子弧中的正离子和电子等各种带电粒子所带正、负电荷的数量相同，因此整个等离子弧呈中性。常用等离子弧的工作气体为氮、氩、氢，以及它们的混合气体，用得最多、最广泛的是氮气。由于氮的成本低、化学性能不活跃，但氮气的纯度必须不低于 99.5%。如果其中的含氧或水汽量较多，会使钨极严重烧损。

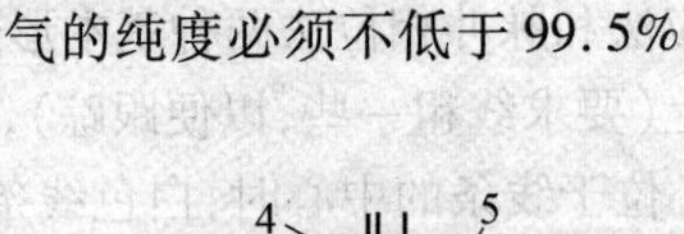

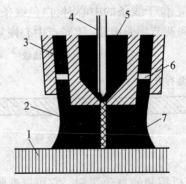

图 3.25　等离子弧发生装置

1—工件；2—弧芯；3—保护气体；4—电极；

5—等离子气体；6—气体透镜；7—外部冷气层

目前等离子弧焊炬的基本结构包括转移型、非转移型两种（图 3.26）。

切割金属用的等离子弧焊炬是转移型,如图 3.26(a)所示,可以切割各种高熔点金属以及用其他切割方式无法切割的金属,如不锈钢、耐热钢、钛、钼、钨、铜、铝、铸铁及其他合金等,还能够切割各种非金属材料。在采用非转移型(图 3.26(b))等离子弧焊炬时,因为工件不通电,所以还能切割各种非导电材料,例如耐火砖、混凝土、花岗石等。

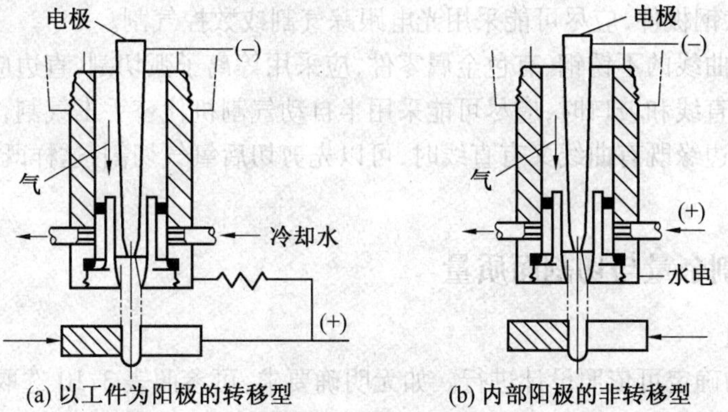

图 3.26 等离子弧焊炬

讲 37:激光切割

激光切割是 20 世纪 60 年代末发展起来的新技术,它是用聚焦的激光束作为能源轰击工件所产生的热量焊接和切割的方法。

图 3.27 所示为激光器利用原子或分子受激辐射的原理,使工作物质产生激光光束,激光光束再经过聚焦系统在工件上聚焦后,几毫秒内可将光能转变为热能,产生 10 000 ℃以上的高温,使得工件熔化和汽化,从而进行焊接和切割。

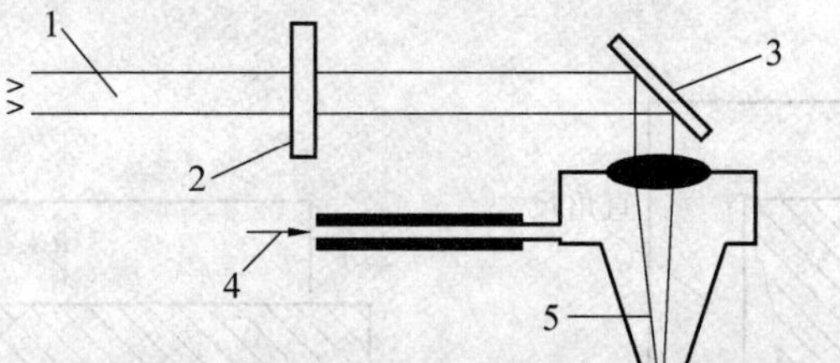

图 3.27 激光器利用原子或分子受激辐射的原理

1—激光光束;2—开关;3—45°反射镜;4—气体;5—聚焦光束;6—工件

激光是一种单色性好、方向性强以及亮度高的光束,经聚焦后激光光束的能量密度非常高(可达 1 013 W/cm^2),比等离子弧、电子束还高;激光光束能够在空气中被传送到相当远的距离,而不会发生严重的功率衰减;激光光束在正常的金属加工操作中不会形成 X 射线。不过激光光束会被工件表面明显反射,妨碍能量向工件的传输,进而会影响切割的正常进行。

以上各种热切割方法在选用时视具体情况而定,但基本选用原则如下:

(1)板厚在 25 mm 以下,边缘为直线、尺寸较小的钢板零件应该采用剪切,而板厚超过 25 mm 的钢板剪切时,边缘会产生较大的变形,又受剪切设备能力的限制,故通常采用氧气切割。

(2)边缘为曲线的厚钢板件,通常采用氧气切割。但对于批量很大、尺寸较小的零件需采用冲裁方法。

(3)尺寸较小、周边为曲线、要求形状一致的钢板件,可以采取仿形气割。对于质量要求较高的任意形状钢板件,应尽可能采用光电跟踪气割或数控气割。

(4)边缘是曲线的不锈钢、有色金属零件,应采用等离子弧切割,直边应采用剪切。

(5)在切割直线和坡口时,应尽可能采用半自动气割机代替手工气割,以提高切割质量。

(6)对零件边缘既有曲线又有直线时,可以先剪切后氧气切割,这样既能够提高生产率,又使边缘整齐。

讲38:切割余量与切割面质量

1. 切割余量

切割余量的确定可依照设计进行。如无明确要求,可参照表3.10选取。

表3.10　切割余量　　单位:mm

加工余量	锯切	剪切	手工切割	半自动切割	精密切割
切割缝	—	1	4~5	3~4	2~3
刨边	2~3	2~3	3~4	1	1
铣平	3~4	2~3	4~5	2~3	2~3

2. 切割面质量

钢材切割面应无裂纹、夹渣、分层以及大于1 mm的缺棱,其切割面质量要求如下:

(1)切割面平面度u,如图3.28所示,即在所测部位切割面上的最高点与最低点,按切割面倾角方向所作两条平行线的间距,应满足$u \leqslant 0.05t$(t为切割面厚度),且不大于2.0 mm。

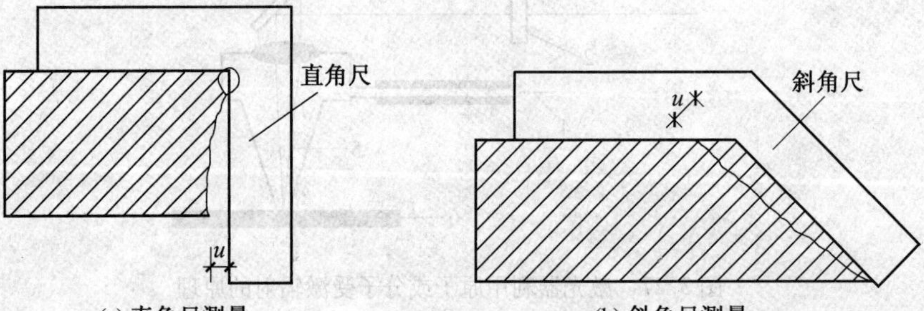

(a)直角尺测量　　(b)斜角尺测量

图3.28　切割面平面度示意图

(2)切割面割纹深度(表面粗糙度)h,如图3.29所示,即在沿着切割方向20 mm长的切割面上,以理论切割线作为基准的轮廓峰顶线与轮廓各底线之间的距离,$h \leqslant 0.2$ mm。

(3)局部缺口深度,即在切割面上形成的宽度、深度和形状不规则的缺陷,它使均匀的切割面产生中断,其深度应不大于1.0 mm。

(4)机械剪切面的边缘缺棱,如图3.30所示,应不大于1.0 mm。

(5)剪切面的垂直度,如图3.31所示,应不大于2.0 mm。

(6)切割面出现裂纹、夹渣、分层等缺陷,往往是钢材本身的质量问题,特别是厚度大于

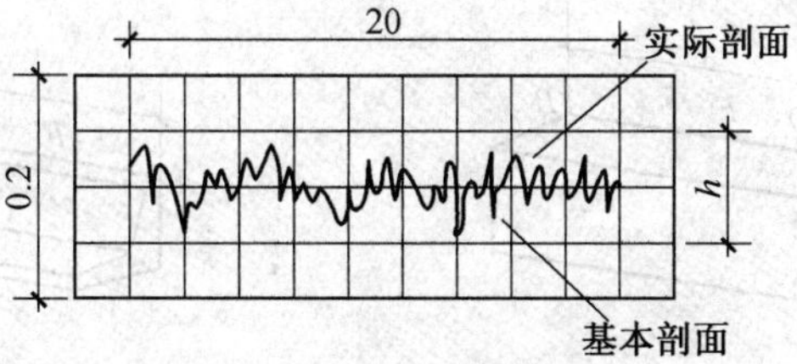

图 3.29　切割面割纹深度示意图

10 mm 的沸腾钢钢材容易出现这类问题,因此需特别注意。

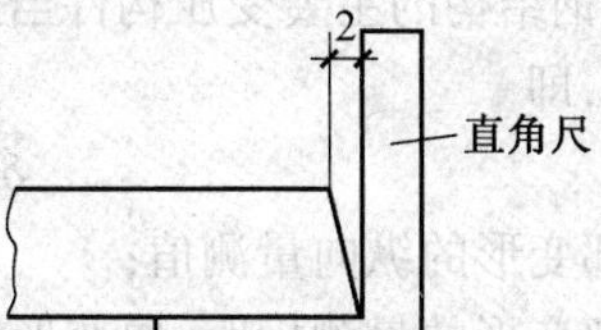

图 3.30　机械剪切面的边缘缺棱示意图　　图 3.31　剪切面的垂直度示意图

3.4　矫正细部做法

讲 39:矫正准备

1. 矫正方法选择

(1)钢材的机械矫正应在常温下利用机械设备进行。矫正后的钢材,在表面上不得有凹凸痕及其他损伤。

(2)碳素结构钢在环境温度低于-16 ℃、低合金结构钢在环境温度低于-12 ℃时,不能进行冷矫正和冷弯曲。对冷矫正和冷弯曲的最低环境温度进行限制,是为了确保钢材在低温情况下受到外力时不会产生冷脆断裂。在低温下钢材受到外力脆断要比冲孔和剪切加工时而断裂更敏感,因此环境温度应作严格限制。

(3)用冷矫正有困难或达不到质量要求时,碳素结构钢与低合金结构钢允许加热矫正,但不能超过正火温度(900 ℃)。低合金结构钢在加热矫正后,应在自然条件下缓慢冷却,防止加热区脆化,所以低合金结构钢加热后不应强制冷却。

2. 变形测量

型钢在矫直前,首先要确定弯曲点的位置(又称找弯)。在现场确定型钢变形位置,通常用平尺靠量或用拉直粉线来检验,但大部分采用目测,如图 3.32 所示。确定型钢的弯曲点时,应注意型钢自重下沉而形成的弯曲,影响准确查看弯曲度,所以对较长型的型钢侧弯要放在水平面上或放在矫架上测量。

目测型钢弯曲点时,应以全长(L)中间 O 点作为界限,A、B 两人分别站在型钢的两端,并翻转各面找出所测的界前弯曲点(A 视 E 段长度、B 视 F 段长度),然后用粉笔标注。目测方法适合有经验的工人,缺少经验者目测的误差就较大,所以对长度较短的型钢侧弯点时应采用直尺量,较长的应用拉线法测量。

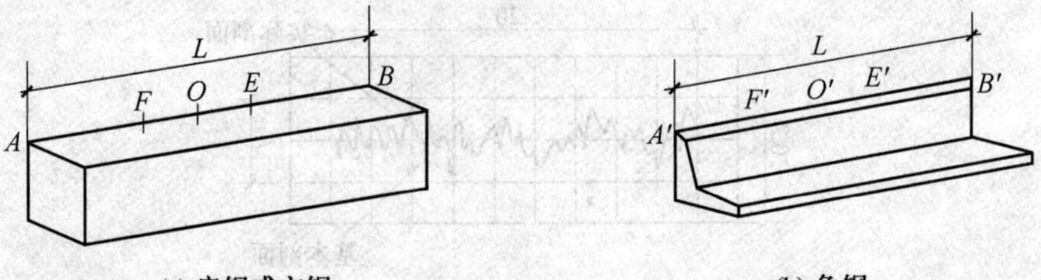

(a) 扁钢或方钢 (b) 角钢

图 3.32 型钢目测弯曲点

冷弯薄壁型钢结构的主要受压构件当选用方管时,其局部变形的纵向量测值(图 3.33)应符合下式要求,即

$$\delta \leqslant 0.01b \tag{3.5}$$

式中 δ——局部变形的纵向量测值;

b——局部变形的量测标距,取变形所在面的宽度。

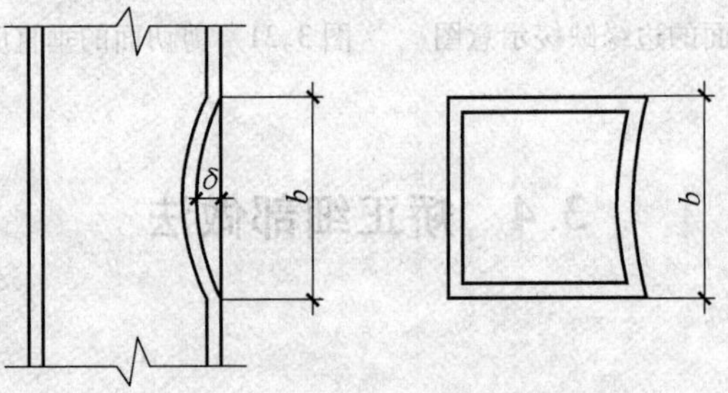

图 3.33 局部变形纵向量测示意图

讲 40:冷矫正

钢结构制作中的矫正可依据变形大小、制作条件、质量要求采用冷矫正或热矫正方法。冷矫正应选择机械矫正。用手工锤击矫正时,应采取在钢材下面加垫锤等措施。型钢采用人力大锤矫正,大多是用在小规格的各种型钢上,依锤击力进行矫正。型钢结构的刚度较薄钢板强,所以采用锤击矫正各种型钢的操作原则是“见凸就打”。

1. 角钢的手工矫正

角钢的矫正首先需矫正角度变形(图 3.34),然后再矫直弯曲变形。

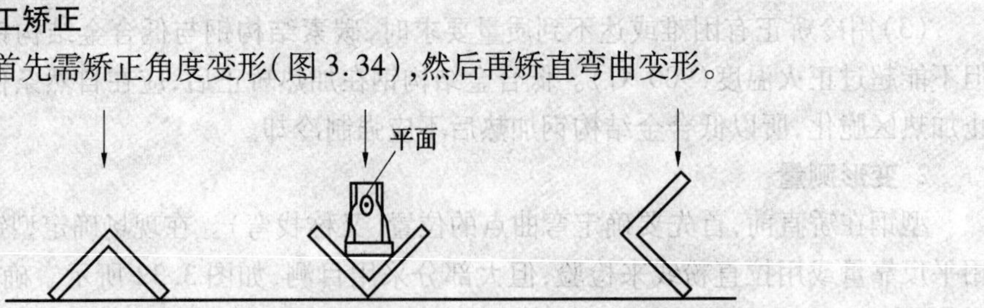

(a) < 90° 的矫正1 (b) < 90° 的矫正2 (c) > 90° 的矫正

图 3.34 手工矫正角钢角度变形

角钢角度变形的矫正:批量角钢角度变形矫正时,可制作 90°角形凹凸模具,用机械压、顶法矫正;少量的角钢角度局部变形,可与矫直一同进行。当其角度大于 90°时,将一肢边立在平面上,直接用大锤敲击另一肢边,使角度达到 90°时为止;其角度小于 90°时,将内角向

上垂直置于一平面上，将适合的角度锤或手锤放进内角，用大锤击打，扩开角度而达到90°。

角钢内弯曲的矫正：用大锤敲击角钢凸处，如图3.35所示。操作时将角钢放在平台上，为避免回弹也可在角钢下面垫上两块钢板作支点，用手在平台外握住角钢并让角钢凸处垂直朝上，锤击点的位置应处在两支点中部凸处，进行锤击。如果在钢圈上矫正，两支点应放在钢圈边上。锤击凸处时应使锤击力稍微向里，在锤击角钢的一瞬间，锤柄端应稍微低于锤面，使锤击力除向下外还略向里以免角钢翻转。

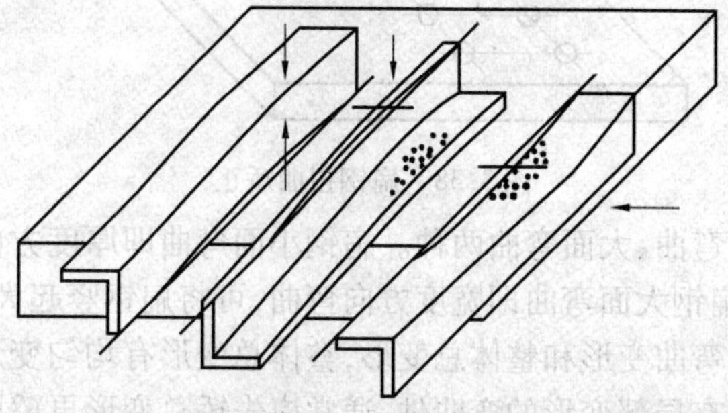

(a) 锤击凸处　(b) 扩展凹面　(c) 扩展凹面

图3.35　角钢内弯曲的矫正

2. 槽钢的矫正

槽钢小面弯曲矫正，可按图3.36锤击方位按箭头所示，锤击凸处两边。

槽钢翼板部分变形包括局部凸起与凹陷等，可按图3.37所示进行矫正。

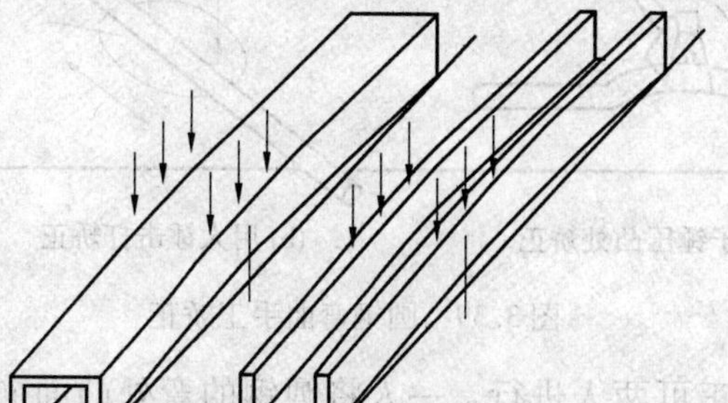

图3.36　槽钢小面弯曲矫正

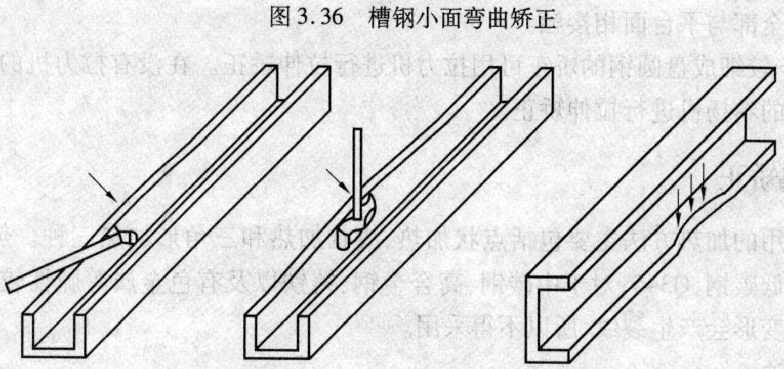

图3.37　槽钢翼板部分变形矫正

3. 扁钢的矫正

扁钢扭曲矫正时，可将扁钢一端固定，用卡子卡紧，如图3.38所示（或用台虎钳等固定)。另一端利用扳手对扁钢扭曲方向进行扭转。最后放在平台上用大锤修整而矫正扁钢。扁钢扭曲的另一种矫正方法可将扁钢的扭曲点放在平台边缘上,用大锤按扭曲反方向进行两面逐段往复移动循环击打即可矫正。

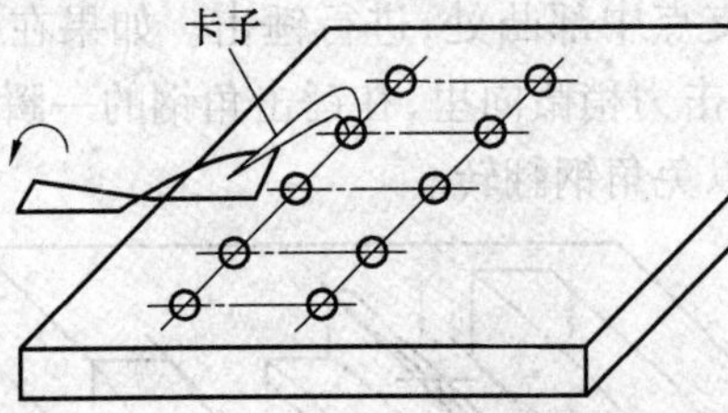

图3.38 扁钢扭曲矫正

扁钢弯曲包括小面弯曲、大面弯曲两种。扁钢小面弯曲即厚度方向弯曲,通常可锤击放置平台上扁钢的凸处;扁钢大面弯曲即宽度方向弯曲,可将扁钢竖起大面凸处用锤击矫直。

弯曲变形包括局部弯曲变形和整体总变形,整体总变形有均匀变形与不均匀变形两种。对于既有整体总变形又有局部变形的弯曲件,通常应先矫总变形再矫局部变形。

4. 圆钢弯曲的矫正

手工矫正方法如图3.39所示。当圆钢制品质量要求比较严格时,应将弯曲凸面向上放在平台上,用锤子锤压凸处,或用大锤击打即可矫正。

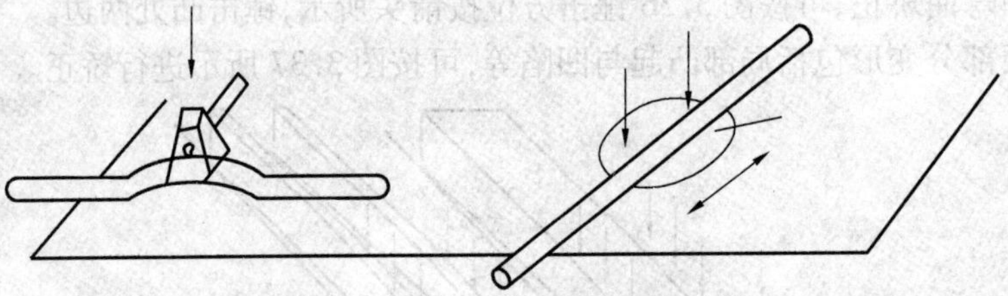

(a) 用锤子锤压凸处矫正　　(b) 用大锤击打矫正

图3.39 圆钢弯曲手工矫正

一般圆钢的弯曲矫正可两人进行。一人将圆钢的弯处凸面向上放置在平台某一固定处,并来回转动圆钢,另一人用大锤锤击凸处,当圆钢矫正一半时,从圆钢另一端进行矫正,直至整根圆钢全部与平台面相接触。

另外,对于较细成盘圆钢的矫正可用拉力机进行拉伸矫正。在没有拉力机的条件下,还可用适当吨位的卷扬机进行拉伸矫正。

讲41:热矫正

热矫正常用的加热方法主要包括点状加热、线状加热和三角形加热三种。热矫正变形通常只适用于低碳钢、Q345;对于中碳钢、高合金钢、铸铁以及有色金属等脆性较大的材料,因为冷却收缩变形会产生裂纹,所以不得采用。

1. 加热方法

点状加热适用于矫正板料局部弯曲或凹凸不平,根据结构特点以及变形情况,可加热一点或数点。

线状加热适用于变形量较大或刚性较大的结构或厚板(10 mm以上)的角变形以及局部

圆弧、弯曲变形的矫正。矫正时火焰沿直线移动或同时在宽度方向进行横向摆动，宽度一般约是钢材厚度的0.5～2.0倍。

三角形加热的收缩量较大，适用于型钢、钢板和构件（如屋架、吊车梁等成品）纵向弯曲及局部弯曲变形的矫正。通常用于矫正厚度较大、刚性较强构件的弯曲变形。

2. 加热温度

低碳钢和普通低合金钢的热矫正加热温度通常为600～900 ℃，800～900 ℃是热塑性变形的理想温度，但不应超过900℃。一般加热温度不应超过850 ℃，以免金属在加热时过热。因温度过低时矫正效率不高，实践中依据钢材的颜色来判断加热温度的高低，加热过程中，钢材的颜色变化所表示的温度参考表3.11。当环境温度低于-12 ℃时，不得进行机械冷矫正。

表3.11 钢材不同加热温度时呈现的颜色

颜色	温度/℃	颜色	温度/℃
黑色	470以下	亮樱红色	800～830
暗褐色	520～580	亮红色	830～880
赤褐色	580～650	黄赤色	880～1 050
暗樱红色	650～750	暗黄色	1 050～1 150
深樱红色	750～780	亮黄色	1 150～1 250
樱红色	780～800	黄白色	1 250～1 300

注：表中所列是在室内白天观察的颜色，在日光下颜色相对较暗，在黑暗中颜色相对较亮，采用热电偶温度计或比色高温计测量数据较为准确

加热应均匀，不得出现过热、过烧现象，对低合金钢必须缓慢冷却，防止钢材表面与内部温差过大而产生裂纹。

矫正时应将工件垫平，分析其变形原因，正确选择加热点、加热温度以及加热面积等，同一加热点的加热次数不应超过3次。

3. 点状加热

点状加热时加热点呈小圆形，如图3.40所示。直径通常为10～30 mm，点距为50～100 mm，呈梅花状布局，加热后"点"的周围向中心收缩，使变形得以矫正。

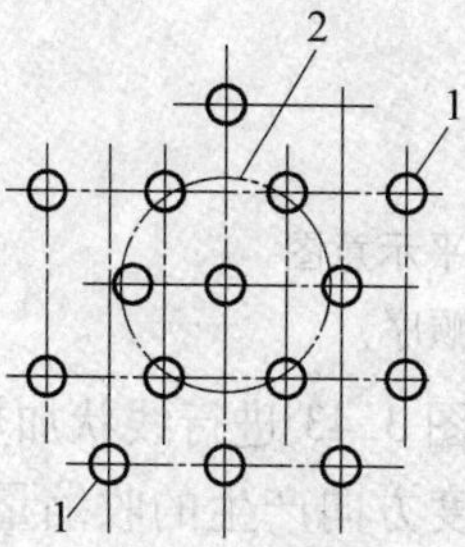

(a) 点状加热布局

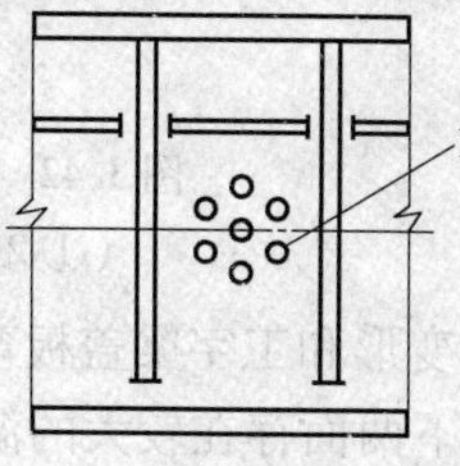

(b) 用点状加热矫正吊车梁腹板变形

图3.40 火焰加热的点状加热方式

1—点状加热点；2—梅花形布局

进行点状加热应注意下列几点。

(1) 加热温度选择要适当，通常为300～800 ℃。

(2)加热圆点的大小(直径)通常为:材料厚圆点大,材料薄圆点小,其直径以6倍板厚加10 mm为宜,用公式表示即为:$D=6t+10$。

(3)进行点状加热后采用锤击或浇水冷却,其目的是为了使钢板纤维收缩加快,锤击时要避免薄板表面留有明显锤印,确保矫正质量。

(4)加热时动作要迅捷,火焰热量要集中,既要使每个点尽可能保持圆形,又要不产生过热与过烧现象。

(5)加热点之间的距离应尽可能均匀一致。

4. 线状加热

线状加热,即带状加热,如图3.41所示,加热带的宽度不超过工件厚度的0.5~2.0倍。

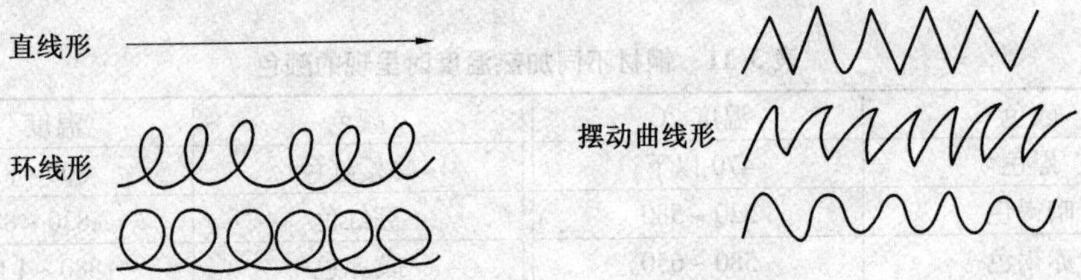

图3.41　线状加热形式示意图

采用线状加热要注意加热的温度和深度之间的联系,根据板厚和变形程度采取适当的方法。通常来说,直线形加热宽度较窄,环线形加热深度较深,摆动曲线形加热宽度较宽,加热深度比环线形浅。

钢板圆弧弯曲矫平,如图3.42所示。采取线状加热矫平可将凸面向上,在凸面上等距离划出数条平行线后用喷嘴按线逐条分批次加热。

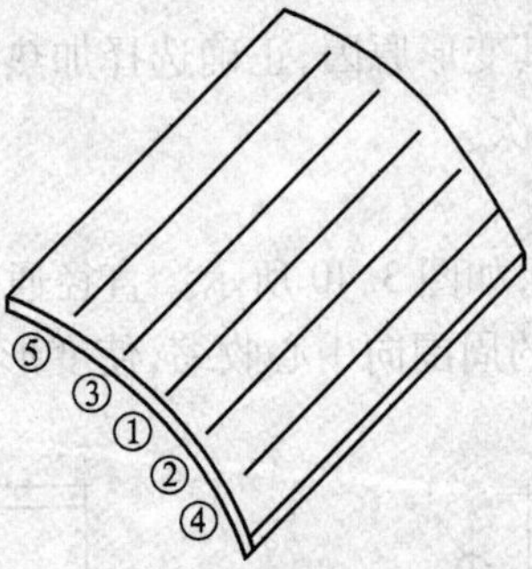

图3.42　钢板圆弧弯曲矫平示意图
(①②③④⑤为加热线顺序)

对于T形梁角变形和工字梁盖板弯曲,都可按照图3.43进行线状加热矫正。

由于加热后上下两面存在较大的温差,加热带长度方向产生的收缩量较小,横向收缩量较大,所以产生不同的收缩使钢板变直,但加热红色区的厚度不得超过钢板厚度的一半。

5. 三角形加热

三角形加热如图3.44(a)和图3.44(b)所示,加热面呈等腰三角形,加热面的高度与底边宽度通常控制在型材高度的1/5~2/3范围内,加热面应当在工件变形凸出的一侧,加热面三角顶在内侧,底在工件外侧边缘处,一般对工件凸起处加热若干处,加热后收缩量从三角形顶点起沿等腰边逐渐增加,冷却后凸起部分收缩使工件得以矫正,常用于H形钢构件的

(a) T 形梁角变形　　(b) 工字梁盖板弯曲

图 3.43　梁的线状加热矫正示意图

拱变形和旁弯的矫正,如图 3.44(c)和 3.44(d)所示。

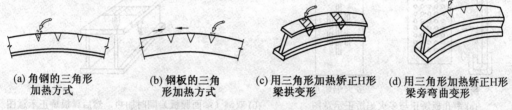

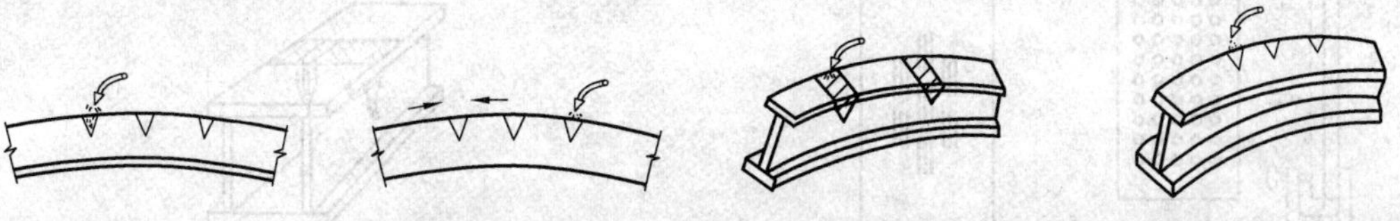

(a) 角钢的三角形加热方式　　(b) 钢板的三角形加热方式　　(c) 用三角形加热矫正H形梁拱变形　　(d) 用三角形加热矫正H形梁旁弯曲变形

图 3.44　火焰加热的三角形加热方式

三角形加热面位置应确定在钢材需收缩一边,例如需矫直三角形底边应在弯曲凸出的一侧,确定三角形加热数量则依据弯曲量大小确定,弯曲量大则三角形数量多,反之则少。三角形加热时温度通常控制在 700 ~ 800 ℃。

讲 42:构件焊后矫正

焊接钢结构产生的变形大于技术设计允许的变形范围,应设法进行矫正,使其达到产品质量要求。实践表明,多数变形的构件是可以矫正的。矫正的方法均是设法造成新的变形来达到抵消已经发生的变形。

在生产过程中普遍应用的矫正方法,主要包括手工矫正、机械矫正、火焰矫正和综合矫正。

1. 手工矫正

手工矫正是利用手锤等工具,锤击变形件合适位置使焊件的变形降低。适用于一些薄板和变形小、细长的焊件,例如薄板产生的波浪变形、角变形、挠曲变形等。

2. 机械矫正

机械矫正是利用机械力使焊件缩短的部位伸长,发生有益于焊件的变形,使焊件达到技术要求。常用千斤顶、摩擦压力机等进行矫正。

3. 火焰矫正

火焰矫正是借助气焊炬燃烧放出的热量对变形件的局部进行加热,使之抵消焊接变形。多用于大型钢结构构件。火焰矫正是比较难操作的工作,加热位置、温度控制不当还会造成构件新的更大变形。常用的结构钢的加热温度一般控制在 600 ~ 800℃,现场测温大多通过目测加热部位的颜色,进行判断加热部位的温度。

工程实践中常用的焊接变形火焰矫正如图 3.45 所示。

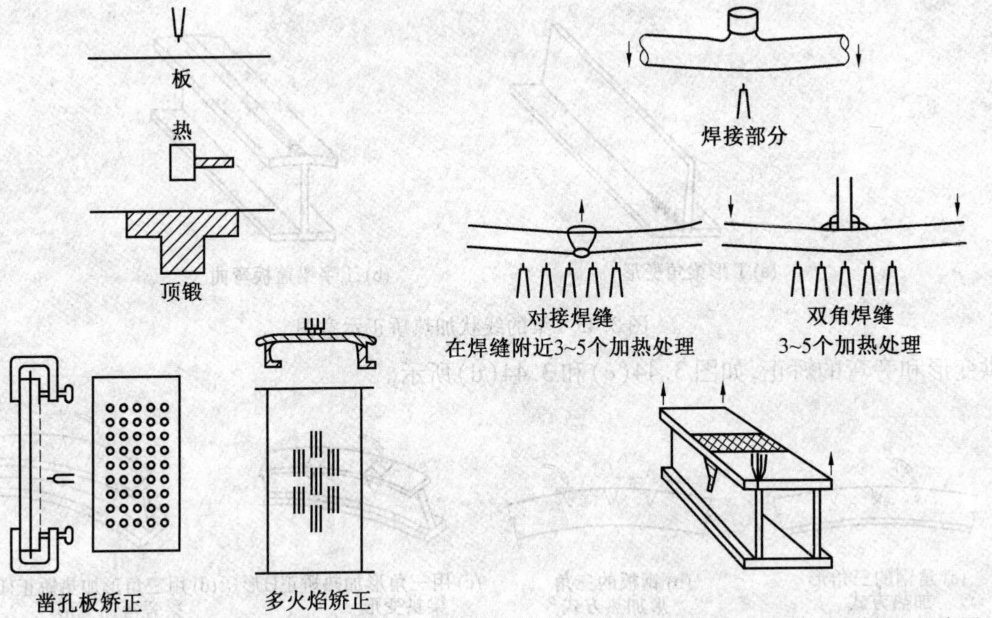

(a) 凿孔板矫正与多火焰矫正示意图　　(b) 双侧（端面腹板）同时加热，然后翼板矫正示意图

图 3.45　火焰矫正示意图

焊接变形经常采用下列 3 种火焰矫正方法。

(1)点状加热法。加热金属表面时,火焰在局部区域形成圆点,如图 3.46 所示。适用于薄板产生的波浪变形,加热点直径 d 通常控制在 15 mm 以内,加热点间距 a 控制在 50 ~ 100 mm。加热点疏密根据变形程度调节。

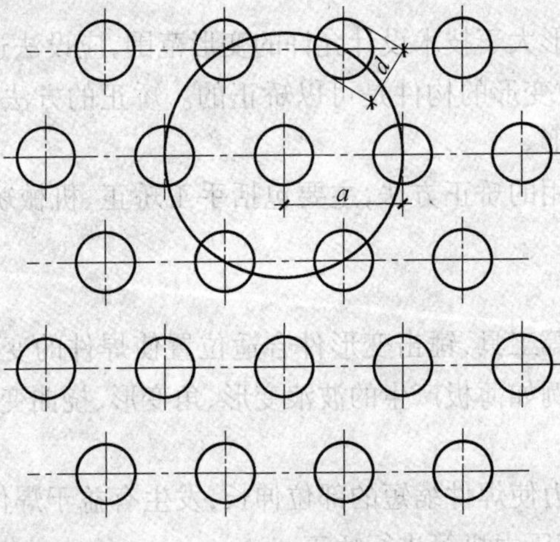

图 3.46　点状加热法的多点分布示意图

(2)线状加热法。线状加热时火焰呈直线方向移动,或沿移动方向微做横向摆动,连续加热金属表面,形成一条宽度较小的线。线状加热可分为直线加热、环形加热及带状加热三种形式,如图 3.47 所示。

(3)三角形加热法。加热区域呈三角形称为三角形加热。加热面积上大下小,如图3.48 所示。其产生的收缩量也是上大下小,多用于构件刚性较大、变形量大的弯曲。下面是三角形火焰矫正时的加热温度(材质为低碳钢)。

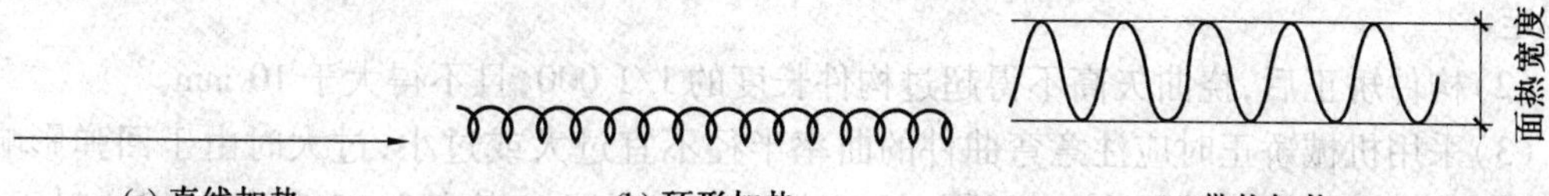

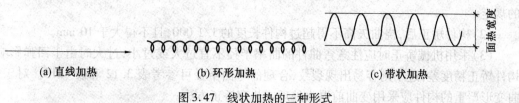

(a) 直线加热　　(b) 环形加热　　(c) 带状加热

图 3.47　线状加热的三种形式

低温矫正:500～600 ℃;冷却方式:水。

中温矫正:600～700 ℃;冷却方式:空气和水。

高温矫正:700～800 ℃;冷却方式:空气。

注意事项:火焰矫正时加热温度不宜过高,过高会造成金属变脆、影响冲击韧性。16Mn在高温矫正时不能用水冷却,包括厚度或淬硬倾向较大的钢材。

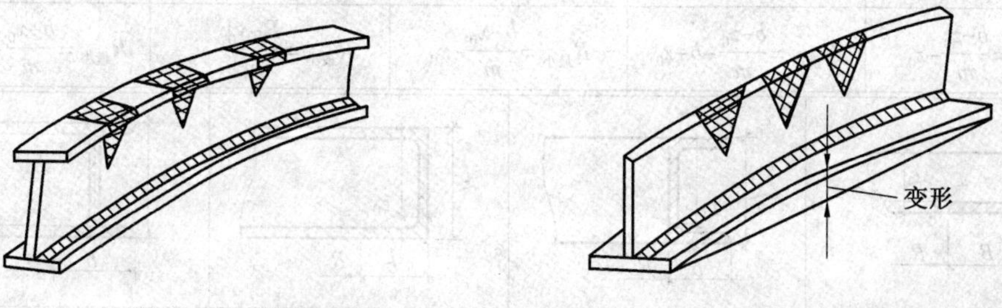

(a) 三角形加热工字梁挠曲变形　　(b) 三角形加热T字梁挠曲变形

图 3.48　三角形加热

火焰矫正引起的应力与焊接内应力一样均为内应力。不恰当的矫正产生的内应力和焊接内应力以及负载应力叠加,会使柱、梁、撑的纵应力超过允许应力,从而导致承载安全系数的降低。所以在钢结构制造中一定要慎重,尽可能采用合理的工艺措施以减少变形,矫正时尽量采用机械矫正。构件焊接后的变形应进行成品矫正,成品矫正通常采用热矫正,加热温度不宜大于 650 ℃,构件矫正中板材最小弯曲半径可见表 3.12。

表 3.12　板材最小弯曲半径

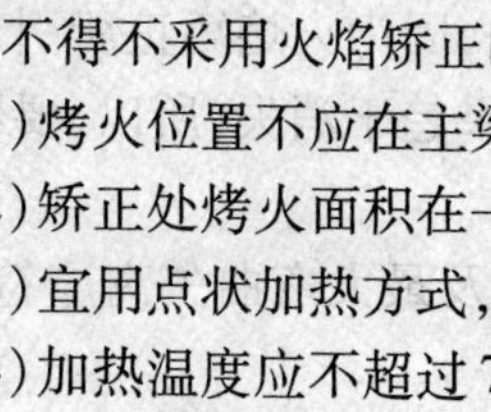

板材	弯曲半径(*R*)	
	经退火	不经退火
Q235 钢	0.5*t*	1.0*t*
A5 钢	0.8*t*	1.5*t*
45 号钢	1.0*t*	1.7*t*
铝	0.2*t*	0.8*t*

注:Q345 钢板可参考 A5 钢的数据;t 代表板材的厚度

当不得不采用火焰矫正时应注意下列几点:

(1)烤火位置不应在主梁最大应力截面附近。

(2)矫正处烤火面积在一个截面上不能过大,要多选几个截面。

(3)宜用点状加热方式,以改善加热区的应力状态。

(4)加热温度应不超过 700 ℃。

讲 43:矫正要求

(1)钢材矫正后的允许偏差应符合《钢结构工程施工质量验收规范》(GB 50205—2001)

的规定。

(2)构件矫正后,挠曲矢高不得超过构件长度的1/1 000,且不得大于10 mm。

(3)采用机械矫正时应注意弯曲件的曲率半径不宜过大或过小,过大时由于回弹影响,构件矫正精度差,过小则容易出现裂纹,合理的弯曲半径可参考表3.12和表3.13。对于弯曲变形严重的构件应采用变曲前退火处理或热弯矫正方法。

表3.13　型钢最小弯曲半径

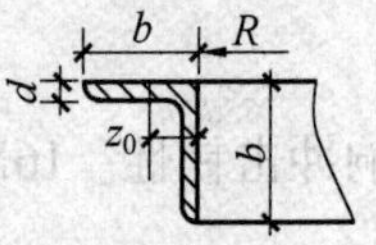	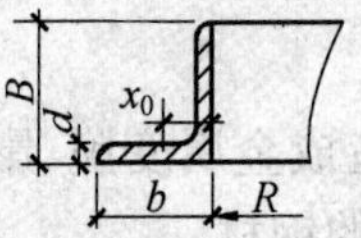	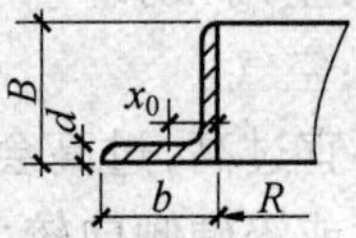	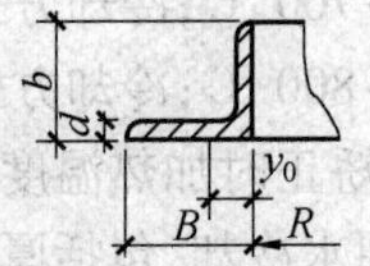	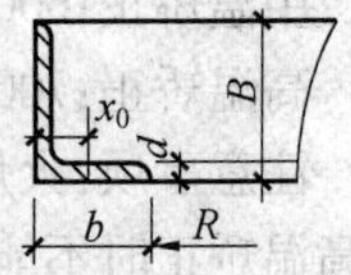
$R_{最小}=\frac{b-z_0}{m}-z_0$	$R_{最小}=\frac{b-z_0}{m}-b+z_0$	$R_{最小}=\frac{b-x_0}{m}-x_0$	$R_{最小}=\frac{B-y_0}{m}-y_0$	$R_{最小}=\frac{b-x_0}{m}-b+x_0$
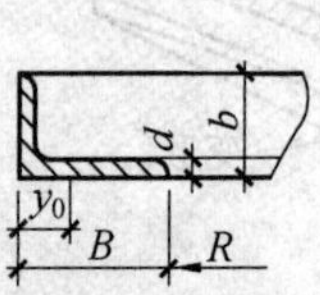	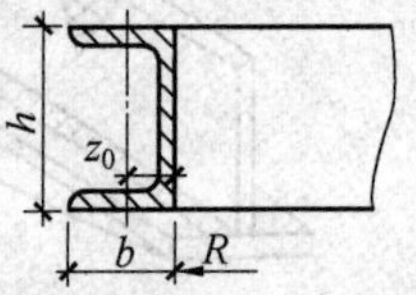	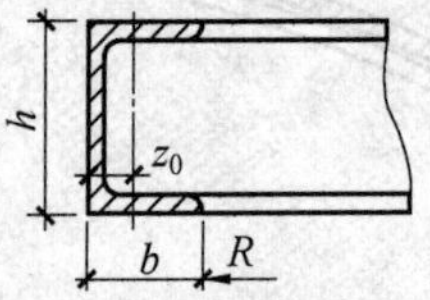	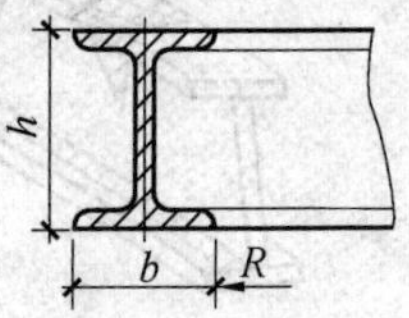	
$R_{最小}=\frac{B-y_0}{m}-B+y_0$	$R_{最小}=\frac{b-z_0}{m}-z_0$	$R_{最小}=\frac{b-z_0}{m}-b+z_0$	$R_{最小}=\frac{b}{2m}-\frac{b}{2}$	
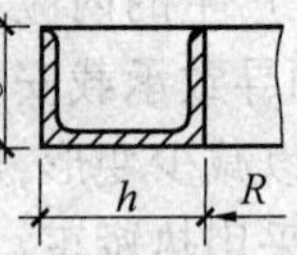	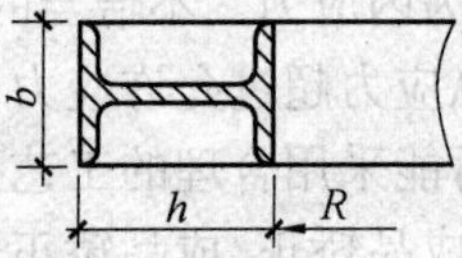	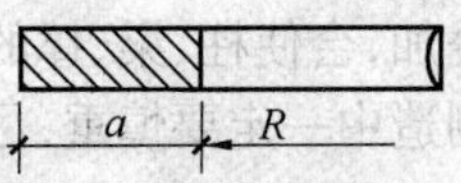	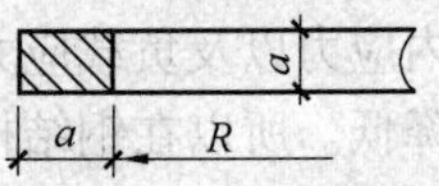	
$R_{最小}=\frac{h}{2m}-\frac{h}{2}$	$R_{最小}=\frac{h}{2m}-\frac{h}{2}$	热弯:$R_{最小}=3a$ 冷弯:$R_{最小}=12a$	热弯:$R_{最小}=a$ 冷弯:$R_{最小}=2.5a$	

注:热弯时取 $m=0.14$;冷弯时取 $m=0.04$;z_0、y_0和 x_0为重心距离

(4)H形组合焊接构件的矫正,对于翼缘板横向弯曲以及不垂直,宜采用专用机械设备冷矫正,双面焊因其焊接变形大,通常需要采用此道工序解决翼缘的焊接变形,采用单面焊之后,焊接变形小,这道工序可以省略;对于构件的侧向旁弯,通常采用火焰热矫正效果较好;如出现腹板局部鼓曲,则很难矫正,可考虑增加加劲肋办法减轻鼓曲程度,提高腹板的鼓曲承载能力;对于构件腹板平面内的弯曲,不应采用火焰矫正法,因为火焰矫正所引起的残余应力与外荷载产生的应力叠加后可能会加大变形,使矫正效果趋于消失,所以,要特别注意控制好焊接顺序,避免构件出现腹板平面内的下挠变形。

(5)钢结构零件、部件在冷矫正和冷弯曲时,其弯曲率半径及最大弯曲矢高应符合《钢结构工程施工质量验收规范》(GB 50205—2001)的规定。

3.5　弯曲细部做法

讲 44:弯曲的基本原理及弯曲过程

1. 弯曲过程

为了说明板料弯曲时产生的变形情况,弯曲前在板料弯曲部分划出弯曲始线、弯曲中线以及弯曲终线,然后按弯曲线弯曲成形(图 3.49)。

弯曲前,板料断面上三条线相等,如图 3.49(a)所示,即 $ab=a'b'=a''b''$。弯曲后内层缩短,外层伸长,如图 3.49(b)所示,即 $ab<a'b'<a''b''$。这表示板料在弯曲时,内层的材料因为受压而缩短,外层的材料因受拉而伸长。在拉伸和压缩之间,有一层材料长度不发生变化,这层称为中性层。

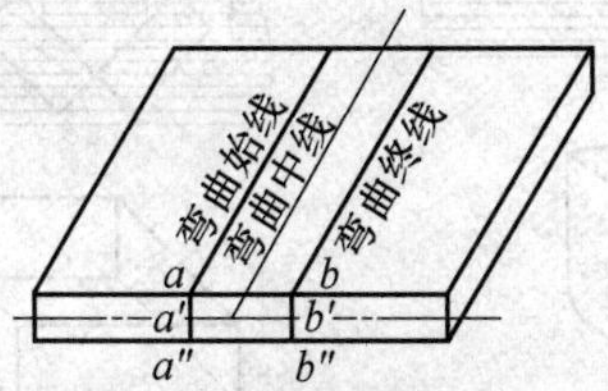

(a) 划出弯曲线的板料

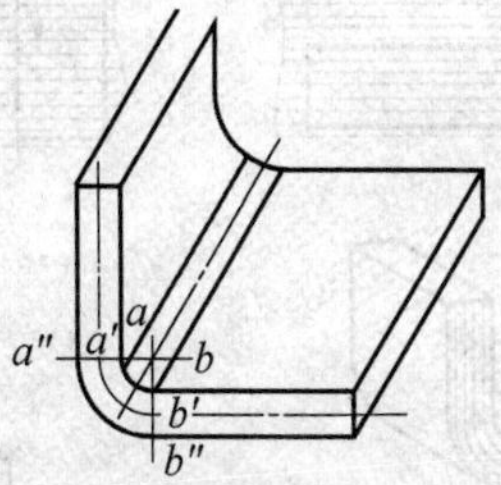

(b) 已弯曲成形的零件

图 3.49　板料弯曲时的变形

在弯曲时,对窄的板料(宽度不足板厚的 3 倍时),在弯曲区的外层,由于受拉伸宽度要缩小,内层因压缩要增加(图 3.50);对宽的板料(宽度超过板厚的 3 倍时),由于横向变形受到宽度方向大量材料的阻碍,因此宽度基本不变。

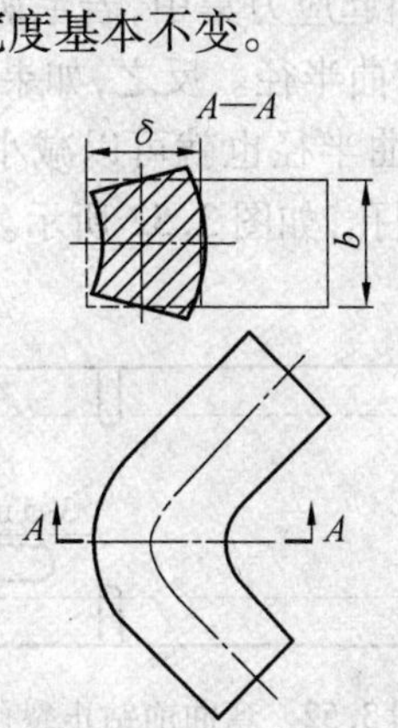

图 3.50　窄板料弯曲时宽度变化对弯曲半径的影响

板料弯曲后,在弯曲区内厚度通常要变薄,并产生冷作硬化,因此刚度增加,弯曲区内的材料显得又硬又脆。故而如果反复弯曲,或弯曲圆角太小时,由于拉压及冷作硬化非常易断裂。因此弯曲时,对弯曲次数和圆角半径要加以限制。

2. 最小弯曲半径

最小弯曲半径,通常是指用压弯方法可以得到零件内边半径的最小值。弯曲时,最小弯曲遭到板料外层最大许可拉伸变形程度的限制，超过这个变形程度，板料将产生裂纹。所以，材料的最小弯曲半径是设计弯曲件、制定工艺规程需要考虑的一个重要问题。

最小弯曲半径除受材料机械性能的限制外，还与以下因素有关。

(1)弯曲角度。随着弯曲角度增大，其变形增大，外表面拉伸加剧，最小弯曲半径也应增大。

(2)材料的纤维方向。经轧制的板材各个方向的性能不一样，因此当弯曲线与材料纤维方向垂直时，可选择较小的弯曲半径(图3.51(a))；如果弯曲线与材料纤维方向平行时，弯曲半径需增大，否则容易破裂(图3.51(b))；对于沿不同方向弯曲时，应使弯曲线与纤维方向成一定角度，通常为30°(图3.51(c))。在实际生产中，为提高材料利用率，增加下料速度，除个别材料或特殊要求以外，通常采取增大弯曲半径来弥补这一影响。

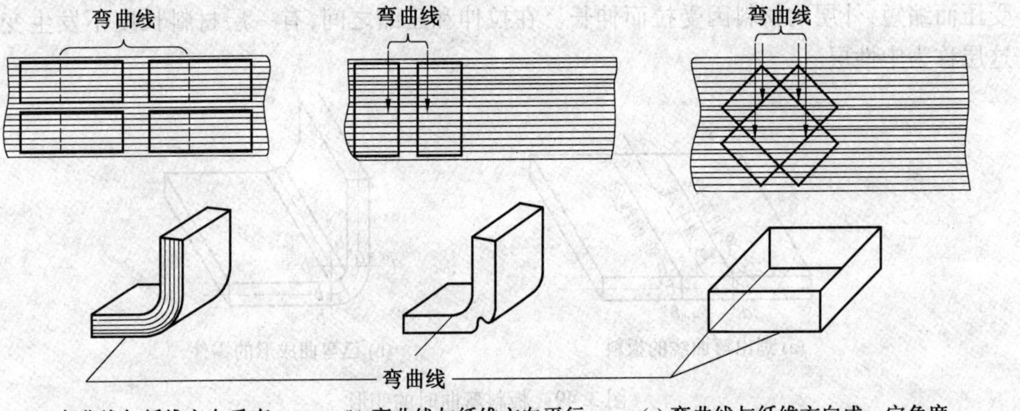

图3.51　纤维方向对弯曲半径的影响

(3)板料边缘的毛刺。毛刺会引起应力集中，若毛刺在弯角的外侧，经常引起过大的拉应力而将工件拉裂，所以必须增大弯曲半径。反之，如果毛刺处于内侧，由于内层是压应力，不致引起开裂，因此，相应的最小弯曲半径也就可以减小一些。为了防止开裂，弯曲前应清理边缘毛刺，在弯边的交接处钻止裂孔，如图3.52所示。

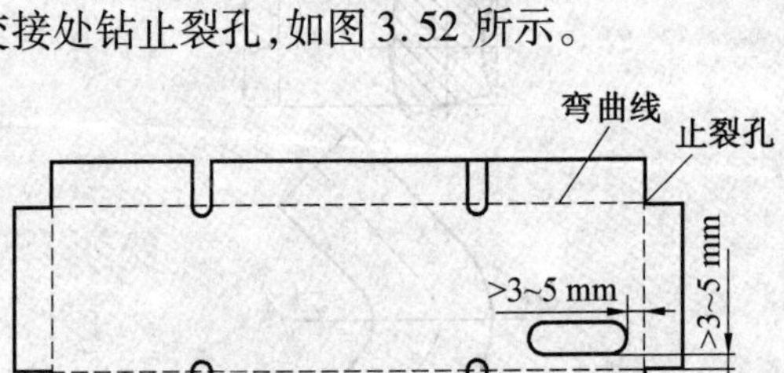

图3.52　弯曲前钻止裂孔

3. 弯曲回弹

材料的弯曲与其他变形方式一样，在塑性变形的同时，也存在弹性变形。因为弯曲时，板料外表面受拉，内表面受压，所以当外力去掉后，弯曲件要产生角度与半径的回弹(又称回跳)，回弹的角度称为回弹角(或回跳角)。

影响回弹角的因素较多，如零件形状、模具结构等，到目前为止，还不能用公式计算出适合于各种具体条件的回弹值来，因此在制造模具时，一般都需进行试压，反复修正模具的工作部分,来消除回弹。

讲 45:折弯设备及弯模

1. 折弯设备

折弯设备主要是各种类型的折弯机,利用折弯机弯曲不同几何截面形状的金属板箱、柜、盒壳、翼板、肋板、矩形管、U 形梁以及屏板等薄板制件。利用折弯机进行折弯工艺时,常用的方法包括如下 3 种(图 3.53)。

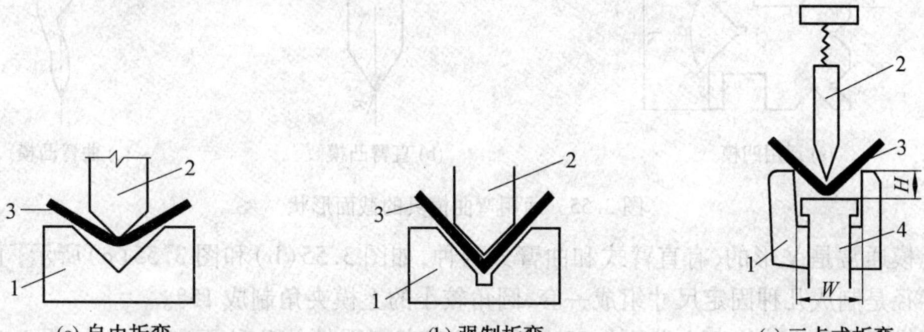

图 3.53 常用的折弯方法

1—下模;2—上模;3—板料;4—活动垫块

(1)自由折弯。如图 3.53(a)所示,其 V 形下模 1 固定在压力机的工作台上,楔形上模 2随压力机的滑块做上、下不停运动,将板料 3 放在下模上,上模下行压弯板料,控制上模楔入下模的深度(即滑压运动的下死点),就可以获得具有不同弯曲角的工件,如图 3.54 所示。它的优点是,用一套简单的 V 形模即可获得一系列不同的弯曲角;它的缺点是,压力机的垂直变形、板材性能的差异及微小变化都会使弯曲角度发生明显的变化(通常来说,滑块行程变化 0.04 mm 会使弯曲角变化 1°),所以要求精确控制滑块运动的下死点,同时对压力机的弹性变形和工件本身的回弹等进行补偿。

图 3.54 用折弯机弯曲的各种零件断面

(2)强制折弯。在折弯的最后阶段,上模 2 将板料 3 压入下模 1 的 V 形槽内,如图 3.53(b)所示。使其带有校正作用,可使工件的回弹限制在较小的范围内,但一套 V 形模只能获得一种弯曲角,因此工件的所有角度必须相等,否则就需更换模具。

(3)三点式折弯。如图 3.53(c)所示,它除了下模 1 上有两处和板料 3 接触外,底部活动垫块 4 的上平面处也与板料接触,因此称为“三点式”。其滑块上设有液压垫,所以压力机的运动精度和变形,以及板料的性能变化等均不会影响工件的弯曲角,它只取决于下模凹槽的深度 H(它由下模内腔与活动垫块构成)以及宽度 W,且带有强制折弯的性质,故而可获得回弹小、精度高的工件。显然,调节并控制活动垫块的上、下位置,同样也能够在一套模具上获得不同的工件弯曲角。

2. 弯曲模具

折弯机上用的弯曲模具可分为通用与专用模具两类。图3.55是通用弯曲模具的截面形状。

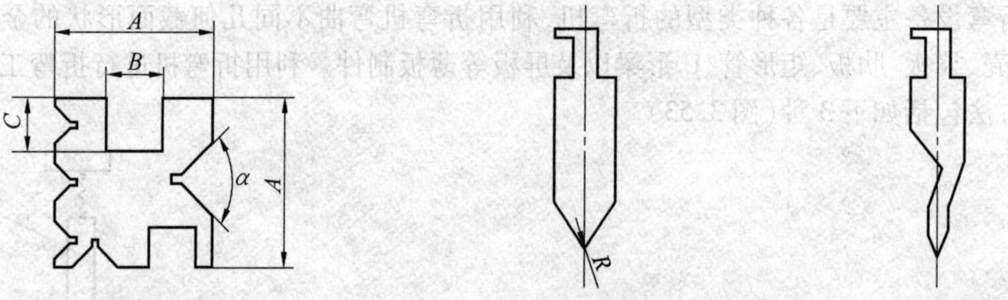

(a) 通用凹模　(b) 直臂凸模　(c) 曲臂凸模

图3.55　通用弯曲模具的截面形状

上模通常是V形的，有直臂式和曲臂式两种，如图3.55(b)和图3.55(c)所示，下端的圆角半径是制成几种固定尺寸组成一套，圆角较小的上模夹角制成15°。

下模通常是在四个面上分别加工出适合机床弯制零件的几种固定槽口，如图3.55(a)所示，槽口的形状一般是V形，也有矩形，均能弯制钝角和锐角零件。下模的长度通常与工作台面相等或稍长一些，也有较短的。弯曲模上、下模的高度依据机床闭合高度确定，在使用弯曲模时其弯曲角度大于18°。

在折弯机上使用通用弯曲模弯制零件时，下模槽口的宽度不应小于零件的弯曲半径与材料厚度之和的2倍，再加上2 mm的间隙，即

$$B \geqslant 2(\delta+R)+2 \tag{3.6}$$

式中　B——下模槽口宽度，mm；

δ——零件的材料厚度，mm；

R——零件的弯曲半径，mm。

这样，在弯曲时坯料不会因为受阻产生压痕或刮伤现象，同时为了减少弯曲力，对硬的材料应选择较宽的槽口；而软的材料，大的槽口会使直边弯成弧形，应选择较小的槽口。在弯曲已具有弯边的坯料时，下模槽口中心至其边缘的距离不得大于所弯部分的直边长，如图3.56(a)中的尺寸d需小于尺寸c，否则无法放置坯料。已弯成钩形的坯料再弯曲时，应选用带躲避槽的下模，如图3.56(b)所示。

对于上模的选择也应依据零件的形状和尺寸的要求。上模工作端的圆角半径应稍小于零件的弯曲半径。

通常采用直臂式上模，而当直臂式上模挡碍时应换成曲臂式上模，如图3.56(a)所示。

3. 通用弯曲模具

采用通用弯曲模具弯制多角的复杂零件时，依据弯角的数目、弯曲半径和零件的形状，必须经过多次调整挡板，更换上模和下模。弯制时先后的次序很重要，其原则为由外向内依次弯曲成形。

如果弯曲的零件(图3.57(a))弯曲半径相同而各部分尺寸不相等，弯曲时需要多次调整挡板位置，下模可使用同一槽口，在前三次弯曲时，可使用直臂式上模(图3.57(b))，最后

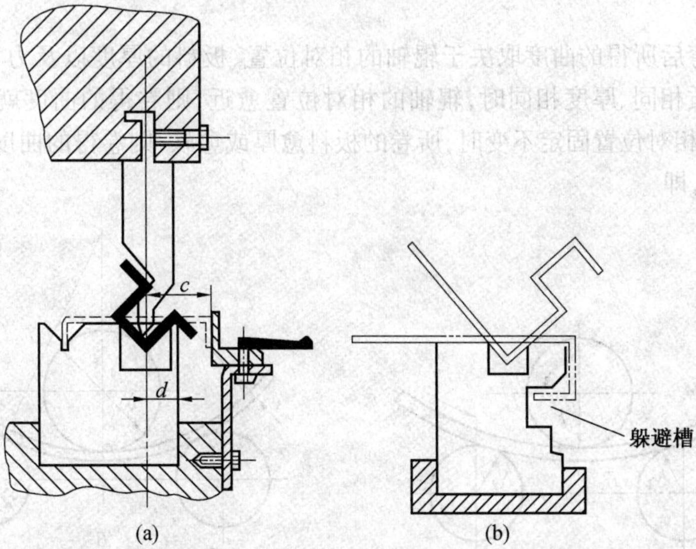

图 3.56　带弯边件的弯曲

一次采用曲臂式上模(图 3.57(c))。

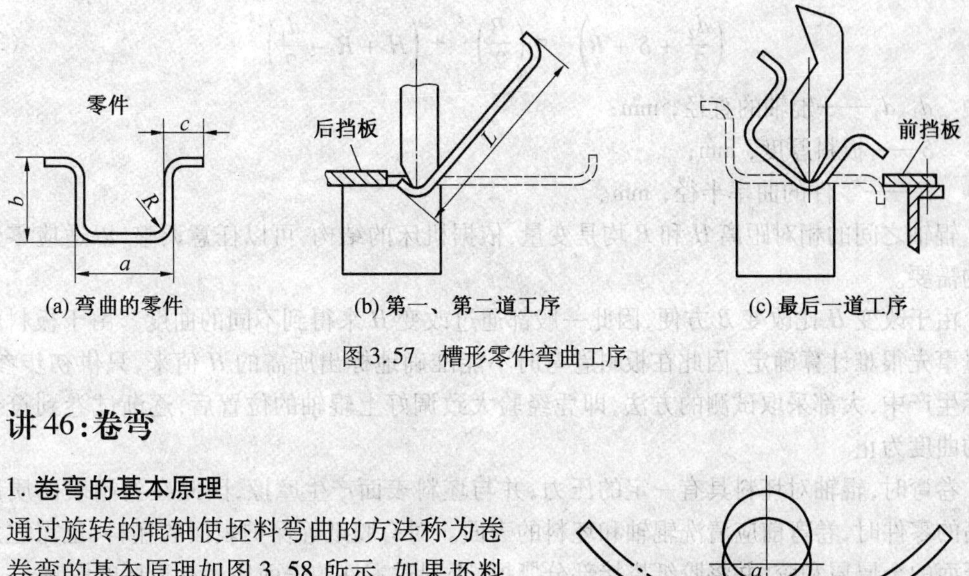

图 3.57　槽形零件弯曲工序

讲 46:卷弯

1. 卷弯的基本原理

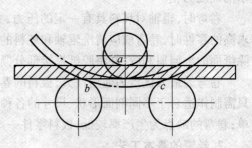

通过旋转的辊轴使坯料弯曲的方法称为卷弯。卷弯的基本原理如图 3.58 所示,如果坯料静止地放在下辊轴上,下表面和下辊轴的最高点 b、c 相接触,上表面正好与上辊轴的最低点 a 相接触,这时上、下辊轴间的垂直距离恰好等于板料厚度。当下辊轴不动上辊轴下降,或上辊轴不动下辊轴上升时,间距就小于板料厚度,如果把辊轴看成是不发生变形的刚性轴,板料便产生弯曲,这实际上就是前面所讲的压弯。若连续不断地滚压,坯料在全部所滚到的范围内就形成圆滑的曲面,坯料的两端由于滚不到,仍然是直的,在零件成形时,必须设法消除。因此卷弯的实质就是连续不断地压弯(图 3.59),即通过旋转的辊轴,使坯料在辊轴的作用力及摩擦力的作用下,自动向前推进并产生

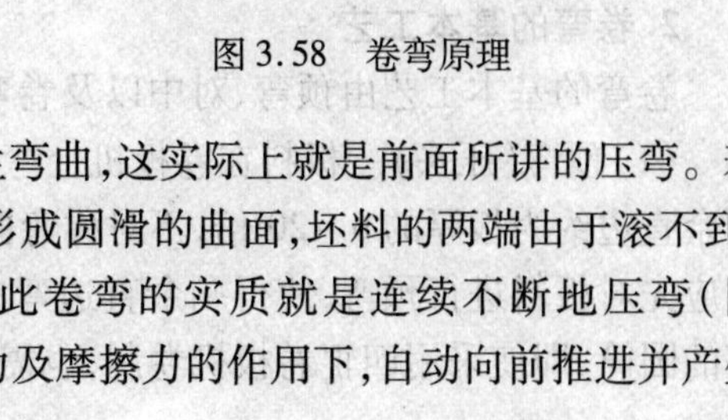

图 3.58　卷弯原理

弯曲。

坯料经卷弯后所得的曲度取决于辊轴的相对位置、板料的厚度以及力学性能。若所卷弯的板料的材质相同、厚度相同时，辊轴的相对位置愈近，则卷得的曲度就愈大，反之则愈小；如果辊轴的相对位置固定不变时，所卷的板料愈厚或愈软，则卷得的曲度就愈大，反之则愈小（图3.60），即

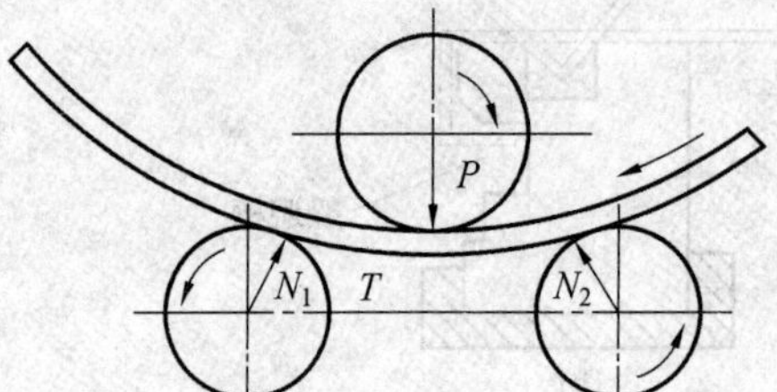

图3.59 卷弯示意图

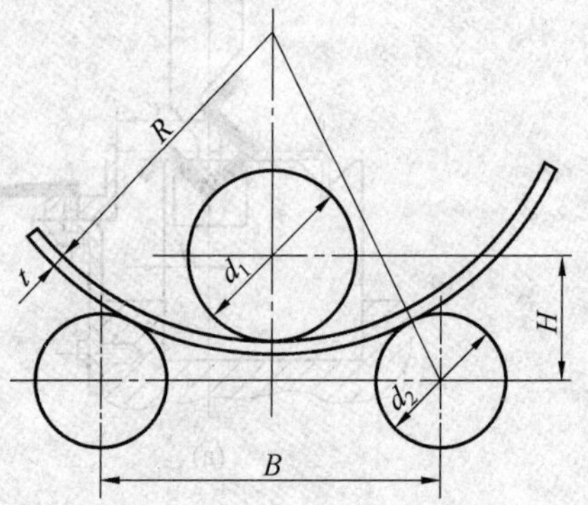

图3.60 决定曲度的参数

$$\left(\frac{d_2}{2}+\delta+R\right)^2=\left(\frac{B}{2}\right)^2+\left(H+R-\frac{d_1}{2}\right)^2 \tag{3.7}$$

式中 d_1、d_2——辊轴的直径，mm；

δ——板料厚度，mm；

R——零件的曲率半径，mm。

辊轴之间的相对距离 H 和 B 均是变量，依据机床的结构，可以任意调整，以适应零件曲度的需要。

由于改变 H 比改变 B 方便，因此一般都通过改变 H 来得到不同的曲度。由于板料的回弹量事先很难计算确定，因此在板料卷弯时不能准确地标出所需的 H 值来，只供初步参考。实际生产中，大都采取试测的方法，即凭经验大致调好上辊轴的位置后，逐渐试卷到符合要求的曲度为止。

卷弯时，辊轴对坯料具有一定的压力，并与坯料表面产生摩擦，因此在卷制表面质量要求高的零件时，卷弯前应清洗辊轴和坯料的表面。对有胶纸等保护表面的坯料，也需注意清除纸面的金属屑和胶，并将胶纸搭接部分撕掉，否则对零件的表面质量有很坏的影响。

卷弯的最大优点为通用性大，板料的卷弯不需要制作任何特种工艺装备，而型材的卷弯只需制作适合于不同剖面形状、尺寸的各种滚轮，所以，生产准备周期短，所用机床的结构简单；卷弯的缺点为生产率较低，板料零件一般须经过反复试卷方可获得所需的曲度。

2. 卷弯的基本工艺

卷弯的基本工艺由预弯、对中以及卷弯等几个过程组成。

（1）预弯（压头）。板料在卷板机上弯曲时，两端边缘总会有剩余直边，通常对称弯曲时剩余直边约为板厚的6～20倍，不对称弯曲时是对称弯曲时的1/6～1/10。为了消除剩余直边应先对板料进行预弯，使得剩余直边弯曲到所需曲率半径后再卷弯。对于圆度要求非常高的圆筒，即使采用四辊卷板机卷制，也需事先进行模压预弯。

预弯的方法包括两种方法:第一种方法是在三辊或四辊卷板机上预弯,适用于较薄的板材;第二种方法是在压力机上预弯,适用于各种厚度板材。

卷板机上预弯,如图 3.61 所示。首先准备一块较厚的钢板弯成一定的曲率当作预弯模,其厚度 δ_0应大于需弯工件厚度 δ 的 2 倍,宽度也需比预弯的工件宽。预弯时,先将预弯模放入卷板机,再将板料放在预弯模上,压下上辊并使预弯模来回滚动,使板料边缘达到所需要的弯曲半径。有时板料和预弯模的总厚度很大,为防止压下量过大而过载损坏设备,板料弯曲曲率半径需小于预弯模的曲率半径,如果要求预弯的曲率半径较大,可以采取在预弯模上加垫板的办法解决。如在水压机或油压机上就会采用模具预弯(图 3.62)。对于批量较大的零件可以使用专用模具,对于批量较小或半径变化较大的零件,可以采取调节上模压下量的方法来获得不同曲率半径。

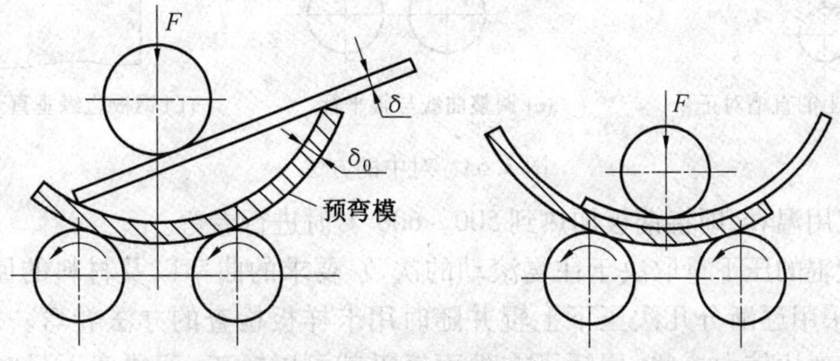

(a) 预弯模　(b) 预弯过程

图 3.61　用三辊卷板机预弯

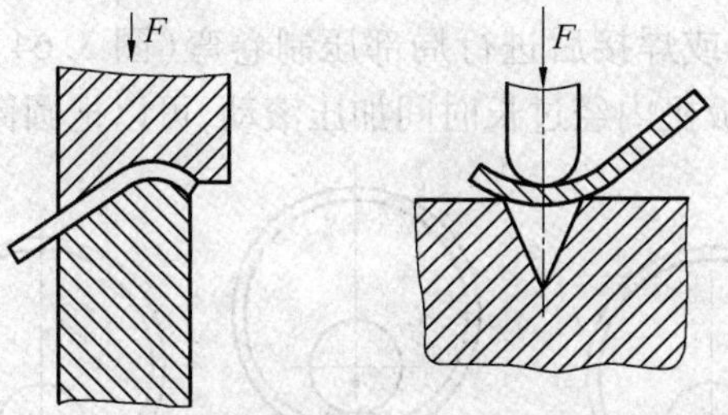

图 3.62　用模具预弯

(2)对中。在卷弯时若板料放不正,卷弯后会发生歪扭,若在卷弯前将辊的中心线与钢板的中心线平行,即对中。常用的对中方法如图 3.63 所示。图 3.63(a)是利用四辊卷板机的侧辊对正钢板;图 3.63(b)是采用安装一个能够转到上面的挡铁来对正钢板;图 3.63(c)是先抬起钢板使其顶到下辊上,然后放平(在放平时可能存在移动,不太准确);图 3.63(d)是利用下辊上的直槽对正;图 3.63(e)是利用直角尺与钢板上的轴线,调整曲线与辊平行;图 3.63(f)是利用卷板机两边平台上的挡铁进行定位,使钢板边缘垂直于轴辊。

(3)卷弯。通常情况下,卷弯时并不加热钢板。但是,在钢板厚度较大且卷弯直径较小时,冷卷容易产生较严重的冷作硬化及较大的内应力,甚至出现裂纹,所以这种情况需要对钢板进行加热卷制。实践表明,当碳素钢钢板厚度不小于圆筒内径的 1/40 时应进行热卷。常用低碳钢、普通低合金钢的热卷加热温度是 900 ~ 1 050 ℃,终止温度不低于 700 ℃。热卷可以防止板料的加工硬化现象,但热卷时操作困难,氧化皮危害较大,板料变薄也比较严重。

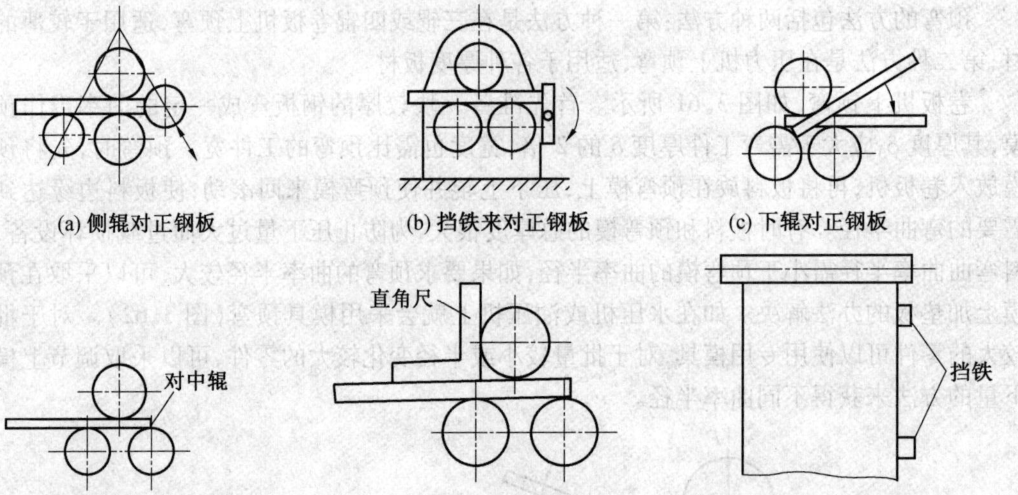

图 3.63 对中的方法

因此,也可以试用温卷,即将钢板加热到 500 ~600 ℃时进行卷弯。

冷卷时,上辊的压下量取决于往复滚动的次数、要求的曲率以及材料的回弹。所以,实际工作中通常采用逐渐分几次压下上辊并随时用卡样板检查的办法卷弯。对于薄板件而言,可以卷得曲率比较大一些,用锤子在外面轻敲就可以矫正,而曲率不足时则不易矫正。在卷弯较厚钢板时,必须要常检查,仔细调节压下量,一旦曲率过大就难以矫正。

(4)矫正棱角的方法。因为压头曲率不正确或卷弯时曲率不均匀,可能发生接口外凸或内凹的缺陷,可以在定位焊或焊接后进行局部压制卷弯(图 3.64)。对于壁厚较大的圆筒,焊后经适当加热再放入卷板机内经过长时间加压滚动,可以把圆筒矫得很圆。

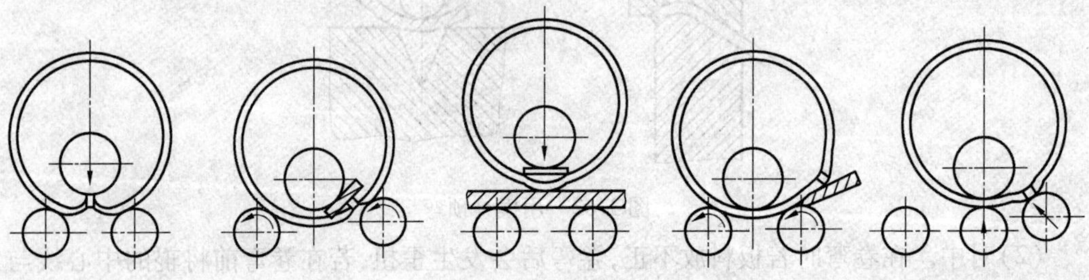

图 3.64 矫正棱角的几种方法

(5)圆锥面的卷弯。圆锥面的素线不是平行的,因此不能用三个辊互相平行的卷板机卷制出来,但是,可通过调整上辊使其倾斜适当角度,然后在很小的区域内压制并且稍做滚动。这样每次压卷一个小区域后,必须转动钢板后再压卷下一个区域,也可卷制出质量较好的圆锥面。

3. 型材的辊弯

型材辊弯和板材辊弯的不同点,就是型材辊弯时,需要按型材的断面形状设计制造滚轮,将滚轮安装在辊轴上,通过滚轮进行滚弯。因此每滚一种零件,就需更换一次滚轮。

(1)标准型材的辊弯。标准型材即挤压型材,坯料的断面形状如图 3.65 所示。标准型材通常采用三辊或四辊辊弯机进行辊弯，其示意图如图 3.66 所示。

图 3.65　几种标准型材的典型断面

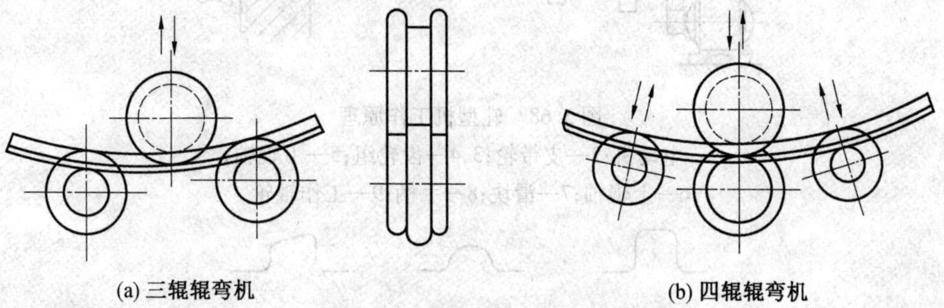

(a) 三辊辊弯机　(b) 四辊辊弯机

图 3.66　型材辊弯机示意图

（2）板制型材的辊弯。所谓板制型材，是指由板料制得的各种断面的型材。板制型材的辊弯通常在万能两轴辊床（即轧型机、轧波纹机）上进行。

轧型机的结构如图 3.67 所示。它的工作原理如图 3.68 所示，双向电动机 1 通过皮带轮 2 与齿轮组 3 带动下辊轴 5 旋转，上辊轴 6 通过齿轮组 4 旋转；手柄 8 用于调节滑块 7，可使上辊轴做上下移动，以调整压力以及适应不同的板厚；工作辊轮 9 装在上、下辊轴的前端，当电动机正反旋转时，便带动工作辊轮来回辊制零件。

轧型机的操作过程是用手柄升起上辊轴，装好工作辊轮，坯料靠正，定料挡板放好，下降上辊轴压住坯料，进行试辊，符合要求后，开动机床辊制零件。辊弯时，需注意正确送料，使坯料边缘靠住挡板，不要偏斜，避免辊制的零件歪斜或成波浪形。

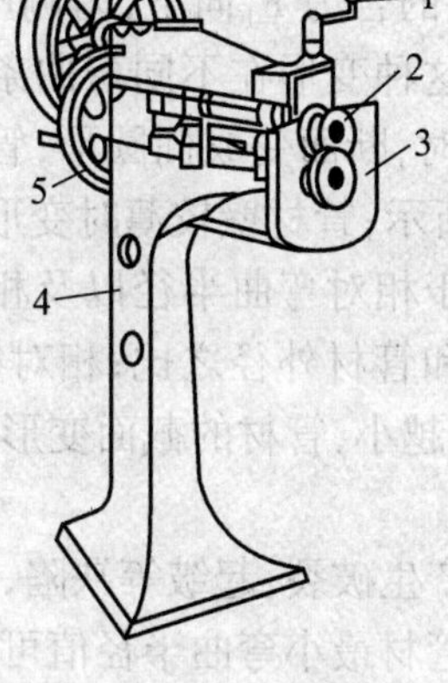

图 3.67　轧型机的结构

1—手柄；2—辊轮；3—挡板；4—床座；5—传动机构

板制型材的辊弯首先依据断面尺寸做好辊轮，可由平板料直接辊成。对断面转角半径很小或槽形很深的零件，直接用辊压的方法不易辊成，应制备几套辊轮逐渐辊出。如果几套辊轮辊出还很困难，此时可先在卷弯机上用弯曲模压出断面形状（图 3.69），然后再辊制出曲度。这样可以减少滚轮的套数以及辊弯的次数。

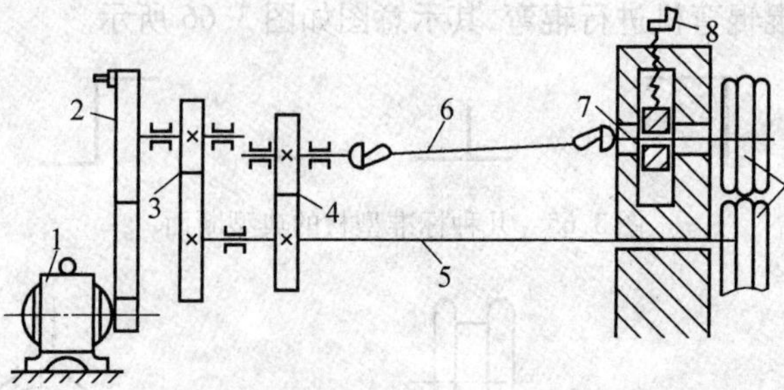

图3.68　轧型机工作原理

1—电动机;2—皮带轮;3,4—齿轮组;5—下辊轴;
6—上辊轴;7—滑块;8—手柄;9—工作辊轮

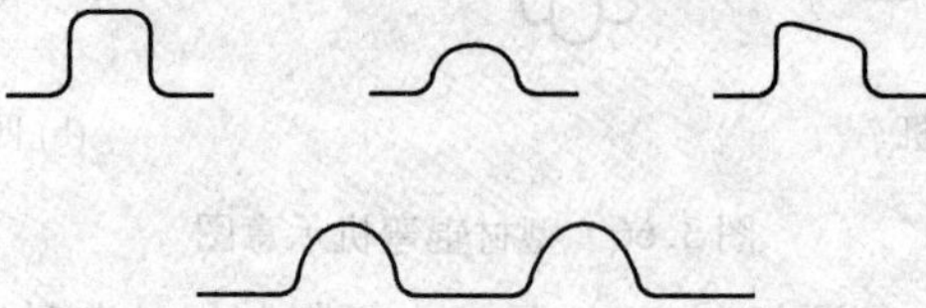

图3.69　预制断面形状

对于封闭环形型材零件,用其他方法很难做成,可用辊压的方法制出断面形状和大体近似的曲度,两端对焊后,再用其他方法例如用胀形的方法校正曲度,使之最终达到要求。

4. 管材弯曲

管材工艺是随着汽车、摩托车、自行车等行业的发展而兴起的,管材弯曲常用的方法根据弯曲方式可分为绕弯、推弯、压弯以及滚弯;按弯曲加热与否可分为冷弯和热弯;按照弯曲时有无填料(或芯棒)又可分为有芯弯曲和无芯弯曲。

(1)管材弯曲时的应力与变形。管材弯曲时的应力分布如图3.70(a)所示。管材在受外力矩的作用下发生弯曲,使管材外侧受到拉应力作用,管壁变薄;内侧受到压应力作用,使管材增厚或折皱。因为外侧拉应力的合力 F_1 向下,内侧压应力的合力 F_2 向上,使得管材的横截面受压而变形,出现椭圆形。这种变形在不同弯曲条件下,具体的变形是不相同的,图3.70(b)所示管材在自由状态弯曲时,断面变成椭圆形;管材壁较厚使用带半圆形槽的模具弯曲时,其变形情况如图3.70(c)所示;管材壁较薄时变形情况,如图3.70(d)所示。

管材弯曲时的变形程度,取决于相对弯曲半径以及相对壁厚的大小。所谓相对弯曲半径,就是指管材中心线的弯曲半径和管材外径之比;相对壁厚,是指管材壁厚与管材外径之比。若相对弯曲半径和相对壁厚值越小,管材的截面变形严重时会造成管材外壁破裂,内壁起皱成波浪形。

因此,为避免管材在弯曲过程产生破裂、起皱等缺陷,在弯曲前,必须充分考虑管材最小弯曲半径和最小弯曲半径允许值,管材最小弯曲半径值可通过表3.14计算得到。

表3.14　管材最小弯曲半径的计算　　　　单位:mm

弯曲方法	最小弯曲半径 r_{min}	弯曲方法	最小弯曲半径 r_{min}
压弯	$(3\sim5)D$	滚弯	$6D$
绕弯	$(2\sim2.5)D$	推弯	$(2.5\sim3)D$

注:D 为管材直径

(2)有芯弯管。有芯弯管是在弯管机上利用芯轴来弯曲管材。芯轴的作用是避免管材

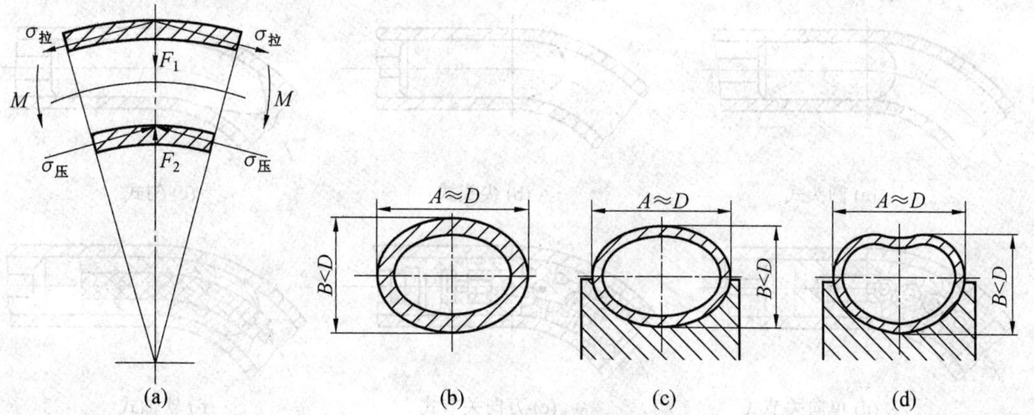

图 3.70 管材弯曲时的应力和变形

弯曲时断面的变形。

有芯弯管的工作原理如图 3.71 所示。具有半圆形凹槽的弯管模 6，是由电动机经过减速装置带动旋转，管材 2 放在弯管模盘上用夹块 4 压紧，导轮 3 用于压紧管材表面，芯轴 5 利用芯轴杆 1 插入管材的内孔中，它处于弯管模的中心线位置。当管材被夹块夹紧同模子一块转动时，便紧靠弯管模发生弯曲。有芯弯管的质量取决于芯轴的形式、尺寸和伸入管内的位置。

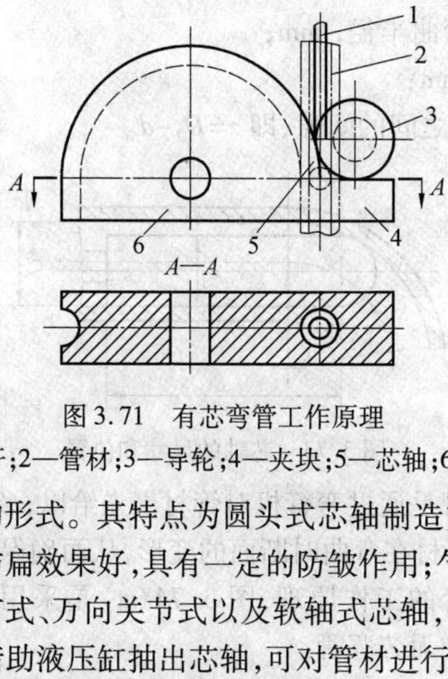

图 3.71 有芯弯管工作原理

1—芯轴杆；2—管材；3—导轮；4—夹块；5—芯轴；6—弯管模

图 3.72 所示为有芯轴的形式。其特点为圆头式芯轴制造方便，但防扁效果较差；尖头式芯轴可以向前伸进一些，防扁效果好，具有一定的防皱作用；勺式芯轴和外壁支撑面大，防扁效果比尖头式好；单向关节式、万向关节式以及软轴式芯轴，能伸入管子内部与管子一起弯曲，防扁效果很好。弯后借助液压缸抽出芯轴，可对管材进行矫圆。

芯轴的直径尺寸如图 3.73 所示，可按照下式计算

$$d = D_2(0.5 \sim 0.75) \tag{3.8}$$

或

$$d \geqslant 0.9D_2 \tag{3.9}$$

式中 d——芯轴直径，mm；

D_2——管材的内径，mm。

芯轴的长度尺寸如图 3.73 所示，即

$$L = (3 \sim 5)d \tag{3.10}$$

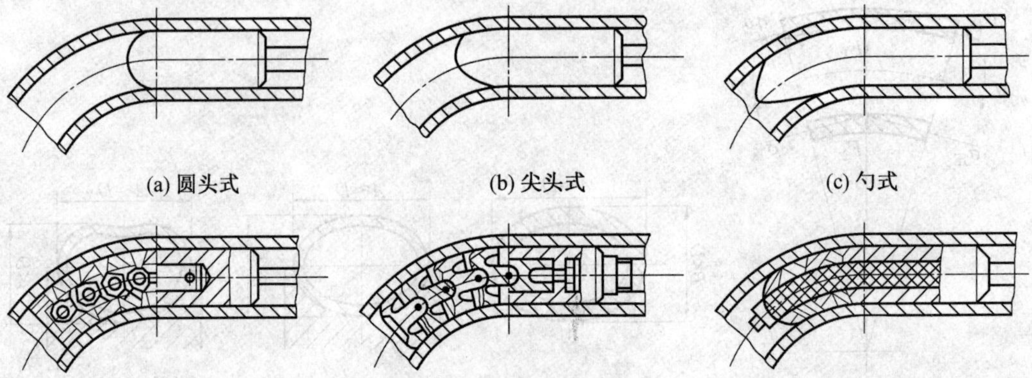

(a) 圆头式　(b) 尖头式　(c) 勺式

(d) 单向关节式　(e) 万向关节式　(f) 软轴式

图 3.72　芯轴的形式

式中　L——芯轴长度，mm。

当 d 大时，系数取小值；反之，取大值。

芯轴超前弯管模中心的距离尺寸如图 3.73 所示，即

$$e=\sqrt{2\left(R+\frac{D_2}{2}\right)z-z^2} \tag{3.11}$$

式中　e——芯轴超前弯管模中心距，mm；

R——管子的中心层弯曲半径，mm；

D_2——管材的内径，mm；

z——管材内壁与芯轴之间的间隙，即 $z=D_2-d$。

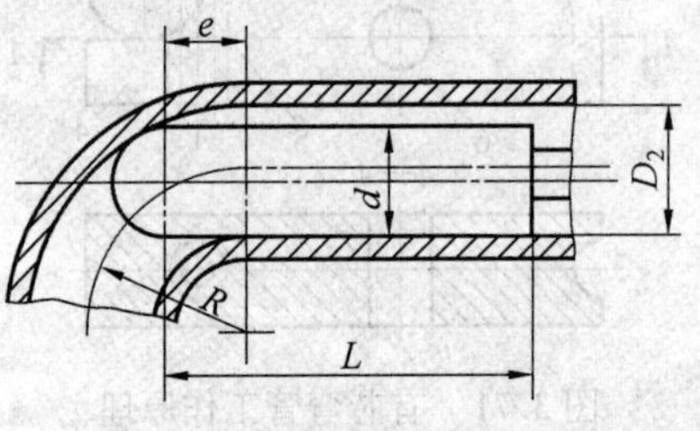

图 3.73　芯轴的尺寸和位置

(3)无芯弯管。无芯弯管是通过弯管机对管材事先给以一定量的反向变形，使管材外侧向外凸出，用来抵消或减少管材在弯曲时断面的变形，从而确保弯管的质量。

图 3.74 所示为无芯弯管的工作原理，图 3.74(a)是采用反变形滚轮的无芯弯管；图 3.74(b)是采用反变形滑槽的无芯弯管。

管材 5 由导向轮 4 引导进入弯管模 1，经过反变形滚轮 3 产生反向变形，通过夹块 2 压紧在弯管模上，当弯管模通过电动机带动旋转时，管材随之发生弯曲。

无芯弯管比有芯弯管具有如下优点：没有芯轴，管壁内不需涂油，无划伤；管壁减薄量小，简化工序，提高生产率等。所以无芯弯管被广泛应用于弯曲各种直径为 32～108 mm 的钢管。

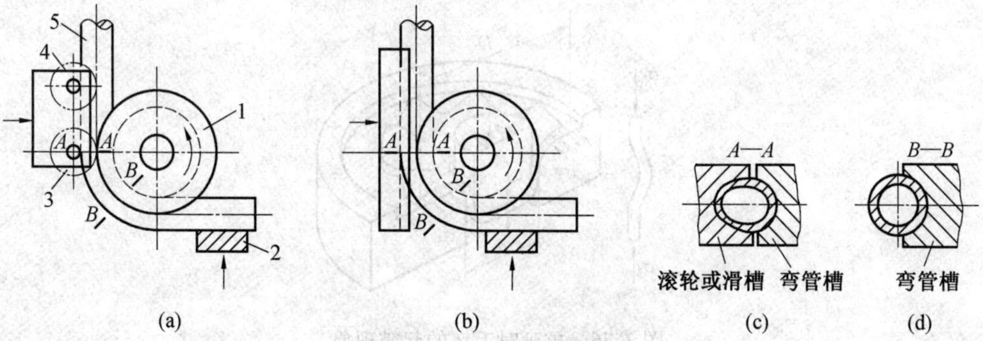

图 3.74 无芯弯管工作原理

1—弯管模;2—夹块;3—滚轮;4—导向轮;5—管材

3.6 压制成形细部做法

讲 47:拉延

拉延也称为拉深或压延。它是将平板毛坯或空心半成品,利用拉延模拉延成为一个开口的空心零件。

1. 拉延的基本原理

图 3.75 所示为拉延成形过程。凸模 1 向下压时先与坯料 2 接触,然后强行将坯料压入凹模 3,迫使坯料分别转变为筒底、筒壁以及凸缘 4,随着凸模的下压、凸缘的径向逐渐缩小,筒壁部分逐渐增长,最后凸缘部分全都转变为筒壁。

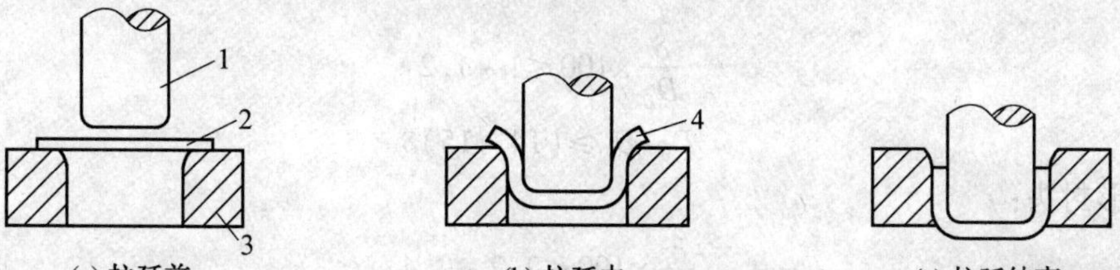

图 3.75 拉延成形过程

1—凸模;2—坯料;3—凹模;4—凸缘

在圆筒形件拉延过程中,凸缘部分的材料受到切向压应力的作用。当切向压应力达到一定值时,凸缘部分的材料失去稳定而在整个周边方向产生连续的波浪形弯曲,这种现象称为起皱(图 3.76)。

拉延时产生破裂的原因,是筒壁总拉应力增加,超过了筒壁最薄弱处(即筒壁的底部转角处)的材料强度时,拉深件发生破裂(图 3.77),所以底部转角处承载能力的大小是决定拉延能否顺利成形的关键。

避免起皱的有效方法是采用压边圈,压边圈安装在凹模上面,和凹模表面之间留有 1.15 ~ 1.2倍板厚的间隙(图 3.78)。

压制封头时,符合以下条件可采用压边圈。

碟形和椭圆形封头:

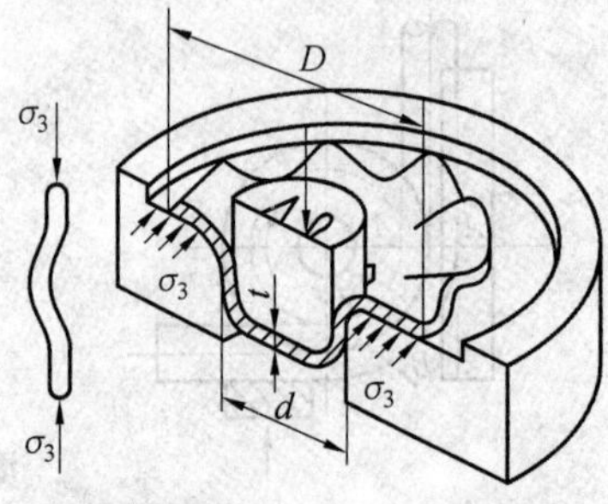

图 3.76　拉延时毛坯的起皱现象

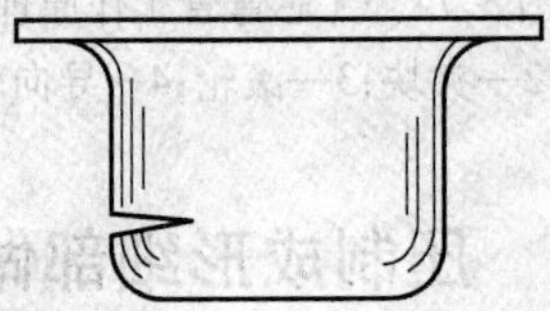

图 3.77　拉延时毛坯的破裂

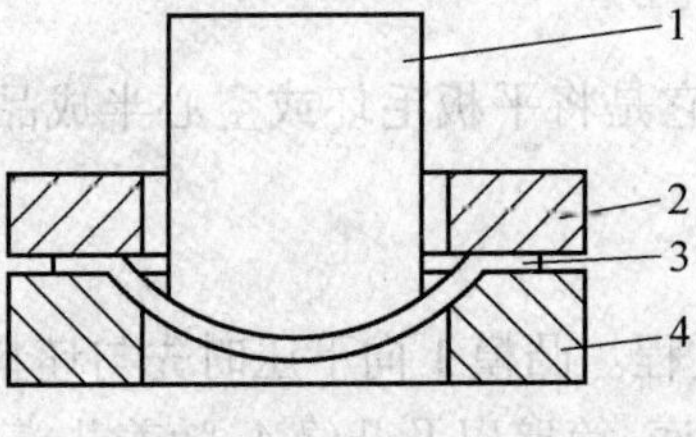

图 3.78　采用压边圈防止起皱

1—凸模;2—压边圈;3—坯料;4—凹模

$$\frac{\delta}{D_p}\times 100\leqslant 1\sim 1.2 \tag{3.12}$$

或

$$D_p-D_n\geqslant(14\sim 15)\delta \tag{3.13}$$

球形封头:

$$\frac{\delta}{D_p}\times 100\leqslant 2.2\sim 2.4 \tag{3.14}$$

或

$$D_p-D_n\geqslant(14\sim 15)\delta \tag{3.15}$$

式中　D_p——封头坯料直径，mm;

D_n——封头公称内径，mm;

δ——坯料厚度，mm。

拉延过程中椭圆形封头和球形封头各个部位的壁厚变化,如图 3.79 所示。图 3.79(a)中椭圆形封头在曲率半径最小处变薄最大,通常壁厚的减薄率为:碳钢封头可达 8% ~10% ;铝封头达 12% ~15% 。球形封头在底部变薄最为严重,可达 12% ~14% ,如图 3.79(b)所示。

为了弥补封头壁厚的变薄,可以适当增加封头毛坯料的板厚,以使拉延后封头变薄处的厚度接近容器的壁厚。

2. 封头坯料的计算

整体封头坯料的计算方法见表 3.15 和表 3.16。由于影响坯料尺寸的因素较多,如钢板

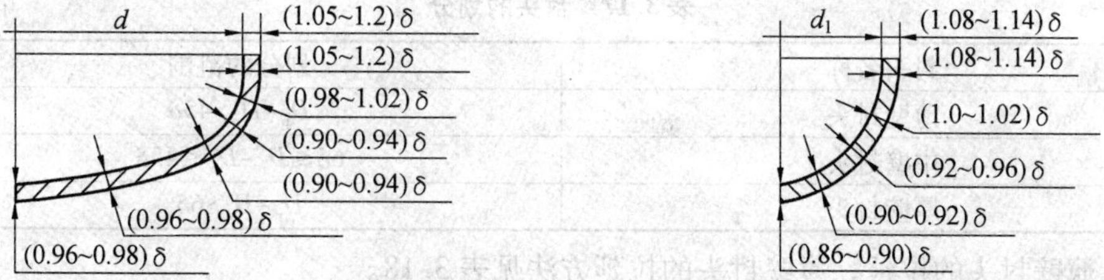

(a) 椭圆形封头　　(b) 球形封头

图 3.79　碳钢封头壁厚变化情况

厚度、加热温度、拉延次数以及压制设备不同等，因此在批量生产时，应先试制确定坯料尺寸后再成批生产。

表 3.15　封头坯料　单位：mm

名称	图形	坯料直径（包括工艺余量）
平底形	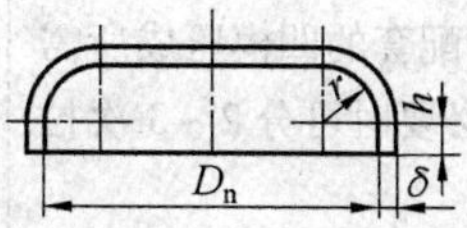	$D_p = D_n + r + 1.5\delta + 2h$
椭圆形	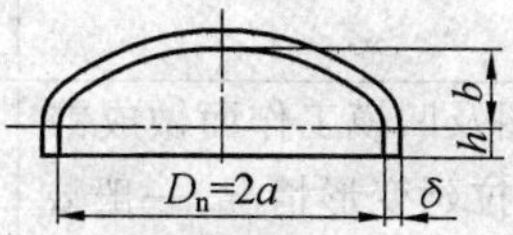	$D_p = k(D_n + \delta) + 2h$ （k 值见表 3.17）
球形	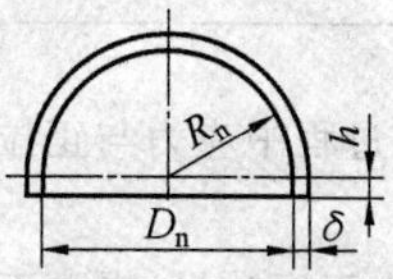	$D_p = 1.42(D_n + \delta) + 2h$
球缺形	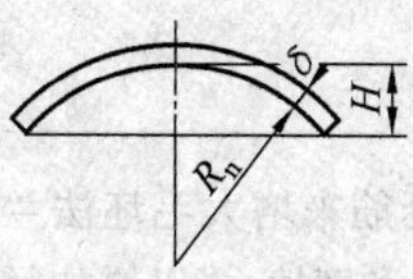	$D_p = \sqrt{8(R_n + 0.5\delta)(H + 0.58)} + C$ $C < 4\delta$ 且 $C < 100$

注：1. $h > 5\% D_n$ 时，$2h$ 值应按 $h + 5\% D_n$ 代入

2. D_n 与模具间隙和加热温度有关

表 3.16　封头 k 值表

$\frac{a}{b}$	1	1.1	1.2	1.3	1.4	1.5	1.6	1.7	1.8	1.9	2.0	2.1	2.2	2.3	2.4	2.5	2.6	2.7	2.8	2.9
k	1.42	1.38	1.34	1.31	1.29	1.27	1.25	1.23	1.22	1.21	1.19	1.18	1.17	1.16	1.15	1.14	1.13	1.13	1.12	1.12

3. 封头的拉延

封头可按其坯料直径和封头内径之差的大小，划分为薄壁封头、中壁封头和厚壁封头三种，具体划分见表 3.17。

表 3.17　封头的划分　　单位：mm

封头名称	划分的范围
薄壁封头	$D_p - D_n > 45\delta$
中壁封头	$6\delta \leqslant D_p - D_n \leqslant 45\delta$
厚壁封头	$D_p - D_n > 6\delta$

(1)薄壁封头的拉延。薄壁封头的拉延方法见表 3.18。

表 3.18　薄壁封头的拉延方法

拉延方法	简图	说明	适用范围
多次拉延法	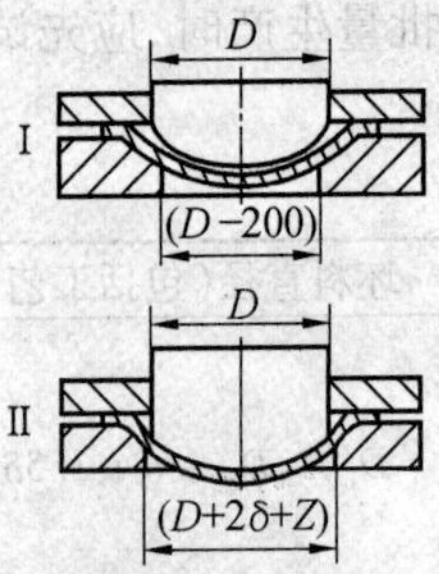 Ⅰ:第一次预成形 Ⅱ:最后预成形	第一次:用比凸模直径小 200 mm 左右的凹模压成碟形,可 2～3 块坯料叠压 第二次:用配套的凹模压成所需要的封头。必要时可分 2～3 次拉延	$D_n \geqslant 2\,000$ mm $45\delta < D_p - D_n < 60\delta$
用锥面压边圈拉延法	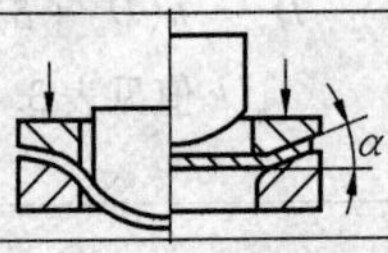	将压边圈及凹模工作面做成锥面,可改善拉延变形情况,一般 α 为 20°～30°	$45\delta \leqslant D_p - D_n < 60\delta$
反拉延法	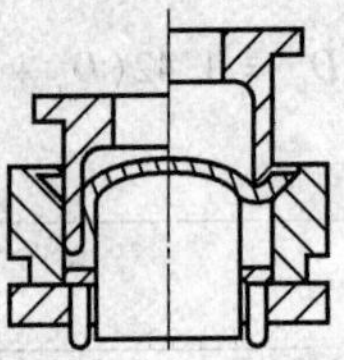	坯料在成形过程中应力与正拉延基本相同 优点:可减少工序数目,提高工件质量	$60\delta < D_p - D_n < 120\delta$
用槛形拉延筋拉延法	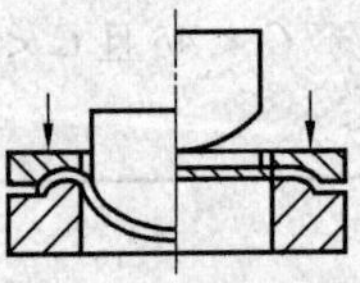	用槛形拉延筋来增大毛坯法兰边的变形阻力和摩擦力,以增加径向拉应力,提高压边效果	$45\delta \leqslant D_p - D_n \leqslant 160\delta$
夹板拉延法	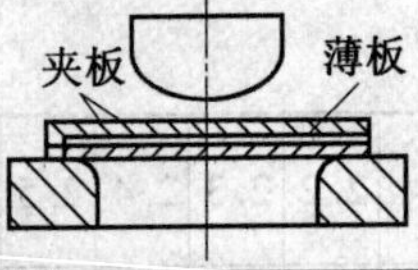	将坯料夹在两块厚钢板中间,或将坯料粘贴在一块厚钢板之上,周边焊成一个整体,然后再加热压制	$\delta < 4$ 的贵重金属或不宜直接与火焰接触的材料
加大坯料拉延法		常与多次拉延法一起使用,最后将凸缘及直边折皱部分割去,最后一次拉延通常采用冷压,坯料应比计算值大 10%～15% 左右,但不能大于 300 mm	$45\delta \leqslant D_p - D_n \leqslant 160\delta$

(2)中、厚壁封头的拉延。中壁封头通常是一次拉延程序,不需采用特殊措施。厚壁封

头在拉延过程中边缘增厚率达到10%以上，对于这类封头必须加大模具间隙，方便顺利通过。封头采用热拉延时，毛坯料加热温度的高低与材料的成分相关，常用钢材的加热温度和拉延温度范围见表3.19。

表3.19　常用钢材的加热温度和拉延温度范围　单位：℃

钢材牌号	加热温度	拉延温度范围	
		始拉温度	终拉温度
35,Q235R,20,20 g	950～1 050	950～1 000	700～730
16Mn,16MnR	950～1 050	950～1 000	750～800
15MnV	950～980	950	800
14MnMoV	1 000～1 050	1 000	750
1Cr18Ni9Ti	1 000～1 050	1 000～1 050	800～850

讲48：旋压

1. 旋压成形的基本原理

旋压用来制造各种不同形状的旋转体零件，基本原理如图3.80所示。毛坯3被尾顶针4上的压块5紧紧地压在模胎2上，当主轴1旋转时，毛坯与模胎一起旋转，操作旋棒6对毛坯施加压力，同时旋棒又做纵向运动，开始旋棒和毛坯是一点接触，由于主轴旋转与旋棒向前运动，毛坯在旋棒的作用下产生由点到线和由线到面的变形，逐渐地被赶向模胎，直至最后与模胎贴合，完成旋压加工成形。

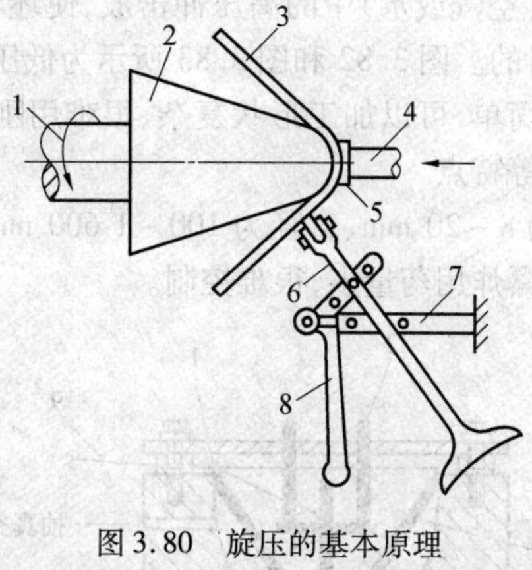

图3.80　旋压的基本原理

1—主轴；2—模胎；3—毛坯；4—尾顶针；5—压块；6—旋棒；7—支架；8—助力臂

2. 封头的旋压

旋压封头的旋压机有立式与卧式两种。图3.81所示为立式旋压机旋压封头的示意图，封头通过上、下转筒1、2固定于主轴4上，主轴由设在底座6下的电动机、减速器带动。内滚轮11的外形和封头内壁形状相同，可通过水平轴7及垂直轴5做左、右或上、下运动。在旋压前调整好内滚轮的位置，旋压过程中内滚轮位置不变，内滚轮回转是依靠自身和封头内壁之间的摩擦力而进行旋转的。

封头圆角部分的加热是在加热炉3上进行。因为封头以主轴中心旋转，可使封头圆角部分加热均匀，旋压是依靠外滚轮10的作用。外滚轮位置由水平轴8与垂直轴9调节，加上外滚轮本身也可以自由变动，使得坯料在外滚轮的压力下成形为封头。

目前,有的旋压机没有安装加热炉,但能对 $\phi5$(200×32 mm)以下尺寸的封头全部冷旋压成形。旋压时封头口向上,其工作原理大体与上述相同。

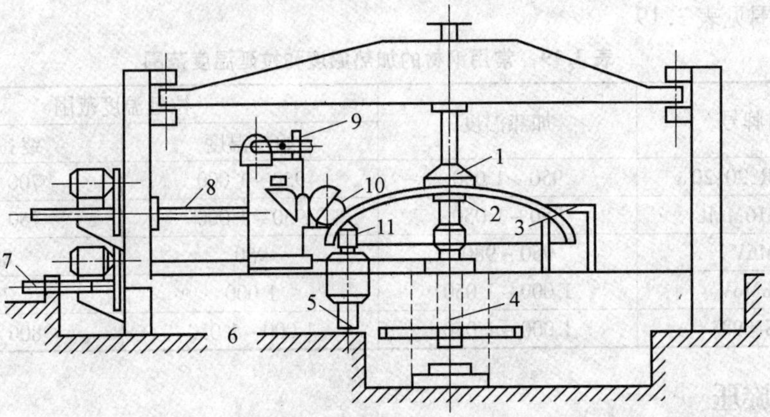

图 3.81 立式旋压机旋压封头的示意图

1,2—上、下转筒;3—加热炉;4—主轴;5,9—垂直轴;6—底座;
7,8—水平轴;10—外滚轮;11—内滚轮

讲 49:爆炸成形

爆炸成形是将爆炸物质(炸药)放在一个特制的装置中,引爆后利用产生的化学能在极短的时间内转化成周围介质(空气或水)中的高压冲击波,使坯料在很高速度下变形并且贴在模具上,从而达到成形的目的。图 3.82 和图 3.83 所示为低压爆炸成形的示意图。

爆炸成形具有模具结构简单,可以加工形状复杂、很难用刚性模加工的空心工件,不需要专用设备,周期短、成本低等特点。

生产实践表明,对壁厚为 8 ~ 20 mm、直径为 100 ~ 1 600 mm 的封头用爆炸成形效果比较好;而大型厚壁封头,由于爆炸用药量多,很难控制。

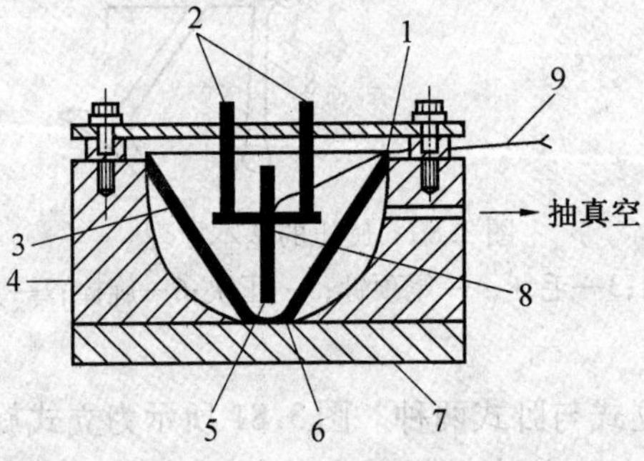

图 3.82 火药爆炸燃烧成形的示意图

1,6—密封;2—支座;3—毛坯;4—凹模;5—火药;7—模座;8—起爆剂;9—火绳

讲 50:缩口、缩颈、扩口成形

1. 缩口

缩口是将筒形坯件的开口端直径缩小的一种冲压方法(图 3.84)。缩口时,缩口端的材

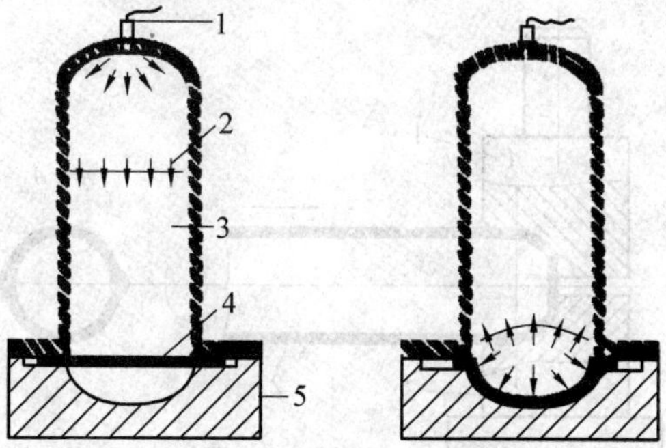

图 3.83　燃气爆炸成形示意图

1—点火;2—冲击波;3—气体;4—板料;5—凹模

料在凹模的压力作用下向凹模内滑动,直径减小,厚度与高度增加。制件壁厚较小时,可以近似认为变形区有两向(切向与径向)受压的平面应力状态,以切向压应力为主;应变以径向压缩应变为最大应变,而厚度与长度方向为伸长变形,且厚度方向的变形量超过长度方向的变形量。

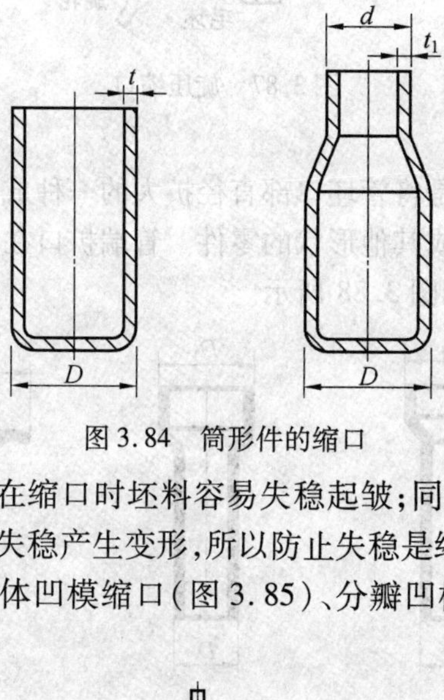

图 3.84　筒形件的缩口

因为切向压应力的作用,在缩口时坯料容易失稳起皱;同时非变形区受应力的筒壁,因为承受全部缩口压力,也容易失稳产生变形,所以防止失稳是缩口工艺的主要问题。

常见的缩口方式包括:整体凹模缩口(图 3.85)、分瓣凹模缩口(图 3.86)和旋压缩口(图 3.87)等。

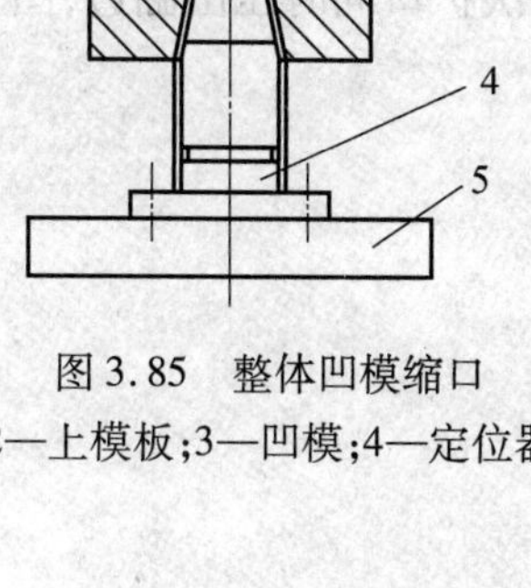

图 3.85　整体凹模缩口

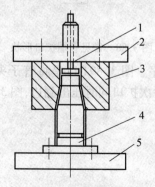

1—推料杆;2—上模板;3—凹模;4—定位器;5—下模板

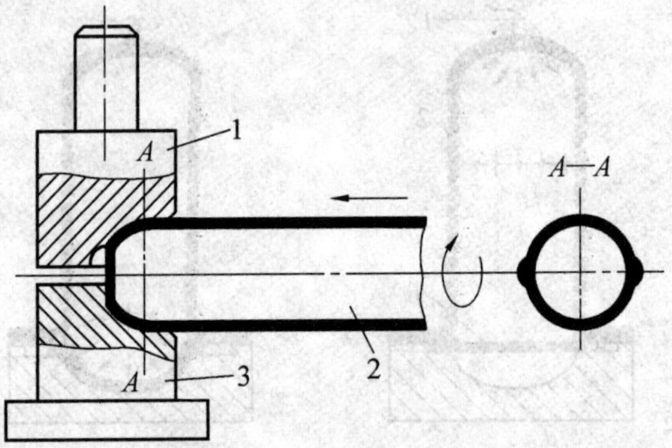

图3.86　分瓣凹模缩口
1—上瓣模;2—零件;3—下瓣模

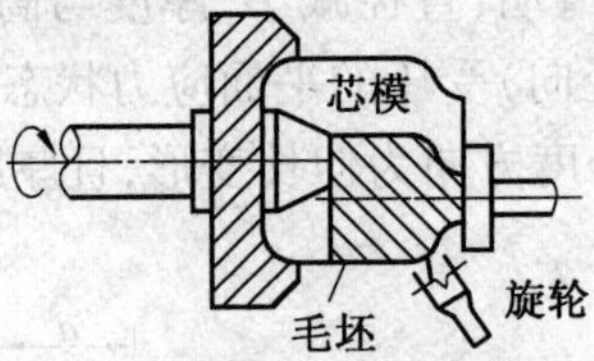

图3.87　旋压缩口

2. 扩口

管料扩口和缩口相反,它是将管坯口部直径扩大的一种成形工艺。依据管件使用要求,扩口可制出管端为锥形、筒形或其他形状的零件。管端扩口在管件连接中获得了广泛应用。生产中常见的管端扩口形状如图3.88所示。

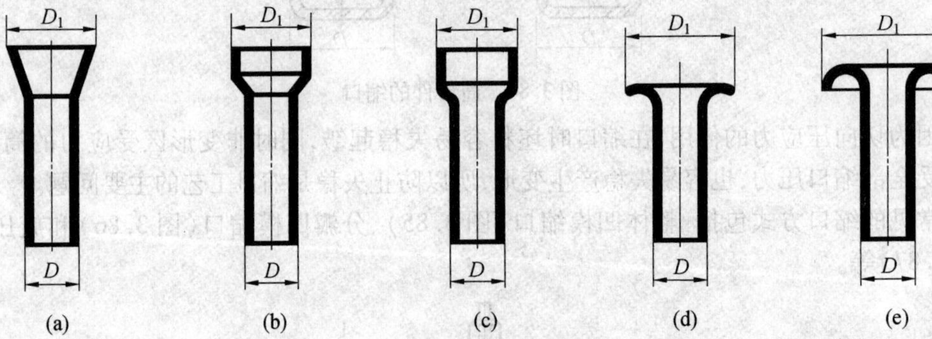

图3.88　常见管端扩口形状

图3.89所示为扩口成形工序。图3.89(a)是将管子夹在两瓣凹模中,一次扩成喇叭口,图3.89(b)是将退火的管端一次扩口同时压出翻边,图3.89(c)是扩口性质的管口卷边。

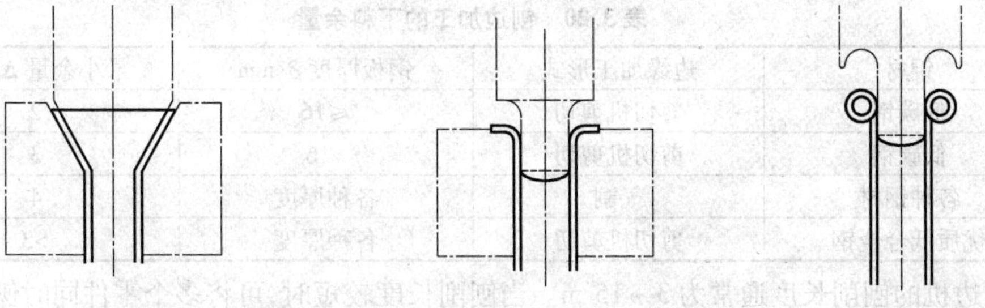

图 3.89 扩口成形工序

3.7 边缘加工细部做法

讲 51:坯料的边缘加工

钢板的边缘和坡口加工主要是指焊接结构件的焊接坡口加工。常用的方法包括机械切削和气割两类。

机械切削加工坡口,通常采用刨边机、坡口加工机和铣床、刨床等。

图 3.90 所示为刨边机的结构示意图,在床身 7 的两端设置两根立柱 1,在两立柱之间为压料横梁 3,压料横梁上安装有压紧钢板用的压紧装置 2,床身的一侧安装齿条和导轨 8,其上安置进给箱 5,由电动机 6 带动沿齿条和导轨进行往复运动。进给箱上的刀架能够同时固定两把刨刀 4,以同方向进行切削;或一把刨刀在前进时工作,另一把刨刀则在反向行程时工作。

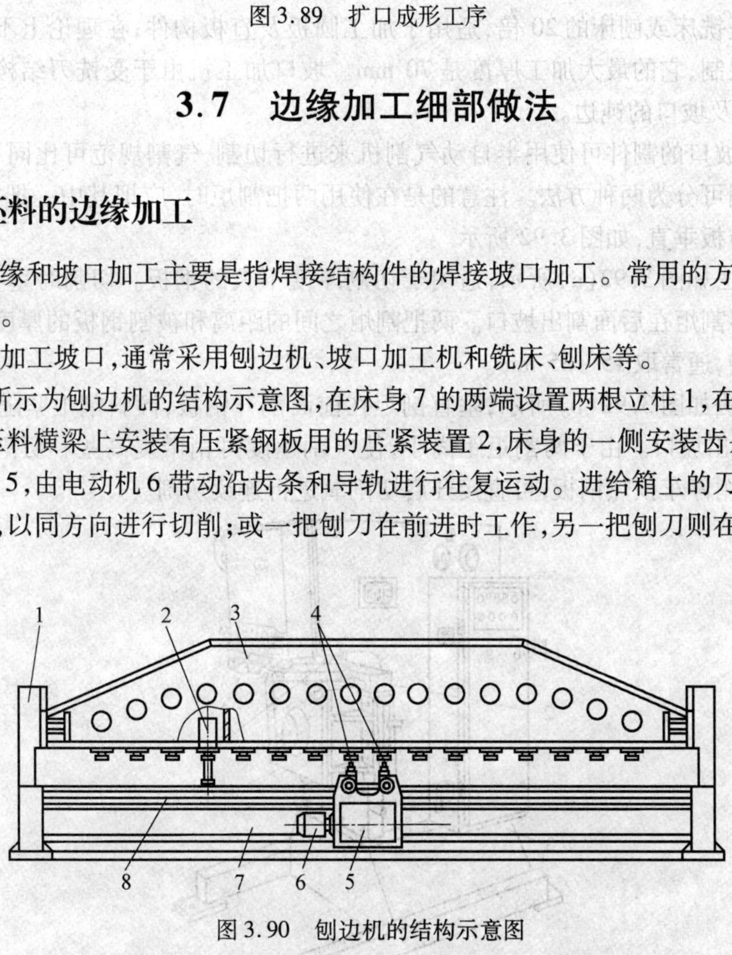

图 3.90 刨边机的结构示意图

1—立柱;2—压紧装置;3—横梁;4—刨刀;5—进给箱;6—电动机;7—床身;8—导轨

刨边机可以加工各种形式的直线坡口,并有较好的光洁度,加工的尺寸准确,不易出现加工硬化和淬硬组织,特别适合低合金高强钢、高合金钢、复合钢板及不锈钢等加工。焊接结构件在如下情况下应进行刨边:需要刨出焊接接头的坡口;去掉剪切形成的加工硬化层;去掉某些强度钢材气割后的切口表面;零件的装配尺寸精度要求高等。

刨边加工的下料余量可按表 3.20 选用。

表3.20 刨边加工的下料余量

钢材	边缘加工形式	钢板厚度 δ/mm	最小余量 Δu/mm
低碳钢	剪切机剪切	≤16	2
低碳钢	剪切机剪切	>16	3
各种钢材	气割	各种厚度	4
优质低合金钢	剪切机剪切	各种厚度	>3

刨边机的刨削长度通常为3～15 m。当刨削长度较短时,可将多个零件同时刨边。

坡口加工机的结构示意图如图3.91所示。这种设备体积小,结构简单,操作便捷,效率高;它的工效是铣床或刨床的20倍,适用于加工圆板及直板构件;在理论上不受工件直径、长度、宽度的限制,它的最大加工厚度是70 mm。坡口加工机由于受铣刀结构的限制,无法加工U形坡口及坡口的钝边。

气割单面坡口的割件可使用半自动气割机来进行切割,气割规范可比同厚度直线气割时大些,其切割可分为两种方法。注意的是在使用两把割炬时,应把其中一把割炬倾斜一定角度,另一把与板垂直,如图3.92所示。

第一种方法如图3.92(a)所示,适用于切割厚度不大的钢板。切割时垂直割炬在前面切割钢板,倾斜割炬在后面割出坡口。两把割炬之间的距离和被割钢板的厚度有关,钢板增厚,距离可小些,通常取15～35 mm。

第二种方法如图3.92(b)所示,垂直割炬在前面割开钢板,倾斜割炬紧随其后(相距约10～20 mm)割出坡口。由于两割炬距离小,使气割速度可稍微提高些。切割过程中,倾斜割炬气割时不用停车预热钢板,可直接开启切割氧进行连续切割。

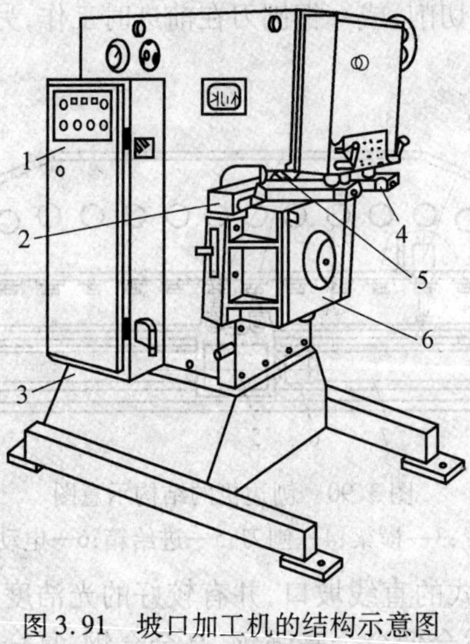

图3.91 坡口加工机的结构示意图

1—控制柜;2—导向装置;3—床身;4—压紧和防翘装置;5—铣切刀;6—升降工作台

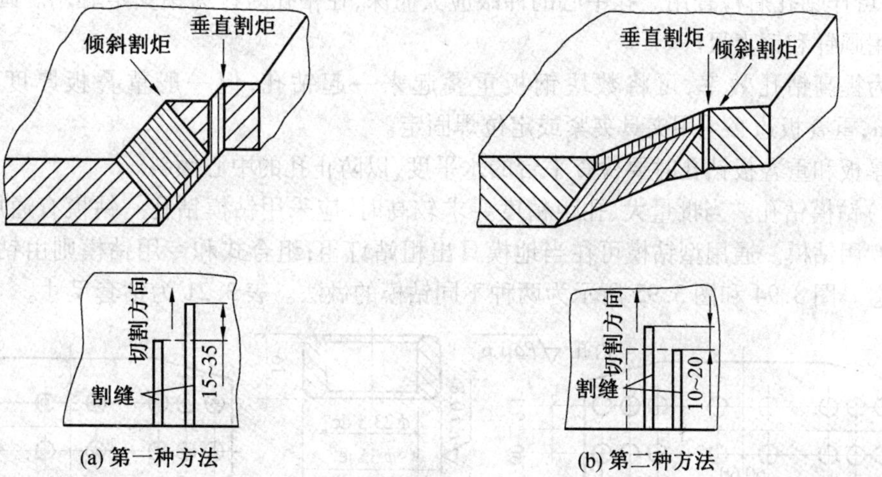

图 3.92　V 形坡口气割

3.8　制孔细部做法

讲 52:制孔

1. 钻孔加工

(1)钻孔方式分为人工钻孔和机床钻孔两种方式。前者由人工直接用手枪式或手提式电钻钻孔,多用于钻直径较小、板料较薄的孔,亦可采用压杆钻孔,如图 3.93 所示,由两人操作,可钻一般性钢结构的孔,不受工件位置和大小的限制。后者用台式或立式摇臂式钻床钻孔,施钻方便,工效和精度高。

钻孔通常在钻床上进行。对于构件因场地受限制或加工部位特殊,不便用钻床加工的,可用电钻、风钻和磁座钻加工。

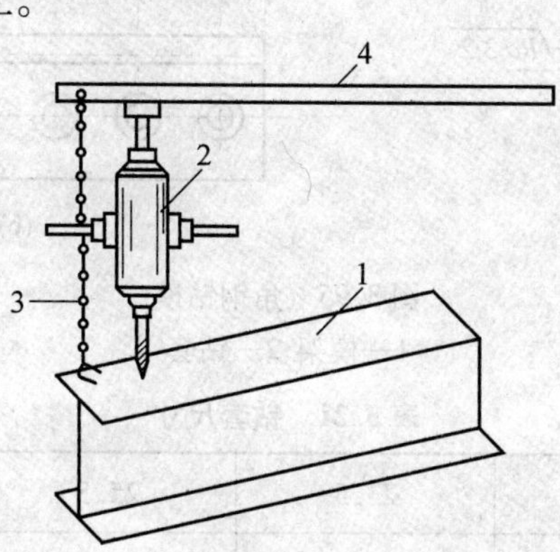

图 3.93　压杠钻孔法

1—工件;2—电钻;3—链条;4—压杠

(2)钻孔施工。

1)画线钻孔。钻孔前先在构件上画出孔的中心和直径,在孔的圆周上(90°位置)打四只冲眼,可作钻孔后检查用。孔中心的冲眼应大而深,在钻孔时作为钻头定心用。画线工具一般使用画针和钢直尺。

为提高钻孔效率,可将数块钢板重叠起来一起钻孔,但一般重叠板厚度不应超过50 mm,重叠板边必须用夹具夹紧或定位焊固定。

厚板和重叠板钻孔时要检查平台的水平度,以防止孔的中心倾斜。

2)钻模钻孔。当批量大、孔距精度要求较高时,应采用钻模钻孔。钻模有通用型、组合式和专用钻模。通用型钻模可在当地模具出租站订租;组合式和专用钻模则由钻孔单位设计制造。图3.94和图3.95所示为两种不同钻模的做法。表3.21为钻套尺寸。

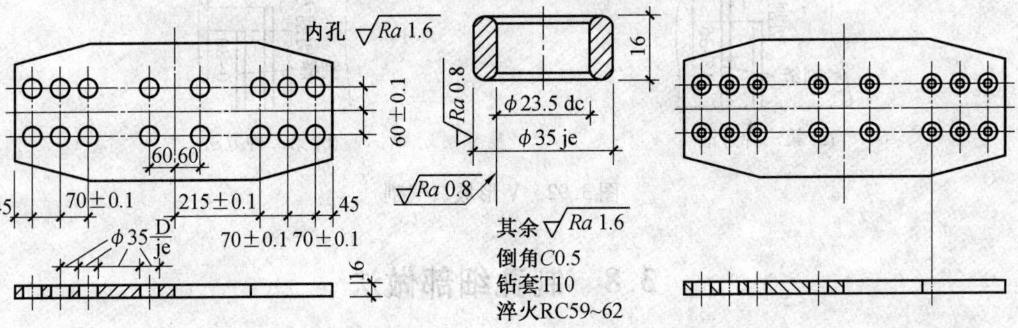

(a) 钻模板　(b) 钻套　(c) 放进钻套后的钻模板

图3.94　节点板钻模

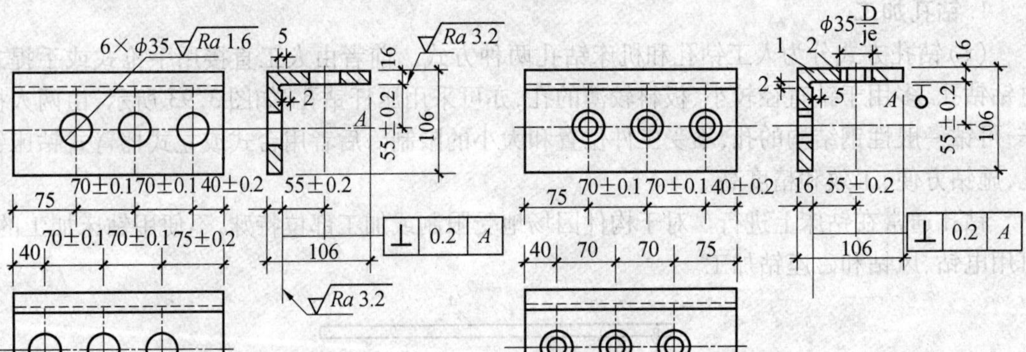

(a) 模架尺寸　(b) 钻套和模架

图3.95　角钢钻模

1—模架;2—钻套

表3.21　钻套尺寸　　单位: mm

孔径	21.5	23.5	25.5	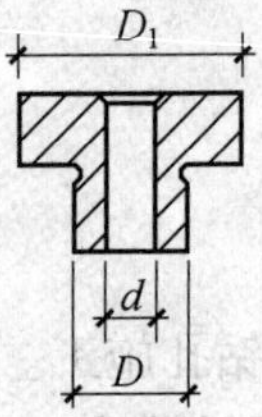
d	21.65	23.65	25.65	
D	35	35	35	
D_1	42	42	42	

对无镗孔能力的单位,可先在钻模板上钻较大的孔眼,由钳工对钻套进行校对,符合公

差要求后，拧紧螺钉，然后将模板大孔与钻套外圆间的间隙灌铅固定（图3.96）。钻模板材料一般为Q235钢，钻套使用材料可为T10A（热处理55～60 HRC）。

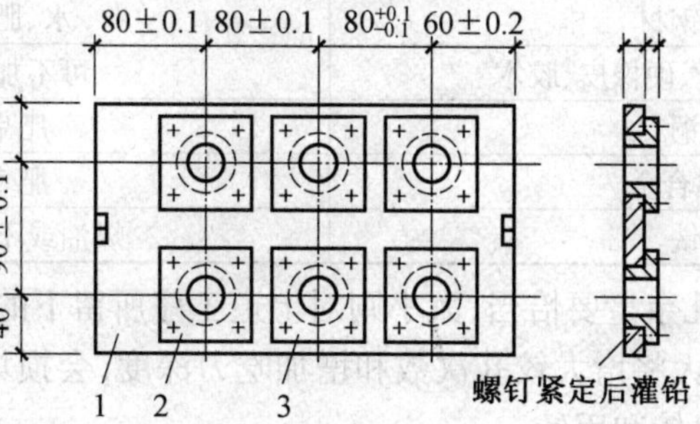

图3.96　钻模

1—模板；2—螺钉；3—钻套

2. 冲孔加工

冲孔是在冲孔机（冲床）上进行的，一般只能在较薄的钢板或型钢上冲孔。孔径一般不应小于钢材的厚度，多用于节点板、垫板、加强板、角钢拉撑等小件的孔加工，其制孔效率较高。但由于孔的周围产生冷作硬化，孔壁质量差，孔口下榻，故而在钢结构制作中已较少直接采用。

冲孔的操作要点如下：

（1）冲孔的直径应大于板厚，否则易损坏冲头。冲孔下模上平面的孔应比上模的冲头直径大0.8～1.5 mm。

（2）构件冲孔时，应装好冲模，检查冲模之间间隙是否均匀一致，并用与构件相同的材料试冲，经检查质量符合要求后，再进行正式冲孔。

（3）大批量冲孔时，应按批抽查孔的尺寸及孔的中心距，以便及时发现问题，及时纠正。

（4）当环境温度低于-20 ℃时，应禁止冲孔。

3. 铰孔加工

铰孔是用铰刀对已经粗加工的孔进行精加工，可提高孔的光洁度和精度。

铰孔时必须选择好铰削用量和冷却润滑液。铰削用量包括铰孔余量、切削速度（机铰时）和进给量，它们对铰孔的精度和光洁度都有很大影响。

（1）施工机具。常用的铰孔工具是铰刀。铰刀的种类很多，按用途分有圆柱铰刀和圆锥铰刀。圆柱铰刀包括有固定圆柱铰刀和活络圆柱铰刀。固定圆柱铰刀又有机铰刀和手铰刀两种。

圆锥铰刀按其锥度有1∶10锥铰刀、莫氏锥铰刀（锥度近似于1∶20）、1∶30锥铰刀、1∶40锥铰刀和1∶50锥铰刀五种。

（2）冷却润滑液。在铰削过程中必须采用适当的冷却润滑液，借以冲掉切屑和消散热量。冷却润滑液的选择见表3.22。

表3.22 钻孔时各种材料常用的冷却润滑液

工作材料	冷却润滑液
各种钢材	水、肥皂水、机油
铜合金、镁合金、硬橡皮、胶木	可不加冷却润滑液
纯铜	肥皂水、豆油
铝、铝合金	肥皂水、煤油
铸铁	煤油或不加冷却润滑液

(3)铰孔余量。铰孔余量要恰当,太小则对上道工序所留下的刀痕和变形难以纠正和除掉,质量达不到要求;太大将增大铰孔次数和增加吃刀深度,会损坏刀齿。表3.23列出的铰孔余量的范围,适用于机铰和手铰。

表3.23 铰孔余量 单位:mm

铰孔直径	<5	5~20	21~32	33~50	51~70
铰孔余量	0.1~0.2	0.2~0.3	0.3	0.5	0.8

(4)切削速度与进给量。铰孔时要选择适当的切削速度和进给量。通常,当加工材料为铸铁时,使用普通铰刀铰孔,其切削速度不应超过10 m/min,进给量在0.8 mm/r左右;当加工材料为钢料时,切削速度不应超过8 m/min,进给量在0.4 mm/r左右。

4. 扩孔加工

扩孔是用麻花钻或扩孔钻将工件上原有的孔进行全部或局部扩大,主要用于构件的拼装和安装,如叠层连接板孔。先把零件孔钻成比设计小3 mm的孔,待整体组装后再行扩孔,以保证孔眼一致,孔壁光滑;或用于钻直径30 mm以上的孔,先钻成小孔,后扩成大孔,以减小钻端阻力,提高工效。

用麻花钻扩孔时,由于钻头进刀阻力很小,极易切入金属,引起进刀量自动增大,从而导致孔面粗糙并产生波纹。所以钻头须将其后角修小,由于切削刃外缘吃刀,避免了横刃引起的不良影响,从而切屑少且易排除,可提高孔的表面光洁度。

使用扩孔钻是扩孔的理想刀具。扩孔钻具有切屑少的特点,容屑槽做得比较小而浅,且增多刀齿(3~4齿),加粗钻心,从而提高扩孔钻的刚度。这样扩孔时导向性好,切削平稳,可增大切削用量并改善加工质量。扩孔钻的切削速度可为钻孔的0.5倍,进给量约为钻孔的1.5~2倍。扩孔前,可先用0.9倍孔径的钻头钻孔,再用等于孔径的扩孔钻头进行扩孔。

3.9 管球加工细部做法

讲53:螺栓球加工

螺栓球节点主要是由钢球、高强度螺栓、锥头或封板、套筒、螺钉和钢管等零件组成,其结构如图3.97所示。

1. 螺栓球加工要求

(1)球材加热。球材加热须符合下列规定:

1)焊接球材加热到600~900 ℃之间的适当温度。

2)加热后的钢材放到半圆胎架内,逐步压制成半圆形球。压制过程中,应尽量减少压薄

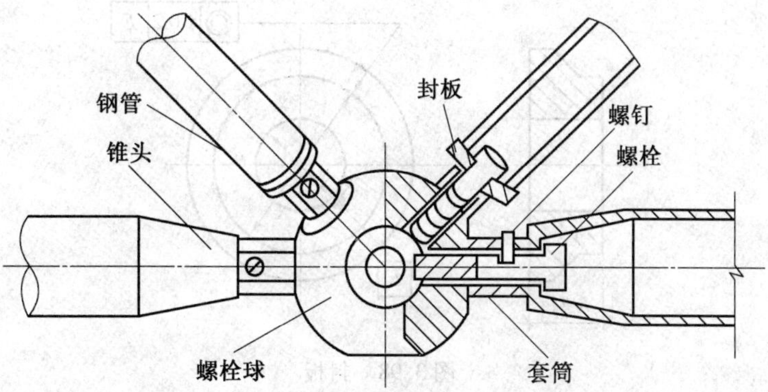

图 3.97　螺栓球节点

区与压薄量，采取措施是加热均匀。压制时氧化皮应及时清理，半圆球在胎位内能变换位置。钢板压成半圆球后，表面不应有裂纹、褶皱。

3）半圆球出胎冷却后，对半圆球用样板修正弧度，然后切割半圆球的平面，注意按半径切割，但应留出拼圆余量。

4）半圆球修正、切割以后应该打坡口，坡口角度与形式应符合设计要求。

（2）球加肋。加肋半圆球与空心焊接球受力情况不同，故对钢网架重要节点通常均安排加肋焊接球。加肋形式有多种，有加单肋的，还有垂直双肋球等。因此，圆球拼装前，还应加肋、焊接，然而，加肋高度不应超出圆周半径，以免影响拼装。

（3）球拼装。球拼装时，应有胎位，保证拼装质量，球的拼装应保持球的拼装直径尺寸、球的圆度一致。

（4）球焊接。拼好的球放在焊接胎架上，两边各打一小孔固定圆球，并能随着机床慢慢旋转，旋转一圈，调整焊道、焊丝高度及各项焊接参数，然后用半自动埋弧焊机（也可以用气体保护焊机）对圆球进行多层多道焊接，直至焊道焊平为止，不要余高。

（5）焊缝检查。焊缝外观检查合格后应在 24 h 之后对钢球焊缝进行超声波探伤检查。

2. 锥头、封板和套筒加工

（1）锥头、封板加工。锥头、封板是钢管端部的连接件，其材料应与钢管材料一致。锥头、封板的加工可在车床上进行，锥头也可用模锻成型。

加工时，焊接处坡口角度宜取 30°，内孔可比螺栓直径大 0.5 mm，封板中心孔同轴度极限偏差为 0.2 mm，如图 3.98 所示为封板厚度和锥头底板厚度 h 极限偏差为$^{+0.5}_{-0.2}$ mm。锥头、封板与钢管杆件配合间隙为 2.0 mm，以保证底层全部熔透。

（2）套筒加工。套筒可采用 Q235 号钢、20 号或 45 号钢加工而成，其外形尺寸应符合开口尺寸系列的要求。经模锻后，毛坯长度为 3.0 mm，六角对边为 $S\pm1.5$ mm，六角对角 $D\pm2.0$ mm。加工后，套筒长度极限偏差为±0.2 mm，两端面的平行度为 0.3 mm，套筒内孔中心至侧面距离 s 的极限偏差为±0.5 mm，套筒两端平面与套筒轴线的垂直度极限偏差为其外接圆半径 r 的 0.5%，如图 3.99 所示。

3. 螺栓球加工允许偏差

螺栓球成型后，不应有裂纹、褶皱、过烧。螺栓球是网架杆件互相连接的受力部件，采取热锻成型，质量容易得到保证。对锻造球，应着重检查是否有裂纹、叠痕、过烧。检验时，每种规格抽查 10%，且不应少于 5 个，用 10 倍放大镜观察检查或表面探伤。

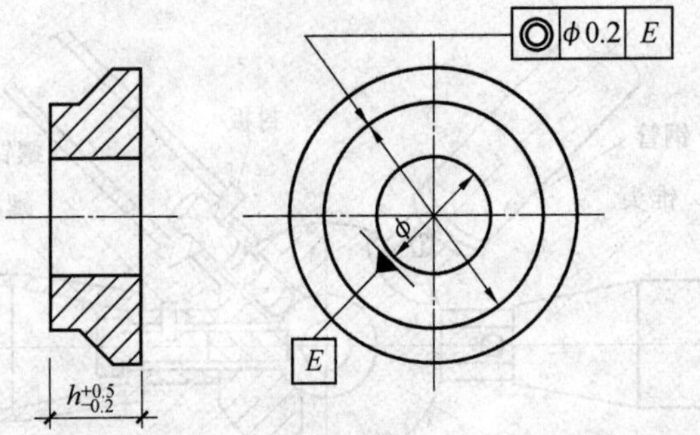

图 3.98 封板

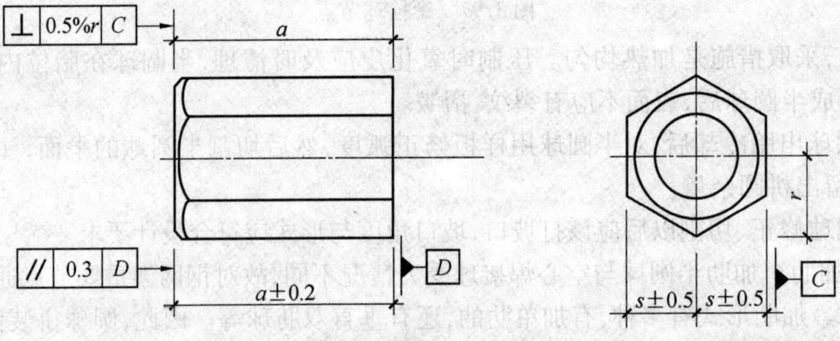

图 3.99 套筒

螺栓球加工的允许偏差应符合表 3.24 的规定。检查时，每种规格抽查 10%，且不应少于 5 个。

表 3.24 螺栓球加工的允许偏差 单位：mm

项目		允许偏差	检验方法
球直径	$d \le 120$	+2.0 −1.0	用卡尺和游标卡尺检查
	$d > 120$	+3.0 −1.5	
圆度	$d \le 120$	1.5	用卡尺和游标卡尺检查
	$120 < d \le 250$	2.5	
	$d > 250$	3.0	
同一轴线上两铣平面的平行度	$d \le 120$	0.2	用百分表 V 形块检查
	$d > 120$	0.3	
铣平面距球中心距离		±0.2	用游标卡尺检查
相邻两螺栓孔中心线夹角		±30′	用分度头检查
两铣平面与螺栓孔轴的垂直度		$0.005r$	用百分表检查

注：r 为螺栓球半径；d 为螺栓球直径

讲 54：焊接空心球加工

焊接空心球节点主要由空心球、钢管杆件、连接套管等零件组成。空心球制作工艺流程应为：号料→加热→冲压→切边坡口→拼装→焊接→检验。

(1)半球圆形胚料钢板采用乙炔氧气或等离子切割号料。号料后坯料直径允许偏差为

2.0 mm,钢板厚度允许偏差为±0.5 mm。坯料锻压的加热温度应控制在 1 000 ~ 1 100℃。半球成型,其坯料须在固定锻模具上热挤压成半个球形,半球表面应光滑平整,不应有局部凸起或褶皱,壁减薄量不大于 1.5 mm。

(2)毛坯半圆球可用普通车床切边坡口,坡口角度为 22.5° ~ 30°。不加肋空心球两个半球对装时,中间应余留 2.0 mm 缝隙,以保证焊透(图 3.100)。

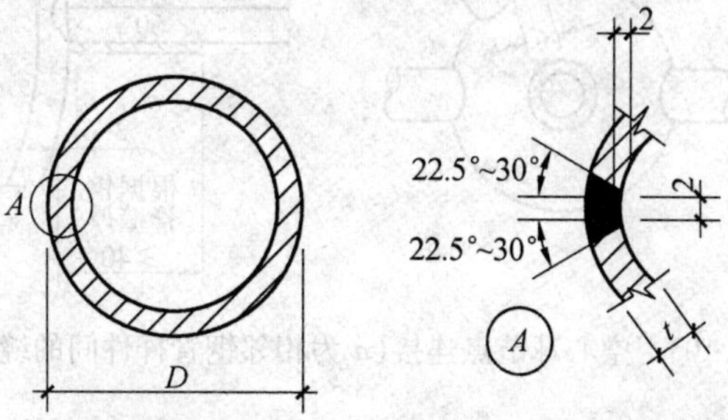

图 3.100 不加肋的空心球(D 为管直径;t 为不加肋钢板宽度)

焊接成品的空心球直径的允许偏差:当球直径小于等于 300 mm 时,为±1.5 mm;直径大于 300 mm 时,为±2.5 mm。圆度允许偏差:当直径小于等于 300 mm,应小于 2.0 mm。对口错边量允许偏差应小于 1.0 mm。

(3)加肋空心球的肋板位置,应在两个半球的拼接环形缝平面处(图 3.101)。加肋钢板采用乙炔氧气切割号料,并在外径留有加工余量,其内孔以 $D/3 \sim D/2$ 割孔。板厚宜不加工,号料后应用车床加工成形,直径偏差$^{-1.0}_{0}$ mm。

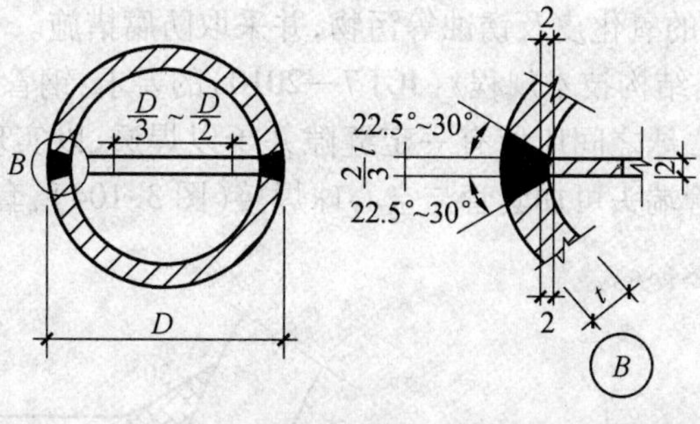

图 3.101 加肋的空心球(D 为管直径;t 为加肋钢板宽度)

(4)套管是钢管杆件与空心球拼焊连接定位件,应用同规格钢管剖切一部分圆周长度,经加热后在固定芯轴上成型。套管外径比钢管杆件内径小 1.5 mm,长度为 40 ~ 70 mm(图 3.102)。

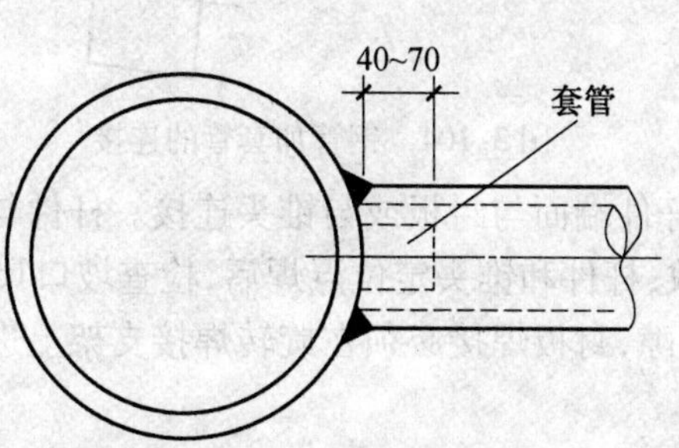

图 3.102 加套管连接

(5)空心球与钢管杆件连接时,钢管两端开坡口30°,并在钢管两端头内加套管与空心球焊接,球面上相邻钢管杆件之间的缝隙 a 不宜小于10 mm(图3.103)。钢管杆件与空心球之间应留有2.0~6.0 mm缝隙予以焊透。

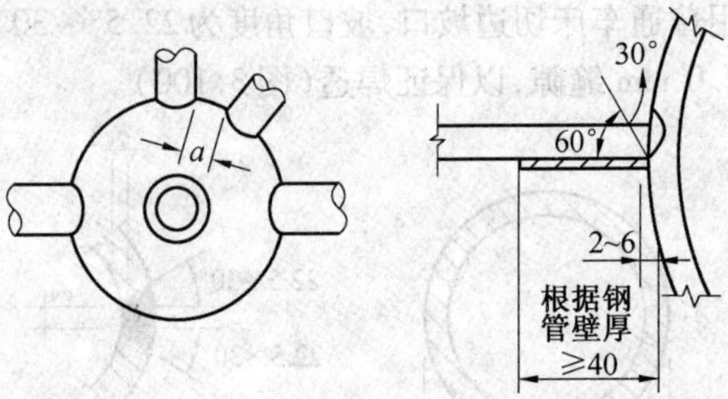

图3.103 空心球节点连接(a 为相邻钢管杆件间的缝隙)

讲55:杆件加工

1.杆件制作

(1)钢管杆件下料前的质量检验:外观尺寸、品种、规格需符合设计要求。杆件下料应考虑到拼装后的长度变化,特别是焊接球的杆件尺寸更要考虑到多方面的因素,例如球的偏差带来杆件尺寸的细微变化,季节变化带来杆的偏差。所以杆件下料应慎重调整尺寸,防止下料以后带来批量性误差。

(2)杆件平面端应采用机床下料,管口相贯线宜采用自动切管机下料。钢管杆件下料前需要认真清除钢材表面的氧化皮及锈蚀等污物,并采取防腐措施。

(3)根据《空间网格结构技术规程》(JGJ 7—2010)的要求:钢管杆件与空心球连接,钢管应开坡口,在钢管与空心球之间应留有一定缝隙并予以焊透,以实现焊缝与钢管等强度,否则应按角焊缝计算;钢管端头可加套管与空心球焊接(图3.104),套管壁厚不应小于3 mm,长度可为30~50 mm。

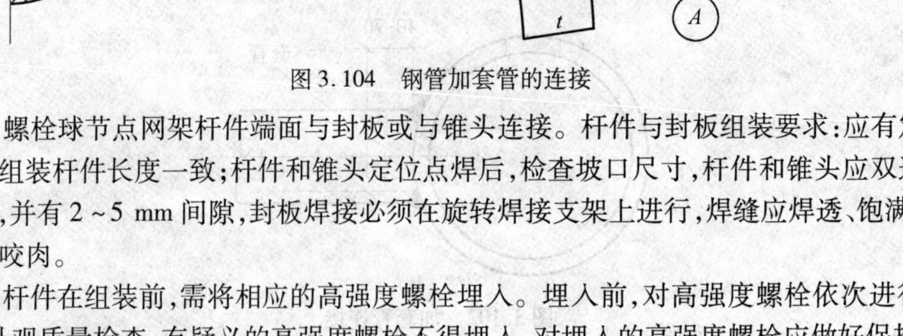

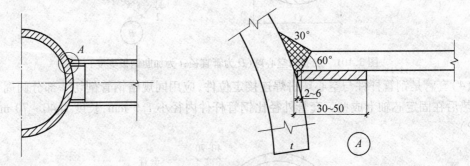

图3.104 钢管加套管的连接

(4)螺栓球节点网架杆件端面与封板或与锥头连接。杆件与封板组装要求:应有定位胎具,保证组装杆件长度一致;杆件和锥头定位点焊后,检查坡口尺寸,杆件和锥头应双边各开30°坡口,并有2~5 mm间隙,封板焊接必须在旋转焊接支架上进行,焊缝应焊透、饱满、均匀一致,不咬肉。

(5)杆件在组装前,需将相应的高强度螺栓埋入。埋入前,对高强度螺栓依次进行硬度试验和外观质量检查,有疑义的高强度螺栓不得埋入,对埋入的高强度螺栓应做好保护。

（6）焊接球节点网架杆件和球体直接对焊，管端面为曲线，通常应采用相贯线切割机下料，或按展开样板号料，气割后进行镗铣；对管口曲线放样时需考虑管壁厚度和坡口等因素。管口曲线应采用样板检查，其间隙或偏差小于 1 mm，管的长度应预留焊接收缩余量。

（7）钢管杆件焊接两端加锥头或封板，长度由专门的定位夹具控制，以确保杆件的精度和互换性。采用手工焊，焊接成品需分三步到位：①定长度点焊；②底层焊（检验）；③面层焊（检验）。当使用 CO_2气体保护自动焊接机床焊接钢管杆件，它仅需要钢管杆件配锥头或封板后焊接自动完成一次到位，焊缝高度必须超过钢管壁厚。杆件制作成品长度允许偏差 ±1.0 mm，两端孔中心和钢管两端轴线偏差不大于 0.5 mm。对接焊缝部位需在清除焊渣后涂刷防锈漆，检验合格打上焊工钢印及安装编号。

2. 节点焊接

节点焊接时，应采取对称焊接法，确保杆件的轴线角度和减小焊接应力。图 3.105 所示为球-管节点焊缝的分区焊接顺序。在地面小拼时，尽可能使球体在下，钢管在上，而处于俯焊位置；在高空安装焊接时，图 3.105 中的 1、2 焊缝则尽量采取立焊或斜立焊位置。

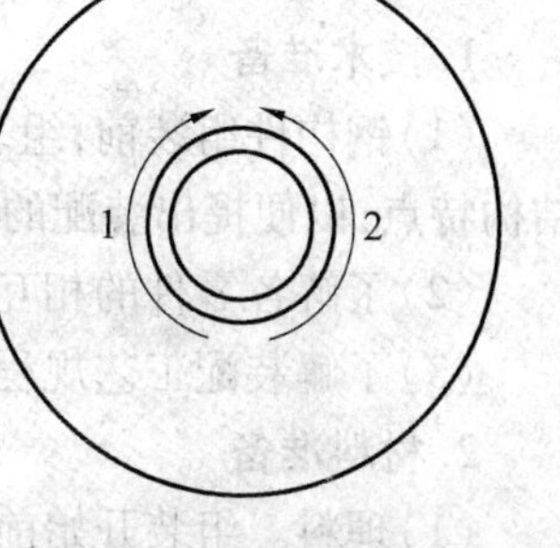

图 3.105　球-管节点焊缝的分区焊接顺序

杆件端部需采用锥头或封板连接，如图 3.106 所示，其连接焊缝的承载力应不小于连接钢管，焊缝底部宽度 b 可根据连接钢管壁厚取 2～5 mm。锥头任何截面的承载力应不小于连接钢管，封板厚度应根据实际受力大小计算确定，封板及锥头底板厚度不应低于表 3.25 中的数值。

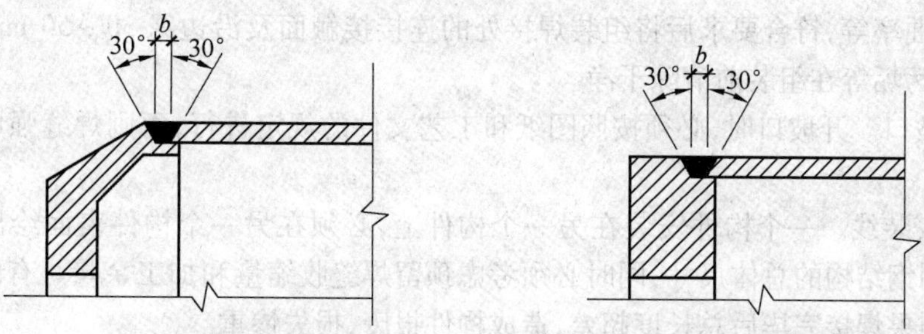

(a) 锥头连接　(b) 封板连接

图 3.106　杆件端部连接焊缝

表 3.25　封板及锥头底板厚度

高强度螺栓规格	封板或锥头底厚/mm	高强度螺栓规格	封板或锥头底厚/mm
M12、M14	12	M36～M42	30
M16	14	M45～M52	35
M20～M24	16	M56×4～M60×4	40
M27～M33	20	M64×4	45

4 钢构件组装拼装细部做法

4.1 钢构件的组装细部做法

讲 56:钢构件组装前准备工作

1. 技术准备

(1)钢构件组装前,组装人员应熟悉产品图纸和工艺规程,主要是了解产品的用途以及结构特点,以便提出装配的支撑与夹紧等措施。

(2)了解各零件的相互配合关系、使用材料及其特性,以便确定装配方法。

(3)了解装配工艺规程和技术要求,以便确定控制程序、控制基准以及主要控制数值。

2. 材料准备

(1)理料。组装开始前,首先应进行理料,即把加工好的零件按照零(部)件号、规格分门别类,堆放在组装工具旁,以方便使用,这样可以极大地提高工效。然而,有些构件需要进行钢板或型钢的拼接,应在组装前进行。

(2)构件检查。理料结束后,必须再次检查各组构件的外形尺寸、孔位、垂直度、平整度、弯曲构件的曲率等,符合要求后将组装焊接处的连接接触面及沿边缘 30 ~ 50 mm 范围内的铁锈、毛刺、污垢等在组装前清除干净。

(3)开坡口。开坡口时,必须按照图纸和工艺文件的规定进行,否则焊缝强度将难以得到保证。

(4)划安装线。一个构件安装在另一个构件上,必须在另一个构件表面绘出安装位置线,这关系到钢结构的总体尺寸;同时必须考虑预留焊缝收缩量和加工余量。有的厂家忽视了这一点,结果焊接完毕后总长度超差,造成构件报废,损失惨重。

3. 机具准备

钢构件组装时,根据构件的大小、体型、质量等因素选择适合的组装胎具或胎模、组装工具及固定构件所需的夹具。组装中常用的工、量、卡夹具和各种专用吊具,都必须配齐并组织到场,此外,根据组装需要配置的其他设备,也必须安置在规定的场所。

(1)典型胎膜。

1)H 形钢结构组装水平胎模。H 形钢结构组装水平胎模可适用大批量 H 形钢结构的组装,装配质量较高、速度快,但占用的场地较大。组装时,可先把各零部件分别放置在其适当的工作位置上,然后用夹具夹紧一块翼缘板作为定位基准面,利用翼缘板与腹板本身的重力,从另一个方向施加一个水平推力,也可以用铁楔或千斤顶等工具横向施加一个水平推力,直至翼、腹板紧密接触,然后用电焊定位,这样 H 形钢结构即组装完成,如图 4.1 所示。

2)H 形钢结构竖向组装胎模。H 形钢结构竖向组装胎模占用场地少,结构简单,效率也较高,但是在组装 H 形钢结构时需要二次造型。通常需先加工成⊥形结构,然后再组合成 H

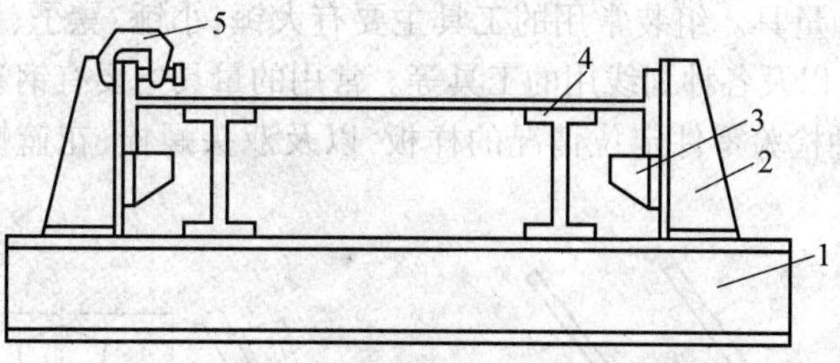

图 4.1　H 形水平组装胎模

1—工字钢横梁平台;2—侧向翼缘板定位靠板;

3—翼缘板搁置牛腿;4—纵向腹板定位工字梁;5—翼缘板夹紧工具

形结构,如图 4.2 所示。

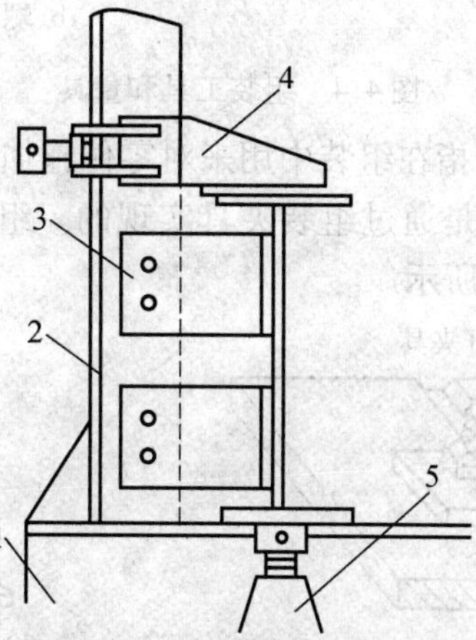

图 4.2　H 形竖向组装胎模

1—工字钢平台横梁;2—胎模角钢立柱;3—腹板定位靠模;

4—上翼缘板定位限位;5—顶紧用的千斤顶

3)箱形组装胎模。箱形组装胎模的工作原理是利用腹板活动定位靠模与活动横臂腹板定位夹具的作用固定腹板,然后用活动装配千斤顶顶紧腹板与底板接缝并且用电焊定位好,如图 4.3 所示。

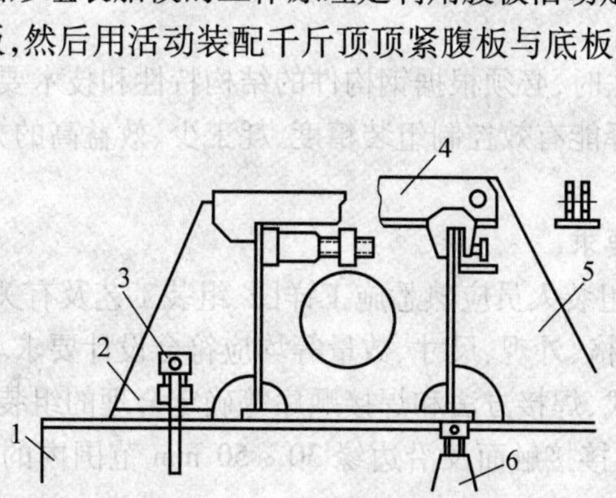

图 4.3　箱形结构组装胎模

1—工字钢平台横梁;2—腹板活动定位靠模;3—活动定位靠模夹头;

4—活动横臂腹板定位夹具;5—腹板固定靠模;6—活动装配千斤顶

(2)组装工具和量具。组装常用的工具主要有大锤、小锤、凳子、手砂轮、手动杠杆(图4.4(a))、撬杠、扳手以及各种划线用的工具等。常用的量具主要有钢卷尺、钢直尺、水平尺、90°角尺、线锤和各种检验零件定位情况的样板,以及双头螺栓、花篮螺栓、螺栓拉紧器(图4.4(b))等。

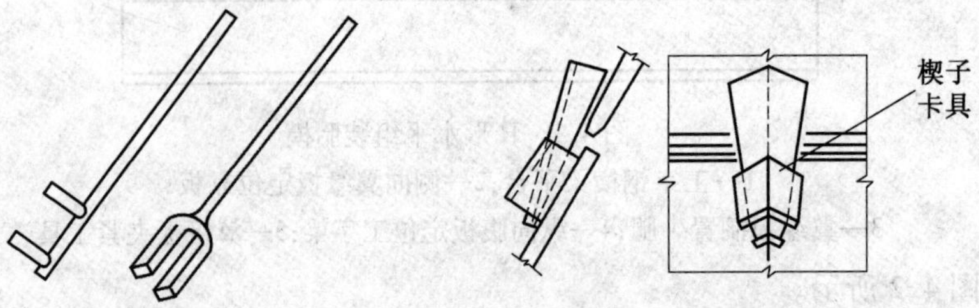

(a) 手动杠杆　　(b) 螺栓拉紧器

图4.4　组装工具和量具

(3)组装夹具。组装夹具是指在组装中用来对零件施加外力,使其获得可靠定位的工艺装备。组装过程中的夹紧,通常是通过组装夹具实现的。组装夹具主要包括通用夹具和组装胎膜上的专用夹具,如图4.5所示。

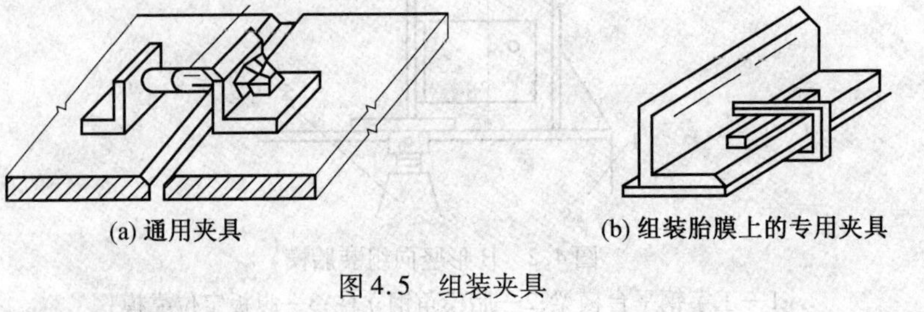

(a) 通用夹具　　(b) 组装胎膜上的专用夹具

图4.5　组装夹具

讲57:钢构件组装方法及要求

1. 组装方法

选择钢构件组装方法时,必须根据钢构件的结构特性和技术要求,结合制造厂的加工能力、机械设备等情况,选择能有效控制组装精度、耗工少、效益高的方法进行,也可根据表4.1进行选择。

2. 钢构件组装一般要求

(1)钢构件组装前,组装人员应熟悉施工详图、组装工艺及有关技术文件的要求,检查组装用的零部件的材质、规格、外观、尺寸、数量等均应符合设计要求。钢构件组装应根据设计要求、构件形式、连接方式、焊接方法和焊接顺序等确定合理的组装顺序。

(2)组装焊接处的连接接触面及沿边缘30~50 mm范围内的铁锈、毛刺、污垢等,应在组装前清除干净。

(3)板材、型材的拼接应在钢构件组装前进行;钢构件的组装应在零部件组装、焊接、校正并经检验合格后进行。钢构件应在组装完成并经检验合格后再进行焊接。构件的隐蔽部位应在焊接和涂装检查合格后封闭;完全封闭的构件内表面可不涂装。

表 4.1　钢构件组装方法

名称	适用范围	装配方法	示意图
地样法	桁架、框架等少批量结构组装	用比例 1∶1 在装配平台上放有钢构件实样，然后根据零件在实样上的位置，分别组装起来成为钢构件	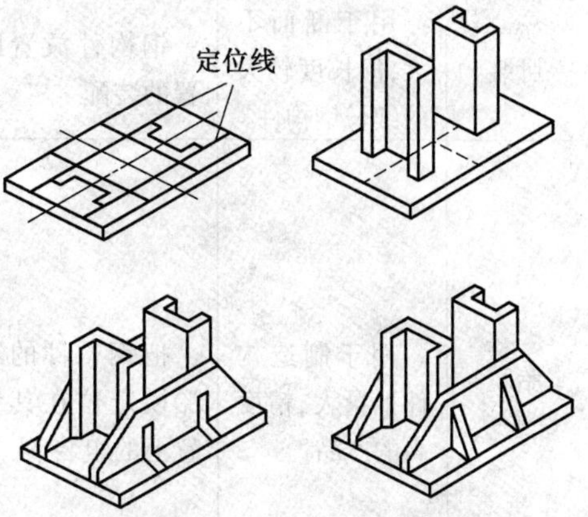 柱脚的定位装配 在工件底板上划上中心线和接合线作定位线(地样)，以确定槽钢、立板和三角形加强筋的位置
仿形复制装配法	横断面互为对称的桁架结构	先用地样法组装成单面(单片)的结构，并且必须定位点焊，然后翻身作为复制胎模，在其上面装配另一单面的结构，往返两次组装	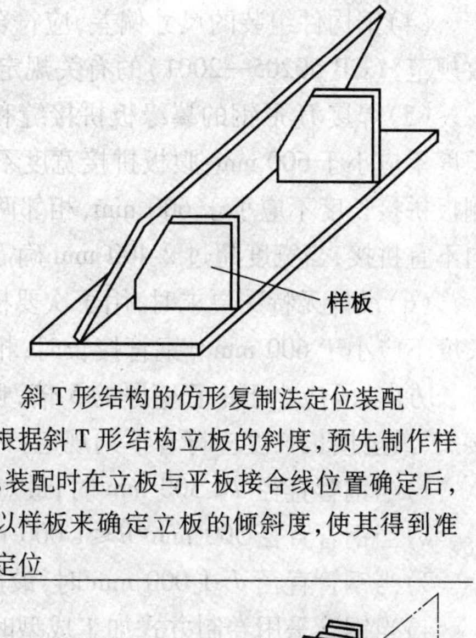 斜 T 形结构的仿形复制法定位装配 根据斜 T 形结构立板的斜度，预先制作样板，装配时在立板与平板接合线位置确定后，即以样板来确定立板的倾斜度，使其得到准确定位
立装	用于放置平稳、高度不大的结构或大直径圆筒	根据钢构件的特点及其零件的稳定位置，选择自下而上或自下而上地装配	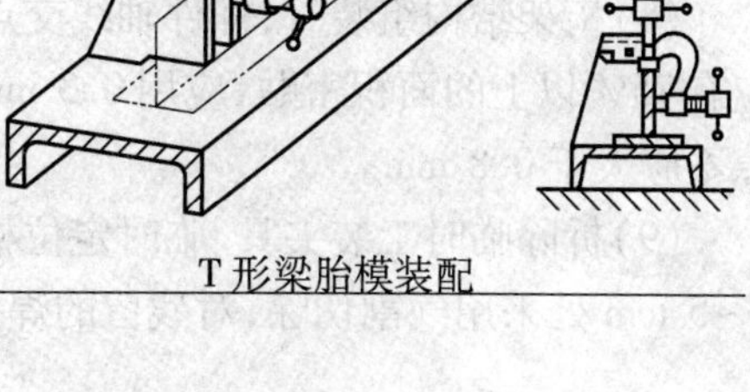 T 形梁胎模装配

续表 4.1

名称	适用范围	装配方法	示意图
卧装	用于断面不大,但长度较大的细长钢构件	钢构件放置卧的位置的装配	—
胎膜装配法	用于制造构件批量大、精度高的产品	把钢构件的零件用胎模定位在其装配位置上的组装	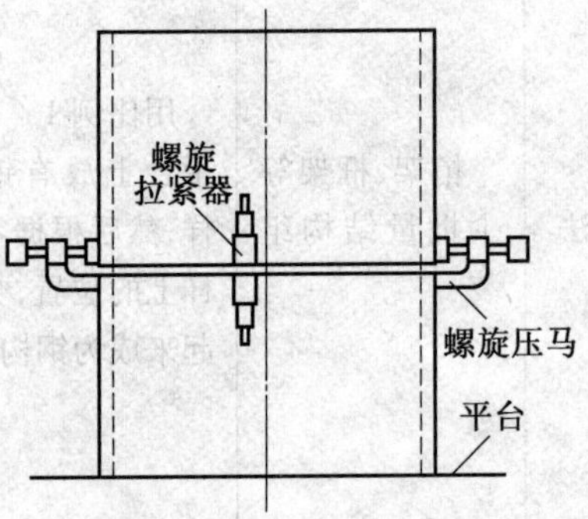圆筒立装

注:在布置拼装胎模时必须注意各种加工余量

(4)钢构件组装的尺寸偏差,应符合设计文件和现行国家标准《钢结构工程施工质量验收规范》(GB 50205—2001)的有关规定。

(5)焊接 H 形钢的翼缘板拼接缝和腹板拼接缝的间距,不宜小于 200 mm。翼缘板拼接长度不应小于 600 mm;腹板拼接宽度不应小于 300 mm,长度不应小于 600 mm。箱形构件的侧板拼接长度不应小于 600 mm,相邻两侧板拼接缝的间距不宜小于 200 mm;侧板在宽度方向不宜拼接,当宽度超过 2 400 mm 确需拼接时,最小拼接宽度不宜小于板宽的 1/4。

(6)设计无特殊要求时,用于次要构件的热轧型钢可采用直口全熔透焊接拼接,其拼接长度不应小于 600 mm。钢管接长时,相邻管节或管段的纵向焊缝应错开,错开最小距离(沿弧长方向)不应小于钢管壁厚的 5 倍,且不应小于 200 mm。钢管接长时每个节间宜为一个接头,最短接长长度应符合下列规定:

1)当钢管直径 $d \leqslant 500$ mm 时,最短接长长度不应小于 500 mm。

2)当钢管直径 500 mm$<d \leqslant$1 000 mm,最短接长长度不应小于直径 d。

3)当钢管直径 $d>$1 000 mm 时,最短接长长度不应小于 1 000 mm。

4)当钢管采用卷制方式加工成型时,可有若干个接头。

(7)构件组装间隙应符合设计和工艺文件要求,当设计和工艺文件无规定时,组装间隙不宜大于 2.0 mm。设计要求起拱的构件,应在组装时按规定的起拱值进行起拱,起拱允许偏差为起拱值的 0 ~ 10%,且不应大于 10 mm。设计未要求但施工工艺要求起拱的构件,起拱允许偏差不应大于起拱值的±10%,且不应大于±10 mm。

(8)桁架结构组装时,杆件轴线交点偏移不应大于 3 mm。构件端部铣平后顶紧接触面应有 75% 以上的面积密贴,应用 0.3 mm 的塞尺检查,其塞入面积应小于 25%,边缘最大间隙不应大于 0.8 mm。

(9)拆除临时工装夹具、临时定位板、临时连接板等,严禁用锤击落,应在距离构件表面 3 ~ 5 mm 处采用气割切除,对残留的焊疤应打磨平整,且不得损伤母材。

讲 58：胎模组装

胎模必须是一个完整、不变形的整体结构，应须根据施工图的构件 1∶1 实样制造，其各零件定位靠模加工精度与构件精度应符合或高于构件精度。通常架设在离地 800 mm 左右或是人们便于操作的位置。

1. 实腹式 H 结构组装

实腹式 H 结构是由上、下翼缘板与中腹板组成的 H 形焊接结构。

(1)组装前，应对翼缘板及腹板等零件进行复验，使其平直度及弯曲小于 1/1 000 的公差且不大于 5 mm。

(2)用砂轮打磨去除翼缘板、腹板装配区域内的氧化层，其范围应在装配接缝两侧 30～50 mm 内。

(3)根据 H 断面尺寸调整 H 胎模，使其纵向腹板定位于工字钢水平高差，并符合施工图尺寸要求。

(4)H 形钢一般是在胎具上平装，即将腹板平放于装配胎上，再将两块翼缘板立放两侧，三块钢板对齐一端，用弯尺找正垂直角，用“兀”形夹具配以楔形铁块(或螺栓千斤顶)自工件的一端向另一端逐步将翼缘板和腹板的间隙夹紧(或顶紧)，并在对准装配线后进行定位焊接。

(5)为防止焊接和吊运时变形，装配完后，再在腹板和翼缘板之间点焊数个临进斜支撑杆拉住翼板，使其保持垂直，对不允许点焊的工件应采用专用的夹具固定。

2. 箱形结构组装

箱形结构是由上、下盖板，隔板和两侧腹板组成的焊接结构。其组装要求如下：

(1)以上盖板作为组装基准。在上盖板与腹板、隔板的组装面上，按照施工图的要求把它们分别放在各板的组装线上，并且在样中标志出来。

(2)上盖板与隔板组装。上盖板与隔板的组装应在胎模上进行。装配好以后，必须先施行焊接；焊接完毕以后，才可以进行下一道组装。

(3)H 形组装。在腹板装配前必须先检查腹板的弯曲是否同步，若不同步，则必须先矫正，待矫正后方可进行组装。装配的方法通常采用一个方向装配，一般是先定位中部隔板，然后再定位腹板。

(4)箱形结构整体组装是在 H 形结构全部完工后进行的。先将 H 形结构腹板边缘矫正好，使其不平度小于 1/1 000，然后在下盖板上画出与腹板装配线定位线，翻过面与 H 形结构组装，组装方法通常采用一个方向装配，定位点焊采用对称方法，这样可以减少装配应力，防止结构变形。

讲 59：钢板拼接

钢板拼接是最基本的零部件装配。钢板拼接是在装配平台上进行，将钢板零部件摆放在平台板上，调整粉线，用撬杠等工具将钢板平面对接缝对齐，用定位焊固定。

1. 钢板拼接的种类

按照所用钢板厚度的不同，钢板拼接通常可以分为以下两种。

(1)厚板拼接。图 4.6 所示为厚板拼接的一般方法：先按拼接位置将需拼接的钢板排列在操作平台上，然后将拼接钢板靠紧，或按要求留出一定的间隙。当板缝处出现高低不平时，可采用压马调平，然后进行定位焊使之固定。为了确保焊接质量及防止应力集中，定位焊的位置应离开焊缝交叉处及焊缝边缘一定距离，且焊点间保持一定间距。如果板缝对接采用自动焊，应根据焊接规程的要求决定是否开坡口，如果不开坡口，应预先在定位焊处铲出沟槽，使定位焊缝的余高与未定位焊的接缝基本相平，以保证自动焊的质量。

(2)薄板拼接。薄板拼接往往由于焊接应力的作用引起波浪变形，需要专门采取防变形的措施，通常采用刚性固定法解决。

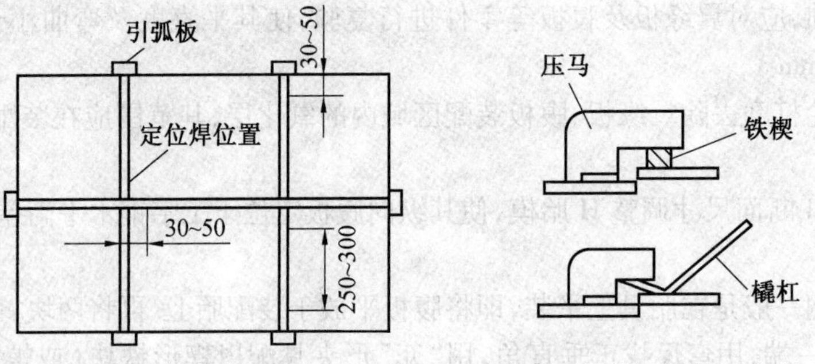

图4.6　厚板拼接示意图

2. 钢板拼板

拼板时，拼料应按规定先开好坡口后，再进行拼板。拼板时必须注意板边垂直度，以便于控制间隙，若检查板边不直，应修直后再进行拼板。

拼板时，通常在板的一端(离端部30 mm处)，当间隙及板缝平度符合要求后进行定位，在另一端把一只双头螺栓分别用定位焊定位于两块板上，控制接缝间隙，当发现两板对接处不平时，可参考如图4.7所示的做法，在低板上焊“铁马”并用铁楔矫正。焊装“铁马”的焊缝应焊在引入“铁楔”的一面，焊缝紧靠“铁马”开口直角边(单面焊)，长度约为20 mm，不宜焊的太长，否则拆“铁马”时很麻烦，甚至会把钢板拉损。拆除“铁马”时，在“铁马”的背面，用锤轻轻一击即可。

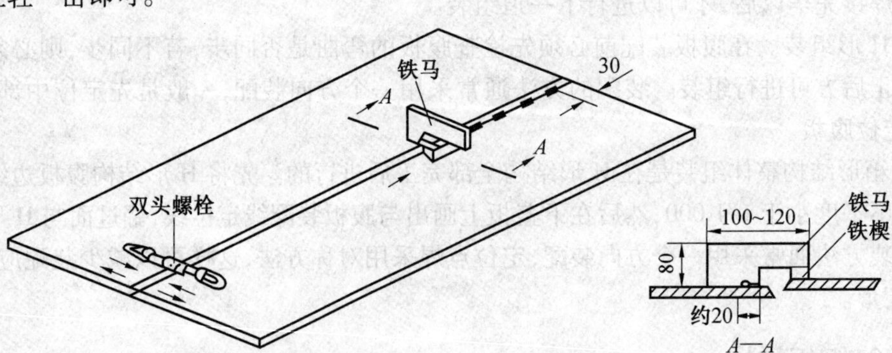

图4.7　拼板

3. 拼接顺序

对于多片钢板拼接，为了尽可能地减少焊接残余应力和残余变形及焊缝对母材的损伤，应该合理安排拼接顺序，可参考如图4.8所示的顺序。对于大面积钢板拼接可以分成几片分别拼接，然后再做片与片之间的横向拼接，如图4.9所示。

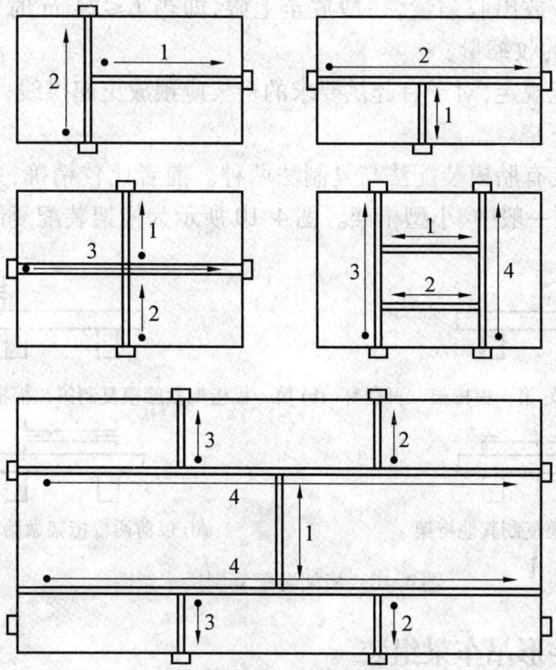

图 4.8　多片钢板的拼接顺序

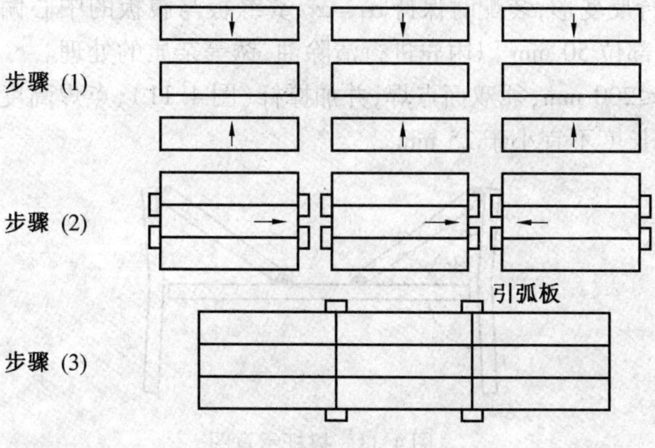

图 4.9　大面积钢板的拼接步骤

讲 60:桁架拼装

桁架多是在装配平台上放实样组装的,即先在平台上放实样,据此装配出第一个单面桁架,并施行定位焊,之后再用它做胎模,在其上面进行复制,装配出第二个单面桁架。在定位焊之后,将第二个单面桁架翻转 180°下胎,再在第二个单面桁架上,以下面角钢为准,组装完对称的单面桁架,即完成一个桁架的拼装。同样以第一个单面桁架为底样(样板),依此方法逐个装配其他桁架。

拼装时,还应注意以下几点:

(1)无论是弦杆还是腹杆,均应先单肢拼配焊接矫正,然后进行大拼装。

(2)支座、与钢柱连接的节点板等应先小件组焊,矫平后再定位大拼装。

(3)放拼装胎时应放出收缩量,一般放至上限,即当 $L \leqslant 24$ m 时放出 5 mm 的收缩量,$L>24$ m时放出 8 mm 的收缩量。

(4)根据设计规范规定,对于有起拱要求的桁架应预放出起拱线;无起拱要求的,也应起拱 10 mm 左右,防止下挠。

(5)桁架的大拼装有胎模装配法与复制法两种。前者比较精确,后者拼装便捷;前者适用大型桁架,后者适用一般中、小型桁架。图 4.10 所示为桁架装配复制法。

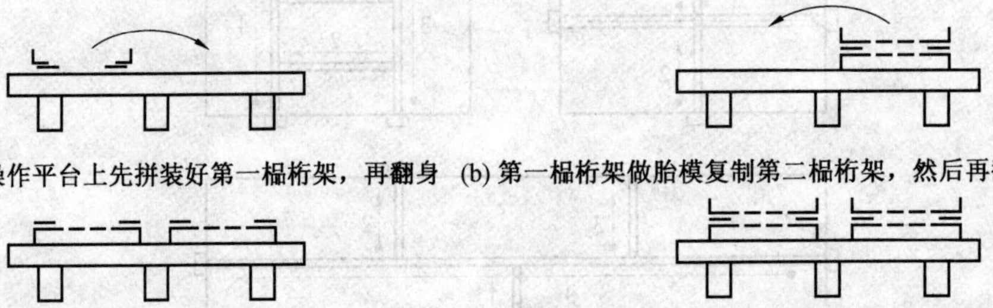

(a) 在操作平台上先拼装好第一榀桁架,再翻身 (b) 第一榀桁架做胎模复制第二榀桁架,然后再翻身、移位

(c) 以前两榀桁架做胎模复制其他桁架 (d) 以前两榀桁架做胎模继续复制其他桁架

图 4.10 桁架装配复制法示意图

讲 61:实腹工字形吊车梁组装

(1)腹板应先刨边,以保证宽度和拼装间隙。

(2)翼缘板进行反变形,装配时保持 $\alpha_1=\alpha_2$,翼缘板与腹板的中心偏移 $\leqslant 2$ mm。翼缘板装腹板面的主焊缝部位 50 mm 以内先进行清除油、锈等杂质的处理。

(3)点焊距离 $\leqslant 200$ mm,须双面点焊,并加撑杆(图 4.11),点焊高度为焊缝的 2/3,且不应大于 8 mm,焊缝长度不宜小于 25 mm。

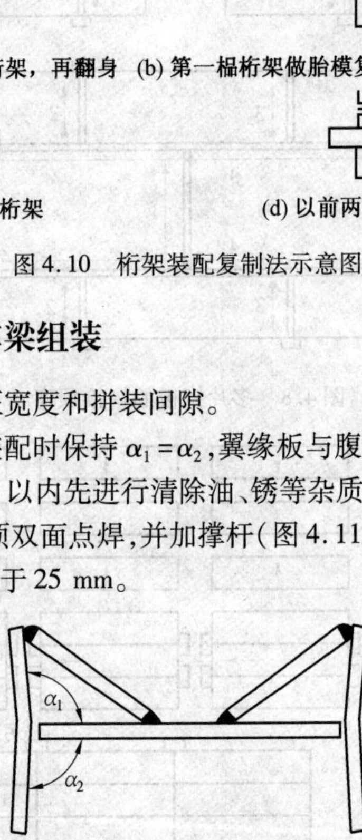

图 4.11 撑杆示意图

(4)根据设计规范规定,实腹式吊车梁的跨度超过 24 m 时才起拱。跨度小于 24 m 时,为防止下挠最好先焊下翼缘板的主缝和横缝,焊完主缝,矫平翼缘板,然后装加劲板和端板。工字形断面构件的组装胎如图 4.12 所示。

(5)对于磨光顶紧的端部加劲角钢(图 4.13),最好在加工时把四支角钢夹在一起同时加工,使之等长。

(6)采用自动焊施焊时,在主缝两端都应当点焊引弧板(图 4.14),引弧板大小视板厚和焊缝高度而异,一般宽度为 60 ~ 100 mm,长度为 80 ~ 100 mm。

讲 62:预总装

(1)所有需预总装的构件必须是经过质量检验部门验证合格的钢结构成品。

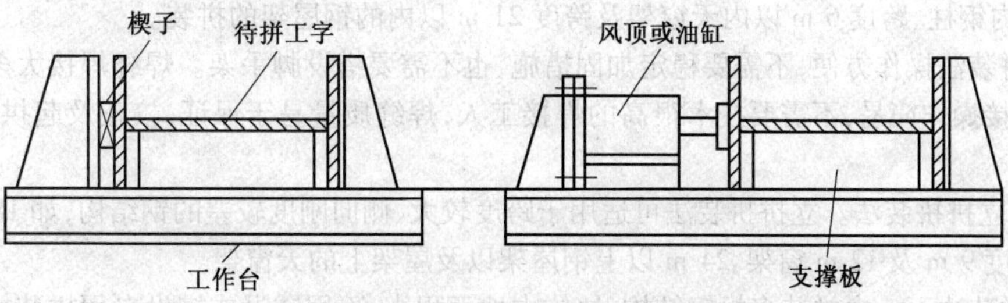

图 4.12 工字形断面构件组装胎示意图

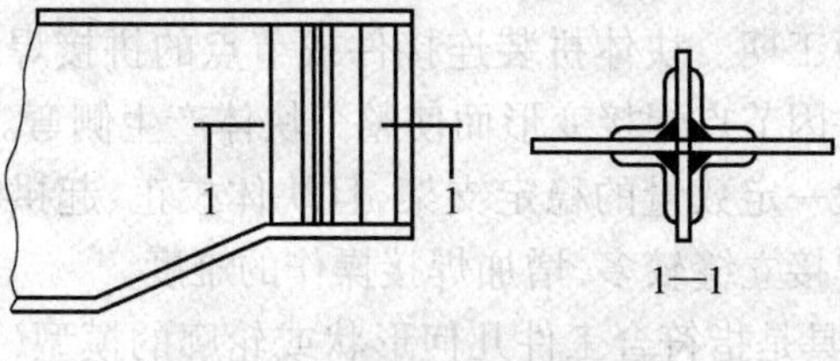

图 4.13 端部加劲角钢示意图

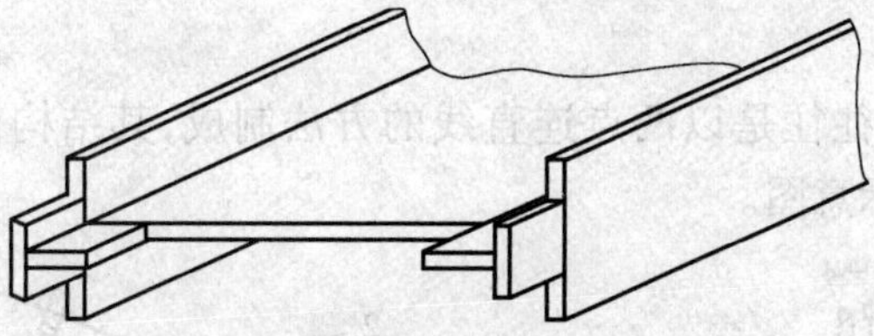

图 4.14 引弧板

(2)预总装的工作场地应配备适当的吊装机械和装配空间。

(3)预总装胎模按工艺要求铺设,其刚度应有保证。

(4)构件预总装时,必须在自然状态下进行,使其正确地装配在相关构件安装的位置上。

(5)需在预总装时制孔的构件,必须在所有构件全部预总装完工后,又通过整体检查,确认无误后,亦可进行预总装制孔。

(6)预总装完毕后,并且已拆除全部的定位夹具,方可拆装配的构件,以防止其吊卸产生的变形。

(7)如构件预总装部位的尺寸有偏差,可对不到位的构件采用顶、拉等手段使其到位。对因胎模铺设不正确造成的偏差,可采用重新修正的方法。

如因构件制孔不正确造成节点部位偏差,当孔偏差≤3 mm 时,可采用扩孔方法解决;当孔偏差>3 mm 时,可用电焊补孔打磨平整或采用重新钻孔方法解决。当补孔工作量较大时,可采用换节点连接板方法解决。

4.2 钢构件的预拼装细部做法

讲 63:钢构件预拼装方法及要求

1. 拼装方法

(1)平装拼装法。平装拼装法适用于拼装跨度较小、构件相对刚度较大的钢结构,如长

18 m 以内钢柱、跨度 6 m 以内天窗架及跨度 21 m 以内的钢屋架的拼装。

此拼装法操作方便，不需要稳定加固措施，也不需要搭设脚手架。焊缝焊接大多数为平焊缝，焊接操作简易，不需要技术很高的焊接工人，焊缝质量易于保证，校正及起拱方便、准确。

(2)立拼拼装法。立拼拼装法可适用于跨度较大、侧向刚度较差的钢结构，如 18 m 以上钢柱、跨度 9 m 及 12 m 窗架、24 m 以上钢屋架以及屋架上的天窗架。

此拼装法可一次拼装多榀钢结构，块体占地面积小，不用铺设或搭设专用拼装操作平台或枕木墩，节省材料和工时，省却翻身工序，质量易于保证，不用增设专供块体翻身、倒运、就位、堆放的起重设备，缩短工期。块体拼装连接件或节点的拼接焊缝两边对称施焊，可避免预制构件连接件或钢构件因节点焊接变形而使整个块体产生侧弯。

但立拼拼装法需搭设一定数量的稳定支架，且块体校正、起拱较难，钢构件的连接节点及预制构件的连接件的焊接立缝较多，增加焊接操作的难度。

(3)模具拼装法。模具是指符合工件几何形状或轮廓的模型(内模或外模)。用模具来拼装组焊钢结构，具有产品质量好、生产效率高等优点，对成批的板材结构、型钢结构应考虑采用模具拼装法。

桁架结构的装配模，往往是以两点连直线的方法制成，其结构简单，使用效果好，如图 4.15所示为构架装配模示意图。

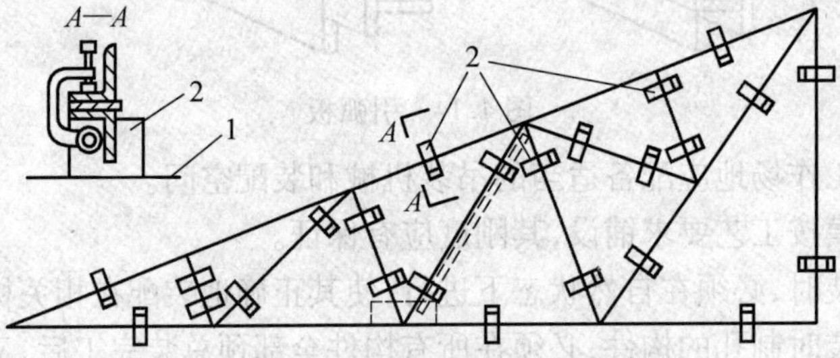

图 4.15　构架装配模示意图

1—工作台；2—模板

2. 拼装要求

(1)钢构件预拼装的比例应符合施工合同和设计要求，一般按实际平面情况预装 10% ~20%。

(2)预拼装构件一般应设拼装工作台，若在现场拼装，则应放在较坚硬的场地上并用水平仪抄平。拼装时构件全长应拉通线，并在构件有代表性的点上用水平尺找平，符合设计尺寸后电焊点固焊牢。刚性较差的构件，翻身前要进行加固，构件翻身后也应进行找平，否则构件焊接后无法矫正。

(3)构件在制作、拼装、吊装中所用的钢尺应一致，且必须经计量检验，并相互核对，测量时间宜在早晨日出前，下午日落后最好。

(4)各支撑点的水平度应符合以下规定：

1)当拼装总面积不大于 300 ~1 000 m^2时，允许偏差≤2 mm。

2)当拼装总面积在 1 000 ~5 000 m^2之间时，允许偏差<3 mm。

单构件支撑点不论柱、梁支撑，应不少于两个支撑点。

(5)钢构件预拼装地面应坚实,胎架强度、刚度必须经设计计算而定,各支撑点的水平精度可用已计量检验的各种仪器逐点测定调整。

(6)在胎架上预拼装过程中,不允许对构件动用火焰、锤击等,各杆件的重心线应交汇于节点中心,并应完全处于自由状态。

(7)预拼装钢构件控制基准线与胎架基准线必须保持一致。

(8)高强度螺栓连接预拼装时,使用冲钉直径必须与孔径一致,每个节点要多于三只,临时普通螺栓数量一般为螺栓孔的1/3。对孔径检测,试孔器必须垂直自由穿落。

(9)当多层板叠采用高强度螺栓或普通螺栓连接时,宜先使用不少于螺栓孔总数10%的冲钉定位,再采用临时螺栓紧固。临时螺栓在一组孔内不得少于螺栓孔数量的20%,且不应少于2个。预拼装时应使板层密贴。螺栓孔应采用试孔器进行检查,并应符合下列规定:

1)当采用比孔公称直径小1.0 mm的试孔器检查时,每组孔的通过率不应小于85%。

2)当采用比螺栓公称直径大0.3 mm的试孔器检查时,通过率应为100%。

(10)预拼装检查合格后,宜在构件上标注中心线、控制基准线等标记,必要时可设置定位器。

(11)所有需要进行预拼装的构件制作完毕后,必须经专检员验收,并应符合质量标准的要求。相同的单构件可以互换,也不会影响到整体几何尺寸。

(12)大型框架露天预拼装的检测时间,建议在日出前、日落后定时进行,所用卷尺精度应与安装单位相一致。

讲64:典型的梁、柱拼装

1.梁的拼装

由于运输或安装条件的限制,梁需分段制作和运输,然后在工地拼装,这种拼装称为工地拼接。梁用拼接板的拼接如图4.16所示。

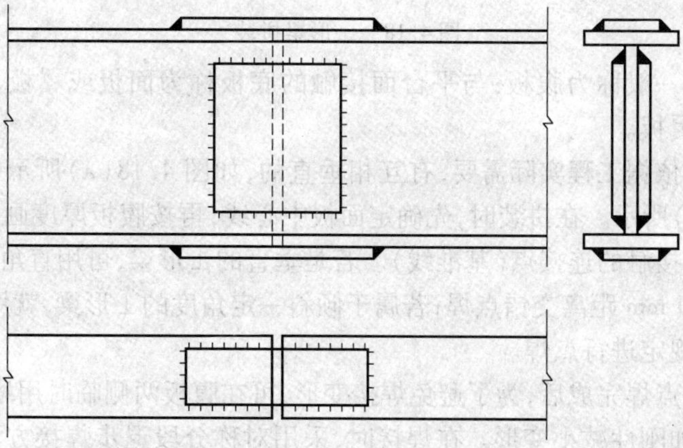

图4.16 梁用拼接板的拼接

工地拼接的位置主要由运输和安装条件确定,一般布置在弯曲应力较低处。

翼缘板和腹板应基本上在同一截面处断开,以便于分段运输。拼接构造端部平齐,如图4.17(a)所示,能防止运输时碰损,但其缺点是上、下翼缘板及腹板在同一截面拼接会形成薄弱部位。翼缘板和腹板的拼接位置略为错开一些,如图4.17(b)所示,其受力情况较好,但运输时端部的突出部分应加以保护，以免碰损。

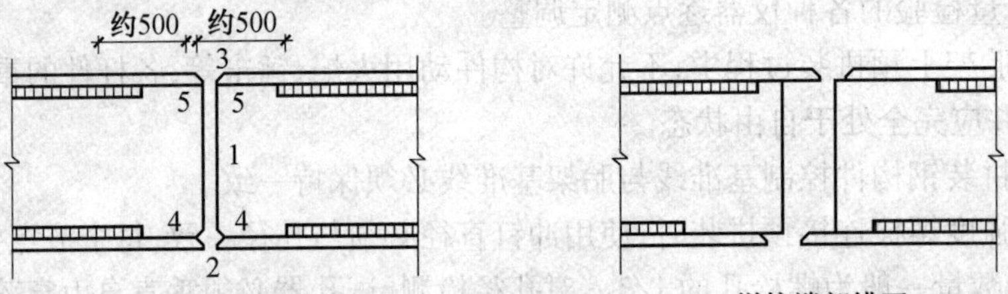

图4.17 焊接梁的工地拼接

焊接梁的工地对接缝拼接处，上、下翼缘板的拼接边缘均宜做成向上的V形坡口，以便俯焊。为了使焊缝收缩比较自由，减小焊接残余应力，应预留一段(长度为500 mm左右)翼缘板焊缝在工地焊接，并采用合适的施焊程序。

对于较重要的或受动力荷载作用的大型组合梁，考虑到现场施焊条件较差，焊缝质量难以保证，其工地拼接宜用摩擦型的高强度螺栓连接。

2. ⊥形梁拼装

⊥形梁的结构通常是用相同厚度的钢板，以设计图纸标注的尺寸制作的，如图4.18所示。

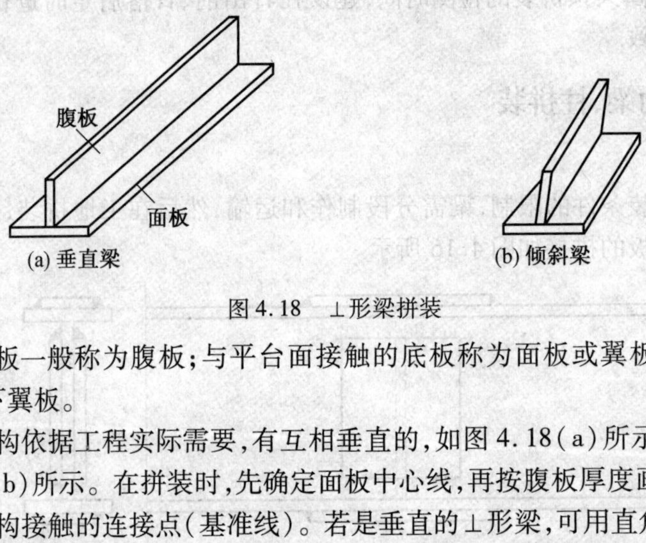

图4.18 ⊥形梁拼装

⊥形梁的立板一般称为腹板；与平台面接触的底板称为面板或翼板，上面的称为上翼板，下面的称为下翼板。

⊥形梁的结构依据工程实际需要，有互相垂直的，如图4.18(a)所示，也有倾斜一定角度的，如图4.18(b)所示。在拼装时，先确定面板中心线，再按腹板厚度画线定位，该位置就是腹板与面板结构接触的连接点(基准线)。若是垂直的⊥形梁，可用直角尺找正，并在腹板两侧保持200～300 mm距离交错点焊；若属于倾斜一定角度的⊥形梁，就用同样角度样板进行定位，按照设计规定进行点焊。

⊥形梁两侧经点焊完成后，为了避免焊接变形，可在腹板两侧临时用增强板将腹板及面板点焊固定，以增加刚性减小变形。在焊接时，采用对称分段退步焊接方法焊接角焊缝，这是避免焊接变形的一种有效措施。

3. 箱形梁拼装

箱形梁的结构有钢板组成的，也有型钢与钢板混合结构组成的，但大多箱形梁的结构是采用钢板结构成型的。箱形梁是由上下面板、中间隔板及左右侧板组成。

箱形梁的拼装过程是先在底面板划线定位，如图4.19(a)所示；按位置拼装中间定向隔板，如图4.19(b)所示，为防止移动和倾斜，应将两端和中间隔板与面板用型钢条临时点固。然后以各隔板的上平面和两侧面为基准，同时拼装箱形梁左右立板，如图4.19(c)所示，两侧立板的长度要以底面板的长度为准靠齐并点焊，当两侧板与隔板侧面接触间隙过大时，可用活动型卡具夹紧，再进行点焊；最后拼装梁的上面板，当上面板与隔板上平面接触间隙大、误差多时，可用手砂轮将隔板上端找平，并用活动型卡具压紧进行点焊和焊接，如图4.19(d)所示。

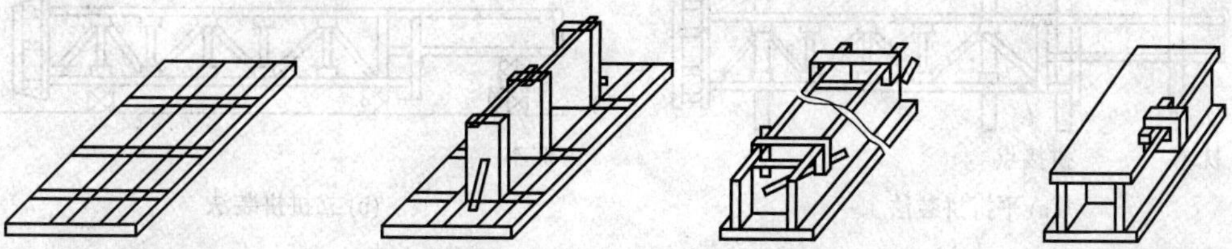

(a) 箱形梁的底面板　(b) 拼装定向隔板　(c) 加侧立板　(d) 装好的箱形梁

图4.19　箱形梁拼装

4. 工字钢梁、槽钢梁拼装

工字钢梁和槽钢梁分别是由钢板组合的工程结构梁，它们的组合连接形式基本相同，只是型钢的种类和组合成型的形状不同，如图4.20所示。

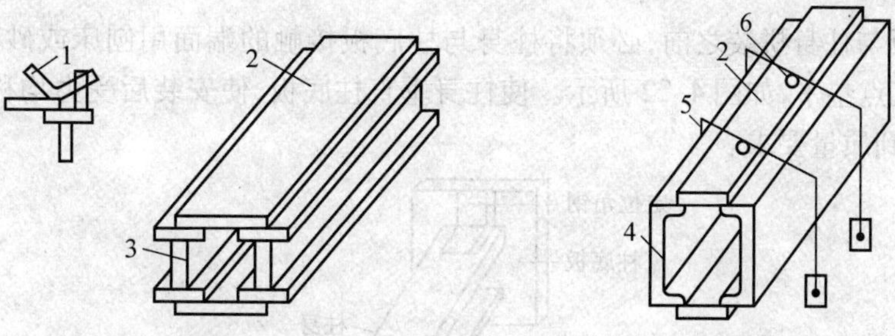

(a) 工字钢梁　(b) 槽钢梁

图4.20　工字钢梁、槽钢梁组合拼装

1—撬杠；2—面板；3—工字钢；4—槽钢；5—龙门架；6—压紧工具

(1)在拼装组合时，首先按图纸标注的尺寸、位置在面板和型钢连接位置处进行划线定位。

(2)在组合时，如果面板宽度较窄，为使面板与型钢垂直和稳固，避免型钢向两侧倾斜，可用与面板同厚度的垫板临时垫在底面板(下翼板)两侧来增加面板与型钢的接触面。

(3)用直角尺或水平尺检验侧面与平面垂直，几何尺寸正确后，方能按一定距离进行点焊。

(4)拼装上面板要以下底面板为基准。为保证上、下面板与型钢严密结合，若接触面间隙大，可用撬杠或卡具压严靠紧，然后进行点焊和焊接，如图4.20中的1、5、6所示。

5. 钢柱拼装

(1)钢柱拼装方法。

1)平拼拼装法。先在柱的适当位置用枕木搭设3~4个支撑点，如图4.21(a)所示。各支撑点高度应拉通线，使柱轴线中心线成一水平线，先吊下节柱找平，再吊上节柱，使两端头对准，然后找中心线，并将安装螺栓或夹具上紧，最后进行接头焊接，采取对称施焊，焊完一面再翻身焊另一面。

2)立拼拼装法。在下节柱适当位置设2～3个支撑点,上节柱设1～2个支撑点,如图4.21(b)所示,各支撑点用水平仪测平垫平。拼装时先吊下节柱,使牛腿向下,并找平中心,再吊上节柱,使两节的节头端相对准,然后找正中心线,并将安装螺栓拧紧,最后进行接头焊接。

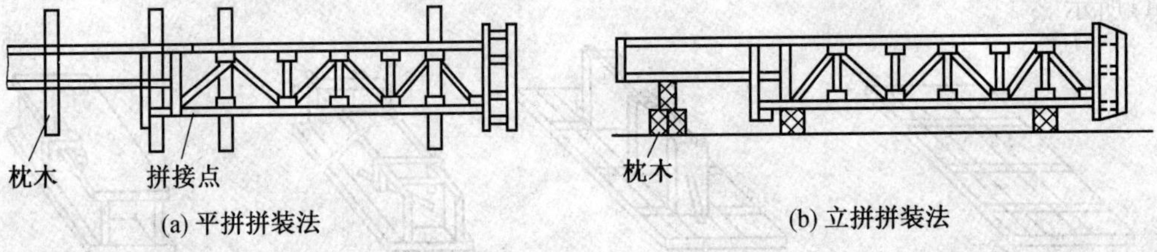

图4.21　钢柱的拼装

(2)柱底座板和柱身组合拼装。

1)将柱身按设计尺寸先行拼装焊接,使柱身达到横平竖直,符合设计和验收标准的要求。若不符合质量要求,可进行矫正以达到质量要求。

2)将事先准备好的柱底板按设计规定尺寸,分清内外方向画结构线并焊挡铁定位,防止在拼装时位移。

3)柱底板与柱身拼装之前,必须将柱身与柱底板接触的端面用刨床或砂轮加工平。同时将柱身分几点垫平,如图4.22所示。使柱身垂直柱底板,使安装后受力均称,防止产生偏心压力,以达到质量要求。

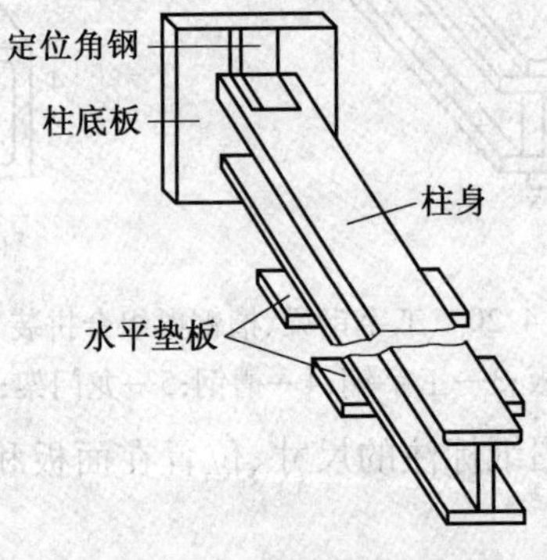

图4.22　钢柱拼装示意图

4)拼装时,将柱底板用角钢头或平面型钢按位置点固,作为定位倒吊挂在柱身平面,并用直角尺检查垂直度和间隙大小,待合格后进行四周全面点固。为避免焊接变形,应采用对角或对称方法进行焊接。

5)若柱底板左右有梯形板时,可先将柱底板与柱端接触焊缝焊完后,再组对梯形板,并同时焊接,这样可避免梯形板妨碍柱底板缝的焊接。

讲65:钢屋架拼装

1.拼装准备

钢屋架大多用底样采用仿效方法进行拼装,其过程如下:

(1)按设计尺寸,并按长、高尺寸,以1/1 000预留焊接收缩量,在拼装平台上放出拼装底样,如图 4.23 和图 4.24 所示。因为屋架在设计图纸的上下弦处不标注起拱量,所以才放底样,按跨度比例画出起拱。

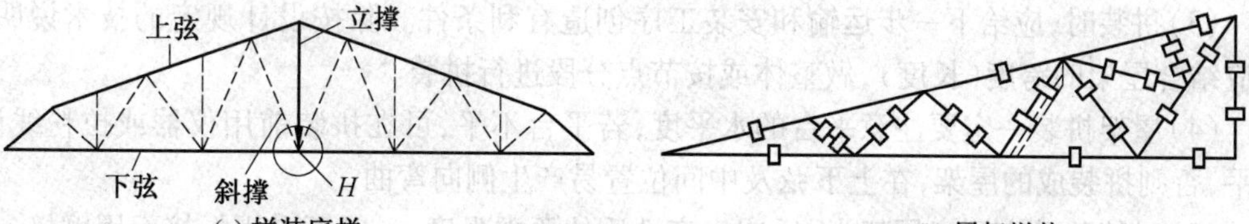

(a) 拼装底样

(b) 屋架拼装

图 4.23　屋架拼装示意图(H 为起拱抬高位置)

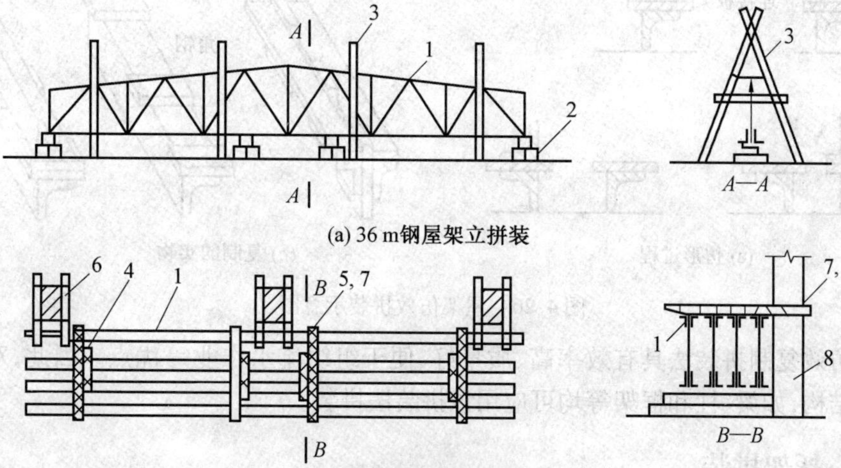

(a) 36 m钢屋架立拼装

(b) 多榀钢屋架立拼装

图 4.24　屋架的立拼装

1—36 m 钢屋架块体;2—枕木或砖墩;3—木制人字架;

4—横挡木钢丝绑牢;5—钢丝(8 号)固定上弦;6—斜撑木;7—木方;8—柱

(2)在底样上一定按照图纸画好角钢面宽度、立面厚度,以此作为拼装时的依据。若在拼装时,角钢的位置和方向能记牢,其立面的厚度可省略不画,只画出角钢面的宽度即可。

2. 拼装施工

(1)放好底样后,将底样上各位置的连接板用电焊点牢,并用挡铁定位,作为第一次单片屋架拼装基准的底模,如图 4.25(a)所示,接着就可将大小连接板按位置放在底模上。为适应生产性质的要求强度,特殊动力厂房屋架一般不采用焊接而用铆焊,如图 4.25(b)所示。

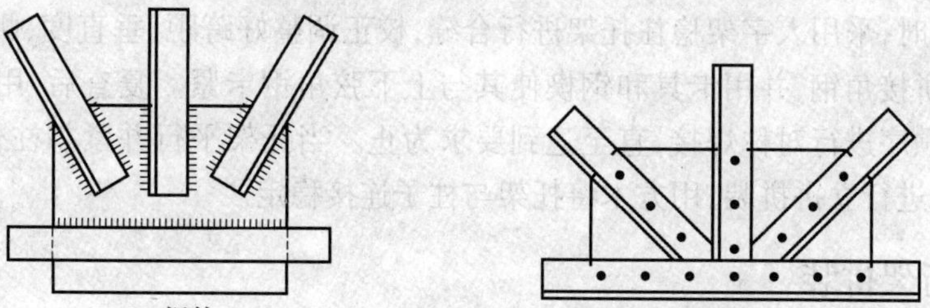

(a) 焊接

(b) 铆焊

图 4.25　屋架连接示意图

(2)屋架的上下弦及所有的立、斜撑,限位板放到连接板上面,进行找正对齐,用卡具夹紧点焊。待全部点焊牢固,可用起重机做180°翻转,这样就可用该扇单片屋架为基准仿效组合拼装,如图4.26所示。

(3)拼装时,应给下一步运输和安装工序创造有利条件。除按设计规定的技术说明外,还应结合屋架的跨度(长度),做整体或按节点分段进行拼装。

(4)屋架拼装一定要注意平台的水平度,若平台不平,可在拼装前用仪器或拉粉线调整垫平,否则拼装成的屋架,在上下弦及中间位置易产生侧向弯曲。

(5)对特殊动力厂房屋架,为适应生产性质的要求强度,一般不采用焊接而用铆接。

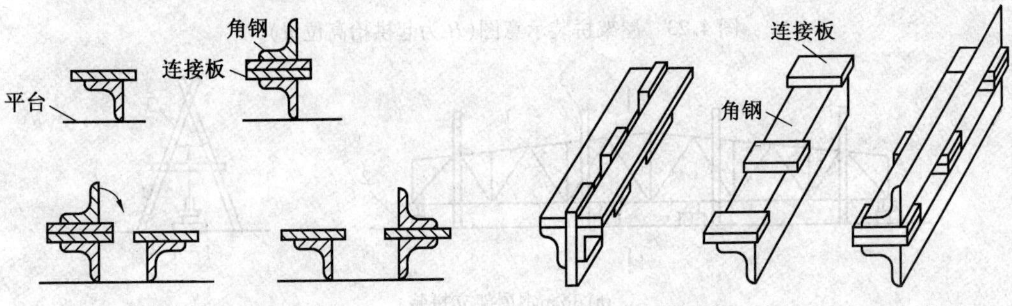

图4.26 屋架仿效拼装示意图

上述仿效复制拼装法具有效率高、质量好、便于组织流水作业等优点。因此,对于截面对称的钢结构,如梁、柱和框架等均可应用该拼装法拼装。

讲66:托架拼装

托架拼装有平拼和立拼两种方法,具体内容如下:

1. 平拼

托架拼装时,应搭设简易钢平台或枕木支墩平台,如图4.27所示,进行找平放线。在托架四周设定位角钢或钢挡板,将两半榀托架吊到平台上,拼缝处装上安装螺栓,检查并找正托架的跨距和起拱值,安上拼接处连接角钢,用卡具将托架和定位钢板卡紧,拧紧螺栓并对拼装焊缝施焊。施焊时,要求对称进行,焊完一面,检查并纠正变形,用木杆二道加固,然后将托架吊起翻身,再采用同种方法焊另一面焊缝,符合设计和规范要求,方可加固、扶直和起吊就位。

2. 立拼

托架拼装时,采用人字架稳住托架进行合缝,校正调整好跨距、垂直度、侧向弯曲和拱度后,安装节点拼接角钢,并用卡具和钢楔使其与上下弦角钢卡紧。复查后,用电焊进行定位焊,并按先后顺序进行对称焊接,直至达到要求为止。当托架平行并紧靠柱列排放时,可以3~4榀为一组进行立拼拼装,用方木将托架与柱子连接稳定。

讲67:桁架拼装

桁架是由杆件组成的几何不变体,既可当作独立的结构,又可当作结构体系的一个单元发挥承载作用。广义的桁架所对应的工程范围较大。

桁架有平面桁架与空间桁架之分。图4.28(a)是典型的平面桁架,图4.28(b)是跨度较

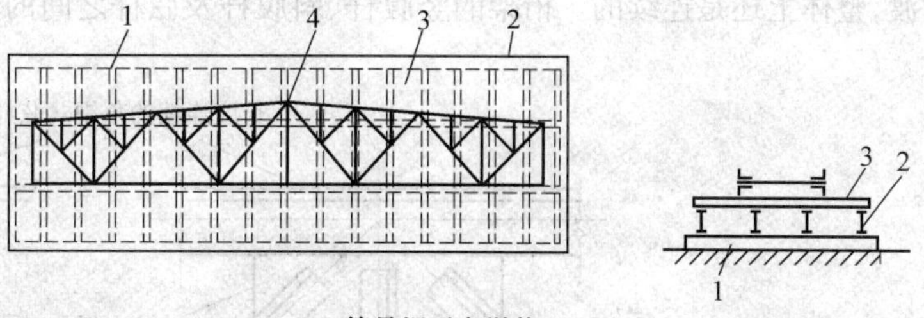

(a) 简易钢平台拼装

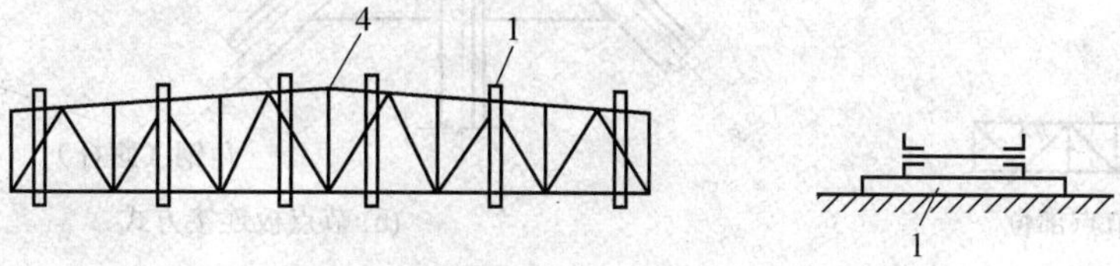

(b) 枕木平台拼装

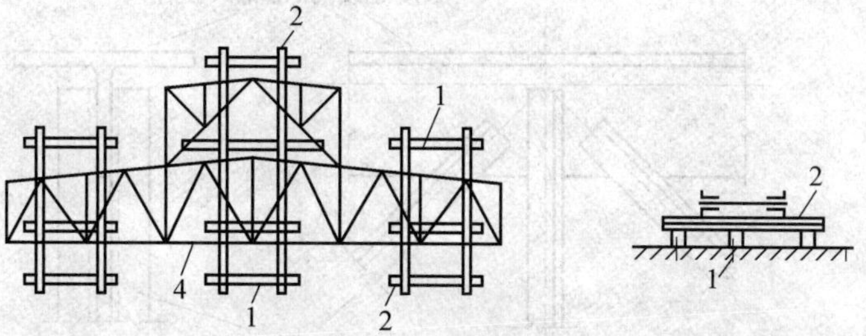

(c) 钢木混合平台拼装

图 4.27　天窗架平台拼装

1—枕木;2—工字钢;3—钢板;4—拼接点

大时采用的一种屋架或檩条形式,具有空间桁架的特点。

平面桁架在其自身平面内有极大的刚度,能负担很大的横向荷载,但其平面外的刚度非常小。对于可能发生的侧向荷载,以及考虑平面外的稳定性,通常需要有平面外的支撑。平面外支撑可以通过多种方式实现。组成钢桁架的杆件,可以为钢管截面,如圆管、矩形或方形钢管,轧制的工字钢、H 形钢、T 形钢,角钢或双角钢组合截面;在一些轻型桁架中,也可采用圆钢作为受拉杆件。一个桁架也可以由多种截面形式的杆件组成。

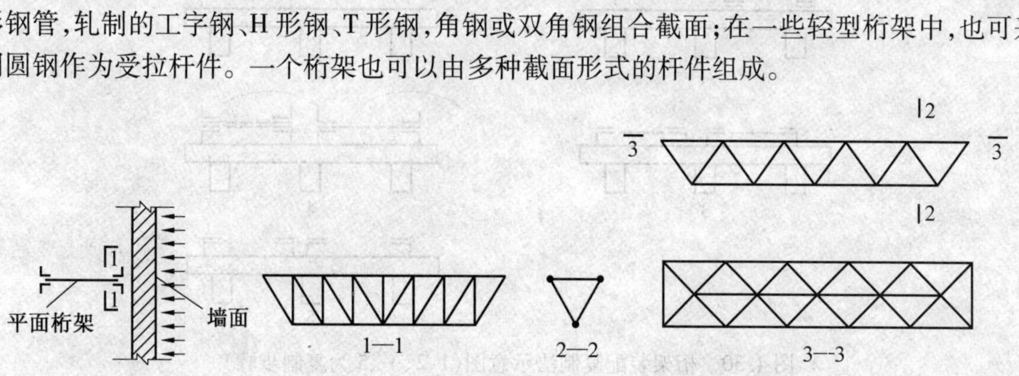

(a) 水平桁架　　(b) 空间桁架

图 4.28　桁架结构

1. 桁架连接

在工厂制作时,桁架的弦杆是连续的。当钢材长度不足,或选用的截面有变化时,经过拼接接头的过渡，整体上还是连续的。桁架的竖腹杆、斜腹杆及弦杆之间的连接，如图 4.29 所示。

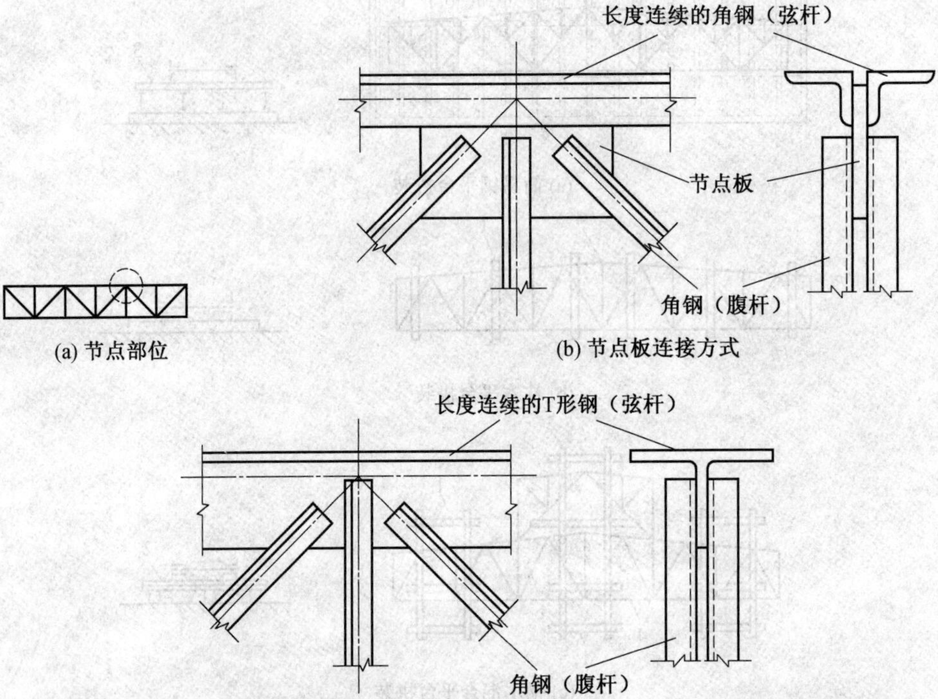

(a) 节点部位　(b) 节点板连接方式

(c) 无节点板连接方式

图 4.29　桁架杆件采用节点板与不采用节点板的连接方式

2. 拼装要点

(1)不论弦杆还是腹杆，应先单肢拼配焊接矫正，然后进行大拼装。

(2)支座、与钢柱连接的节点板等，需先小件组焊，矫平后再定位大拼装(图 4.30)。

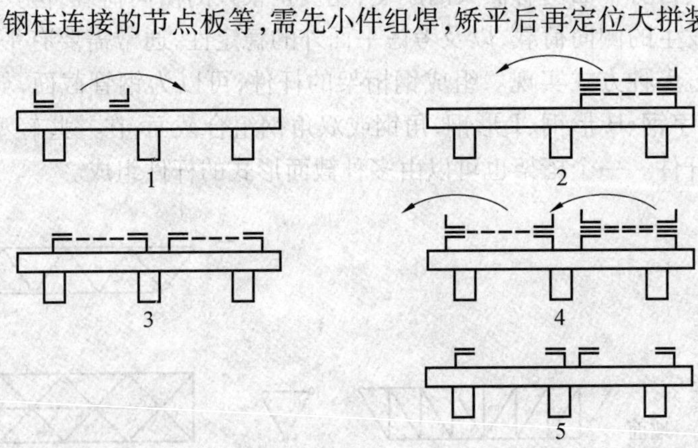

图 4.30　桁架装配复制法示意图(1、2、…、5 为复制步骤)

(3)放拼装胎时需放出收缩量，通常放至上限($L\leq24$ m 时放出 5 mm 的收缩量，$L>24$ m 时放出 8 mm 的收缩量)。

(4)按设计规范规定，三角形屋架跨度 15 m 以上，梯形屋架与平行弦桁架跨度 24 m 以上，当下弦无曲折时应起拱($l/500$)。但小于上述跨度者，因为上弦焊缝较多，可以少量起拱

(10 mm 左右),以防下挠。

(5)桁架的大拼装有胎模装配法与复制法两种。前者较为精确,后者拼装则便捷;前者适合大型桁架,后者适合一般中、小型桁架。

(6)上翼缘节点板的槽焊深度和节点板的厚度有关,见表 4.2。

表 4.2　槽焊深度值

节点板的厚度/mm	6	8	10	12	14
槽焊深度/mm	5	6	8	10	12

如槽焊深度超过上表,可与设计单位研究修改,否则不能保证焊接质量。装配耐槽焊深度公差为±1 mm。

用复制法时,支座部位的做法如图 4.31 所示。

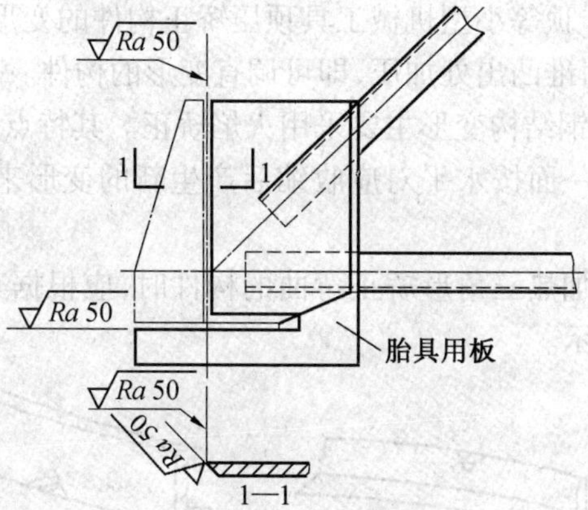

图 4.31　桁架支座部位的做法

讲 68:预拼装的变形预防和矫正

1. 预拼装的变形预防

预拼装时应选择合理的装配顺序,一般原则是先将整体构件适当的分成几个部件,分别进行小单元部件的拼装,然后将这些拼装和焊完的部件予以矫正后,再拼成大单元整体。这样某些不对称或收缩大的构件焊缝能自由收缩和进行矫正,而不影响整体结构的变形。

预拼装时,应注意下列事项:

(1)拼装前,应按设计图的规定尺寸,认真检查拼装零件的尺寸是否正确。

(2)拼装底样的尺寸一定要符合拼装半成品构件的尺寸要求,构件焊接点的收缩量应接近焊后实际变化尺寸要求。

(3)拼装时,为避免构件在拼装过程中产生过大的应力变形,应使零件的规格或形状均符合规定的尺寸和样板要求。同时在拼装时不应采用较大的外力强制组对,避免构件焊后产生过大的拘束应力而发生变形。

(4)构件组装时,为使焊接接头均匀受热以消除应力和减少变形,应做到对接间隙、坡口角度、搭接长度和 T 形贴角连接的尺寸正确,其形状和尺寸的要求应按设计及确保质量的经验做法进行。

(5)坡口加工的形式、角度、尺寸应按设计施工图要求进行。

2. 预拼装的变形矫正

(1)变形校正顺序。当零件组成的构件变形较为复杂,并具有一定的结构刚度时,可按下列顺序进行矫正:

1)先矫正总体变形,后矫正局部变形。

2)先矫正主要变形,后矫正次要变形。

3)先矫正下部变形,后矫正上部变形。

4)先矫正主体构件,后矫正副件。

(2)变形校正的方法。当钢构件发生弯曲或扭曲变形超过设计规定的范围时,必须进行矫正。常用的矫正方法有机械矫正法、火焰矫正法和混合矫正法等。

1)机械矫正法。机械矫正法主要采用顶弯机、压力机矫正弯曲构件,亦可利用固定的反力架、液压式或螺旋式千斤顶等小型机械工具顶压矫正构件的变形。矫正时,将构件变形部位放在两支撑的空间处,对准凸出处加压,即可调直变形的构件。

2)火焰矫正法。条形钢结构变形主要采用火焰矫正。其特点是时间短、收缩量大,其水平收缩方向是沿着弯曲的一面按水平对应收缩后产生新的变形来矫正已发生的变形,如图4.32所示。

①采用加热三角形法加热三角形矫正弯曲的构件时,应根据其变形方向来确定加热三角形的位置,如图4.32所示。

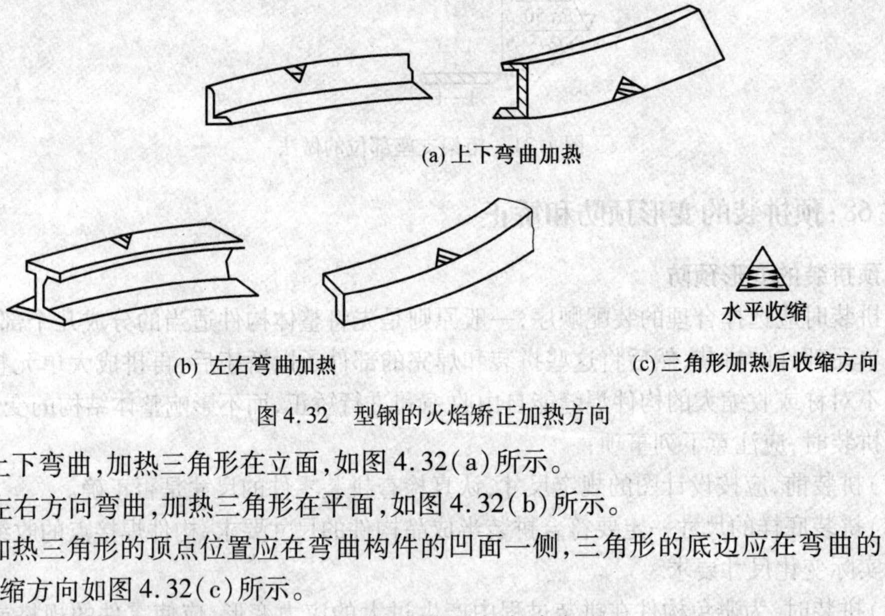

(a)上下弯曲加热

(b) 左右弯曲加热

(c)三角形加热后收缩方向

图4.32 型钢的火焰矫正加热方向

a. 上下弯曲,加热三角形在立面,如图4.32(a)所示。

b. 左右方向弯曲,加热三角形在平面,如图4.32(b)所示。

c. 加热三角形的顶点位置应在弯曲构件的凹面一侧,三角形的底边应在弯曲的凸面一侧,其收缩方向如图4.32(c)所示。

②加热三角形的数量多少应按构件变形的程度来确定:

a. 构件变形的弯矩大,则加热三角形的数量要多,间距要近。

b. 构件变形的弯矩小,则加热三角形的数量要少,间距要远。

c. 一般对5 m以上长度、截面为100~300 mm^2的型钢件用火焰(三角形)矫正时,加热三角形的相邻中心距为500~800 mm,每个三角形的底边宽由变形程度来确定,一般应在80~150 mm范围内,如图4.33所示。

③加热三角形的高度和底边宽度一般是型钢高度的1/5~2/3左右,加热温度在700~

800 ℃之间，不得超过 900 ℃的正火温度。矫正的构件材料若是低合金钢结构钢时，矫正后必须缓慢冷却，必要时可用绝热材料加以覆盖保护，以免增加硬化组织，发生脆裂等缺陷。

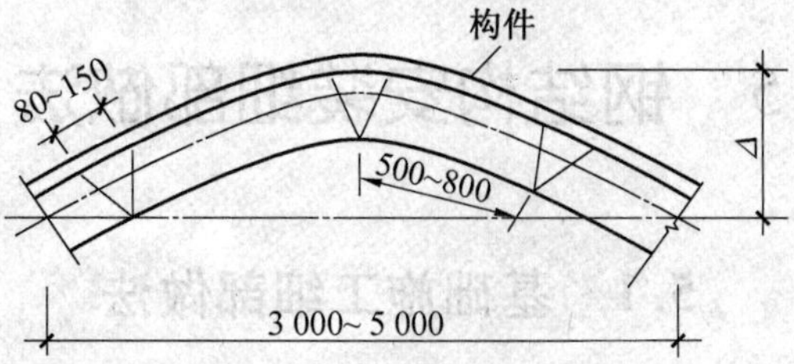

图 4.33 火焰矫正构件加热三角形的尺寸和距离（Δ 为构件弯曲度）

3）混合矫正法。钢结构混合矫正法是依靠综合作用矫正构件的变形。

①当变形构件符合下列情况之一者，应采用混合矫正法：

a. 构件变形的程度较严重，并兼有死弯。

b. 变形构件截面尺寸较大，矫正设备能力不足。

c. 构件变形形状复杂。

d. 构件变形方向具有两个及两个以上的不同方向。

e. 用单一矫正方法不能矫正变形构件，均采用混合矫正法进行。

②箱形梁构件扭曲矫正方法：矫正箱形梁扭曲时，应将其底面固定在平台上，因其刚性较大，需在梁中间位置的两个侧面及上平面，用 2 ~ 3 只大型烤把同时进行火焰加热，加热宽度约 30 ~ 40 mm，并用牵拉工具逆着扭曲方向的对角方向施加外力 P，在加热与牵引综合作用下，才能将扭曲矫正，如图 4.34 所示。

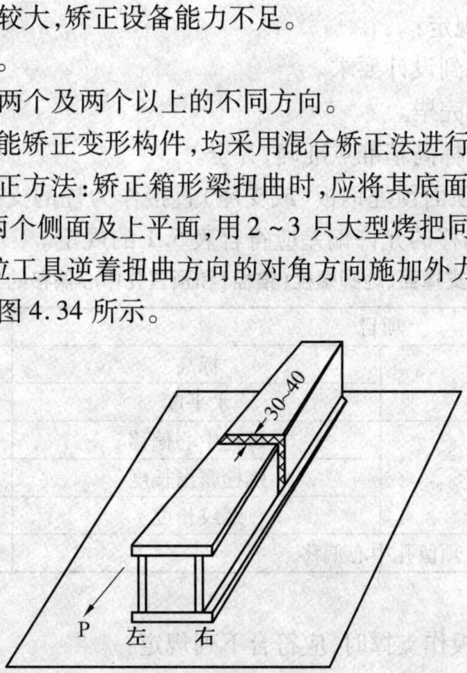

图 4.34 箱形梁的扭曲变形矫正（P 为外力）

箱形梁的扭曲被矫正后，可能会产生上拱或侧弯的新变形。对上拱变形的矫正，可在上拱处由最高点向两端用加热三角形方法矫正；侧弯矫正时除用加热三角形法单一矫正外，还可边加热边用千斤顶进行矫正。

5　钢结构安装细部做法

5.1　基础施工细部做法

讲 69：一般规定

(1)钢结构安装前应对建筑物的定位轴线、基础轴线和标高、地脚螺栓位置等进行检查，并应办理交接验收。当基础工程分批进行交接时，每次交接验收应不少于一个安装单元的柱基基础，并应符合下列规定：

1)基础混凝土强度达到设计要求。

2)基础周围回填夯实完毕。

3)基础的轴线标志和标高基准点准确、齐全。

(2)基础顶面及基础顶面预埋钢板(或支座)直接作为柱的支撑面时，其支撑面、地脚螺栓(锚栓)和预留孔中心偏移的允许偏差应符合表 5.1 的规定。

表 5.1　支撑面、地脚螺栓(锚栓)和预留孔中心偏移的允许偏差　单位：mm

项目		允许偏差
支撑面	标高	±3.0
	水平度	l/1 000
地脚螺栓(锚栓)	螺栓中心偏移	5.0
	螺栓露出长度	0～30.0
	螺纹长度	0～30.0
预留孔中心偏移		10.0

注：l 为支撑面长度

(3)钢柱脚采用钢垫板作支撑时，应符合下列规定：

1)钢垫板面积应根据混凝土抗压强度、柱脚底板承受的荷载和地脚螺栓(锚栓)的紧固拉力计算确定。

2)钢垫板应设置在靠近地脚螺栓(锚栓)的柱脚底板加劲板或柱肢下，每根地脚螺栓(锚栓)侧应设 1～2 组垫板，每组垫板不得多于 5 块。

3)钢垫板与基础面和柱底面的接触应平整、紧密；当采用成对斜垫板时，其叠合长度不应小于垫板长度的 2/3。

4)柱底二次浇灌混凝土前钢垫板间应焊接固定。

(4)锚栓及预埋件安装应符合下列规定：

1)宜采取锚栓定位支架、定位板等辅助固定措施。

2)锚栓和预埋件安装到位后，应可靠固定；当锚栓埋设精度较高时，可采用预留孔洞、二次埋设等工艺。

3)锚栓应采取防止损坏、锈蚀和污染的保护措施。

4)钢柱锚栓紧固后,外露部分应采取防止螺母松动和锈蚀的措施。

5)当锚栓需要施加预应力时,可采用后张拉方法,张拉力应符合设计文件的要求,并应在张拉完成后进行灌浆处理。

讲70:基础标高的调整

1.基础标高的确定

安装单位对基础上表面标高尺寸,应结合各成品钢柱的实有长度或牛腿承面的标高尺寸进行处理,使安装后各钢柱的标高尺寸达到一致。这样可避免只顾基础上表面的标高,忽略了钢柱本身的偏差,导致各钢柱安装后的总标高或相对标高不统一。

在确定基础标高时,应按以下方法进行处理:

(1)首先确定各钢柱与所在各基础的位置,进行对应配套编号。

(2)根据各钢柱的实有长度尺寸(或牛腿承点位置)确定对应的基础标高尺寸。

(3)当基础标高的尺寸与钢柱实际总长度或牛腿承点的尺寸不符时,应采用降低或增高基础上平面的标高尺寸的办法来调整确定安装标高的准确尺寸。

2.基础标高的调整

钢柱基础标高的调整应根据安装构件及基础标高等条件来进行,常用的处理方法有如下几种:

(1)成品钢柱的总长、垂直度、水平度,完全符合设计规定的质量要求时,可将基础的支撑面一次浇筑到设计标高,安装时不做任何调整处理即可直接就位安装。

(2)基础混凝土浇筑到比设计标高低40~60 mm的位置,然后用细石混凝土找平至设计安装标高。找平层应保证细石面层与基础混凝土严密结合,不许有夹层;如原混凝土面光滑,应用钢凿凿成麻面,并经清理,再进行浇筑,使新旧混凝土紧密结合,从而达到基础的强度。

(3)按设计标高安置好柱脚底座钢板,并在钢板下面浇筑水泥砂浆。

(4)先将基础浇筑到比设计标高低40~60 mm,在钢柱安装到钢板上后,再进行浇筑细石混凝土,如图5.1(a)所示。

(5)预先按设计标高埋置好柱脚支座配件(型钢梁、预制钢筋混凝土梁、钢轨及其他),在钢柱安装后,再进行浇筑水泥砂浆,如图5.1(b)所示。

讲71:垫放垫铁

(1)为了使垫铁组平稳地传力给基础,应使垫铁面与基础面紧密贴合。因此,在垫放垫铁前,对不平的基础上表面,需用工具凿平。

(2)垫放垫铁的位置及分布应正确,具体垫法应根据钢柱底座板受力面积大小,应垫在钢柱中心及两侧受力集中部位或靠近地脚螺栓的两侧。垫铁垫放的要求是在不影响灌浆的前提下,相邻两垫铁组之间的距离应越近越好,这样能使底座板、垫铁和基础起到全面承受压力荷载的作用,共同均匀地受力,避免因局部偏压、集中受力或底座板在地脚螺栓紧固受力时发生变形。

(3)直接承受荷载的垫铁面积应符合受力需要,否则面积太小,易使基础局部集中过载,

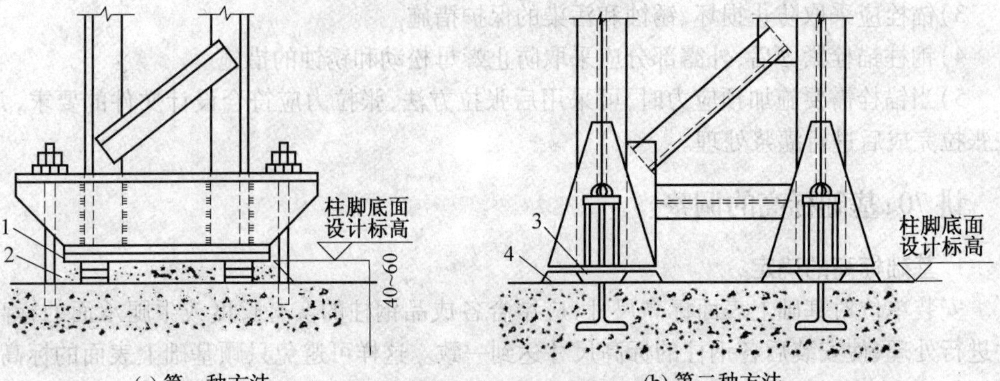

图 5.1　基础施工及标高处理方法

1—调整钢柱用的垫铁;2—钢柱安装后浇灌的细石混凝土;

3—预先埋置的支座配件;4—钢柱安装后浇灌的水泥砂浆

影响基础全面均匀受力。因此,钢柱安装用垫铁调整标高或水平度时,首先应确定垫铁的面积。一般钢柱安装用垫铁均为非标准,不像安装动力设备垫铁的要求那么严格,故钢柱安装用垫铁在设计施工图上一般不做规定和说明,施工时可自行选用确定。选用确定垫铁的几何尺寸及受力面积,可根据安装构件的底座面积大小、标高、水平度和承受载荷等实际情况确定。

(4)垫铁厚度应根据基础上表面标高来确定,一般基础上表面的标高多数低于安装基准标高 40 ~ 60 mm。安装时应依据这个标高尺寸采用垫铁来调整确定极限标高和水平度。因此,安装时应根据实际标高尺寸确定垫铁组的高度,再选择每组垫铁厚、薄的配合;按照规范规定,每组垫铁的块数不应超过 3 块。

(5)垫放垫铁时,应将厚垫铁垫在下面,薄垫铁放在最上面,最薄的垫铁宜垫放在中间;但尽量少用或不用薄垫铁,否则影响受力时的稳定性和焊接(点焊)质量。安装钢柱调整水平度,在确定平垫铁的厚度时,还应同时锻造加工一些斜垫铁,其斜度一般为 1/10 ~ 1/20;垫放时应防止产生偏心悬空,斜垫铁应成对使用。

(6)垫铁在垫放前,应将其表面的铁锈、油污和加工的毛刺清理干净,以备灌浆时能与混凝土牢固地结合;垫放后的垫铁组应露出底座板边缘外侧的长度约 10 ~ 20 mm,并在层间两侧用电焊点焊牢固。

(7)垫铁的高度应合理,过高会影响受力的稳定;过低则影响灌浆的填充饱满,甚至使灌浆无法进行。灌浆前,应认真检查垫铁组与底座板接触的牢固性,常用质量为 0.25 kg 的小锤轻击,用听声的办法来判断,接触牢固的声音是实音;接触不牢固的声音是碎哑音。

讲 72:基础灌浆

(1)为达到基础二次灌浆的强度,在用垫铁调整或处理标高、垂直度时,应保持基础支撑面与钢柱底座板下表面之间的距离不小于 40 mm,以利于灌浆,并全部填满空隙。

(2)灌浆所用的水泥砂浆应采用高强度等级水泥或比原基础混凝土等级高一级。

(3)冬期施工时,基础二次灌浆配制的砂浆应掺入防冻剂、早强剂,以防止冻害或强度上升过缓的缺陷。

(4)为了防止腐蚀,对下列结构工程及所在的工作环境,二次灌浆使用的砂浆材料中,不得掺用氯盐。

1)在高温度空气环境中的结构,如排出大量的蒸汽车间和经常处在空气相对湿度大于80%的环境。

2)处于水位升降部位的结构及其结构基础。

3)露天结构或经常受水湿、雨淋的结构基础。

4)有镀锌钢材或有色金属结构的基础。

5)外露钢材及其预埋件而无防护措施的结构基础。

6)与含有酸、碱或硫酸盐等侵蚀性介质相接触的结构及有关基础。

7)使用的工程经常处于环境温度为60 ℃及其以上的结构基础。

8)薄壁结构、中级或重级工作制的吊车梁、屋架、落锤或锻锤的结构基础。

9)电解车间直接靠近电源的构件基础。

10)直接靠近高压电源(发电站、变电所)等场合一类结构的基础。

11)预应力混凝土的结构基础。

(5)为了保证基础二次灌浆达到强度要求,避免发生一系列的质量通病,应按以下工艺进行。

1)基础支撑部位的混凝土面层上的杂物需认真清理干净,并在灌浆前用清水湿润后再进行灌浆。

2)灌浆前对基础上表面的四周应支设临时模板;基础灌浆时应连续进行,防止砂浆凝固,不能紧密结合。

3)对于灌浆空隙太小、底座板面积较大的基础灌浆时,为克服无法施工或灌浆中的空气、浆液过多,影响砂浆的灌入或分布不均等缺陷,宜参考如下方法进行:

①灌浆空隙较小的基础,可在柱底脚板上面各开一个适宜的大孔和小孔,大孔作灌浆用,小孔作为排除空气和浆液用,在灌浆的同时可用加压法将砂浆填满空隙,并认真捣固,以达到强度。

②对于长度或宽度在1 m以上的大型柱底座板灌浆时,应在底座板上开一孔,用漏斗放于孔内,并采用压力将砂浆灌入,再用1~2个细钢管,其管壁钻若干小孔,按纵横方向平行放入基础砂浆内解决浆液和空气的排出。待浆液、空气排出后,抽除钢管并再加灌一些砂浆来填满钢管遗留的空隙。在养生强度达到后,将座板开孔处用钢板覆盖并焊接封堵。

③基础灌浆工作完成后,应将支撑面四周边缘用工具抹成45°散水坡;并认真湿润养护。

④如果在北方冬季或较低温环境下施工时,应采取防冻或加温等保护措施。

(6)如果钢柱的制作质量完全符合设计要求时,采用坐浆法将基础支撑面一次达到设计安装标高的尺寸;经养生强度达到75%及其以上即可就位安装,可省略二次灌浆的系列工序过程,并节约垫铁等材料和消除灌浆存在的质量通病。

(7)坐浆或灌浆后的强度试验。

1)用坐浆或灌浆法处理后的安装基础的强度必须符合设计要求;基础的强度必须达到7 d的养生强度标准,其强度应达到75%及其以上时,方可安装钢结构。

2)如果设计要求需做强度试验时,应在同批施工的基础中采用同种材料、同一配合比、同一天施工及相同施工方法和条件下,制作两组砂浆试块。其中,一组与坐浆或灌浆同条件进行养护，在钢结构吊装前做强度试验；另一组试块进行28 d标准养护，做另期强度备查。

3）如同一批坐浆或灌浆的基础数量较多时，为了达到其准确的平均强度值，可适当增加砂浆试块组数。

讲73：地脚螺栓预埋

1. 地脚螺栓埋设技巧

（1）预留孔清理。对于预留孔的地脚螺栓埋设前，应将孔内杂物清理干净。一般的做法是用较长的钢凿将孔底及孔壁结合薄弱的混凝土颗粒和贴附的杂物全部清除，然后用压缩空气吹净，浇灌前用清水充分湿润，再进行浇灌。

（2）地脚螺栓清洁。不论一次埋设或事先预留孔二次埋设地脚螺栓，埋设前，一定要将埋入混凝土中的一段螺杆表面的铁锈、油污清理干净。若清理不净，会使浇灌后的混凝土与地脚螺栓表面结合不牢，易出现缝隙或隔层，不能起到锚固底座的作用。清理的一般做法是用钢丝刷或砂纸去锈；油污通常用火焰烧烤去除。

（3）地脚螺栓埋设。目前钢结构工程柱基地脚螺栓的预埋方法有直埋法和套管法两种。

直埋法就是用套板控制地脚螺栓相互之间的距离，立固定支架控制地脚螺栓群不变形，在柱基底板绑扎钢筋时埋入，控制位置，同钢筋连成一体，整体浇筑混凝土，一次固定。为防止浇灌时地脚螺栓的垂直度及距孔内侧壁、底部的尺寸变化，浇灌前应将地脚螺栓找正后加固固定。

套管法就是先安装套管（内径比地脚螺栓大2～3倍），在套管外制作套板，焊接套管并立固定架，将其埋入浇筑的混凝土中，待柱基底板上的定位轴线和柱中心线检查无误后，在套管内插入螺栓，使其对准中心线，通过附件或焊接加以固定，最后在套管内注浆锚固螺栓。地脚螺栓在预留孔内埋设时，其根部底面与孔底的距离不得小于80 mm；地脚螺栓的中心应在预留孔中心位置，螺栓的外表与预留孔壁的距离不得小于20 mm。

比较上述两种预埋方法，一般认为采用直埋法施工对结构的整体性比较好，而采用套管法施工，地脚螺栓与柱基底板之间隔着套管，尽管可以采取多种措施来保证其整体性，但都无法与直埋法相比。目前绝大多数工程设计都要求采用直埋法施工。

（4）地脚螺栓定位。

1）基础施工确定地脚螺栓或预留孔的位置时，应认真按施工图规定的轴线位置尺寸放出基准线，同时在纵、横轴线（基准线）的两对应端分别选择适宜位置埋置铁板或型钢，标定出永久坐标点，以备在安装过程中随时测量参照使用。

2）浇筑混凝土前，应按规定的基准位置支设、固定基础模板及地脚螺栓定位支架、定位板等辅助设施。

3）浇筑混凝土时，应经常观察及测量模板的固定支架、预埋件和预留孔的情况，当发现有变形、位移时应立即停止浇灌，进行调整、排除。

4）为防止基础及地脚螺栓等的系列尺寸、位置出现位移或过大偏差，基础施工单位与安装单位应在基础施工放线定位时密切配合，共同把关控制各自的正确尺寸。

2. 地脚螺栓纠偏技巧

（1）埋设的地脚螺栓有个别的垂直度偏差很小时，应在混凝土养生强度达到75%或以上时进行调整。调整时可用氧-乙炔焰将不直的螺栓在螺杆处加热后采用木质材料垫护，用锤高移，扶直到正确的垂直位置。

(2)对位移或垂直度超差过大的地脚螺栓，可在其周围用钢凿将混凝土凿到适宜深度后，用气割割断，按规定的长度、直径尺寸及相同材质材料，加工后采用搭接焊焊接上一段，并采取补强的措施，来调整达到规定的位置和垂直度。

(3)对位移偏差过大的个别地脚螺栓除采用搭接焊焊接法处理外，在允许的条件下，还可采用扩大底座板孔径侧壁来调整位移的偏差量，调整后用自制的厚板垫圈覆盖，进行焊接补强固定。

(4)预留地脚螺栓孔在灌浆埋设前，当螺栓在预留孔内位置偏移超差过大时，可采取扩大预留孔壁的措施来调整地脚螺栓的准确位置。

5.2 单层钢结构安装细部做法

讲 74:钢柱安装

1. 一般规定

(1)钢柱柱脚安装时，锚栓宜使用导入器或护套。

(2)首节钢柱安装后应及时进行垂直度、标高和轴线位置校正，钢柱的垂直度可采用经纬仪或线锤测量；校正合格后钢柱应可靠固定，并进行柱底二次灌浆，灌浆前清除柱底板与基础面间杂物。

(3)首节以上的钢柱定位轴线应从地面控制轴线直接引上，不得从下层柱的轴线引上；钢柱校正垂直度时，应确定钢梁接头焊接的收缩量，并应预留焊缝收缩变形值。

(4)倾斜钢柱可采用三维坐标测量法进行测校，也可采用柱顶投影点结合标高进行测校，校正合格后宜采用刚性支撑固定。

(5)单层钢结构钢柱安装工艺流程如图 5.2 所示。

2. 钢柱吊装方法

常用的钢柱吊装法有旋转法、滑行法和递送法。重型工业厂房大型钢柱又重又长，根据起重机配备和现场条件确定，可单机、双机、三机等。

(1)旋转法。旋转法是将柱子下端的位置保持不动，上端则以下端为旋转轴，随着起重钩的上升和起重臂的旋转而逐渐地升起，直到上端与下端处于同一垂直线为止，如图 5.3 所示。这时柱子只有一半的质量传至起重机，然后将柱子吊起旋转至基础上方，使柱脚对准杯口，缓缓落下就位。采用旋转法起吊时，柱子的绑扎点、柱子的下端中心和柱基的中心三点，必须在起重机为回转中心到吊点的距离为半径(即吊柱子的回转半径)的同一圆弧上(简称三点共弧)。该方法简单易行，多用于中小型柱子的吊装。

(2)滑行法。采用滑行法吊装柱子时，起重臂不做回转运动，起吊时，只是起升吊钩，带动柱顶上升，同时柱脚在水平力的作用下沿地面滑向杯口基础，直至吊钩将柱吊离地面，再旋转吊臂，将柱子插入杯口，如图 5.4 所示。

采用滑行法起吊，要求在预制或倒运就位柱子时，注意使起吊绑扎点(两点绑扎时为两绑扎点中间)布置在杯口附近，并使绑扎点和柱基中心同在起重机的工作半径上，以使柱子吊离地面后稍转动起吊臂即可就位。另外，为减少柱脚与地面的摩擦阻力和构件的振动，柱

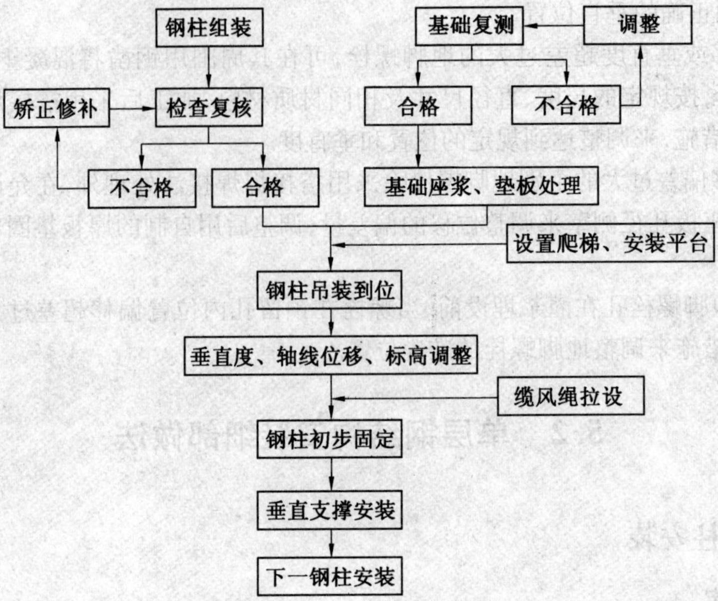

图 5.2　单层钢结构钢柱安装工艺流程

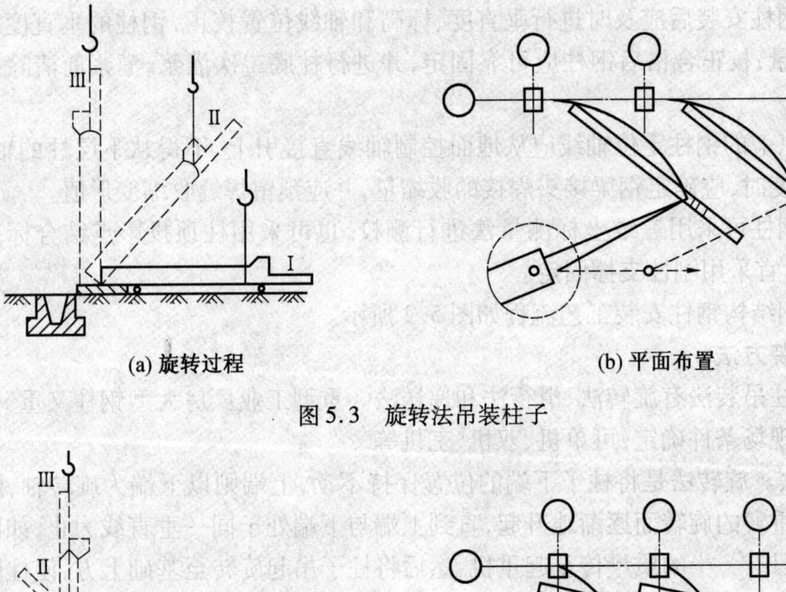

(a) 旋转过程　　　　(b) 平面布置

图 5.3　旋转法吊装柱子

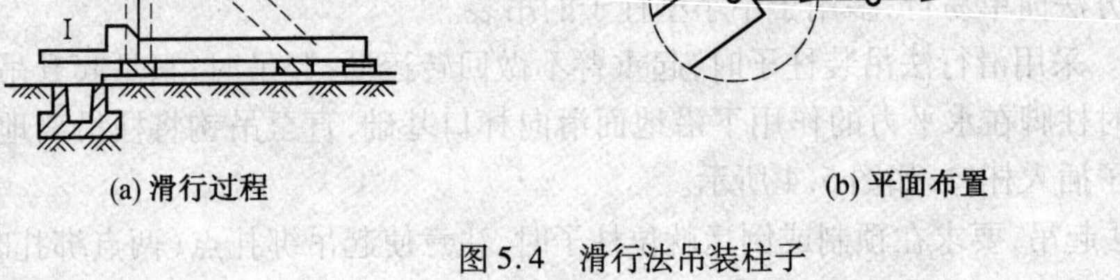

(a) 滑行过程　　　　(b) 平面布置

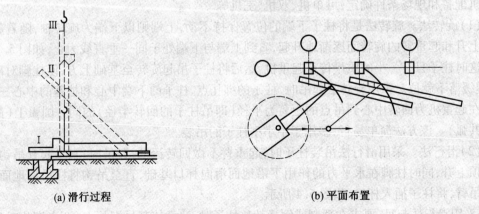

图 5.4　滑行法吊装柱子

脚下应设置滑橇。

(3)递送法。双机抬吊递送法又称两点抬吊法(双机的起吊点不在同一点上)。如图5.5所示为使用递送法起吊时构件的平面布置图,虚线和箭头表示起重机行走路线和前进方向。绑扎点的位置与基础中心线间的距离应按照事先计算好的位置来布置,即柱子的两个绑扎点与基础中心线应分别在两台起重机的回转半径上。

3. 钢柱安装放线

钢柱安装前应设置标高观测点和中心线标志,同一工程的标高观测点和中心线标志设置位置应一致,如图5.6所示。

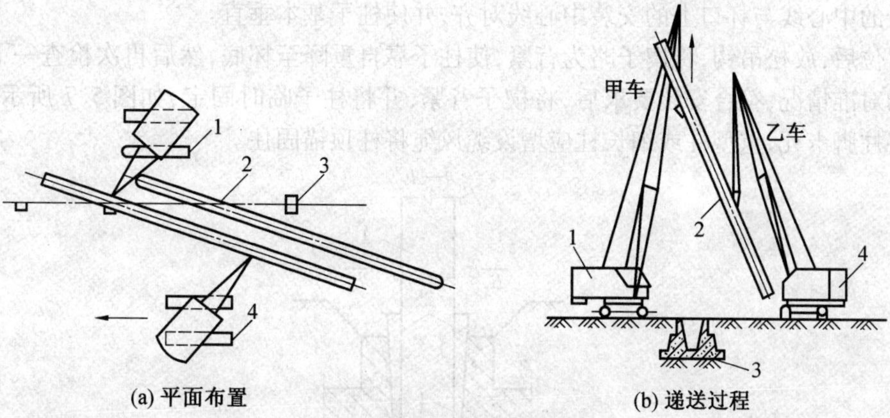

图5.5 双机抬吊递送法

1—主机;2—柱子;3—基础;4—副机

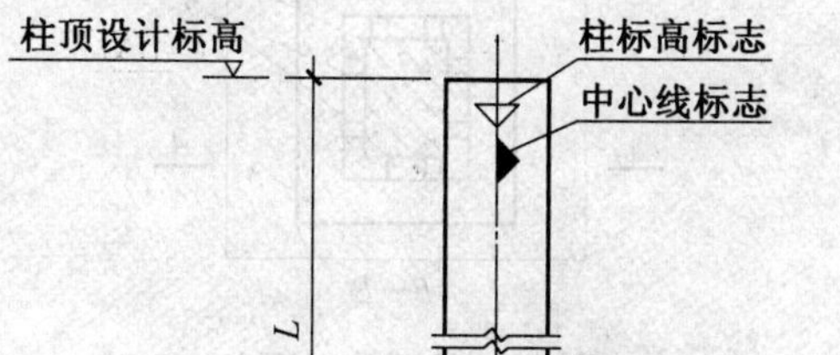

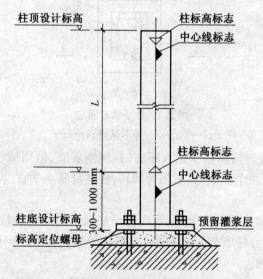

图5.6 钢柱表面安装标志线示意图

(1)标高观测点的设置应符合下列规定:

1)标高观测点的设置以牛腿(肩梁)支撑面为基准,设在钢柱的便于观测处。

2)无牛腿(肩梁)柱,应以柱顶端与屋面梁连接的最上一个安装孔中心为基准。

(2)中心线标志的设置应符合下列规定:

1)在柱底板上表面横向设1个中心标志,纵向两侧各设1个中心标志。

2)在柱身表面纵向和横向各设1个中心线,每条中心线在柱底部、中部(牛腿或肩梁部)和顶部各设1处中心标志。

3)双牛腿(肩梁)柱在行线方向两侧柱身表面分别设中心标志。

4. 钢柱的就位与临时固定

钢柱就位是指将柱子插入杯口并对好安装基准线的一道工序。

如采用垂直吊法,柱脚插入杯口后,并不降至杯底,而是停在离杯底30~50 cm处进行对位,对位的方法是用8只木楔或钢楔置于柱四面与杯口的空隙处,并配合撬棍撬动柱脚,使柱子的中心线与杯口上的安装中心线对齐,并使柱子基本垂直。

对位后,放松吊钩,将楔子略为背紧,使柱子靠自重降至杯底,然后再次检查一下安装中心线的对准情况,符合安装要求后,将楔子背紧,并将柱子临时固定,如图5.7所示,随即用石子将柱脚卡死,重型柱或细长柱应增设缆风绳将柱顶锚固住。

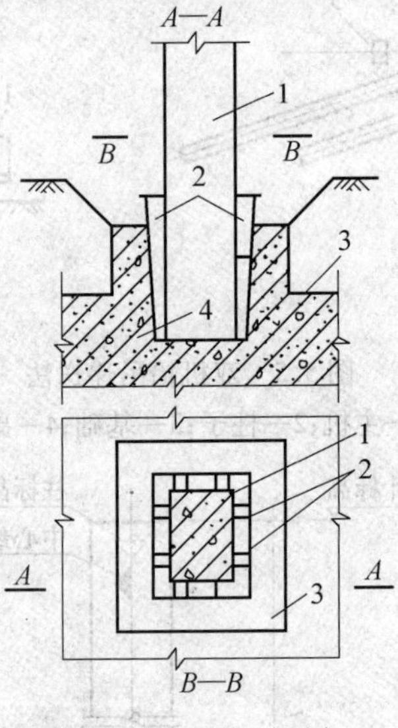

图5.7　柱子临时固定

1—柱子;2—楔子;3—杯形基础;4—石子

如采用斜吊法,就位时需将柱子送入杯底(柱脚刚着底,但用撬杠能撬动),然后在柱的上风方向(吊钩侧)插入两个楔子,然后吊臂回转,使柱身基本垂直,再对中线。

5. 钢柱校正

(1)柱基础标高调整。钢柱安装时,可在柱子底板下的地脚螺栓上加一个调整螺母,螺母上表面的标高调整到与柱底板标高齐平,放下柱子后,利用底板下的螺母控制柱子的标高,精度可达±1 mm以内。

柱子底板下预留的空隙,可用无收缩砂浆填实,如图5.8所示。采用这种方法时,对地脚螺栓的强度和刚度应进行验算,不满足时常采用垫铁或垫块来调整,垫铁由不同厚度的钢板制成,应用普遍。垫块用无收缩砂浆立模浇筑,强度需高于基础混凝土一个等级并不低于30 N/ mm^2。

(2)平面位置校正。钢柱底部制作时,在柱底板侧面,用钢冲在互相垂直的四个面上各打一个点,用三个点与基础面十字线对准即可,争取达到点线重合。

对线方法:在起重机不脱钩的情况下将柱底定位线与基础定位轴线对准,缓慢落至标高位置。为防止预埋螺栓与柱底板螺孔有偏差,设计时考虑偏差数值,适当将螺孔加大,上压盖板焊接解决。

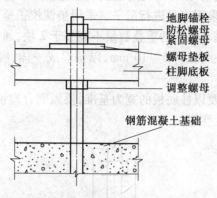

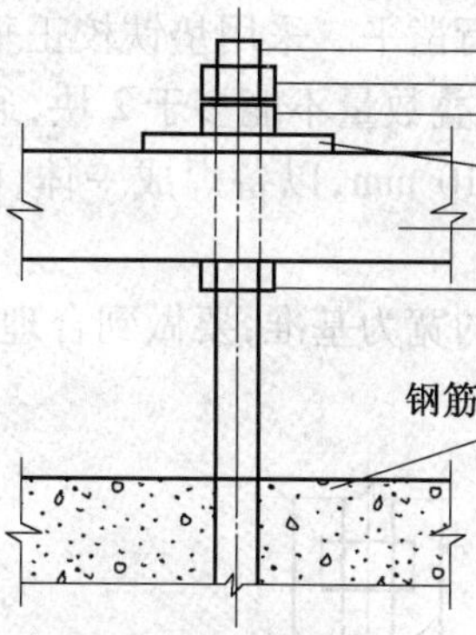

图 5.8 柱基标高调整示意图

(3)柱身垂直度校正。柱子的垂直校正测量可用两台经纬仪安置在纵、横轴线上,先对准柱底垂直翼缘板或中线,再渐渐仰视到柱顶,若中线偏离视线,表示柱子不垂直,可指挥调节缆风绳或支撑,或采用敲打等方法使柱子垂直,然后用斜垫铁找正。在实际工作中,通常把成排的柱子都竖立起来,然后进行校正,这时可把两台经纬仪分别安置在纵、横轴线一侧,偏离中线通常不得大于 3 m,如图 5.9 所示。在吊装屋架或安装竖向构件时,还需对钢柱进行复核校正。

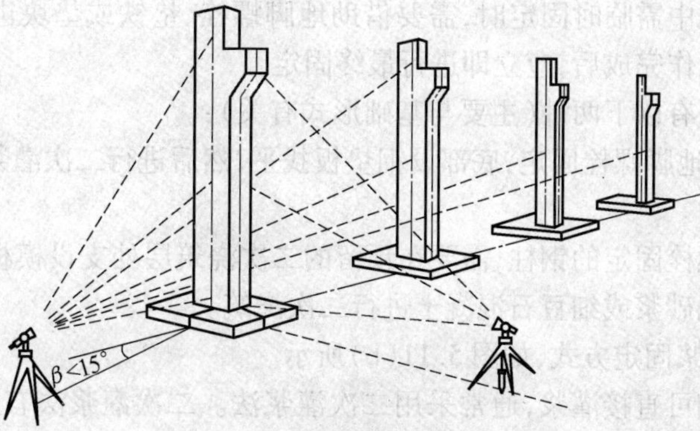

图 5.9 钢柱垂直校正测量示意图

钢柱在校正时,若两个面均有偏差,应先校正偏差大的一面,然后再校正偏差小的一面;若两个面偏差数字相近,则应先校正小面,后校正大面。在两个方向垂直度校正好后,还应再复查一次平面轴线和标高,若符合要求,应及时固定,以避免在风力作用下向松的一面倾斜。

钢柱安装校正时应考虑风力、温度、日照等因素对结构变形的影响。

1)风力对柱面产生压力,柱面的宽度越宽,柱子高度越高,受风力影响越大,影响柱子的侧向弯曲也就越大。因此,当柱子高度在 8 m 以上、风力超过 5 级时不能进行钢柱的校正操作。

2)温度和日照对钢结构的变形影响也比较明显,如日照使阳面和阴面产生不同变形,使钢柱向阴面一侧弯曲，因而应根据气温（季节）控制钢柱的垂直度偏差。

6. 垫铁垫放要求

为了使垫铁组平稳地传力给基础，应使垫铁面与基础面紧密贴合。因此，在垫放垫铁前，对不平的基础上表面需采用工具进行凿平。采用垫铁校正垂直度和调整柱子标高时，需注意垫放不同厚度垫铁或偏心垫铁的重叠数量不能多于2块，通常要求厚板在下面、薄板在上面。每块垫板要求伸出柱底板外5～10 mm，以备焊成一体，确保柱底板与基础板平稳牢固结合，如图5.10所示。

此外，垫铁之间的距离要以柱底板的宽为基准，要做到合理恰当，使柱体受力均匀，以避免柱底板局部压力过大产生变形。

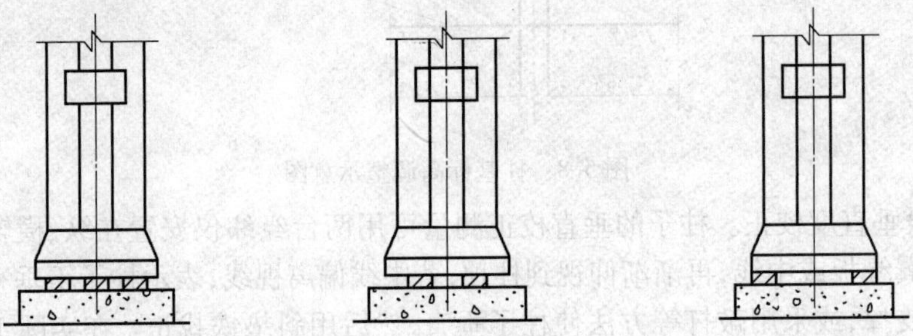

图5.10　钢柱垫铁示意图

7. 钢柱的最后固定

钢柱在校正过程中需临时固定时，需要借助地脚螺栓、垫铁或垫块进行，不能进行灌浆操作。在钢柱校正工作完成后，应立即进行最终固定。

钢柱的固定方法有以下两种（主要与基础形式有关）：

(1)基础上预埋地脚螺栓固定，底部设钢垫板找平，然后进行二次灌浆，如图5.11(a)所示。

对于预埋地脚螺栓固定的钢柱，需要在预留的二次浇筑层处支设模板，然后用强度等级高一级的无收缩水泥砂浆或细豆石混凝土进行二次浇筑。

(2)插入杯口灌浆固定方式，如图5.11(b)所示。

对于杯口式基础可直接灌浆，通常采用二次灌浆法。二次灌浆法有赶浆法和压浆法两种。赶浆法是在杯口一侧灌注强度等级高一级的无收缩砂浆或细豆石混凝土，用细振动棒振捣使砂浆从柱底另一侧挤出，待填满柱底周围约10 cm高，接着在杯口四周均匀地灌注细石混凝土至杯口，如图5.12(a)所示。压浆法是在模板或杯口空隙内插入压浆管与排气管，先灌注20 cm高混凝土，并插捣密实，然后开始压浆，待混凝土被挤压上拱，停止顶压；再灌注20 cm高混凝土顶压一次，即可拔出压浆管和排气管，继续灌注混凝土至杯口，如图5.12(b)所示。压浆法适用于截面很大、垫板高度较薄的杯底灌浆。

需要注意的是：柱子应随校正随即灌浆，若当日校正的柱子未灌浆，次日应复核后再灌浆；灌浆时应将杯口间隙内的木屑等建筑垃圾清除干净，并用水充分湿润，使之能良好结合；捣固混凝土时，应严防碰动楔子而造成柱子倾斜。

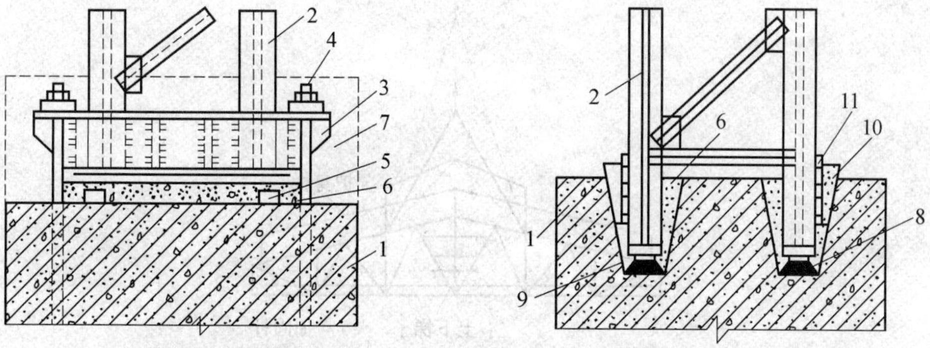

(a) 采用预埋地脚螺栓固定　　(b) 采用杯口二次灌浆固定

图 5.11　钢柱的固定方法

1—柱基础;2—钢柱;3—钢柱脚;4—地脚螺栓;5—钢垫板;
6—二次灌浆用的细石混凝土;7—柱脚外包混凝土;8—砂浆局部粗找平;
9—焊于柱脚上的小钢套墩;10—钢楔;11—厚为 35 mm 硬木垫板

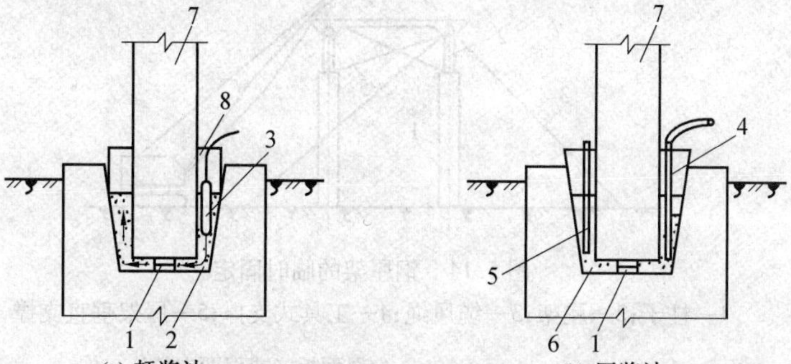

(a) 赶浆法　　(b) 压浆法

图 5.12　杯口式二次灌浆法

1—钢垫板;2—细石混凝土;3—插入式振动棒;4—压浆管;
5—排气管;6—水泥砂浆;7—柱;8—钢楔

讲 75:钢屋架、桁架和水平支撑安装

1. 钢屋架安装

(1)钢屋架的吊装就位。

1)吊点位置的选择。钢屋架的绑扎点应选在屋架节点上,且左右对称于钢屋架的重心,否则应采取防止倾斜的措施。吊点位置尚应符合钢屋架标准图要求或经设计计算确定(图 5.13)。

2)吊装就位。当钢屋架起吊离地 50 cm 时检查无误后再继续起吊,对准屋架基座中心线与定位轴线就位,并做初步校正,然后进行临时固定。

钢屋架吊装就位时应以屋架下弦两端的定位标记和柱顶的轴线标记严格定位并点焊加以临时固定。

(2)钢屋架的吊装固定。

1)临时固定。第一榀钢屋架吊升就位后,可在屋架两侧设缆风绳固定,然后再使起重机脱钩。如果端部有抗风柱,校正后可与抗风柱固定,如图 5.14 所示。第二钢榀屋架同样吊

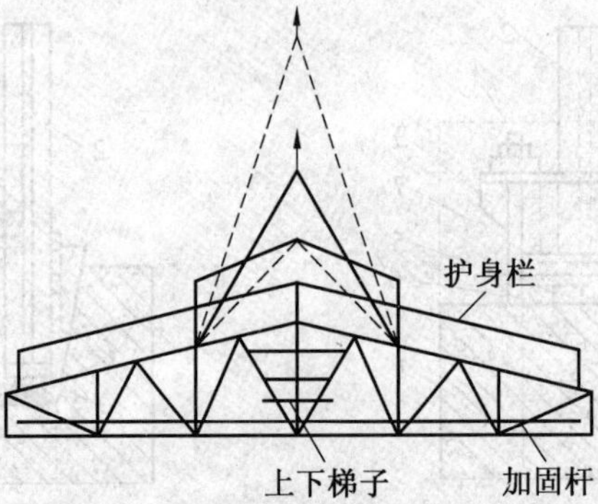

图5.13　钢屋架吊装示意图

升就位后，可用绳索临时与第一榀钢屋架固定。从第三榀钢屋架开始，在屋架脊点及上弦中点装上檩条即可将屋架临时固定，如图5.15所示。第二榀钢屋架及以后各榀钢屋架也可用工具式支撑临时固定到前一榀钢屋架上，如图5.16所示。

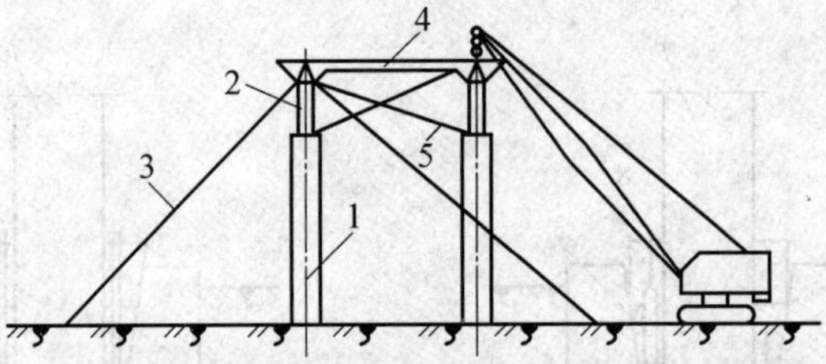

图5.14　钢屋架的临时固定

1—柱子；2—屋架；3—缆风绳；4—工具式支撑；5—屋架垂直支撑

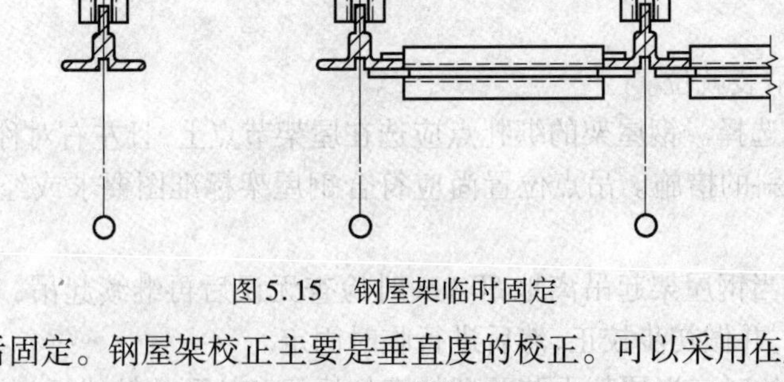

图5.15　钢屋架临时固定

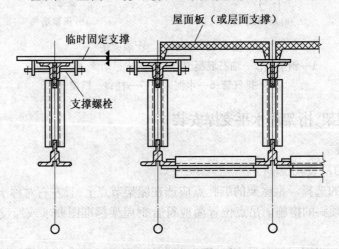

2）校正及最后固定。钢屋架校正主要是垂直度的校正。可以采用在屋架下弦一侧拉一根通长钢丝，同时在屋架上弦中心线挑出一个同样距离的标尺，然后用线锤校正，如图5.17所示。也可用一台经纬仪架设在柱顶一侧，与轴线平移距离口处，在对面柱子上同样有一距离为 a 的点，从钢屋架中线处用标尺挑出距离 a，当三点在一条线上时，则说明屋架垂直。如有误差，可通过调整工具式支撑或绳索，并在钢屋架端部支撑面垫入薄铁片进行调整。

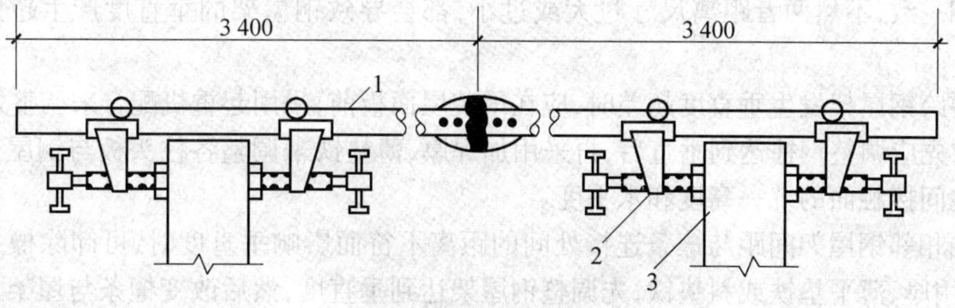

图 5.16 工具式支撑的构造

1—钢管;2—撑脚;3—屋架上弦

钢屋架校正完毕后,拧紧连接螺栓或电焊焊牢作为最后固定。

(3)钢屋架垂直度和跨度控制。

1)钢屋架垂直度控制。

①钢屋架在制作阶段,对各道施工工序应严格控制质量。

a. 首先在放拼装底样画线时,应认真检查各个零件结构的位置并做好自检、专检,以消除误差。

b. 拼装平台应具有足够支撑力和水平度,以防承重后失稳下沉导致平面不平,使构件发生弯曲,造成垂直度超差。

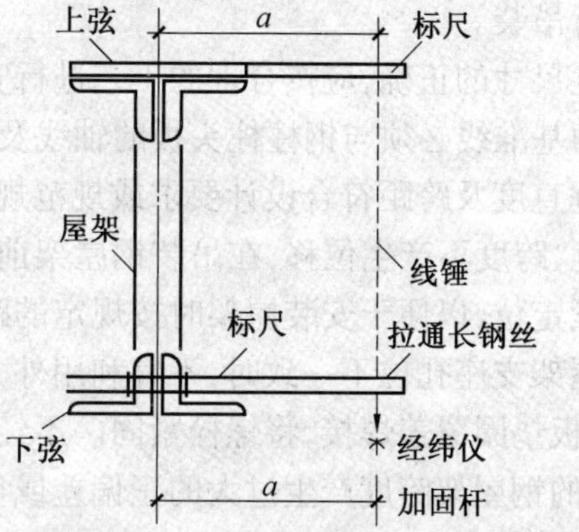

图 5.17 钢屋架垂直度校正示意图(a 为从屋架中线处的挑出距离)

②拼装用挡铁定位时,应按基准线放置。

③拼装钢屋架两端支座板时,应使支座板的下平面与钢屋架的下弦纵横线严格垂直。

④拼装后的钢屋架吊出底样(模)时,应认真检查上下弦以及其他构件的焊点是否与底模、挡铁误焊或夹紧,经检查排除故障或离模后再吊装,否则易致使钢屋架在吊装出模时产生侧向弯曲,甚至损坏屋架或发生事故。

⑤凡是在制作阶段的钢屋架、天窗架产生各种变形,应在安装前、矫正后再吊装。

⑥钢屋架安装应执行合理的安装工艺,确保构件的安装质量符合以下几点要求:

a. 安装到各纵横轴线位置的钢柱垂直度偏差应控制在允许范围内,钢柱垂直度偏差也可以使钢屋架的垂直度产生偏差。

b. 各钢柱顶端柱头板平面的高度(标高)、水平度,应控制在同一水平面。

c. 安装后的钢屋架与檩条连接时,必须确保各相邻钢屋架的间距与檩条固定连接的距离位置相一致,不然两者距离尺寸过大或过小,都会导致钢屋架的垂直度产生超允许偏差值。

⑦各跨钢屋架发生垂直度超差时,应在吊装屋面板前,采用起重机配合来调整处理:

a. 首先应调整钢柱达到垂直后,再采用加焊厚、薄垫铁来调整各柱头板与钢屋架端部的支座板之间接触面的统一高度和水平度。

b. 当相邻钢屋架间距与檩条连接处间的距离不符而影响垂直度时,可卸除檩条的连接螺栓,仍用厚、薄平垫铁或斜垫铁,先调整钢屋架达到垂直度,然后改变檩条与屋架上弦的对应垂直位置再相互连接。

c. 当天窗架垂直度偏差过大时,应将钢屋架调整达到垂直度并固定后,采用经纬仪或线坠对天窗架两端支柱进行测量,根据垂直度偏差数值,采用垫厚、薄垫铁的方法进行调整。

2)钢屋架跨度尺寸控制。

①钢屋架制作时应按照施工规范规定的工艺进行加工,以控制屋架的跨度尺寸,使之符合设计要求。其控制方法主要有以下几种:

a. 采用同一底样或模具并采用挡铁定位进行拼装,以保证拱度的正确。

b. 为了在制作时控制钢屋架的跨度符合设计要求,对屋架两端的不同支座应采取不同的拼装形式。

②吊装前,应认真检查钢屋架,若其变形超过标准规定的范围,应及时进行矫正,确保其跨度尺寸符合规定后再进行吊装。

③安装时为了确保跨度尺寸的正确,应按合理的工艺进行安装。

a. 钢屋架端部底座板的基准线必须与钢柱柱头板的轴线及基础轴线位置一致。

b. 必须保证各钢柱的垂直度及跨距符合设计要求或规范规定。

c. 为了使钢柱的垂直度、跨度不产生位移,在吊装钢屋架前应采用小型张拉工具在钢柱顶端按跨度值对应临时拉紧定位,以便于安装屋架时按规定的跨度进行入位、固定安装。

d. 若柱顶板孔位与钢屋架支座孔位不一致时,不宜利用外力强制入位,而应采用椭圆孔或扩孔法调整入位,并用厚板垫圈覆盖焊接,将螺栓紧固。不经扩孔调整或用较大的外力进行强制入位,将会使安装后的钢屋架跨度产生过大的正偏差或负偏差。

钢屋架组合安装法如图 5.18 所示。

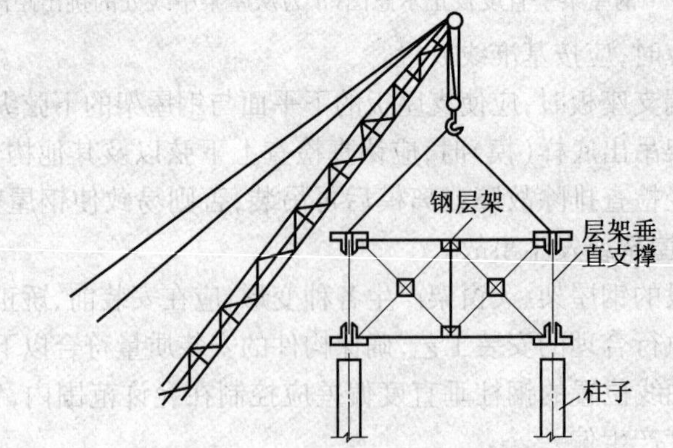

图 5.18 钢屋架组合安装法示意图

2. 钢桁架安装

(1)钢桁架由自行杆式起重机(尤其是履带式起重机)、塔式起重机等进行安装。由于桁架的跨度、质量和安装高度不同,适合的安装机械和安装方法也不相同。

(2)钢桁架多用悬空吊装,为使桁架在吊起后不致发生摇摆、和其他构件碰撞等现象,起吊前在离支座节点附近用麻绳系牢,随吊随放松,以此保持其正确位置。

(3)钢桁架的绑扎点要保证桁架的吊装稳定性,否则就需在吊装前进行临时加固。

(4)钢桁架的侧向稳定性较差,在吊装机械的起重量和起重臂长度允许的情况下,最好经扩大拼装后进行组合吊装,即在地面上将两榀桁架及其上的天窗架、檩条、支撑等拼装成整体,一次进行吊装,这样不但可提高吊装效率,也有利于保证其吊装的稳定性。

(5)钢桁架临时固定如需用临时螺栓和冲钉,则每个节点处应穿入的数量必须由计算确定,并应符合下列规定:

1)不得少于安装孔总数的1/3。

2)至少应穿两个临时螺栓。

3)冲钉穿入数量不宜多于临时螺栓的30%。

4)扩钻后的螺栓(A级、B级)孔不得使用冲钉。

(6)钢桁架要检验校正其垂直度和弦杆的正直度。桁架的垂直度可用挂线锤球检验,弦杆的正直度则可用拉紧的测绳进行检验。

(7)钢桁架的最后固定,应使用电焊或高强度螺栓。

3. 水平支撑安装

(1)严格控制下列构件制作、安装时的尺寸偏差。

1)控制钢屋架的制作尺寸和安装位置的准确。

2)控制水平支撑在制作时的尺寸不产生偏差,应根据连接方式采用下列方法予以控制:

①如采用焊接连接时,采用放实样法确定总长尺寸。

②如采用螺栓连接时,应通过放实样法制出样板来确定连接板的尺寸。

③号孔时应使用统一样板进行。

④钻孔时要使用统一固定模具钻孔。

⑤拼装时,应按实际连接的构件长度尺寸、连接的位置,在底样上用挡铁准确定位进行拼装;为防止水平支撑产生上拱或下挠,在保证其总长尺寸不产生偏差的条件下,可将连接的孔板用螺栓临时连接在水平支撑的端部,待安装时与屋架相连。如水平支撑的制作尺寸及屋架的安装位置都能保证准确时,也可将连接的孔板按位置先焊在屋架上,安装时可直接将水平支撑与屋架孔板连接。

(2)吊装时,应采用合理的吊装工艺,防止构件产生弯曲变形。应采用下列方法防止吊装变形:

1)如十字水平支撑长度较长、型钢截面较小、刚性较差,吊装前应采用圆木杆等材料进行加固。

2)吊点位置应合理,使其受力重心在平面内均匀受力,以吊起时不产生下挠为准。

(3)安装时应使水平支撑稍做上拱略大于水平状态与屋架连接,使安装后的水平支撑即可消除下挠;如连接位置发生较大偏差不能安装就位时,不宜采用牵拉工具用较大的外力强行入位连接,否则不仅会使屋架下弦侧向弯曲或水平支撑发生过大的上拱或下挠,还会使连接构件存在较大的结构应力。

讲 76:钢吊车梁安装

1. 吊车梁的绑扎

在绑扎吊车梁时,绑扎点应该在吊车梁的重心或对称于重心的位置上,为了使吊车梁的就位和安装方便,要求它在起吊时是水平上升的。

吊车梁一般均用带卸扣的轻便吊索进行绑扎,绑扎的方法有两种:两点双直索的绑扎和两点双斜索的绑扎,如图 5.19 所示。两点双斜索绑扎法适用于一般的吊车梁,用一台起重机来进行吊装,吊索的倾斜角不应大于 45°;两点双直索的绑扎是适用于重型吊车梁,用两台起重机抬吊。

2. 吊车梁就位与临时固定

吊车梁的起吊均为悬吊法吊装,当吊车梁吊至设计位置就位时,应准确地使梁的轴线与吊车梁的安装轴线相吻合,在就位时应使用经纬仪观察柱子的垂直情况,是否有因吊车梁的安装而使柱子产生偏斜的情况,如图 5.20 所示。如果有这种情况发生,就该把吊车梁吊起,重新进行就位。就位后应立即进行临时固定,临时固定可用铁丝捆扎在柱子上。

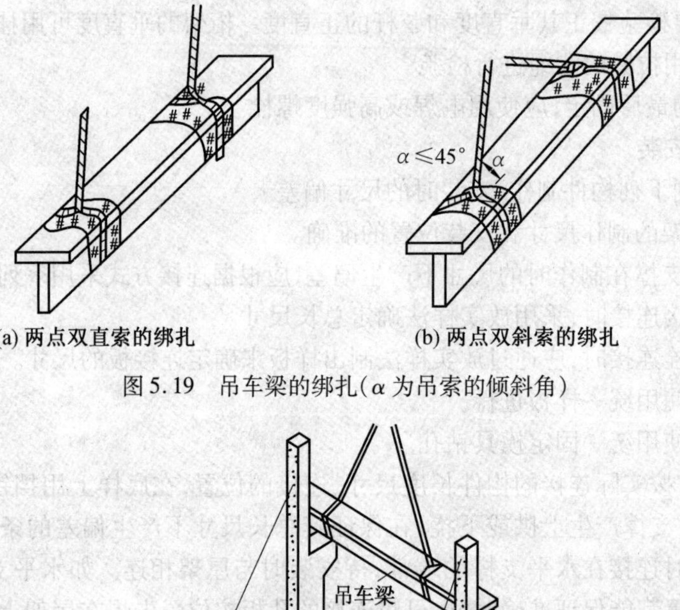

图 5.19　吊车梁的绑扎(α 为吊索的倾斜角)

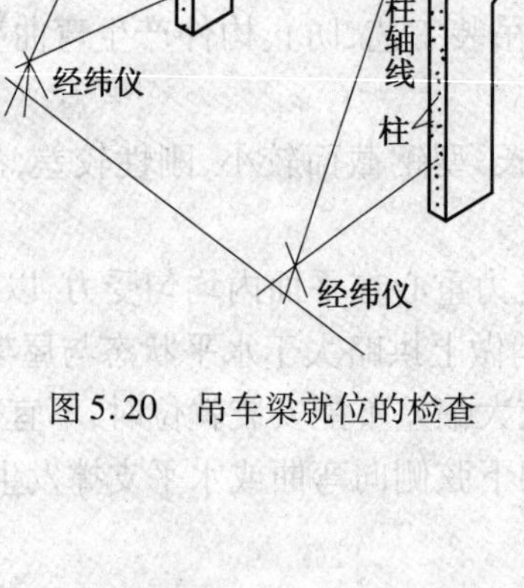

图 5.20　吊车梁就位的检查

3. 吊车梁校正与最后固定

(1)高低方向校正主要是对梁的端部标高进行校正。可先用起重机吊空、特殊工具抬空、油压千斤顶顶空,然后在梁底填设垫块。

(2)水平方向移动校正常用撬棒、钢楔、花篮螺栓、链条葫芦和油压千斤顶进行。通常重型行车梁用油压千斤顶和链条葫芦解决水平方向移动较为方便。

(3)校正应在梁全部安完、屋面构件校正并最后固定后进行。质量较大的吊车梁,亦可一边安装一边校正。校正内容包括中心线(位移)、轴线间距(即跨距)、标高垂直度等。纵向位移,在就位时已校正,所以校正主要为横向位移。

(4)校正吊车梁中心线与吊车跨距时,先在吊车轨道两端的地面上,根据柱轴线放出吊车轨道轴线,用钢尺校正两轴线的距离,再用经纬仪放线、钢丝挂线坠或在两端拉钢丝等方法校正,如图5.21所示。

在校正时,若有偏差,可用千斤顶校正吊车梁的方法进行校正。即用撬杠拨正,或在梁端设螺栓、液压千斤顶侧向校正,如图5.22所示。

也可用悬挂法和杠杆法校正吊车梁,即在柱头挂倒链将吊车梁吊起或用杠杆将吊车梁抬起,如图5.23所示,再用撬杠配合移动拨正。

(5)吊车梁标高的校正,先将水平仪放置在厂房中部某一吊车梁上,或地面上在柱上测出一定高度的水准点,再用钢尺或样杆量出水准点至梁面辅轨需要的高度,每根梁观测两端及跨中三点,根据测定标高进行校正。校正时用撬杠撬起或在柱头屋架上弦端头节点上挂倒链将吊车梁需垫垫板的一端吊起。重型柱在梁一端下部用千斤顶顶起填塞铁片,如图5.22(b)所示。在校正标高的同时,利用靠尺和线坠在吊车梁的两端(鱼腹式吊车梁在跨中)测垂直度,如图5.24所示,当偏差超过规范允许偏差(一般为5 mm)时,用楔形钢板在一侧填塞纠正。

吊车梁校正完毕后应立刻将吊车梁与柱牛腿上的埋设件焊接固定,在梁柱接头处支侧模,浇筑细石混凝土并养护。

讲77:钢结构轻型房屋安装

1. 主体结构吊装

(1)综合吊装作业。综合吊装是按照一节间一节间从下到上、一件一件地进行安装。安装顺序是:柱→柱间墙梁→拉结条→屋架(或组合屋面梁)→屋架间水平支撑→檩条、拉结条→压型屋面板→压型墙板。

构件采用汽车式起重机垂直起吊就位安装校正后,构件间采用螺栓固定;墙梁、檩条间及上弦水平支撑的拉杆应适当预张紧,在屋架与檩条安装完后拉紧,以增加墙面和屋面刚度。屋盖系统构件安装完后,再由上而下铺设屋面、墙面压型金属板,压型金属板吊装应采用扁担式吊具成捆送到屋面檐口铺设,要求紧密、不透风。

(2)组合吊装作业。组合吊装是每两根柱和每两榀屋架一组进行预组装,将墙梁、檩条、拉条、屋面板安上,采取一节间隔一节间整体吊装就位。

吊装前,在跨内地面错开一个节间预组装屋盖,在跨外两侧地面组装柱和墙梁,平面布置,如图5.25所示。对图中①—②、③—④、⑤—⑥、⑦—⑧节间屋盖,采取在跨内整体组装;对②—③、④—⑤、⑥—⑦……节间屋盖,均采取在跨外半跨组装,①—②、③—④、⑤—

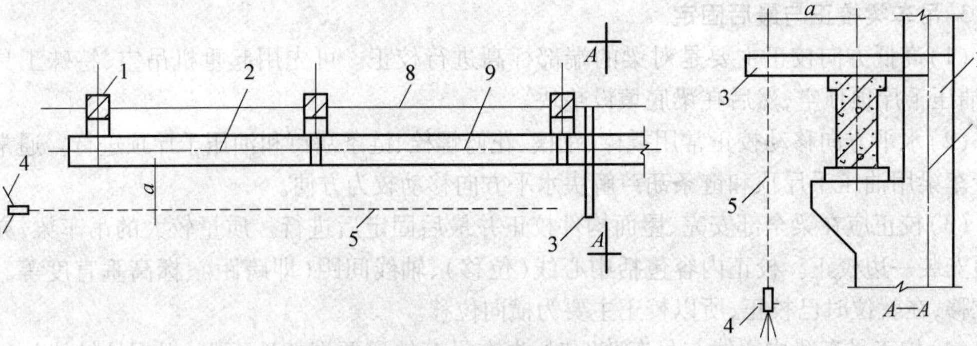

(a) 经纬仪放线校正

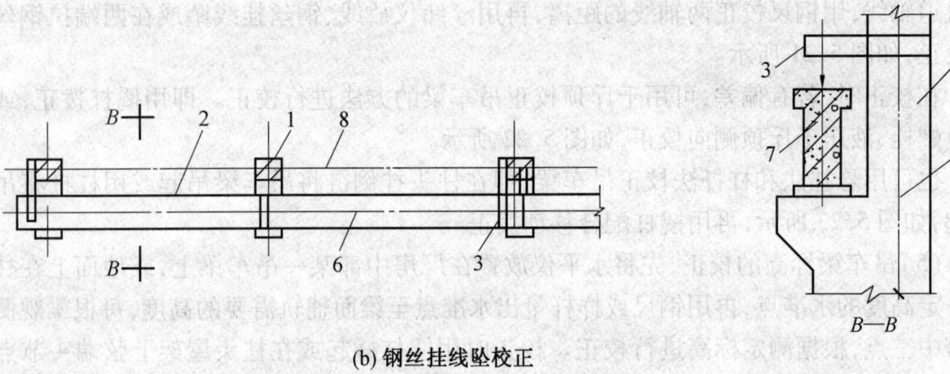

(b) 钢丝挂线坠校正

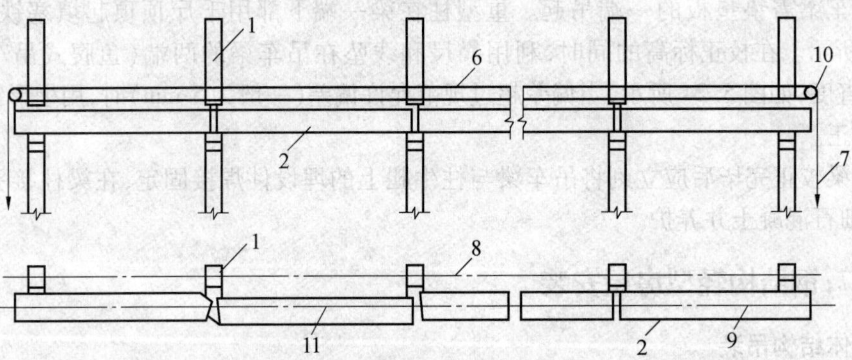

(c) 两端拉钢丝校正

图 5.21　吊车梁轴线的校正

1—柱;2—吊车梁;3—短木尺;4—经纬仪;5—经纬仪与梁轴线平行视线;6—铁丝;7—线坠;8—柱轴线;9—吊车梁轴线;10—钢管或圆钢;11—偏离中心线的吊车梁

⑥、⑦—⑧每两柱间为一组,均将螺栓拧紧。

吊装多用液压汽车式起重机。先将①—②线,Ⓐ、Ⓑ列柱墙分别立起就位,在柱头上挂专用钢吊篮,以作高空校正屋面梁(屋架),安装紧固螺栓之用。柱立起后用测量仪器校正,垫平柱脚,并将基础螺栓拧紧固定。

屋盖采用四点绑扎起吊,屋盖一端设牵引绳,吊起就位后随即对正、拧紧螺栓,即可卸钩、落杆,起重机开行至第二节间。同法吊第三节间柱排和屋盖,以此顺序前进直至全部完成,每两组钢柱立起后应在其间用倒链立即安上2或3根墙梁,以保持排架纵向稳定。跨内吊完,起重机再转入跨外两侧,采用专用吊架吊装②、④、⑥节间的半榀屋盖,如图5.26所

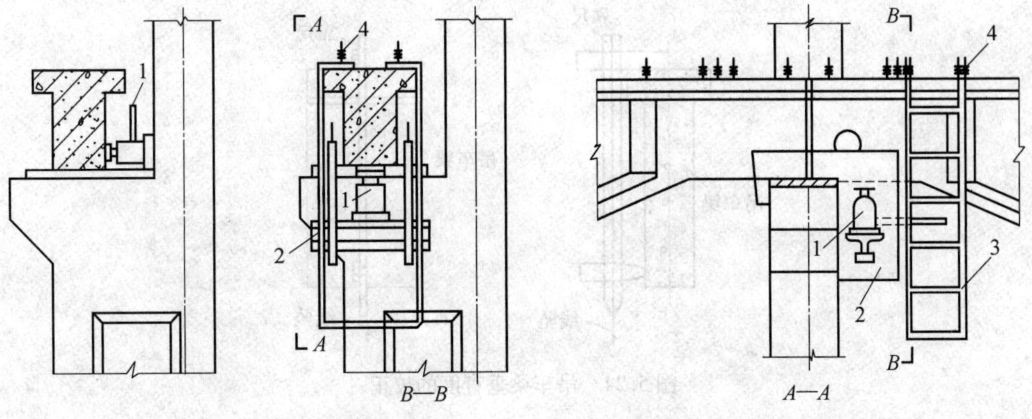

(a) 千斤顶校正侧向位移　　(b) 千斤顶校正垂直度

图 5.22　用千斤顶校正吊车梁

1—液压(或螺栓)千斤顶;2—钢托架;3—钢爬梯;4—螺栓

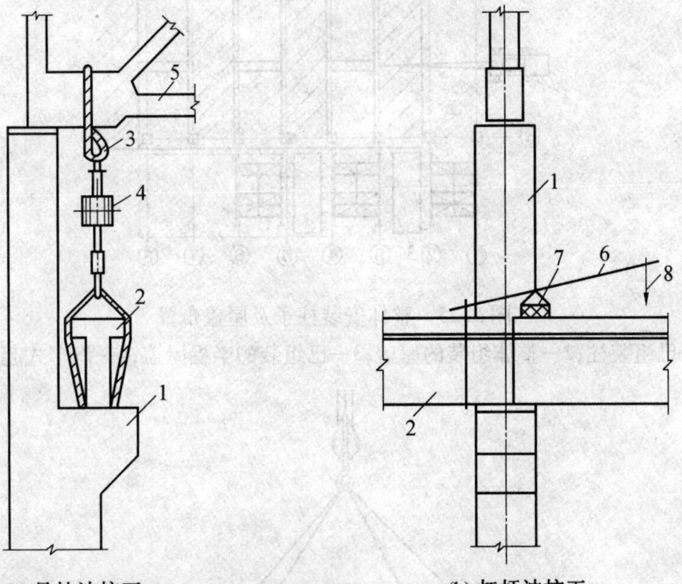

(a) 悬挂法校正　　(b) 杠杆法校正

图 5.23　用悬挂法和杠杆法校正吊车梁

1—柱;2—吊车梁;3—吊索;4—倒链;

5—屋架;6—杠杆;7—支点;8—着力点

示。当操作允许时,亦可在跨内与吊装整榀屋架的同时,先吊装其中一侧半跨屋面。该方法可以减少高空作业,发挥起重机效率,减轻劳动强度,加快进度,保证安全。

2. 围护墙板安装

墙体结构多为异型钢墙梁上挂 V-125 镀锌压型钢板,板与墙梁之间采用抽芯铝铆钉(挂铆钉)铆接连接。墙梁与板的安装通常在可行走的多层作业架上进行,如图 5.27 所示。每层作业平台上站两人操作,墙梁安装是在柱头挂滑车将梁吊起就位、固定;墙板用滑车从地面吊起就位后,一人在前用手电钻钻孔,一人在后用铆枪铆钉,采取各层同时作业的方法。

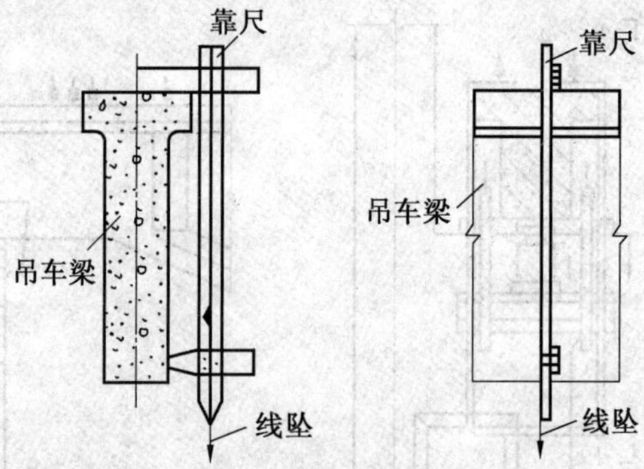

图5.24 吊车梁垂直度的校正

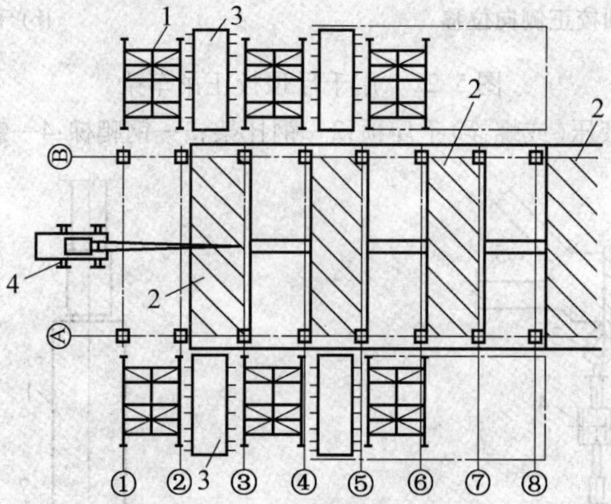

图5.25 整体安装柱子及屋盖布置

1—已组装柱;2—整体组装的屋盖;3—已组装的半榀屋盖;4—汽车式起重机

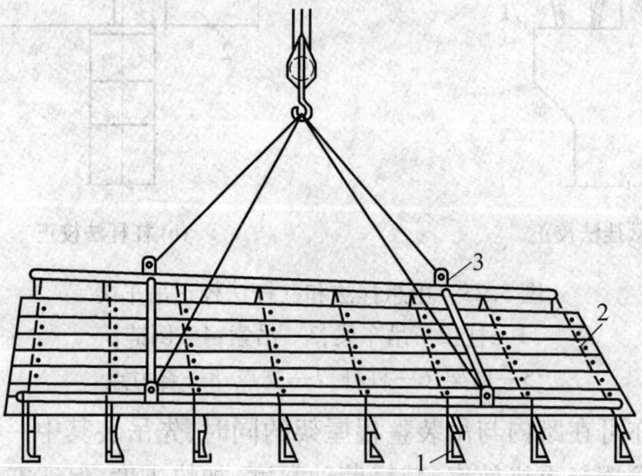

图5.26 半榀屋盖整体吊装

1—轻钢檩条;2—压型金属板;3—专用吊架

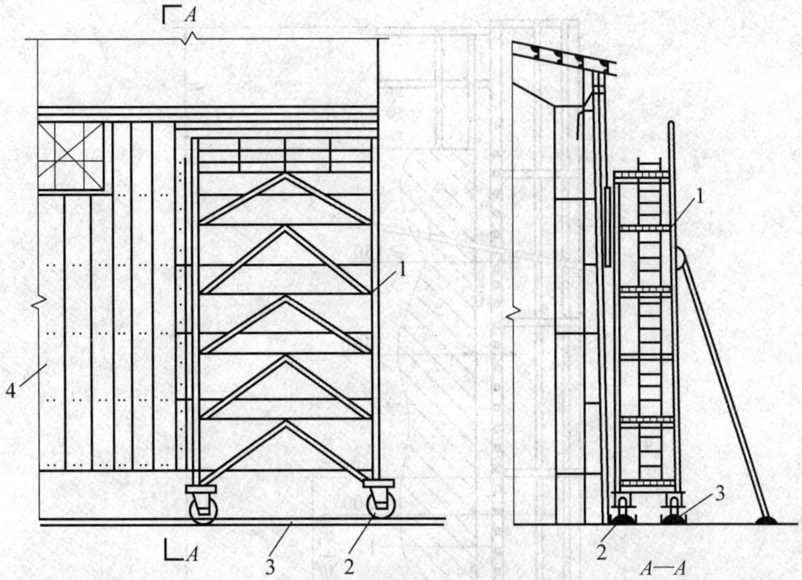

图 5.27 用移动式安装架安装压型墙板

1—移动式钢管架;2—架子车轮;3—槽钢轨道;4—镀锌压型墙板

讲 78:钢梯、钢平台、防护栏杆的安装

1. 钢直梯的安装

(1)支撑间距。无基础的钢直梯,至少焊接两对支撑,将梯梁固定在结构、建筑物或设备上。相邻两对支撑的竖向间距,应根据梯梁截面尺寸、梯子内侧净宽度及其在钢结构或混凝土结构的拉拔载荷特性确定。

当梯梁采用 60 mm×10 mm 的扁钢,梯子内侧净宽度为 400 mm 时,相邻两对支撑的竖向间距应不大于 3 000 mm。

(2)梯子周围空间。对未设护笼的梯子,由踏棍中心线到攀登面最近的连续性表面的垂直距离应不小于 760 mm;对于非连续性障碍物,垂直距离应不小于 600 mm。

由踏棍中心线到梯子后侧建筑物、结构或设备的连续性表面垂直距离应不小于180 mm;对非连续性障碍物,垂直距离应不小于 150 mm,如图 5.28 所示。

对未设护笼的梯子,梯子中心线到侧面最近的永久性物体的距离均应不小于 380 mm。

对前向进出式梯子,顶端踏棍上表面应与到达平台或屋面平齐,由踏棍中心线到前面最近的结构、建筑物或设备边缘的距离应为 180 ~ 300 mm,必要时应提供引导平台使通过距离减少至 180 ~ 300 mm。

侧向进出式梯子中心线至平台或屋面距离应为 380 ~ 500 mm;梯梁外侧与平台或屋面之间距离应为 180 ~ 300 mm,如图 5.28 所示。

(3)梯段高度及保护要求。单段梯高宜不大于 10 m,攀登高度大于 10 m 时宜采用多段梯,梯段水平交错布置,并设梯间平台,平台垂直间距宜为 6 m。单段梯及多段梯的梯高均应不大于 15 m。

梯段高度大于 3 m 时宜设置安全护笼。单段梯高度大于 7 m 时,应设置安全护笼。当

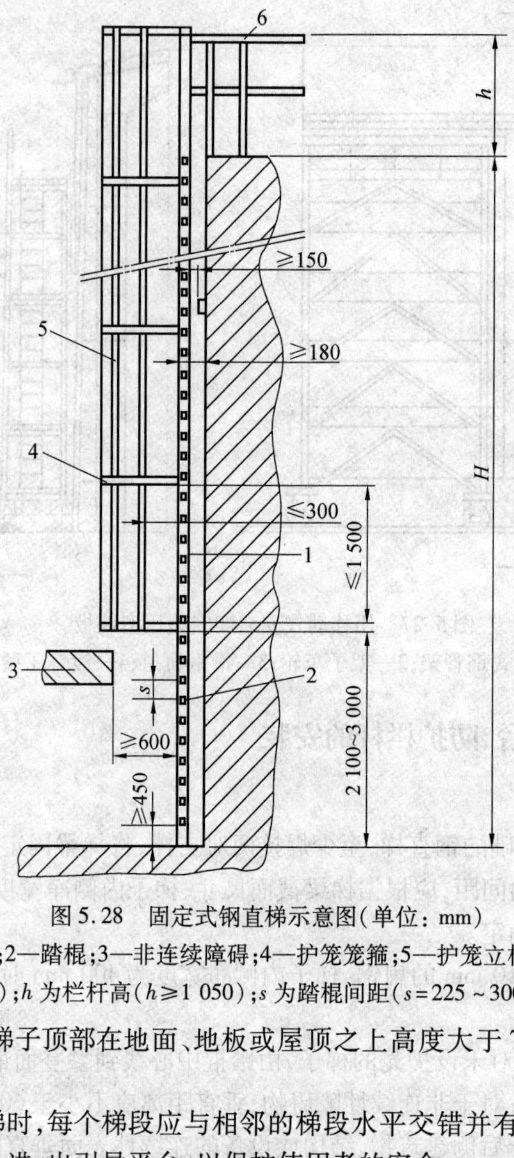

图 5.28 固定式钢直梯示意图(单位: mm)

1—梯梁;2—踏棍;3—非连续障碍;4—护笼笼箍;5—护笼立杆;6—栏杆

(H 为梯段高(H≤15 000);h 为栏杆高(h≥1 050);s 为踏棍间距(s=225～300)。图中省略了梯子支撑)

攀登高度小于 7 m,但梯子顶部在地面、地板或屋顶之上高度大于 7 m 时,也应设置安全护笼。

当护笼用于多段梯时,每个梯段应与相邻的梯段水平交错并有足够的间距(图 5.29),并设有适当空间的安全进、出引导平台,以保护使用者的安全。

(4)内侧净宽度。梯梁间踏棍供踩踏表面的内侧净宽度应为 400～600 mm,在同一攀登高度上该宽度应相同。由于工作面所限,攀登高度在 5 m 以下时,梯子内侧净宽度可小于 400 mm,但应不小于 300 mm。

(5)踏棍。梯子的整个攀登高度上所有的踏棍垂直间距应相等,相邻踏棍垂直间距应为 225～300 mm,梯子下端的第一级踏棍距基准面距离应不大于 450 mm,如图 5.29 所示。

圆形踏棍直径应不小于 20 mm,若采用其他截面形状的踏棍,其水平方向深度应不小于 20 mm。踏棍截面直径或外接圆直径应不大于 35 mm,以便于抓握。在同一攀登高度上踏棍的截面形状及尺寸应一致。

在正常环境下使用的梯子,踏棍应采用直径不小于 20 mm 的圆钢,或等效力学性能的正方形、长方形或其他形状的实心或空心型材。

在非正常环境(如潮湿或腐蚀)下使用的梯子,踏棍应采用直径不小于 25 mm 的圆钢,

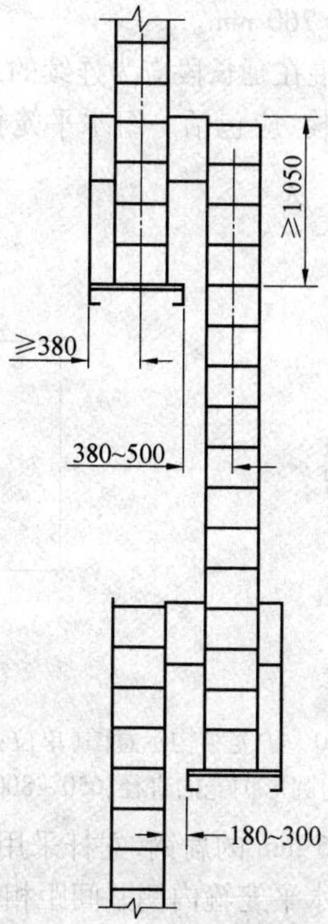

图 5.29　梯段交错设置示意图(单位：mm)

或等效力学性能的正方形、长方形或其他形状的实心或空心型材。

踏棍应相互平行且水平设置。

在因环境条件有可预见的打滑风险时,应对踏棍采取附加的防滑措施。

(6)梯梁。梯梁的表面形状应使其在整个攀登高度上能为使用者提供一致的平滑手握表面,不应采用不便于手握紧的不规则形状截面(如大角钢、工字钢梁等)的梯梁。在同一攀登高度上梯梁应保持相同形状。

在正常环境下使用的梯子,梯梁应采用不小于 60 mm×10 mm 的扁钢,或具有等效强度的其他实心或空心型钢材。

在非正常环境(如潮湿或腐蚀)下使用的梯子,梯梁应采用不小于 60 mm×12 mm 的扁钢,或具有等效强度的其他实心或空心型钢材。

在整个梯子的同一攀登长度上梯梁截面尺寸应保持一致,容许长细比不宜大于 200。

梯梁所有接头应设计成保证梯梁整个结构的连续性,除非所用材料型号有要求,不应在中间支撑处出现接头。

如果要对梯梁因温度变化引起膨胀产生弯曲或应力增大采取针对性技术措施,则应在接头处采取上述措施。

前向或侧向进出式梯子的梯梁应延长至梯子顶部进、出平面或平台顶面之上高度不小于《固定式钢梯及平台安全要求　第 3 部分:工业防护栏杆及钢平台》(GB 4053.3—2009)中规定的栏杆高度。

前向进出式梯子的顶部踏棍不应省略。梯梁延长段宜为喇叭形扩大,以使梯梁顶部内侧水平间距不小于600 mm，不大于760 mm。

对侧向进出式梯子，梯梁和踏棍在延长段应为连续的。

(7)护笼。护笼宜采用圆形结构，应包括一组水平笼箍和至少5根立杆(图5.30)。其他等效结构也可采用。

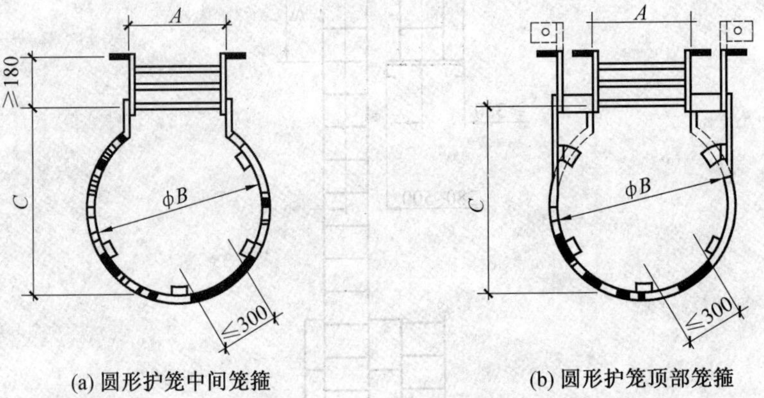

图5.30　护笼结构示意图(单位：mm)

(A为护笼口直径，400～600；B为圆形护笼的直径，650～800；C为护笼内侧宽度，650～800)

水平笼箍采用不小于50 mm×6 mm的扁钢，立杆采用不小于40 mm×5 mm的扁钢。水平笼箍应固定到梯梁上，立杆应在水平笼箍内侧并间距相等，与其牢固连接。

护笼应能支撑梯子预定的活载荷和恒载荷。

护笼内侧深度由踏棍中心线起应不小于650 mm，不大于800 mm；圆形护笼的直径应为650～800 mm，其他形式的护笼内侧宽度应不小于650 mm，不大于800 mm。护笼内侧应无任何突出物。

水平笼箍垂直间距应不大于1 500 mm，立杆间距应不大于300 mm，均匀分布。护笼各构件形成的最大空隙应不大于0.4 m^2。

护笼底部距梯段下端基准面应不小于2 100 mm，不大于3 000 mm；护笼的底部宜呈喇叭形，此时其底部水平笼箍和上一级笼箍间在圆周上的距离不小于100 mm。

护笼顶部在平台或梯子顶部进、出平面之上的高度应不小于《固定式钢梯及平台安全要求　第3部分：工业防护栏杆及钢平台》(GB 4053.3—2009)中规定的栏杆高度，并有进、出平台的措施或进出口。

上述中未能固定到梯梁上的平台或进、出口的护笼部件应固定到护栏上或直接固定到结构、建筑物或设备上。

(8)制造安装。钢直梯应采用焊接连接，焊接要求应符合《钢结构工程施工质量验收规范》(GB 50205—2001)的规定。采用其他方式连接时，连接强度应不低于焊接强度。安装后的梯子不应有歪斜、扭曲、变形及其他缺陷。

制造安装工艺应确保梯子及其所有部件的表面光滑，无锐边、尖角、毛刺或其他可能对梯子使用者造成伤害或妨碍其通过的外部缺陷。

安装在固定结构上的钢直梯，应下部固定，其上部的支撑与固定结构牢固连接，在梯梁上开设长圆孔，采用螺栓连接。

固定在设备上的钢直梯当温差较大时，相邻支撑中应一对支撑完全固定，另一对支撑在梯梁上开设长圆孔,采用螺栓连接。

2. 钢斜梯的安装

依据《固定式钢梯及平台安全要求　第2部分钢斜梯》(GB 4053.2—2009)和《钢结构工程施工质量验收规范》(GB 50205—2001),固定钢斜梯的安装规定如下。

(1)梯高。梯高宜不大于5 m,大于5 m时宜设梯间平台(休息平台),分段设梯。

单段梯的梯高应不大于6 m,梯级数宜不大于16。

(2)内侧净宽度。钢斜梯内侧净宽度单向通行的净宽度宜为600 mm,经常性单向通行及偶尔双向通行净宽度宜为800 mm,经常性双向通行净宽度宜为1 000 mm。

钢斜梯内侧净宽度应不小于450 mm,宜不大于1 100 mm。

(3)踏板。踏板的前后深度应不小于80 mm,相邻两踏板的前后方向重叠应不小于10 mm,不大于35 mm。

在同一梯段所有踏板间距应相同,宜为225~255 mm。

顶部踏板的上表面应与平台平面一致,踏板与平台间应无空隙。

踏板应采用防滑材料或至少有不小于25 mm宽的防滑突缘,应采用厚度不小于4 mm的花纹钢板,或经防滑处理的普通钢板,或采用由25 mm×4 mm扁钢和小角钢组焊成的格板或其他等效的结构。

(4)梯梁。梯梁应有足够的刚度以使结构横向挠曲变形最小,并由底部踏板的突缘向前突出不小于50 mm(图5.31)。

(5)梯子通行空间。在斜梯使用者上方,由踏板突缘前端到上方障碍物沿梯梁中心线垂直方向测量距离应不小于1 200 mm。

在斜梯使用者上方,由踏板突缘前端到上方障碍物的垂直距离应不小于2 000 mm。

(6)扶手。

1)梯宽不大于1 100 mm两侧封闭的斜梯,应至少一侧有扶手,宜设在下梯方向的右侧;梯宽不大于1 100 mm一侧敞开的斜梯,应至少在敞开一侧装有梯子扶手;梯宽不大于1 100 mm两边敞开的斜梯,应在两侧均安装梯子扶手;梯宽大于1 100 mm但不大于2 200 mm的斜梯,无论是否封闭,均应在两侧安装扶手;梯宽大于2 200 mm的斜梯,除在两侧安装扶手外,在梯子宽度的中线处应设置中间栏杆。

2)梯子扶手中心线应与梯子的倾角线平行,梯子封闭边扶手的高度由踏板突缘上表面到扶手的上表面垂直测量应不小于860 mm,不大于960 mm。

3)斜梯敞开边的扶手高度应不低于《固定式钢梯及平台安全要求　第3部分:工业防护栏杆及钢平台》(GB 4053.3—2009)中规定的栏杆高度。

扶手应沿着其整个长度方向上连续可抓握,在扶手外表面与周围其他物体间的距离应不小于60 mm。

4)扶手宜为外径30~50 mm、壁厚不小于2.5 mm的圆形管材。对于非圆形截面的扶手,其周长应为100~160 mm,非圆形截面外接圆直径应不大于57 mm,所有边缘应为圆弧形,圆角半径不小于3 mm。

5)支撑扶手的立柱宜采用截面不小于40 mm×40 mm×4 mm的角钢或外径为30~50 mm的管材。从第一级踏板开始设置,间距不宜大于1 000 mm。中间栏杆采用直径不小于16 mm的圆钢或30 mm×4 mm的扁钢,固定在立柱中部。

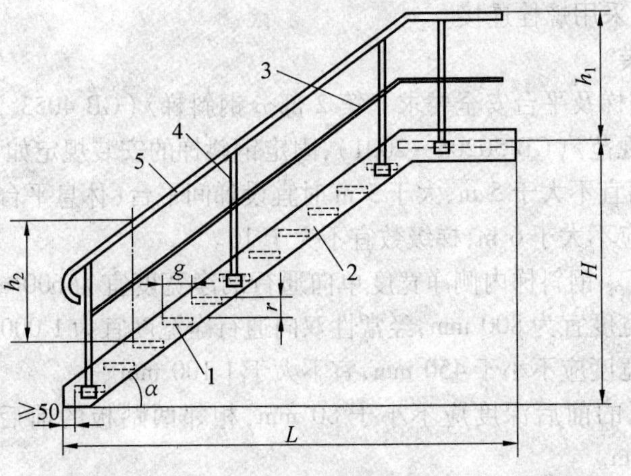

图5.31 固定式钢斜梯示意图(单位: mm)

1—踏板;2—梯梁;3—中间栏杆;4—立柱;5—扶手

(H为梯高,L为梯跨,h_1为栏杆高,h_2为扶手高,α为梯子倾角,r为踏步高,g为踏步宽)

(7)钢斜梯倾角。固定式钢斜梯与水平面倾角应在30°~75°范围内,优选倾角为30°~35°,偶尔性进入的最大倾角宜为42°,经常性双向通行的最大倾角宜为38°。

在同一梯段内,踏步高与踏步宽的组合应保持一致,踏步高与踏步宽的组合应符合式(7.1)的要求,即

$$500 \leqslant g+2r \leqslant 700 \tag{7.1}$$

式中 g——踏步宽, mm;

r——踏步高, mm。

常用的钢斜梯倾角与对应的踏步高r、踏步宽g组合($g+2r=600$)示例见表5.2,其他倾角可按线性插值法确定。

常用的钢斜梯倾角和高跨比($H:L$)示例见表5.3。

表5.2 常用的钢斜梯倾角α与对应的踏步高r、踏步宽g组合(g+2r=600)

倾角α/(°)	30	35	40	45	50	55	60	65	70	75
r/mm	160	175	185	200	210	225	235	245	255	265
g/mm	280	250	230	200	180	150	130	110	90	70

表5.3 常用的钢斜梯倾角和高跨比

倾角α/(°)	45	51	55	59	73
高跨比H:L	1:1	1:0.8	1:0.7	1:0.6	1:0.3

(8)制造安装。钢斜梯应采用焊接连接,焊接要求应符合《钢结构工程施工质量验收规范》(GB 50205—2001)的规定。采用其他方式连接时,连接强度应不低于焊接强度。安装后的梯子不应有歪斜、扭曲、变形及其他缺陷。

制造安装工艺应确保梯子及其所有构件的表面光滑,无锐边、尖角、毛刺或其他可能对梯子使用者造成伤害或妨碍其通过的外部缺陷。

钢斜梯与附在设备上的平台梁相连接时,连接处宜采用开长圆孔的螺栓连接。

3. 防护栏杆、钢平台的安装

(1)防护栏杆的结构要求。

1)结构形式:防护栏杆应采用包括扶手(顶部栏杆)、中间栏杆和立柱的结构形式或采用其他等效的结构。

防护栏杆各构件的布置应确保中间栏杆(横杆)与上、下构件间形成的空隙间距不大于500 mm。构件设置方式应阻止攀爬。

2)防护栏杆高度:当平台、通道及作业场所基准面高度小于2 m时,防护栏杆高度应不低于900 mm;

在距基准面高度大于等于2 m并小于20 m的平台、通道及作业场所的防护栏杆高度应不低于1 050 mm;

在距基准面高度不小于20 m的平台、通道及作业场所的防护栏杆高度应不低于1 200 mm。

3)扶手:扶手的设计应允许手能连续滑动。扶手末端应以曲折端结束,可转向支撑墙,或转向中间栏杆,或转向立柱,或布置成避免扶手末端突出结构。

扶手宜采用钢管,外径应不小于30 mm,不大于50 mm。采用非圆形截面的扶手,截面外接圆直径应不大于57 mm,圈角半径不小于3 mm。

扶手后应有不小于75 mm的净空间,以便于手握。

4)中间栏杆:在扶手和踢脚板之间,应至少设置一道中间栏杆。

中间栏杆宜采用不小于25 mm×4 mm扁钢或直径为16 mm的圆钢,中间栏杆与上、下方构件的空隙间距应不大于500 mm。

5)立柱:防护栏杆端部应设置立柱或确保与建筑物或其他固定结构牢固连接,立柱间距应不大于1 000 mm。

立柱不应在踢脚板上安装,除非踢脚板为承载的构件。

立柱宜采用不小于50 mm×50 mm×4 mm角钢或外径为30~50 mm的钢管。

6)踢脚板:踢脚板顶部在平台地面之上高度应不小于100 mm,其底部坪地面应不大于10 mm,踢脚板宜采用不小于100 mm×2 mm的钢板制造。

在室内的平台、通道或地面,如果没有排水或排除有害液体要求,踢脚板下端可不留空隙。

(2)钢平台的结构要求。

1)平台尺寸:工作平台的尺寸应根据预定的使用要求及功能确定,但应不小于通行平台和梯间平台(休息平台)的最小尺寸。

通行平台的无障碍宽度应不小于750 mm,单人偶尔通行的平台宽度可适当减小,但应不小于450 mm。

梯间平台(休息平台)的宽度应不小于梯子的宽度,直梯时应不小于700 mm,斜梯时应不小于760 mm,两者取较大值。梯间平台(休息平台)在行进方向的长度应不小于梯子的宽度,直梯时应不小于700 mm,斜梯时应不小于850 mm,两者取较大值。

2)上方空间:平台地面到上方障碍物的垂直距离应不小于2 000 mm。

对于仅限单人偶尔使用的平台,上方障碍物的垂直距离可适当减少,应不小于1 900 mm。

3)支撑结构:平台应安装在牢固可靠的支撑结构上,并与其刚性连接,梯间平台(休息平台)不应悬挂在梯段上。

4)平台地板:平台地板宜采用不小于4 mm厚的花纹钢板或经防滑处理的钢板铺装,相邻钢板不应搭接,相邻钢板上表面的高度差应不大于4 mm。

工作平台和梯间平台(休息平台)的地板应水平设置,通行平台地板与水平面的倾角应不大于10°,倾斜的地板应采取防滑措施。

(3)防护要求。

距下方相邻地板或地面1.2 m及以上的平台、通道或工作面的所有敞开边缘应设置防护栏杆。

在平台、通道或工作面上可能使用工具、机器部件或物品场合,应在所有敞开边缘设置带踢脚板的防护栏杆。

在酸洗或电镀、脱脂等危险设备上方或附近的平台,通道或工作面的敞开边缘,均应设置带踢脚板的防护栏杆。

当平台设有满足踢脚板功能及强度要求的其他结构边沿时,防护栏杆可不设踢脚板。

(4)防护荷载。

1)防护栏杆设计载荷:防护栏杆安装后顶部栏杆应能承受水平方向和垂直向下方向不小于890 N集中载荷和不小于700 N/m^{2}均布载荷。在相邻立柱间的最大挠曲变形应不大于跨度的1/250。水平和垂直载荷以及集中和均布载荷均不叠加。

中间栏杆应能承受在中点圆周上施加的不小于700 N水平集中载荷,最大挠曲变形不大于75 mm。

端部或末端立柱应能承受在立柱顶部施加的任何方向上890 N的集中载荷。

2)钢平台设计载荷:钢平台的设计载荷应按实际使用要求确定,并应不小于本部分规定的值。

整个平台区域内应能承受不小于3 kN/m^{2}均匀分布活载荷。

在平台区域内中心距为1 000 mm、边长为300 mm的正方形上应能承受不小于1 kN集中载荷。

平台地板在设计载荷的挠曲变形应不大于10 mm或跨度的1/200,两者取小值。

(5)制造安装。防护栏杆及钢平台的制造安装应符合《钢结构工程施工质量验收规范》(GB 50205—2001)的规定。

当不使用焊接连接时,可利用螺栓连接,但应保证设计的结构强度,安装后的防护栏杆及钢平台不应有歪斜、扭曲、变形及其他缺陷。

防护栏杆制造安装工艺应确保所有构件及其连接部分表面光滑,无锐边、尖角、毛刺或其他可能对人员造成伤害或妨碍其通过的外部缺陷。

钢平台和通道不应仅靠自重安装固定,当采用紧靠拉力的固定柱时,其工作载荷系数应不小1.5,设计时应考虑腐蚀和疲劳应力对固定件寿命的影响。

安装后的平台钢梁应平直,铺板应平整,不应有歪斜、翘曲、变形及其他缺陷。

5.3 多层、高层钢结构安装细部做法

讲79:施工一般规定

(1)多层及高层钢结构宜划分多个流水作业段进行安装,流水段宜以每节框架为单位。流水段划分应符合下列规定:

1)流水段内的最重构件应在起重设备的起重能力范围内。

2)起重设备的爬升高度应满足下节流水段内构件的起吊高度。

3)每节流水段内的柱长度应根据工厂加工、运输堆放、现场吊装等因素确定,长度宜取2~3个楼层高度,分节位置宜在梁顶标高以上1.0~1.3 m处。

4)流水段的划分应与混凝土结构施工相适应。

5)每节流水段可根据结构特点和现场条件在平面上划分流水区进行施工。

(2)流水作业段内的构件吊装宜符合下列规定:

1)吊装可采用整个流水段内先柱后梁,或局部先柱后梁的顺序;单柱不得长时间处于悬臂状态。

2)钢楼板及压型金属板安装应与构件吊装进度同步。

3)特殊流水作业段内的吊装顺序应按安装工艺确定,并应符合设计文件的要求。

(3)多层及高层钢结构安装校正应依据基准柱进行,并应符合下列规定:

1)基准柱应能够控制建筑物的平面尺寸并便于其他柱的校正,宜选择角柱为基准柱。

2)钢柱校正宜采用合适的测量仪器和校正工具。

3)基准柱应校正完毕后,再对其他柱进行校正。

(4)多层及高层钢结构安装时,楼层标高可采用相对标高或设计标高进行控制,并应符合下列规定:

1)当采用设计标高控制时,应以每节柱为单位进行柱标高调整,并应使每节柱的标高符合设计的要求。

2)建筑物总高度的允许偏差和同一层内各节柱的柱顶高度差,应符合现行国家标准《钢结构工程施工质量验收规范》(GB 50205—2001)的有关规定。

(5)同一流水作业段、同一安装高度的一节柱,当各柱的全部构件安装、校正、连接完毕并验收合格后,应再从地面引放上一节柱的定位轴线。

(6)高层钢结构安装时应分析竖向压缩变形对结构的影响,并应根据结构特点和影响程度采取预调安装标高、设置后连接构件等相应措施。

讲80:吊装顺序和方法

吊装顺序应先低跨后高跨,由一端向另一端进行,这样既有利于安装期间结构的稳定,又有利于设备安装单位的进场施工。根据起重机开行路线和构件安装顺序的不同,吊装方法可分为以下几种。

1.综合吊装法

综合吊装法适用于构件质量较大和层数不多的框架结构吊装。

(1)用1~2台履带式起重机在跨内开行,起重机在一个节间内将各层构件一次吊装到顶,并由一端向另一端开行,采用综合吊装法逐间逐层把全部构件安装完成。

(2)用1台起重机在所在跨采用综合吊装法,其他相邻跨采用分层分段流水吊装进行。

为了保证已吊装好结构的稳定,每一层结构件吊装均需在下一层结构固定完毕和接头混凝土强度等级达到70%后进行。同时应尽量缩短起重机往返行驶路线,并在吊装中减少变幅和更换吊点的次数,妥善考虑吊装、校正、焊接和灌浆工序的衔接以及工人操作方便和安全。

如图5.32所示为一栋二层厂房吊装,用两台履带式起重机在跨内开行,采用综合吊装法吊装梁板式结构(柱为二层一节)的顺序。起重机Ⅰ先安装CD跨间第1~2节间柱1~4、梁5~8形成框架后,再吊装楼板9,接着吊装第二层梁10~13和楼板14,完成后起重机后退,用同法依次吊装第2~3、第3~4……节间各层构件,以此类推,直到CD跨构件全部吊装完成后退出;起重机Ⅱ安装AB和BC跨柱、梁及楼板,顺序与起重机Ⅰ相同。

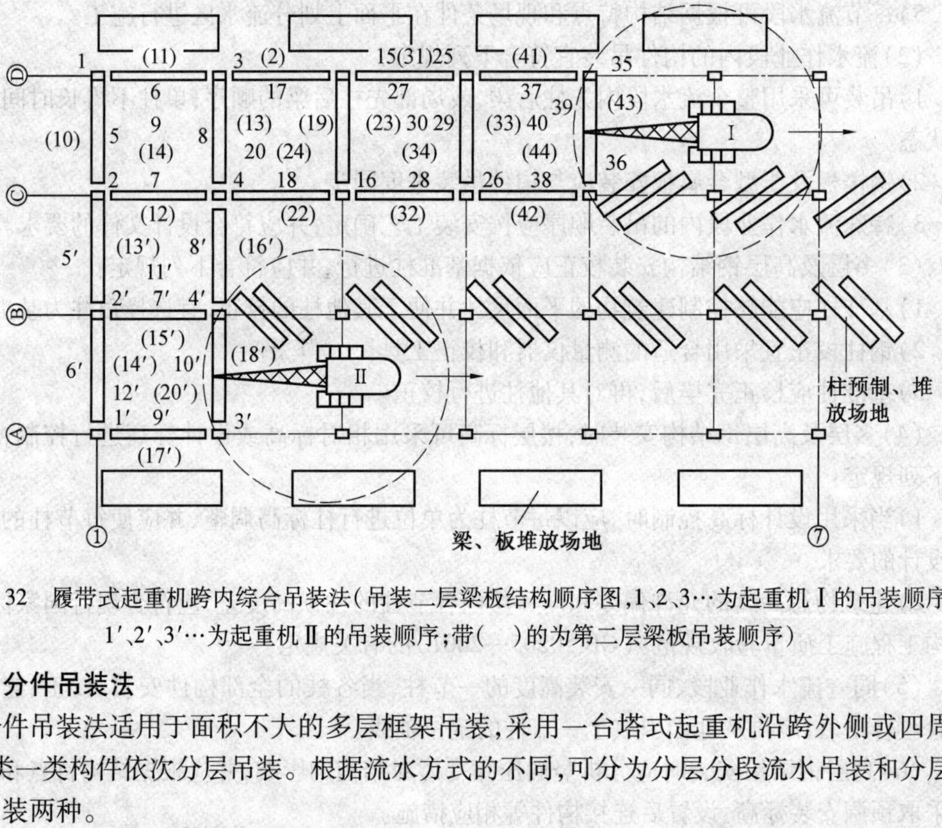

图5.32　履带式起重机跨内综合吊装法(吊装二层梁板结构顺序图,1、2、3…为起重机Ⅰ的吊装顺序1′、2′、3′…为起重机Ⅱ的吊装顺序;带(　)的为第二层梁板吊装顺序)

2. 分件吊装法

分件吊装法适用于面积不大的多层框架吊装,采用一台塔式起重机沿跨外侧或四周开行、一类一类构件依次分层吊装。根据流水方式的不同,可分为分层分段流水吊装和分层大流水吊装两种。

(1)分层分段流水吊装。该法是将每一楼层(柱为二层一节时,取两个楼层为一施工层)根据劳力组织(安装、校正、固定、焊接及灌浆等工序的衔接)以及机械连接作业的需要,分为2~4段进行分层流水作业。

(2)分层大流水吊装。该法不分段进行分层吊装,如图5.33所示为塔式起重机在跨外开行,采取分层分段流水吊装四层框架顺序,划分为四个吊装段进行。起重机先吊装第一吊装段的第一层柱1~14,接着吊装梁15~33,使之形成框架,随后吊装第二吊装段的柱、梁。为便于吊装,待一、二段的柱、梁全部吊装完后再统一吊装一、二段的楼板。接着吊装第三、四吊装段,顺序同前。当第一施工层全部吊装完成,再逐层向上推进。

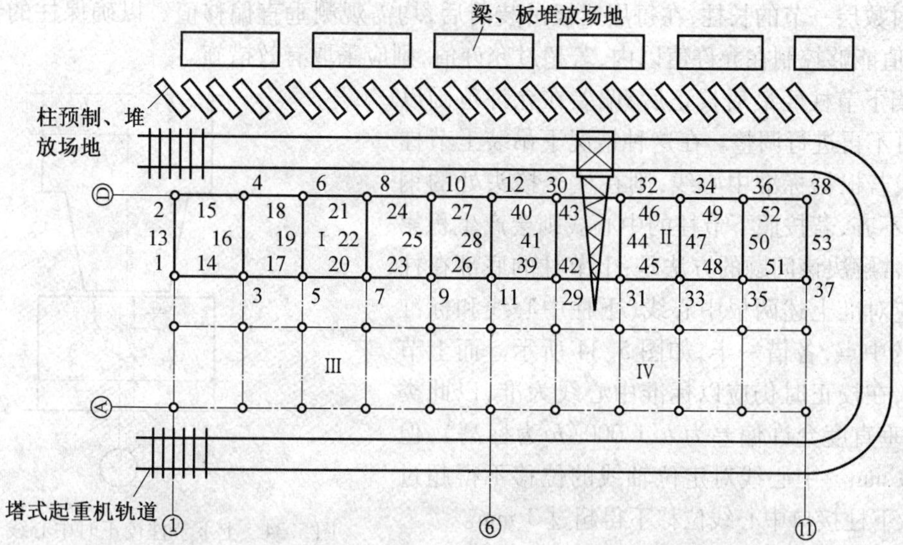

图 5.33　塔式起重机跨外分件吊装法(吊装一个楼层的顺序,Ⅰ、Ⅱ、Ⅲ、Ⅳ为吊装段编号;1、2、3…为构件吊装顺序)

讲 81:钢柱吊装和校正

钢柱多采用实腹式,实腹钢柱截面多为工字形、箱形、十字形、圆形。钢柱通常多采用焊接对接接长,也有采用高强度螺栓连接接长的。劲性柱与混凝土采用熔焊栓钉连接。

1. 钢柱吊装

钢柱通常采用一点正吊,吊点设置在柱顶处,吊钩通过钢柱重心线,钢柱易于起吊、对线、校正。当受起重机臂杆长度、场地等条件限制,吊点可放在柱长 1/3 处斜吊。由于钢柱倾斜,起吊、对线、校正较难控制。

起吊时钢柱必须垂直,尽量做到回转扶直。起吊回转过程中应避免同其他已安装的构件相碰撞,并且吊索应预留有效高度。

钢柱扶直前应先将登高爬梯和挂篮等挂设在钢柱预定位置并绑扎牢固,起吊就位后临时固定地脚螺栓、校正垂直度。钢柱接长时,钢柱两侧装有临时固定用的连接板,上节钢柱对准下节钢柱柱顶中心线后,即采用螺栓固定连接板临时固定。

钢柱安装到位时,应对准轴线、临时固定牢固后才能松开吊索。

2. 多节钢柱的校正

多节钢柱校正比普通钢柱校正更为复杂,实践中要对每根下节柱进行重复多次校正和观测垂直偏移值。多节钢柱的主要校正步骤如下:

(1)在起重机脱钩后电焊前进行初校。然而在柱接头电焊过程中因钢筋收缩不匀,柱又会产生偏移。由于施焊时柱间砂浆垫层的压缩可减少钢筋焊接应力,因此,最好能够做到在砂浆凝固前施焊。接头坡口间隙尺寸需控制在规定范围内。

(2)在电焊完毕后需做第二次观测。

(3)当吊装梁和楼板之后柱子由于增加了荷载以及梁柱间的电焊,又会使柱子产生偏移。该情况尤其是对荷载不对称的外侧柱更为明显,因此,需再次进行观测。

(4)对数层一节的长柱,在每层梁板吊装前后,均需观测垂直偏移值。以确保柱的最终垂直偏移值能够控制在允许值以内,若超过允许值,则应采取有效措施。

(5)当下节柱经最后校正后,偏差在允许范围以内时,便可不再进行调整。在这种情况下吊装上节柱时,中心线若根据标准中心线,则在柱子接头处的钢筋通常对不齐,若按照下节柱的中心线则会产生积累误差。通常解决该问题的方法是:上节柱的底部在柱就位时,应对准上述两根中心线(下柱中心线和标准中心线)的中点,各借一半,如图 5.34 所示。而上节柱的顶部,在校正时仍应以标准中心线为准,以此类推。柱子垂直度允许偏差为 $h/1\ 000$(h 为标高),但不大于 20 mm。中心线对定位轴线的位移不得超过 5 mm,上、下柱接口中心线位移不得超过 3 mm。

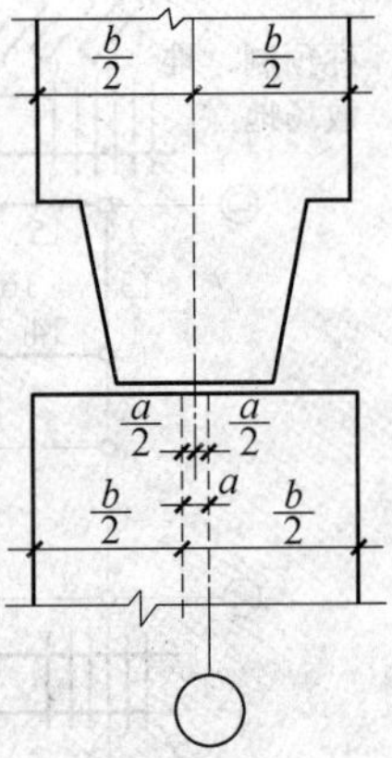

图 5.34 上下节柱校正时中心线偏差调整筒圈

(a 为下节柱柱顶中线偏差值;b 为柱宽;虚点线为柱标准中心线;虚线为上、下柱实际中心线)

(6)当柱垂直度和水平位移均有偏差时,若垂直度偏差较大,则应先校正垂直度偏差,然后校正水平位移,以减少柱倾覆的可能性。

(7)多层装配式结构的柱,特别是一节到顶、长细比较大、抗弯能力较小的柱,杯口要有一定的深度。若杯口过浅或配筋不够,将会使柱倾覆。校正时应特别注意撑顶与敲打钢楔的方向,切勿弄错。

讲 82:钢构件安装

1. 构件接头施工

(1)多层装配式框架结构房屋柱较长,常分成多节吊装。柱与柱接头形式有榫接头、浆锚接头,如图 5.35(a)、(b)所示。柱与梁接头形式如图5.36所示,筒支铰接接头只传递垂直剪力,施工简便;刚性接头可传递剪力和弯矩,使用较多。

(2)榫接头钢筋多采用单坡 K 形坡口焊接,如图 5.35(c)所示采取分层轮流对称焊接,以减少温度应力和变形,同时注意使坡口间隙尺寸大小一致,焊接时避免夹渣。如上、下钢筋错位,可用冷弯或氧-乙炔焰加热热弯使钢筋轴线对准,但变曲率不得超过 1∶6。

(3)柱与梁接头钢筋焊接,全部采用 V 形坡口焊,也应采用分层轮流施焊,以减少焊接应力。

(4)对于整个框架,柱与梁刚性接头焊接顺序应从整个结构的中间开始,先形成框架,然后再纵向继续施焊。同时梁应采取间隔焊接固定的方法,避免两端同时焊接致使梁中产生过大温度收缩应力。

(5)浇筑接头混凝土前,应将接头处混凝土凿毛并洗净、湿润,接头模板离底 2/3 以上应倾斜,混凝土强度等级宜比构件本身提高两级,并宜在混凝土中掺微膨胀剂(在水泥中掺加 0.2‰的脱脂铝粉),分层浇筑捣实,待混凝土强度达到 5 N/ mm^{2}后,再将多余部分凿去,表面抹光,继续湿润养护不少于 7 d,待强度达到 10 N/ mm^{2}或采取足够的支撑措施(如加设临时柱间支撑)后,方可吊装上一层柱、梁及楼板。

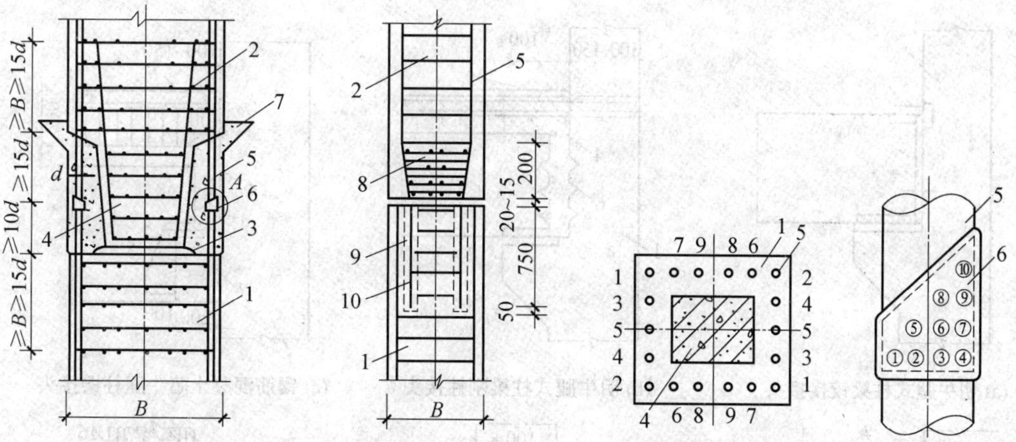

(a) 柱榫接头构造 (b) 柱浆锚接头构造 (c) 坡口焊操作顺序 (d) A 大样

图 5.35 柱与柱接头形式

1—下柱;2 上柱;3—1∶1 水泥砂浆,厚 10 mm;4—榫头;5—柱主筋;6—坡口焊;7—后浇接头混凝土;
8—焊网 4 片 6Φ6;9—浆锚孔,不小于 2.5d(d 为主筋直径);10—锚固钢筋
((c)、(d)中的 1、2、3…,①、②、③…为焊接操作顺序)

2. 构件之间的连接固定

钢柱之间连接,主梁与钢柱的连接,一般上、下翼缘连接均用坡口电焊连接;而腹板用高强度螺栓连接;次梁与主梁的连接基本上是在腹板处用高强度螺栓连接,少量再在上、下翼缘处用坡口电焊连接,如图 5.37 所示。

坡口电焊连接应先做好准备(包括焊条烘焙、坡口检查,设电弧引弧板、引出板和钢垫板并定位焊固定,清除焊接坡口、周边的防锈漆和杂物,坡口预热),在上节柱和梁经校正和固定后进行接柱焊接。柱与柱的对接焊接,采用两人同时对称焊接,柱与梁的焊接亦应在柱的两侧对称同时焊接,以减少焊接变形和残余应力。

对于厚板的坡口焊,打底层多用直径为 4 mm 焊条焊接,中间层可用直径为 5 mm 或 6 mm焊条,盖面层多用直径为 5 mm 焊条。三层应连续施焊,每一层焊完后应及时清理。盖面层焊缝搭坡口两边各 2 mm,焊缝余高不超过对接焊件中较薄钢板厚的 1/10,但也不应大于 3.2 mm。焊后,当气温低于 0 ℃时,用石棉布保温使焊缝缓慢冷却。焊缝质量检验均按 2 级检验。

两个连接构件的紧固顺序是:先主要构件,后次要构件。工字形构件的紧固顺序是:上翼缘→下翼缘→腹板。同一节柱上各梁柱节点的紧固顺序是:柱子上部的梁柱节点→柱子下部的梁柱节点→柱子中部的梁柱节点。每一节点安设紧固高强度螺栓的顺序是:摩擦面处理→检查安装连接板(对孔、扩孔)→临时螺栓安装→高强度螺栓安装→高强度螺栓紧固→初拧→终拧。

为了保证质量,对紧固高强度螺栓的电动扳手要定期检查,对终拧利用电动扳手紧固的高强度螺栓,以螺栓尾部是否拧掉作为验收标准;对利用测力扳手紧固的高强度螺栓,用测力扳手检查其是否紧固到规定的终拧扭矩值。抽查率为每节点处高强度螺栓数量的 10%,但不少于一枚,如有问题应及时返工处理。

3. 钢结构构件组合系的吊装

钢结构高层建筑体系有框架体系、框架剪力墙体系、框筒体系、组合筒体系、交错钢桁架

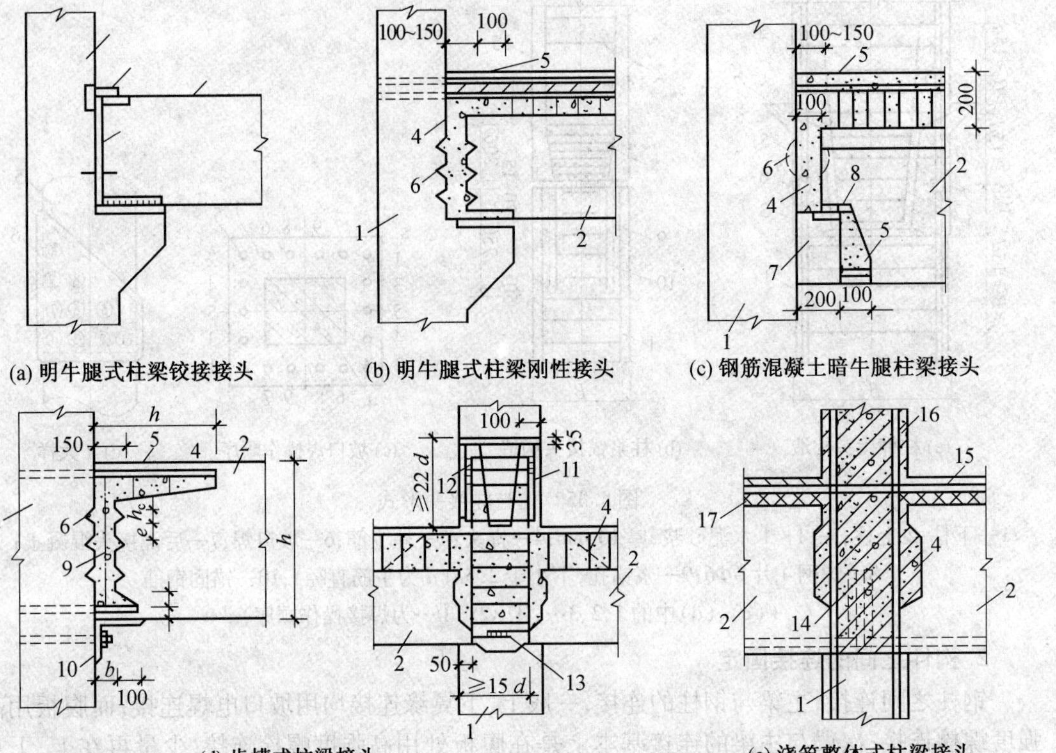

(a) 明牛腿式柱梁铰接接头　(b) 明牛腿式柱梁刚性接头　(c) 钢筋混凝土暗牛腿柱梁接头

(d) 齿槽式柱梁接头　(e) 浇筑整体式柱梁接头

图 5.36　柱与梁接头形式

1—柱；2—梁；3—支座连接板（不小于 100 mm×80 mm×6 mm）；4—浇筑细石混凝土；5—坡口焊；6—构造齿槽；7—牛腿；8—钢板焊接；9—附加 $\phi8$ 箍筋；10—安装用临时钢牛腿；11—榫头；12—柱连接筋焊接 4d；13—梁连接筋焊接 8d；14—梁外伸主筋；15—梁上部负筋；16—柱主筋；17—梁叠合层混凝土

（e 为齿距；h 为梁高；h_c 为齿高；b 为接缝宽，80～100 mm）

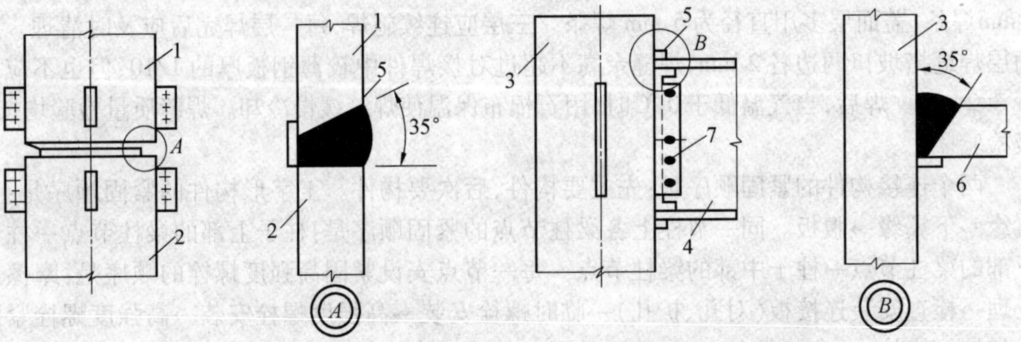

(a) 上、下柱连接　(b) 柱与梁连接

图 5.37　上柱与下柱，柱与梁连接构造

1—上节钢柱；2—下节钢柱；3—柱；4—主梁；5—焊缝；6—主梁翼板；7—高强度螺栓

体系等多种，应用较多的是前两种，主要由框架柱、主梁、次梁及剪力板（支撑）等组成。

钢结构构件吊装多采用综合吊装法，其吊装顺序一般是：平面内从中间的一个节间开始，以一个节间的柱网为一个吊装单元，先吊装柱，后吊装梁，然后往四周扩展垂直方向由下向上组成稳定结构后,分层安装次要构件,一节间一节间钢框架、一层楼一层楼安装,如图5.38所示,这样有利于消除安装误差的积累和焊接变形,使误差减小到最低限度。

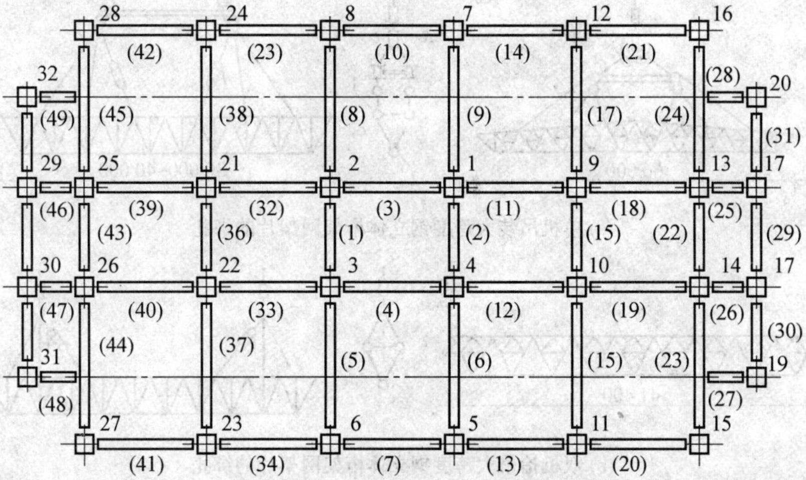

图5.38 高层钢结构柱、主梁安装顺序
(1、2、3…为钢柱安装顺序;(1)、(2)、(3)…为钢梁安装顺序)

4. 钢框架梁的安装

钢框架梁吊装宜采用专用吊具两点绑扎吊装,吊升过程中必须保证钢框架梁处于水平状态,一机吊多根钢框架梁时,绑扎要牢固、安全,以便于逐一安装。

在安装柱与柱之间的主梁时,必须跟踪测量、校正柱与柱之间的距离,并预留安装余量,特别是节点焊接收缩量,以达到控制变形,减小或消除附加应力的目的。

柱与柱节点及梁与柱节点的连接,原则上对称施工、相互协调,钢框架梁和柱的连接一般采用上、下翼板焊接,腹板螺栓连接或者全焊接、全栓接的连接方式。对于焊接连接,一般先焊一节柱的顶层梁,再从下向上焊接各层梁与柱的节点,柱与柱的节点可以先焊,也可以后焊,混合连接一般采用先栓后焊的工艺,螺栓连接从中心轴开始,对称拧固,钢管混凝土柱焊接接长时,应严格按工艺评定要求进行,确保焊缝质量。

在第一节柱及柱间钢梁安装完成后,即进行柱底灌浆,灌浆方法是先在柱脚四周立模板,将基础上表面清除干净,清除积水,然后用高强度无收缩砂浆从一侧自由灌入至密实,灌浆后用湿草袋或麻袋覆盖养护。

5.4 钢网架结构安装细部做法

讲83:钢网架的绑扎与吊装

1. 钢网架的绑扎

(1)单机吊装绑扎。对于大跨度钢立体桁架(钢网架片,下同)多采用单机吊装。吊装时,一般采用六点绑扎,并加设横吊梁,以降低起吊高度和对桁架网架片产生较大的轴向压力,防止桁架网架片出现较大的侧向弯曲,如图5.39(a)所示。

(2)双机抬吊绑扎。采用双机抬吊时,可采取在支座处两点起吊或四点起吊,另加两副辅助吊索如图5.39(b)所示。

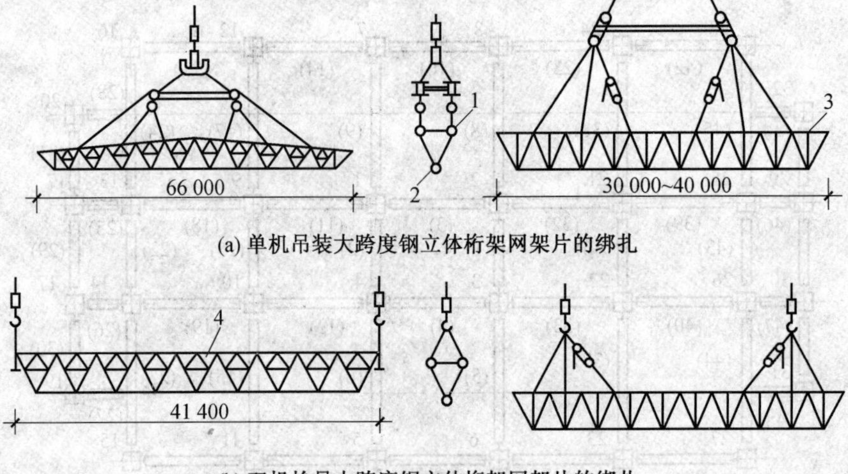

(a) 单机吊装大跨度钢立体桁架网架片的绑扎

(b) 双机抬吊大跨度钢立体桁架网架片的绑扎

图5.39 大跨度钢立体桁架网架片的绑扎

1—上弦;2—下弦;3—分段网架(30×9);4—立体钢管桁架

2. 钢网架的吊装

(1)单机吊装法。单机吊装法较为简单,当桁架在跨内斜向布置时,可采用150 kN履带起重机或400 kN轮胎式起重机垂直起吊,吊至比柱顶高50 cm时,可将机身就地在空中旋转,然后落于柱头上就位,如图5.40所示。其施工方法同一般钢屋架吊装相同。

(2)双机抬吊法。双机抬吊法相对来说较为复杂,其桁架有跨内和跨外两种布置和吊装方式:

1)当桁架略斜向布置在房屋内时,可用两台履带式起重机或塔式起重机抬吊,吊起到一定高度后即可旋转就位,如图5.41所示。其施工方法同一般屋架双机抬吊法相同,可参照进行。

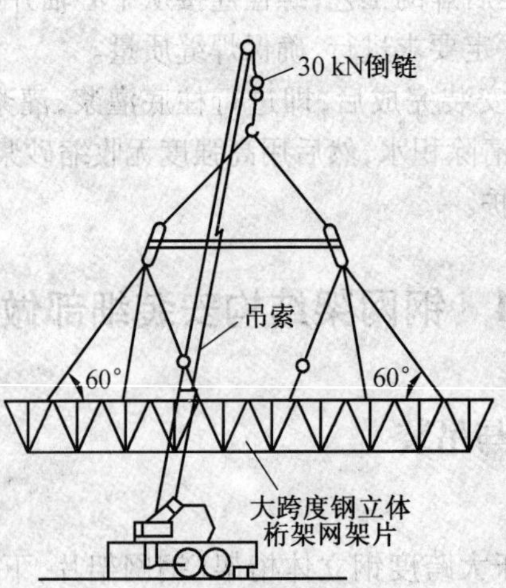

图5.40 单机吊装法

2)当桁架在跨外时,可在房屋一端设拼装台进行组装,一般拼一榀吊一榀。施工时,可

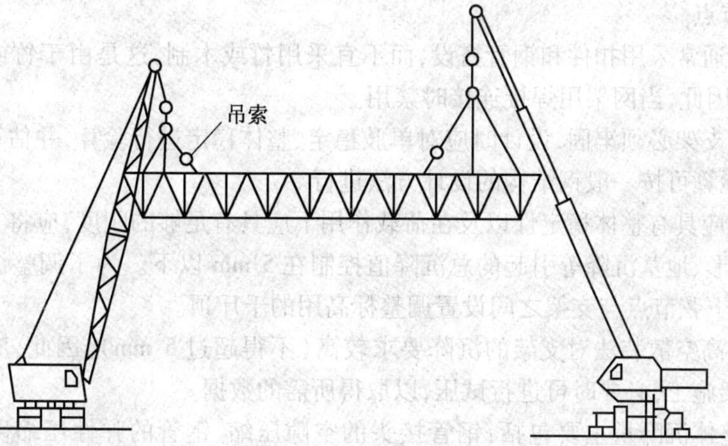

图 5.41 双机抬吊法

在房屋两侧铺上轨道,安装两台 600/800 kN 塔式起重机,吊点可直接绑扎在桁架上弦支座处,每端用两根吊索。吊装时,由两台起重机抬吊,伸臂与水平保持大于 60°。起吊时一齐指挥两台起重机同时上升,将桁架缓慢吊起至高于柱顶 500 mm 后,同时行走到桁架安装地点落下就位,如图 5.42 所示,并立即找正固定,待第二榀吊上后,接着吊装支撑系统及檩条,及时校正形成几何稳定单元。此后每吊一榀,可用上一节间檩条临时固定,整个屋盖吊完后,再将檩条统一找平加以固定,以确保屋面平整。

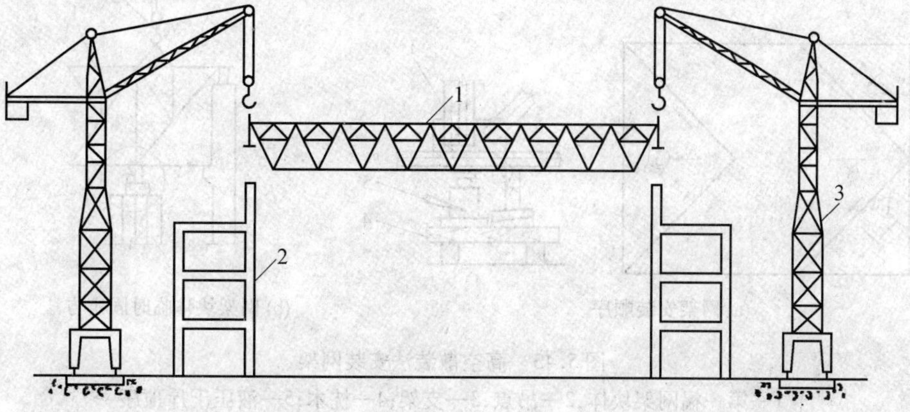

图 5.42 双机跨外抬吊大跨度钢立体桁架

1—41.4 m 钢管立体桁架;2—框架柱;3—TQ600/800 kN · m 塔式起重机

讲 84:钢网架高空散装法安装

高空散装法是指运输到现场的运输单元体(平面桁架或锥体)或散件,利用起重机械吊升到高空对位拼装成整体结构的方法。高空散装法适用于非焊接连接(如螺栓球节点、高强螺栓节点等)的各种网架的拼装,不宜用于焊接球网架的拼装,因焊接易引燃脚手板,操作不够安全。同时高空散装,不易控制标高、轴线和质量,工效较低。

1. 支架设置

由于支架既是网架拼装成型的承力架,又是操作平台支架,因此,支架搭设位置必须对准网架下弦节点。

(1)支架通常采用扣件和钢管搭设,而不宜采用竹或木制,这是由于竹或木等材料容易变形并易燃,因此,当网架用焊接连接时禁用。

(2)拼装支架必须牢固,设计时应对单肢稳定、整体稳定进行验算,并估算其沉降量。其中单肢稳定验算可按一般钢结构的设计方法进行。

(3)支架应具有整体稳定性以及在荷载作用下应具有足够的刚度,应将支架本身的弹性压缩、接头变形、地基沉降等引起的总沉降值控制在5 mm以下。为了调整沉降值和卸荷方便,可在网架下弦节点与支架之间设置调整标高用的千斤顶。

(4)由于高空散装法对支架的沉降要求较高(不得超过5 mm),因此,应给予足够的重视。大型网架施工,必要时可进行试压,以取得所需的数据。

支架的整体沉降量主要包括:钢管接头的空隙压缩、钢管的弹性压缩以及地基的沉陷等。若地基情况不良,要采取夯实加固等措施,并且要用木板铺地以分散支柱传来的集中荷载。

2. 拼装操作

钢网架总的拼装顺序是从建筑物一端开始向另一端以两个三角形同时推进,待两个三角形相交后,则按人字形逐榀向前推进,最后在另一端的正中合拢。每榀块体的安装顺序,在开始两个三角形部分是由屋脊部分开始分别向两边拼装,两个三角形相交后,则由交点开始同时向两边拼装,如图5.43所示。

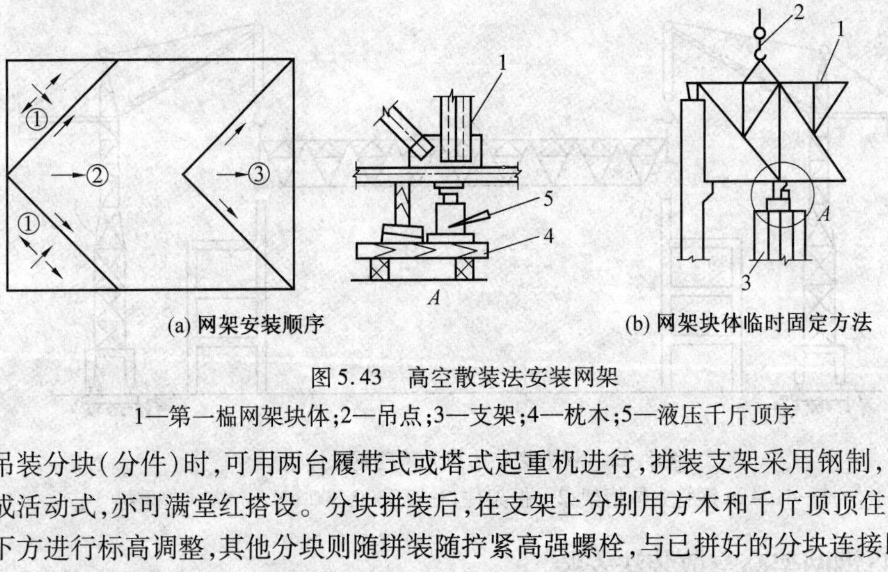

(a) 网架安装顺序　　(b) 网架块体临时固定方法

图5.43　高空散装法安装网架

1—第一榀网架块体;2—吊点;3—支架;4—枕木;5—液压千斤顶序

吊装分块(分件)时,可用两台履带式或塔式起重机进行,拼装支架采用钢制,可局部搭设做成活动式,亦可满堂红搭设。分块拼装后,在支架上分别用方木和千斤顶顶住网架中央竖杆下方进行标高调整,其他分块则随拼装随拧紧高强螺栓,与已拼好的分块连接即可。

当采取分件拼装钢网架时,通常可采取分条进行,其拼装顺序主要为:支架抄平、放线→放置下弦节点垫板→按格依次组装下弦、腹杆、上弦支座(由中间向两端,一端向另一端扩展)→连接水平系杆→撤出下弦节点垫板→总拼精度校验→油漆。

每条网架组装完,经校验无误后,按总拼顺序进行下条网架的组装,直至全部完成。

3. 支架的拆除

网架拼装成整体并检查合格后,即拆除支架。拆除时应从中央逐圈向外分批进行,并且,每圈下降速度必须一致,应避免个别支点集中受力,造成拆除困难。对于大型网架,每次拆除的高度可根据自重挠度值分成若干批进行。

讲 85:钢网架整体吊装法安装

整体吊装法是指网架在地面总拼后,采用单根或多根桅杆,一台或多台起重机进行吊装就位的施工方法。整体吊装法主要适用于各种类型的网架结构,吊装时可在高空平移或旋转就位。该方法不需要搭设高的拼装架,高空作业少,并且易于保证接头焊接质量,然而,需要起重能力大的设备,吊装技术也很复杂。整体吊装法以吊装焊接球节点网架为宜,尤其是三向网架的吊装。

1. 多机抬吊作业

多机抬吊施工中布置起重机时需要考虑每台起重机的工作性能和网架在空中移位的要求。起吊前要测出每台起重机的起吊速度,以便起吊时掌握,或每两台起重机的吊索用滑轮连通。这样,当起重机的起吊速度不一致时,可由连通滑轮的吊索自行调整。

若网架质量较轻,或四台起重机的起重量均能满足要求时,宜将四台起重机布置在网架的两侧,这样只要四台起重机将网架垂直吊升超过柱顶后,旋转一小角度,即可完成网架空中移位要求。

多机抬吊通常采用四台起重机联合作业,将地面错位拼装好的网架整体吊升到柱顶后,在空中进行移位落下就位安装。多机抬吊的方法通常有以下两种(图 5.44):

(1)四侧抬吊法。四侧抬吊法为防止起重机因升降速度不一而产生不均匀荷载,在每台起重机设两个吊点,每两台起重机的吊索互相用滑轮串通,使各吊点受力均匀,网架平稳上升。

当网架提到比柱顶高 30 cm 时,进行空中移位,起重机 A 一边落起重臂,一边升钩;起重机 B 一边升起重臂,一边落钩;C、D 两台起重机则松开旋转刹车跟着旋转,待转到网架支座中心线对准柱子中心时,四台起重机同时落钩,并通过设在网架四角的拉索和倒链拉动网架进行对线,将网架落到柱顶就位。

(2)两侧抬吊法。两侧抬吊法是采用四台起重机将网架吊过柱顶同时向一个方向旋转一定距离,即可就位。

多机抬吊作业准备工作简单,安装较快速方便,适于跨度 40 m 左右、高度 2.5 m 左右的中、小型网架屋盖的吊装。四侧抬吊法移位较平稳,但操作较复杂;两侧抬吊法空中移位较方便,然而平稳性较差一些,两种抬吊法均需要多台起重设备,操作技术要求较严。

2. 独脚拔杆吊升作业

独脚拔杆吊升法是多机抬吊的另一种形式。它是采用多根独脚拔杆,将地面错位拼装的网架吊升超过柱顶进行空中移位后落位固定。采用独脚拔杆吊升法时,支撑屋盖结构的柱与拔杆应在屋盖结构拼装前竖立。独脚拔杆吊升法所需的设备多,劳动量大,然而对于吊装高、重、大的屋盖结构,特别是大型网架较为适宜。

讲 86:钢网架高空滑移法安装

高空滑移法是将网架条状单元组合体在建筑物上空进行水平滑移对位总拼的一种施工方法。适用于网架支撑结构为周边承重墙或柱上有现浇钢筋混凝土圈梁等情况。可在地面或支架上进行扩大拼装条状单元,并将网架条状单元提升到预定高度后,利用安装在支架或

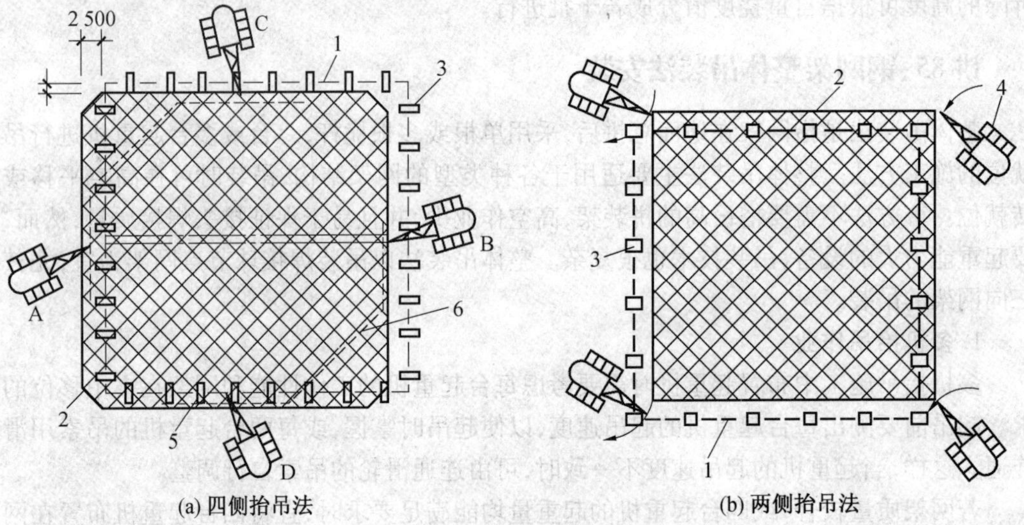

图5.44　多机抬吊网架的方法

1—网架安装位置;2—网架拼装位置;3—柱;4—履带式起重机;5—吊点;6—串通吊索

圈梁上的专用滑行轨道,水平滑移对位拼装成整体网架。

1. 高空滑移法分类

(1)单条滑移法。单条滑移法如图5.45(a)所示,先将条状单元一条条地分别从一端滑移到另一端就位安装,各条在高空进行连接。

(2)逐条积累滑移法。如图5.45(b)和图5.46所示,先将条状单元滑移一段距离后(能连接上第二单元的宽度即可),连接上第二条单元后,两条一起再滑移一段距离(宽度同上),再连接第三条,三条又一起滑移一段距离,如此循环操作直至接上最后一条单元为止。

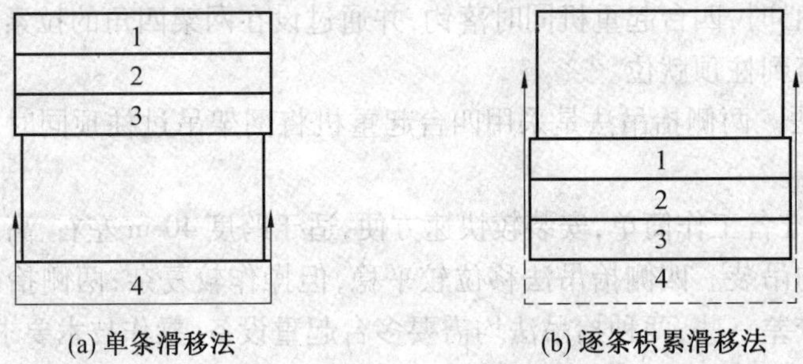

图5.45　高空滑移法示意图

2. 滑移装置

(1)滑轨。滑移用的轨道有各种形式,对于中小型网架,滑轨可用圆钢、扁铁、角钢及小型槽钢制作,对于大型网架可用钢轨、工字钢、槽钢等制作。滑轨可用焊接或螺栓固定在天沟梁上,其安装水平度及接头要符合有关技术要求。网架在滑移完成后,支座即固定于底板上,以便于连接。

(2)导向轮。导向轮主要是作为安全保险装置用,一般设在导轨内侧,在正常滑移时导向轮与导向轨脱开,其间隙为10~20 mm,只有当同步差超过规定值或拼装误差在某处较大时二者才碰上,如图5.47所示。但是在滑移过程中,当左、右两台卷扬机以不同时间启动或

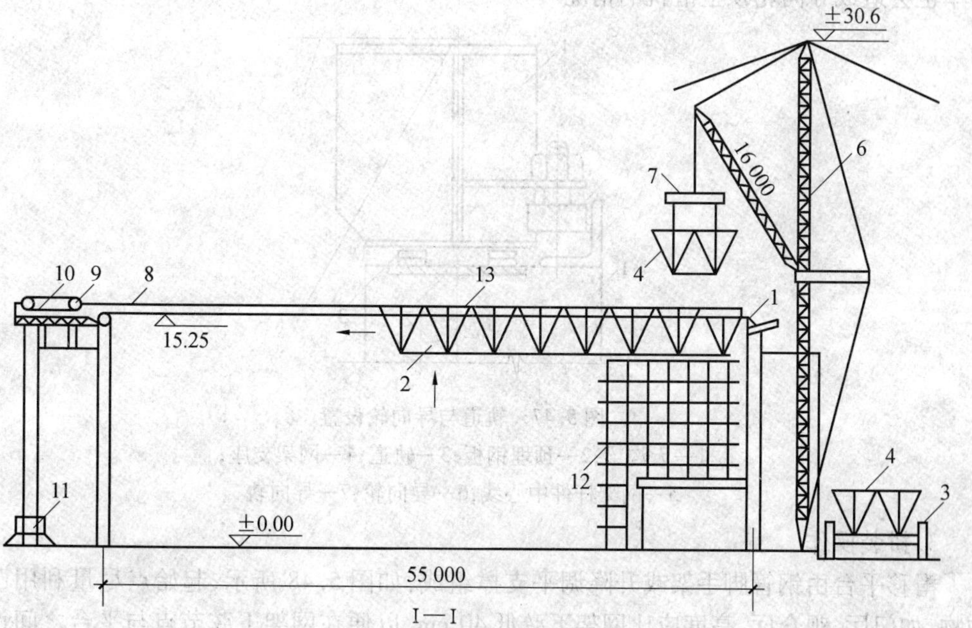

(a) 平面

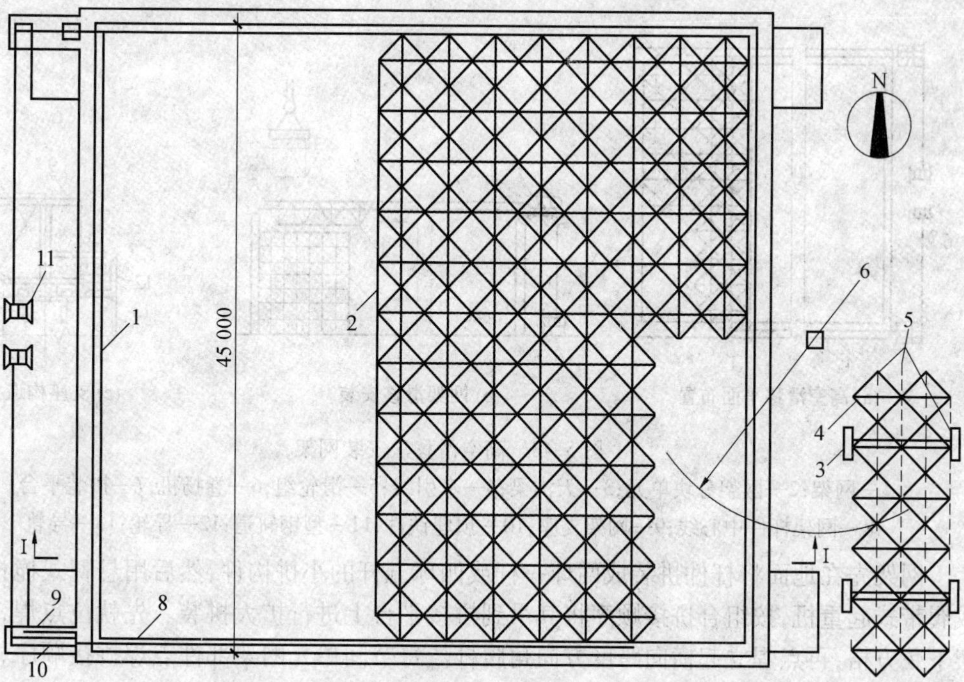

(b) 立面

图 5.46　用高空滑移法安装网架结构示意图

1—边梁;2—已拼网架单元;3—运输车轮;4—拼装单元;5—拼装架;6—拔杆;
7—吊具;8—牵引索;9—滑轮组;10—滑轮组支架;11—卷扬机;12—拼装架;13—拼接缝

停车也会造成导向轮顶上滑轨的情况。

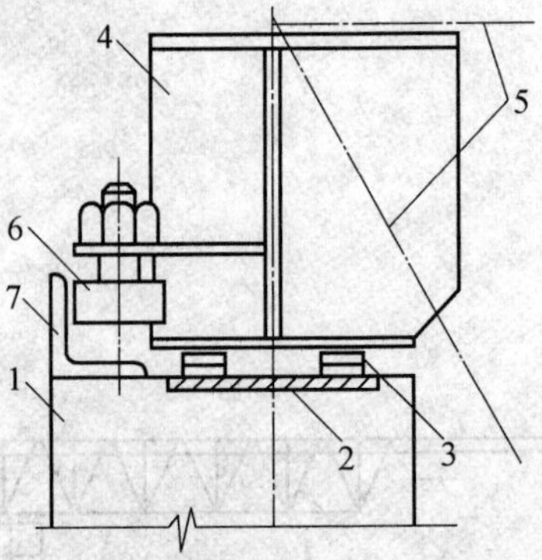

图5.47　轨道与导向轮设置

1—天沟梁；2—预埋钢板；3—轨道；4—网架支座；

5—网架杆件中心线；6—导向轮；7—导向轨

3. 拼装操作

滑移平台由钢管脚手架或升降调平支撑组成，如图5.48所示，起始点尽量利用已建结构物，如门厅、观众厅，高度应比网架下弦低40 cm，以便在网架下弦节点与平台之间设置千斤顶，用以调整标高，平台上面铺设安装模架，平台宽应略大于两个节间。

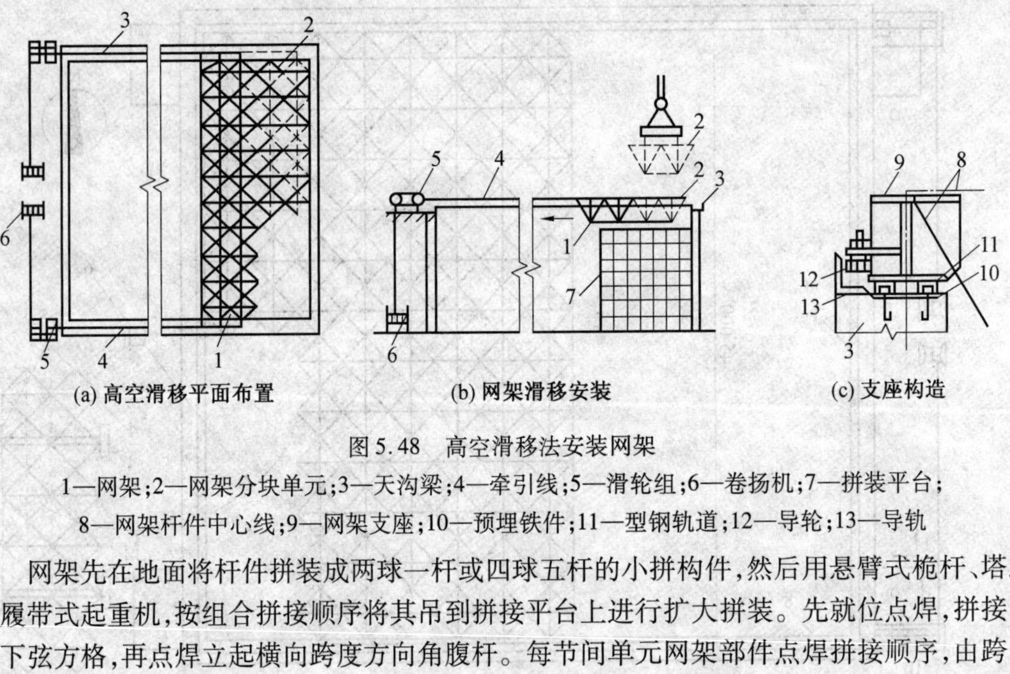

图5.48　高空滑移法安装网架

1—网架；2—网架分块单元；3—天沟梁；4—牵引线；5—滑轮组；6—卷扬机；7—拼装平台；

8—网架杆件中心线；9—网架支座；10—预埋铁件；11—型钢轨道；12—导轮；13—导轨

网架先在地面将杆件拼装成两球一杆或四球五杆的小拼构件，然后用悬臂式桅杆、塔式或履带式起重机，按组合拼接顺序将其吊到拼接平台上进行扩大拼装。先就位点焊，拼接网架下弦方格，再点焊立起横向跨度方向角腹杆。每节间单元网架部件点焊拼接顺序，由跨中向两端对称进行，焊接完后临时加固。牵引可用慢速卷扬机或绞磨进行，并设减速滑轮组。牵引点应分散设置，滑移速度应控制在1 m/min以内，并要求做到两边同步滑移。当网架跨度大于50 m，应在跨中增设一条平稳滑道或辅助支顶平台。

4. 安装质量控制

(1)同步控制。当拼装精度要求不高时，同步控制可在网架两侧的梁面上标出尺寸，牵引时同时报滑移距离。当同步要求较高时可采用自整角机同步指示装置，以便集中于指挥台随时观察牵引点移动情况,读数精度为1 mm,该装置的安装,如图5.49所示。

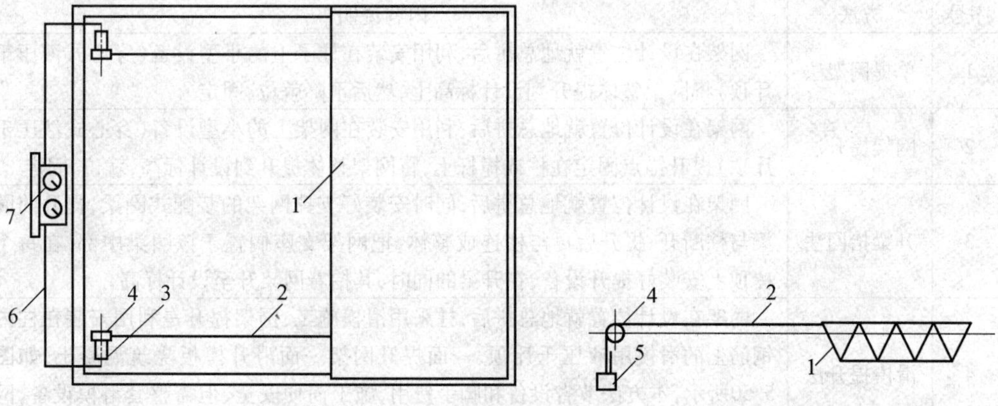

图5.49　自整角机同步指示器安装示意图

1—网架;2—钢丝;3—自整角机发送机;4—转盘;

5—平衡重;6—导线;7—自整角机接收机及读数度盘

(2)挠度的调整。当网架单条滑移时,其施工挠度的情况与分条分块法完全相同;当逐条积累滑移时,网架的受力情况仍然是两端自由搁置的主体桁架。因而,滑移时网架虽仅承受自重,但其挠度仍较形成整体后为大,因此,在连接新的单元前,都应将已滑移好的部分网架进行挠度调整,然后再拼接。

在滑移时应加强对施工挠度的观测,随时调整。

讲87:钢网架整体提升法安装

整体提升法是指在结构柱上安装提升设备,将在地面上总拼好的网架提升就位的施工方法。整体提升法有两个特点:一是网架必须按高空安装位置在地面就位拼装,即高空安装位置和地面拼装位置必须在同一投影面上;二是周边与柱子或连系梁相碰的杆件必须预留,待网架提升到位后进行补装。

大跨度网架整体提升法分为在结构上安装千斤顶提升网架、在结构上安装升板机提升网架和在桅杆上悬挂千斤顶提升网架三种方法。

1.千斤顶提升法

采用安装千斤顶提升网架时,根据网架形式、质量可选用不同起重能力的液压千斤顶。采用钢绞线、泵站等进行网架提升时,千斤顶提升法又可分为单提网架法、网架提升法、升梁抬网法和滑模提升法,具体内容说明见表5.4。

2.升板机提升法

升板机提升法是指网架结构在地面上就位拼装成整体后,采用安装在柱顶横梁上的升板机将网架垂直提升到设计标高以上,安装支撑托梁后,就位、固定。此法不需大型吊装设备,机具和安装工艺简单,提升平稳,提升差异小,同步性好,劳动强度低,工效高,施工安全,但需较多升板机和临时支撑用的短钢柱、钢梁,准备工作量大。该法适用跨度50~70 m,高度4 m以上,质量较大的大、中型周边支撑网架屋盖。

表5.4 千斤顶提升法的分类

序号	方法	内容说明
1	单提网架法	网架在设计位置就地总拼后，利用安装在柱子上的小型设备（穿心式液压千斤顶）将网架整体提升到设计标高上，然后下降就位、固定
2	网架提升法	网架在设计位置就地总拼后，利用安装在网架上的小型设备（穿心式液压千斤顶）提升锚点固定在柱或桅杆上，将网架整体提升到设计标高，就位、固定
3	升梁抬网法	网架在设计位置就地总拼后，同时安装好支撑网架的装配式圈梁，提升前圈梁与柱断开，提升后再与柱连成整体，把网架支座搁置于该圈梁中部，在每个柱顶上安装好提升设备，在升梁的同时，其抬着网架升至设计标高
4	滑模提升法	网架在设计位置就地总拼后，柱采用滑模施工，网架提升是利用安装在柱内钢筋上的滑模用液压千斤顶，一面提升网架一面滑升模板浇筑混凝土，如图5.50所示，本方法节省设备和脚手费用，施工简便安全，但需整套滑模设备，网架随滑模上升，安装速度较慢

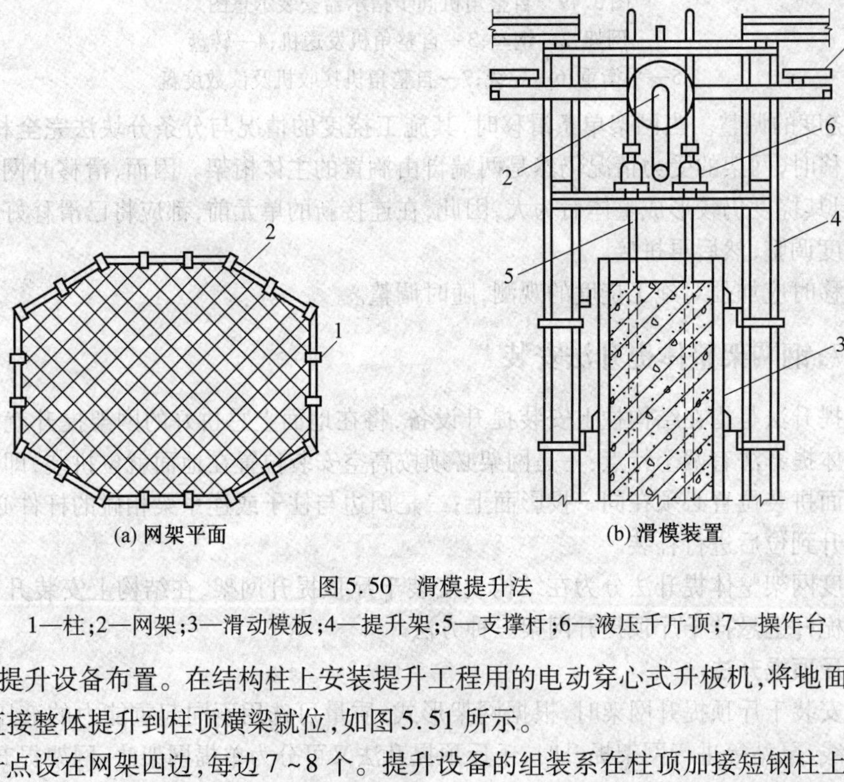

图5.50 滑模提升法

1—柱；2—网架；3—滑动模板；4—提升架；5—支撑杆；6—液压千斤顶；7—操作台

（1）提升设备布置。在结构柱上安装提升工程用的电动穿心式升板机，将地面正位拼装的网架直接整体提升到柱顶横梁就位，如图5.51所示。

提升点设在网架四边，每边7～8个。提升设备的组装系在柱顶加接短钢柱上按工字钢上横梁，每一吊点按放一台300 kN电动穿心式升板机，升板机的螺杆下端连接多节长1.8 m的吊杆，下面连接横吊梁，梁中间用钢销与网架支座钢球上的吊环相连接。在钢柱顶上的上横梁处，又用螺杆连接着一个下横梁，作为拆卸杆时的停歇装置。

（2）提升过程。当升板机每提升一节吊杆后（升速为3 cm/min），用U形卡板塞入下横梁上部和吊杆上端的支撑法兰之间，卡住吊杆，卸去上节吊杆，将提升螺杆下降与下一节吊杆接好，再继续上升，如此循环往复，直到网架升至托梁以上，然后把预先放在柱顶牛腿的托梁移至中间就位，再将网架下降于托梁上，即告完成。

网架提升时应同步，每上升60～90 cm观测一次，控制相邻两个提升点高差不大于25 mm。

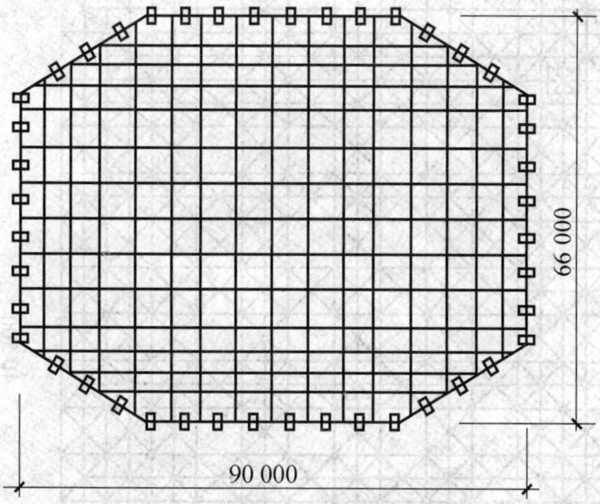

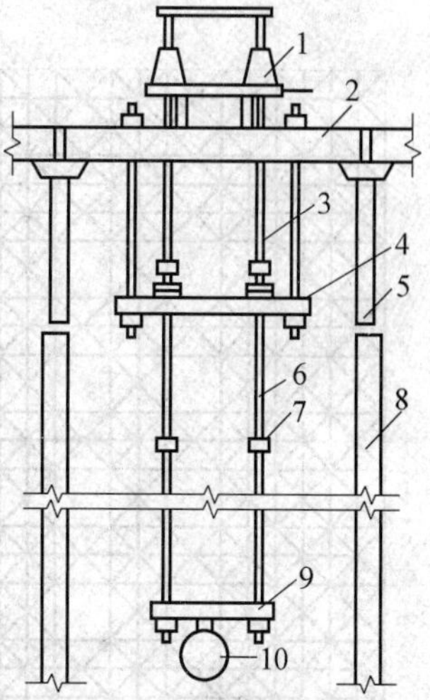

图 5.51　升板机提升法

1—升板机;2—上横梁;3—螺杆;4—下横梁;5—短钢柱;6—吊杆;
7—接头;8—柱;9—横吊梁;10—支座钢球

讲 88:钢网架顶升施工法安装

钢网架顶升施工法是利用支撑结构和千斤顶将网架整体顶升到设计位置,如图 5.52 所示。该法设备简单,不需用大型吊装设备,顶升支撑结构可利用结构永久性支撑柱,拼装网架不需搭设拼装支架,可节省大量机具和脚手、支墩费用,降低施工成本;该法操作简便、安全,但顶升速度较慢,对结构顶升的误差控制要求严格,以防失稳。适用于安装多支点支撑的各种四角锥网架屋盖安装。

1. 顶升准备

顶升用的支撑结构一般利用网架的永久性支撑柱,或在原支点处或其附近设置临时顶升支架。顶升千斤顶可采用普通液压千斤顶或丝杠千斤顶,要求千斤顶的行程和起重速度一致。网架多采用伞形柱帽的方式,在地面按原位整体拼装。由四根角钢组成的支撑柱(临时支架)从腹杆间隙中穿过,在柱上设置缀板作为搁置横梁、千斤顶和球支座用。上、下临时缀板的间距根据千斤顶的尺寸、行程,横梁等尺寸确定,应恰为千斤顶使用行程的整数倍,其标高偏差不得大于 5 mm,如用 320 kN 普通液压千斤顶,缀板的间距为 420 mm,即顶一个循环的总高度为 420 mm,千斤顶分三次(150 mm+150 mm+120 mm)顶升到该标高(图5.52)。

2. 顶升操作

顶升时,每一顶升循环工艺过程如图 5.53 所示。顶升应做到同步,各顶升点的升差不得大于相邻两个顶升用的支撑结构间距的 1/1 000,且不大于 30 mm,在一个支撑结构上有两个或两个以上千斤顶时不大于 10 mm。当发现网架偏移过大,可采用在千斤顶垫斜或有意造成反向升差逐步纠正。同时顶升过程中网架支座中心对柱基轴线的水平偏移值不得大于柱截面短边尺寸的 1/50 及柱高的 1/500,以免导致支撑结构失稳。

3. 升差控制

顶升施工中同步控制主要是为了减少网架的偏移,其次是为了避免引起过大的附加杆

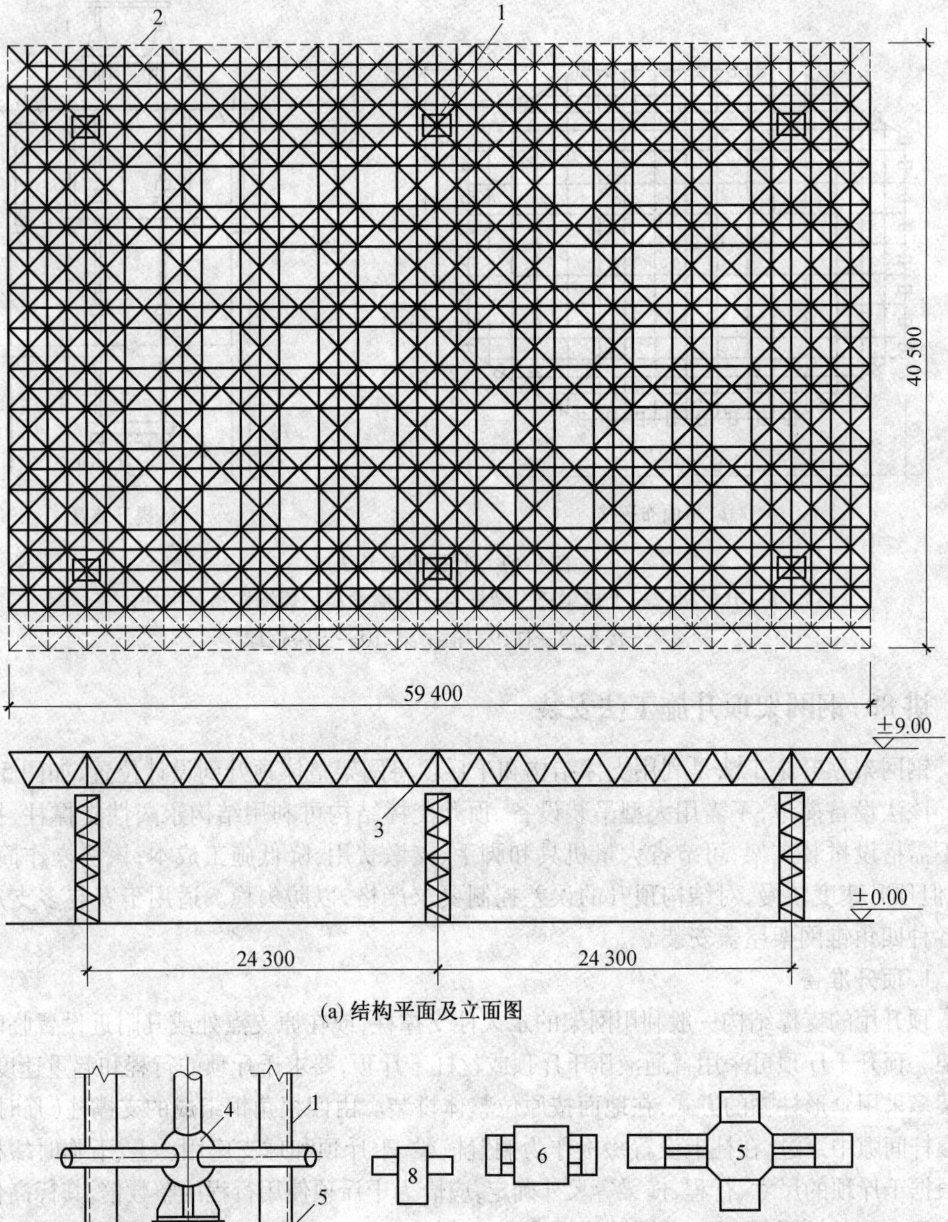

(a) 结构平面及立面图

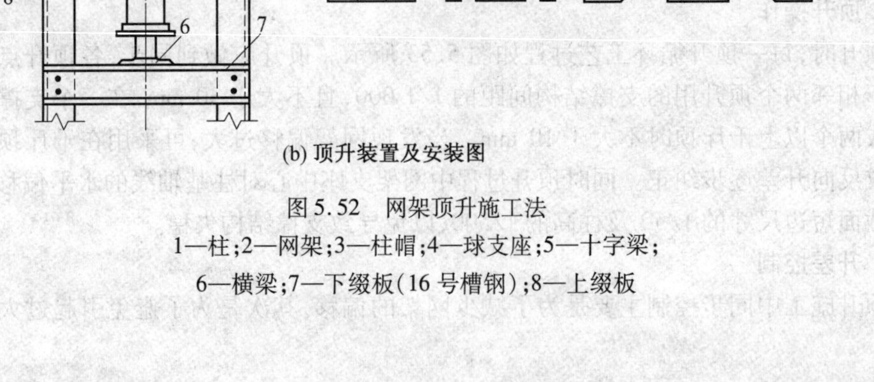

(b) 顶升装置及安装图

图 5.52 网架顶升施工法

1—柱;2—网架;3—柱帽;4—球支座;5—十字梁;

6—横梁;7—下缀板(16 号槽钢);8—上缀板

力。而提升法施工时，升差虽然也会造成网架的偏移，但其危害程度要比顶升法小。

顶升时网架的偏移值当达到需要纠正时，可采用千斤顶垫斜或人为造成反向升差逐步纠正，切不可操之过急，以免发生安全质量事故。由于网架的偏移是一种随机过程，纠偏时柱的柔度、弹性变形又给纠偏以干扰，因而纠偏的方向及尺寸并不完全符合主观要求，不能精确地纠偏。故顶升施工时应以预防网架偏移为主，顶升时必须严格控制升差并设置导轨。

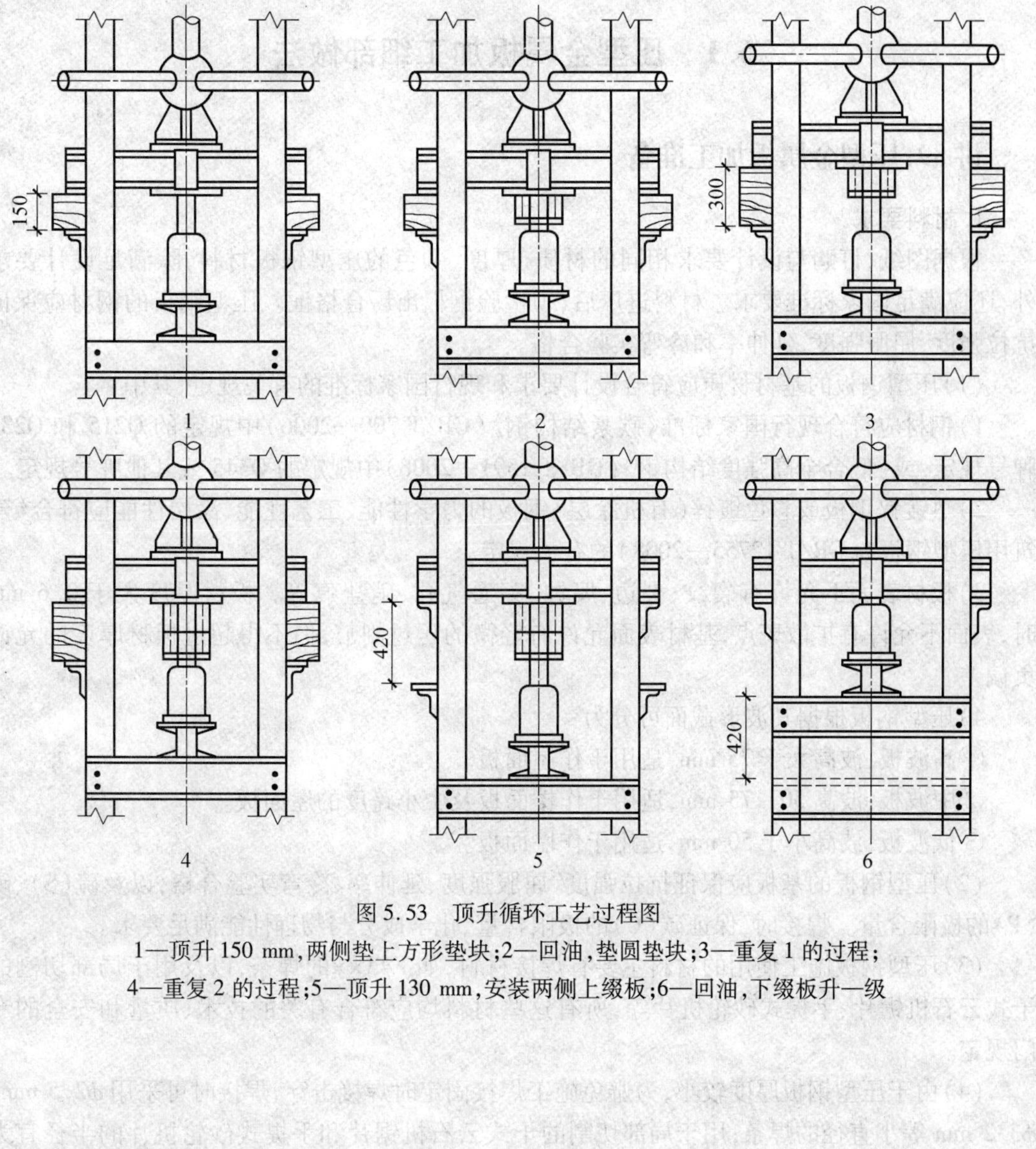

图 5.53　顶升循环工艺过程图

1—顶升 150 mm，两侧垫上方形垫块；2—回油，垫圆垫块；3—重复 1 的过程；
4—重复 2 的过程；5—顶升 130 mm，安装两侧上缀板；6—回油，下缀板升一级

6 压型金属板安装细部做法

6.1 压型金属板加工细部做法

讲 89:压型金属板加工准备

1. 材料要求

根据图纸,订购与设计要求相同的材质、厚度、颜色的压型钢板材料,除满足设计要求外,还应满足国家标准要求。材料进厂后,须检验钢板出厂合格证。压型钢板的钢材应保证抗拉强度、屈服强度、延伸率和冷弯实验合格。

(1)压型钢板的基材材质应符合设计要求和现行国家标准的有关规定,其中:

1)钢材应符合现行国家标准《碳素结构钢》(GB/T 700—2006)中规定的 Q215 和 Q235 牌号规定,或《低合金高强度结构钢》(GB/T 1591—2008)中规定的 Q345 或其他牌号规定。

2)热镀锌钢板或彩色镀锌(有机涂层)钢板的力学性能、工艺性能、涂层性能应符合《建筑用压型钢板》(GB/T 12755—2008)的有关规定。

3)板材表面不允许有裂纹、裂边、腐蚀、穿通气孔、硝盐痕等。板材厚度大于 0.6 mm 时,表面不允许有扩散斑点,基材表面允许有轻微的压过划痕,但不得超过板材厚度的允许负偏差。

4)压型钢板根据其波形截面可分为:

①高波板:波高大于 75 mm,适用于作屋面板。

②中波板:波高 50 ~ 75 mm,适用于作楼面板及中小跨度的屋面板。

③低波板:波高小于 50 mm,适用于作墙面板。

(2)压型钢板的基板应保证抗拉强度、屈服强度、延伸率、冷弯实验合格,以及硫(S)、磷(P)的极限含量。焊接时,保证碳(C)的极限含量、化学成分与物理性能满足要求。

(3)压型钢板施工使用的材料主要有焊接材料,如 E43××的焊条,以及用于局部切割的干式云石机锯片、手提式砂轮机片等,所有这些材料均应符合有关的技术、质量和安全的专门规定。

(4)由于压型钢板厚度较小,为避免施工焊接固定时焊接击穿,焊接时可采用 $\phi2.5$ mm、$\phi3.2$ mm 等小直径的焊条;用于局部切割的干式云石机锯片和手提式砂轮机片的半径宜大于所使用的压型钢板波形高度。

(5)栓钉是组合楼层结构的剪力连接件,用以传递水平荷载到梁柱框架上,它的规格、数量按楼面与钢梁连接处的剪力大小确定。栓钉直径有 13 mm、16 mm、19 mm、22 mm 四种。

2. 主要用具

(1)机具:压型机、折弯机、剪板机。

(2)工具:电剪、铁剪子、云石机、吊车。

(3)量具:钢卷尺、盘尺、角尺。

3. 作业条件

(1)制作现场应平整、洁净并有足够的空间。

(2)所有生产设备应按要求调整完毕,保持设备洁净。

(3)确定所制作的压型板或配件的尺寸、样式、数量。

(4)室内制作应有足够照明,室外制作应对生产设备搭设临时棚,加设照明以备夜间生产。

(5)现场制作应具备工业电源。

讲 90:压型金属板加工操作

压型金属板的制作是采用金属板压型机,将彩涂钢卷进行连续的开卷、剪切、辊压成型等过程,其施工操作要点有如下几点:

(1)加工压型板及配件应有足够的加工场地和平整的堆放场地,以保证成品质量。

(2)确定加工所有材料的规格、颜色等应符合要求,从卷板式平板上按图纸要求尺寸号料。号料前应根据尺寸要求在平板上划线,保证平板几何尺寸及号料边角度。

(3)已号料的平板由人工或机械同时从压型机进板侧将平板送入压辊,在出板侧设专人接板并送至堆放场地,也可用卷板直接送入进板侧,在出板侧根据尺寸号料后堆放。对于配件应按尺寸及角度、颜色朝向的要求进行加工,先确定加工顺序,并按每部分的尺寸要求划线,按角度要求调整折弯设备。同型号的配件按同一折边一次加工完毕,再统一进行下一折边,数控设备可采用每一配件逐一加工的方法,加工有搭接安装要求的配件时应适当留有搭接厚度差以保证安装质量。

(4)压型金属板成型后,除用肉眼和放大镜检查基板和涂层的裂纹情况外,还应对压型钢板的主要外形尺寸,如波距、波高及侧向弯曲等进行测量检查,检查方法如图 6.1 和图6.2 所示。

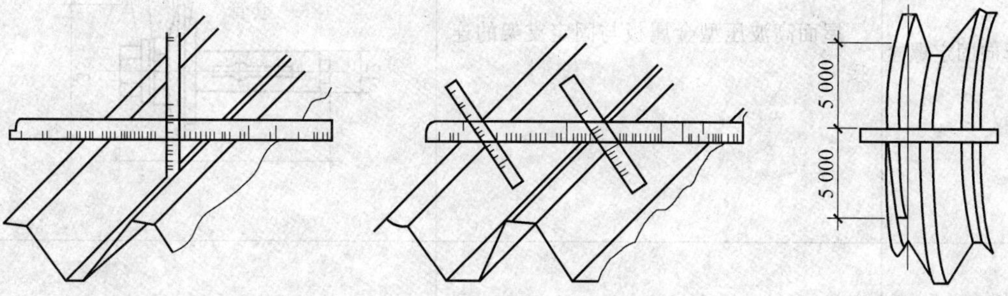

(a) 测量波高　(b) 测量波距　(c) 测量侧向弯曲

图 6.1　压型金属板的几何尺寸测量

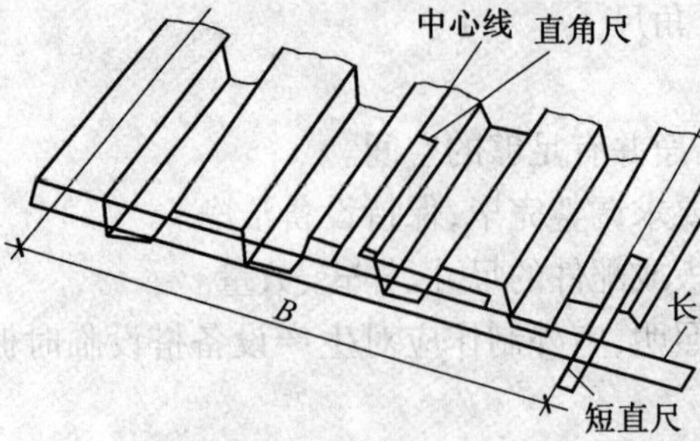

图6.2　切斜的测量方法

6.2　压型金属板连接细部做法

讲91:压型金属板常用连接件

泛水板、包角板通常采用与压型金属板相同的材料,用弯板机加工。由于泛水板、包角板等配件(包括水落管、天沟等)都是根据工程对象、具体条件单独设计的,因此,除外形尺寸偏差外,不能有统一的要求及标准。

压型金属板之间的连接除了板间的搭接外,还应使用连接件,我国常用的主要连接件及其用途见表6.1。

表6.1　压型金属板常用的主要连接件及其用途　　(单位:mm)

名称	用途	图示
单向固定螺栓	屋面高波压型金属板与固定支架的连接	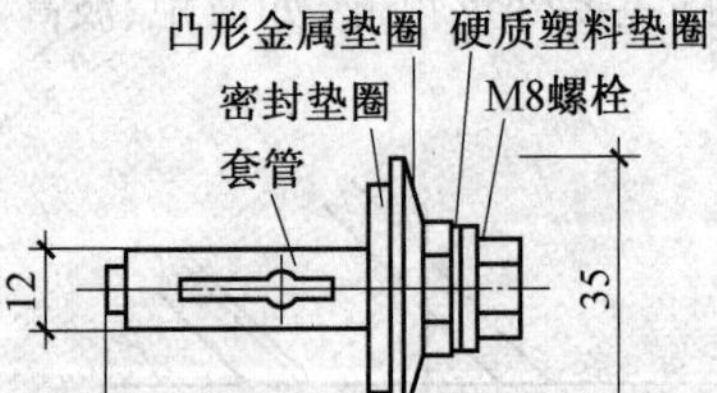
单向连接螺栓	屋面高波压型金属板侧向搭接部位的连接	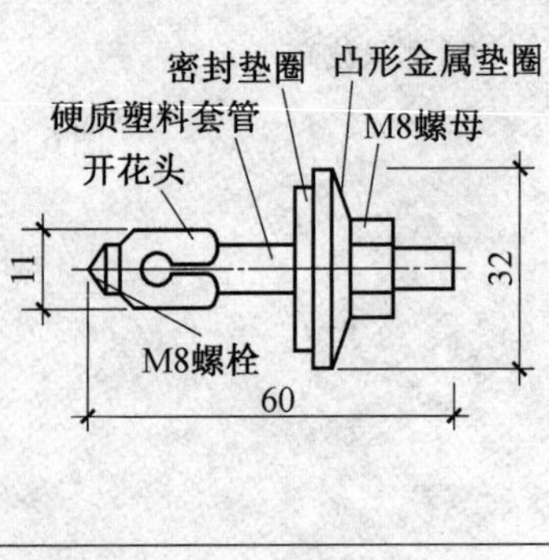

续表 6.1 （单位：mm）

名称	用途	图示
连接螺栓	屋面高波压型金属板与屋面檐口挡水板、封檐板的连接	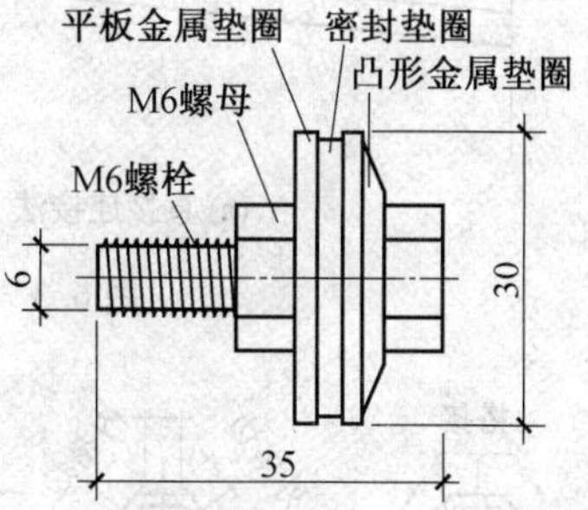
自攻螺钉（二次攻）	墙面压型金属板与墙梁的连接	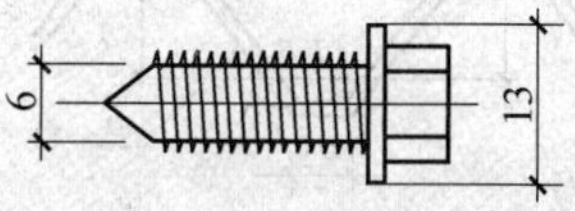
钩螺栓	屋面低波压型金属板与檩条的连接，墙面压型金属板与墙梁的连接	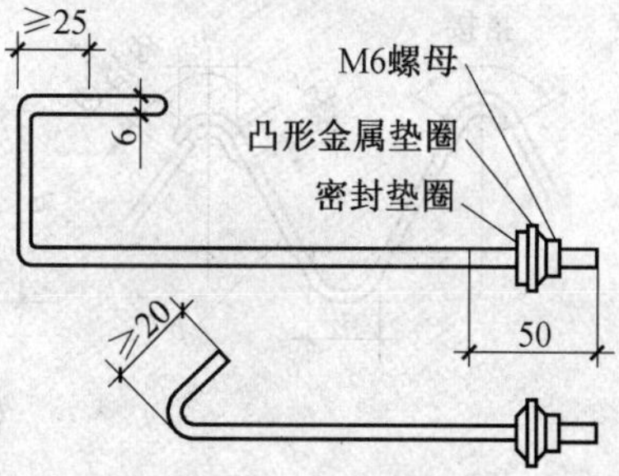
铝合金拉铆钉	屋面低波压型金属板、墙面压型金属板侧向搭接部位的连接，泛水板之间，包角板之间或泛水板、包角板与压型金属板之间搭接部位的连接	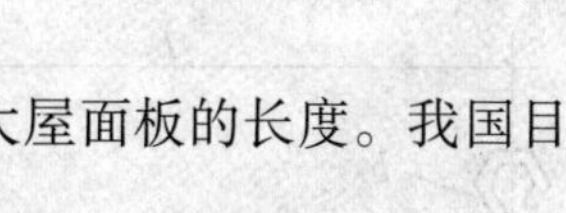

讲 92：压型金属板连接方式

1. 上下屋面板的搭接连接

在屋面施工时，应尽量减少上下屋面板的搭接数量，加大屋面板的长度。我国目前采用直接连接法和压板挤紧法两种连接方法。

（1）直接连接法。直接连接法是将上下屋面板间设置两道防水密封条，在防水密封条处用自攻螺钉或拉铆钉将其紧固在一起，如图 6.3(a) 所示。

（2）压板挤紧法。压板挤紧法是我国最新的上下屋面板搭接连接方法，是将两块屋面板的上面和下面设置两块与屋面板板型相同厚度的镀锌钢板，其下设防水胶条，用紧固螺栓将其紧密挤压连接在一起，这种方法零配件较多，施工工序多，但是防水可靠，如图 6.3(b) 所示。

2. 金属板与檩条和墙梁的连接

（1）屋面板连接。压型金属板的屋面板横向连接方式主要有以下几种（图 6.4）：

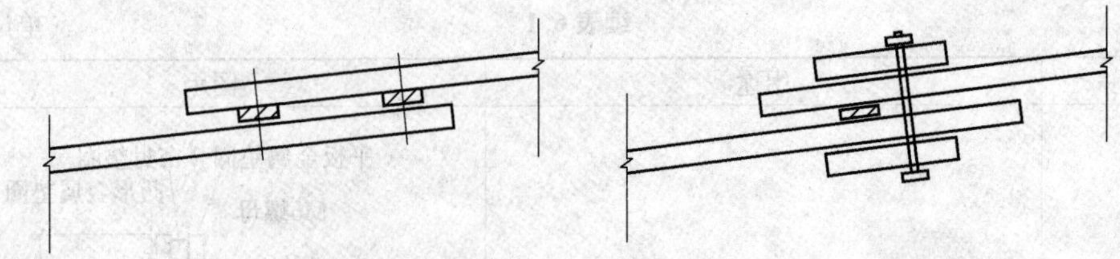

(a) 直接连接法　　(b) 压板挤紧法

图6.3　压型金属板上下屋面板连接方法

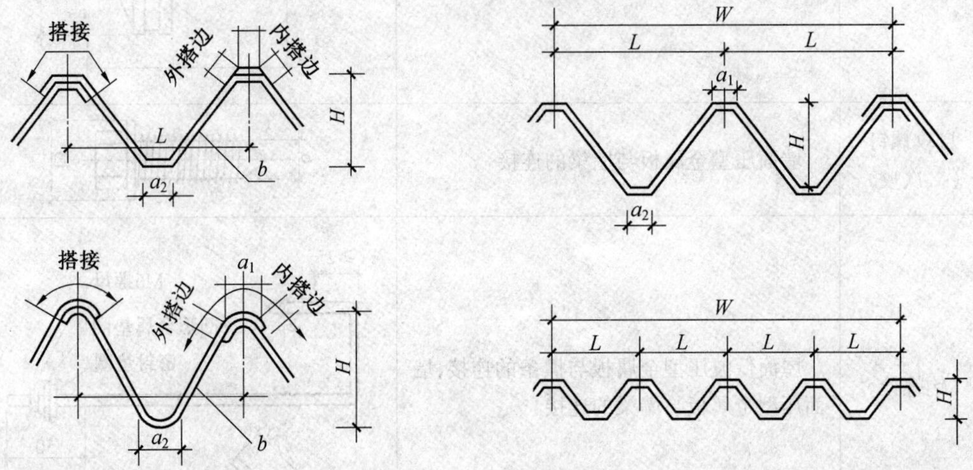

(a) 搭接方式

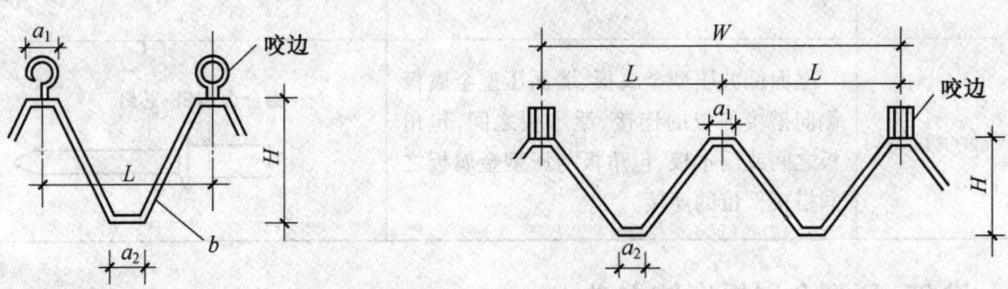

(b) 咬边方式

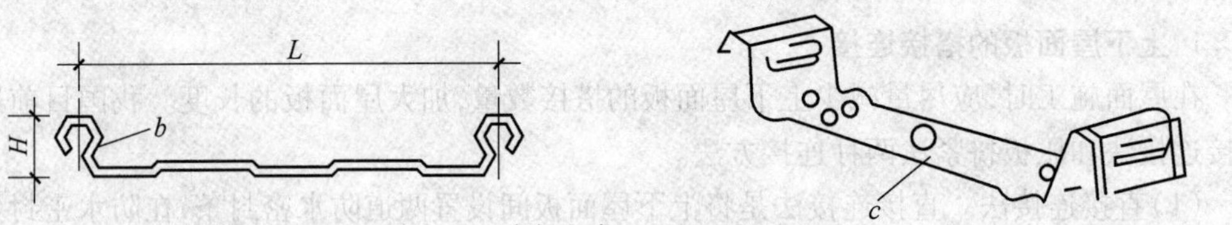

(c) 卡扣方式

图6.4　压型金属板的屋面板横向连接方式

（H为波高；L为波距；W为板宽；a_1为上翼缘宽；a_2为下翼缘宽；b为腹板；c为卡扣件）

1）搭接方式。搭接方式是把压型金属板搭接边重叠并利用各种螺栓、铆钉或自攻螺钉等连成整体。

2）咬边方式。咬边方式是在压型金属板搭接部位通过机械锁边，使其咬合相连。

3）卡扣方式。卡扣方式是利用金属板弹性在向下或向左（向右）的力作用下形成左右相连。

(2)墙面板连接。彩色压型金属板的墙面板连接方式主要有以下两种(图6.5):

1)外露连接。外露连接是利用连接紧固件在波谷上将板与墙梁连接在一起,这样的连接使紧固件的头处在墙面凹下处,比较美观;在一些波距较大的情况下,也可将连接紧固件设在波峰上。

2)隐蔽连接。墙面隐蔽连接的板型覆盖面较窄,它是将第一块板与墙面连接后,将第二块板插入第一块板的板边凹槽口中,起到抵抗负风压的作用。

无论墙面板或屋面板的隐蔽连接都不可能完全避免外露连接,均会在建筑物的如下位置产生外露连接,如大量的上下板的搭接处、屋面的屋脊处、山墙泛水处、高低跨的交接处以及墙面的门窗洞口处、墙的转角处等需要包边、泛水等配件覆盖的位置。这些外露连接有的是板与墙梁或檩条的连接,也有彩板与彩板间的连接。

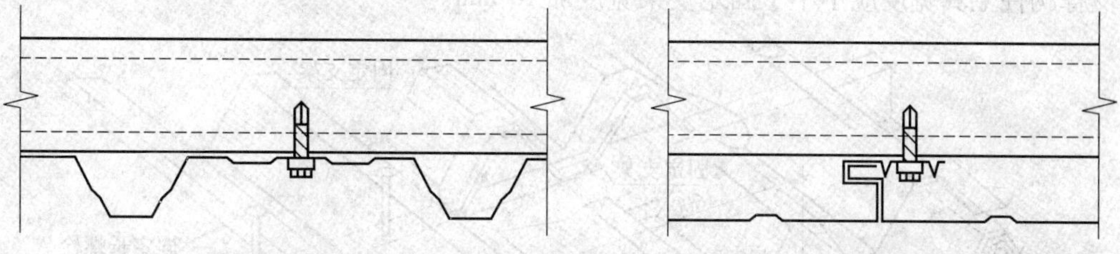

图6.5　墙面板连接方式

讲93:压型金属板连接固定

(1)连接件的数量与间距应符合设计要求,当在设计无明确规定时,应按现行专业标准《压型金属板设计施工规程》(YBJ 216—1988)的规定执行,其规定的内容主要有以下几点:

1)屋面高波压型金属板用连接件与固定支架连接,每波设置一个;低波压型金属用连接件直接与檩条或墙梁连接,每波或隔一波设置一个,但搭接波处必须设置连接件。

2)屋面高波压型金属板的侧向搭接部位必须设置连接件,间距为700~800 mm。

有关防腐涂料的规定除设计中应根据建筑环境的腐蚀作用选择相应涂料系列外,当采用压型铝板时,应在其与钢构件接触面上至少涂刷一道铬酸锌底漆或设置其他绝缘隔离层,在其与混凝土、砂浆、砖石、木材接触面上至少涂刷一道沥青漆。

(2)压型金属板腹板与翼缘板水平面之间的夹角,当用于屋面时不应小于50°;当用于墙面时不应小于45°。

(3)屋面压型金属板的长向连接通常采用搭接,搭接处应在支撑构件上,其搭接长度应不小于下列限值,同时在搭接区段的板间尚应设置防水密封带。

1)屋面高波板(波高≥75 mm):375 mm。

2)屋面中波及低波板:屋面坡度 $i<1/10$ 时为250 mm,屋面坡度 $i\geq1/10$ 时为200 mm。

(4)屋面中波压型金属板与支撑构件(檩条)的连接,一般不设置专门的固定支架,可在檩条上预焊栓钉,安装后紧固连接即可,如图6.6所示。中波压型金属板也可采用钩头螺栓连接,但因连接紧密度、耐候差,目前已极少应用。

(5)屋面高波压型金属板在檩条上固定时,应设置专门的固定支架,如图6.7所示。固

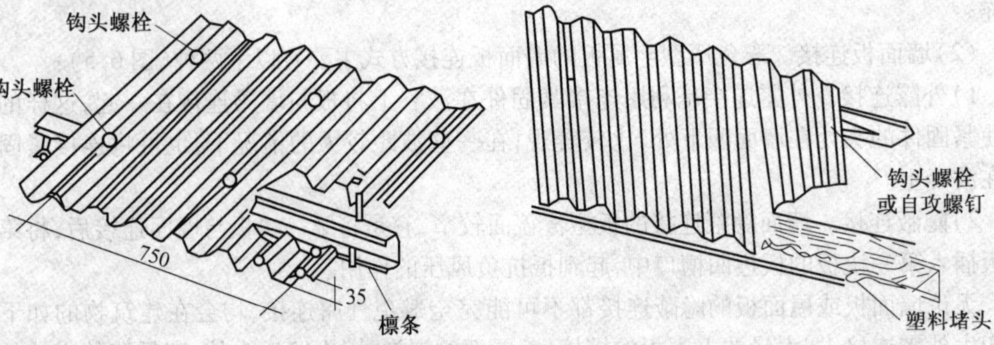

图 6.6 屋面中波压型金属板不采用固定支架的连接

定支架一般采用2～3 mm厚钢带,按标准配件制成并在工地焊接于支撑构件(檩条)上,此时支撑构件上翼宽度应不小于固定支架宽度加10 mm。

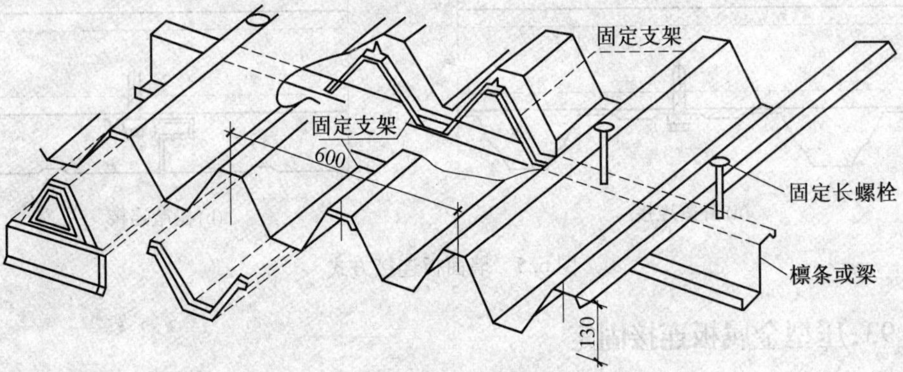

图 6.7 屋面高波压型金属板采用固定支架的连接

(6)屋面高波压型金属板,每波均应以连接件连接,对屋面中波或低波板可每波或隔波与支撑构件相连。为了保证防水可靠性,屋面板的连接仍多设置在波峰上。

6.3 压型金属板安装细部做法

讲94:屋面压型金属板安装

1. 板材吊装

(1)吊装要求。

1)压型金属板在装、卸、安装中禁止用钢丝绳捆绑直接起吊,运输及堆放应有足够支点,防止变形。

2)压型金属板厂家供货时,压型金属板应以安装单元为单位成捆运到现场,每捆压型金属板按照使用单位提供的布置图,将压型金属板依据铺装顺序叠放整齐。

3)压型金属板起吊前,需按照设计施工图核对其板型、尺寸、块数以及所在部位,确认配料无误后,分别随主体结构安装顺序及进度吊运到各施工节间成叠堆放,堆放时需成条分散。压型金属板吊放在梁上时应以缓慢速度下放,严禁粗暴的吊放动作。

4)无外包装的压型金属板,装卸时应采用吊具。禁止直接使用钢丝绳捆绑起吊。起吊要平稳,不得有倾斜现象,以防滑落伤人。

5)为保护压型金属板在吊运时不发生变形,应使用软吊索或在钢丝绳和板接触的转角处加胶皮或钢板下使用垫木,但必须捆扎牢固,谨防垫木滑移、压型金属板倾斜滑落伤人。

6)压型金属板利用汽车吊吊升、塔吊吊升多点起吊示意图如图6.8所示。

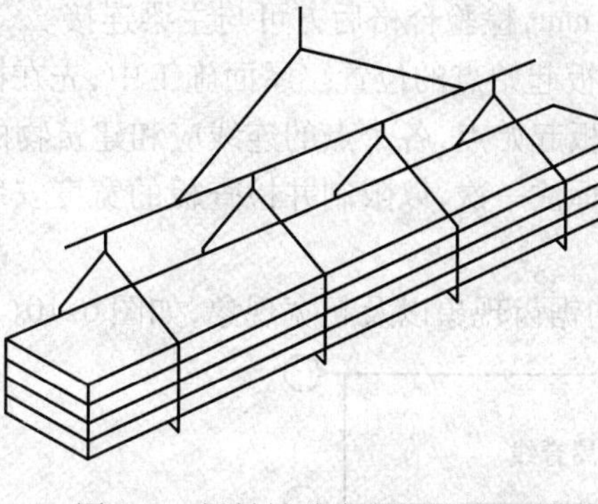

图6.8 板材吊升多点起吊示意图

7)压型金属板成捆堆放,应横跨多根钢梁,单跨放在两根梁之间时,应注意两端支撑宽度,以防止倾倒而造成坠落事故。

8)现场风速≥6 m/s时严禁施工,已拆开的压型金属板应重新捆扎。否则,压型金属板极有可能被大风刮起,引发安全事故或损坏压型金属板。

(2)提升。使用卷扬机提升的方法,每次提升数量小,屋面运距短。提升特长板应采用钢丝滑升法,如图6.9所示。这种方法是在建筑物的山墙处设置若干道钢丝,钢丝上设套管,板放在钢管上,屋面上工人用绳沿钢丝拉动钢管,则特长板被提升至屋面上,而后由人工搬运到安装地点。

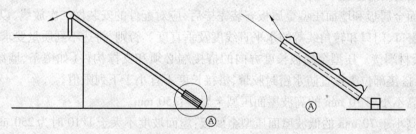

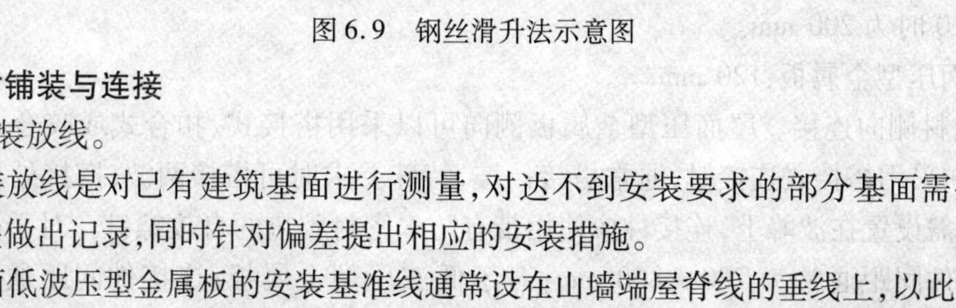

图6.9 钢丝滑升法示意图

2. 板材铺装与连接

(1)安装放线。

1)安装放线是对已有建筑基面进行测量,对达不到安装要求的部分基面需提出修改。对施工偏差做出记录,同时针对偏差提出相应的安装措施。

2)屋面低波压型金属板的安装基准线通常设在山墙端屋脊线的垂线上,以此作为基准,在每根檩条的横向标示出每块或若干块压型金属板的截面有效覆盖宽度的定位线。

3)安装压型金属板前,需在梁上标出压型金属板铺放的位置线。布置压型金属板时,相邻两排压型金属板端头的波形槽口需对准。板吊装就位后,先从钢梁已弹出的起铺线开始,沿铺设方向单块就位,到控制线后需要适当调整板缝。

4)板材应按照图纸要求放线铺设、调直、压实。铺设变截面梁处,通常从梁中间向两端进行，至端部调整补缺；铺设等截面梁处，则可以从一端开始，至另一端调整补缺。

5）实测安装板材的实际长度，按照实测长度核对对应板号的板材长度，需要时对该板材进行剪裁。

6）应严格按照图纸及规范的要求来散板与调整位置，板的直线度是单跨最大偏差10 mm，板的错口要求小于5 mm，检验合格后方可与主梁连接。

7）依据排板设计确定排板起始点的位置。屋面施工中，先在檩条上标记出起点，即沿跨度方向在每个檩条上标出排板起始点，各个点的连线应和建筑物的纵轴线相垂直，然后在板的宽度方向每隔几块板继续标注一次，以限制并检查板的宽度安装偏差积累，如图6.10(a)所示。

如放线不合格，将出现的锯齿现象以及超宽现象，如图6.10(b)所示。

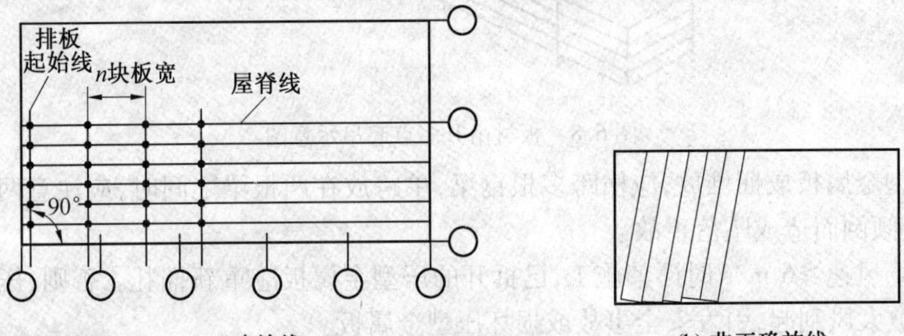

(a) 正确放线　　(b) 非正确放线

图6.10　安装放线示意图

同样墙面压型金属板安装也应类似以上方法放线。另外，还应标定其支撑面的垂直度，以确保形成墙面的垂直平面。

8）屋面金属板和墙面压型金属板安装完毕后，应对配件的安装做二次放线，以确保檐口线、屋脊、窗口、门口和转角线等的水平直线度及垂直度。否则，将达不到质量要求。

(2)板材端接。压型金属板长度方向的搭接端必须和支撑构件（如檩条、墙梁等）有可靠的连接，搭接部位需设置防水密封胶带，搭接长度不宜小于下列限值。

1）波高不小于70 mm的高波屋面压型金属板：350 mm。

2）波高小于70 mm的低波屋面压型金属板：屋面坡度不大于1/10时为250 mm，屋面坡度大于1/10时为200 mm。

3）墙面压型金属板：120 mm。

(3)板材侧向连接。屋面压型金属板侧向可以采用搭接式、扣合式或咬合式等连接方式。当侧向采用搭接式连接时，通常搭接一波，特殊要求时可搭接两波，搭接处用连接件紧固，连接件需设置在波峰上，连接件应使用带有防水密封胶垫的自攻螺钉。对于高波压型金属板，连接件间距通常为700～800 mm；对于低波压型金属板，连接件间距通常为300～400 mm。

当侧向采用扣合式或咬合式连接时，应在檩条上设置和压型金属板波形相配套的专门固定支座，固定支座和檩条用自攻螺钉或射钉连接，压型金属板放置在固定支座上。两片压型金属板的侧边应保证在风吸力等因素作用下的扣合或咬合连接可靠。

压型金属板的侧边和另一块板侧边之间搭接，应在搭接处贴有防水密封条，搭接缝需采用自攻缝合钉将板缝缝合,如图 6.11 所示。

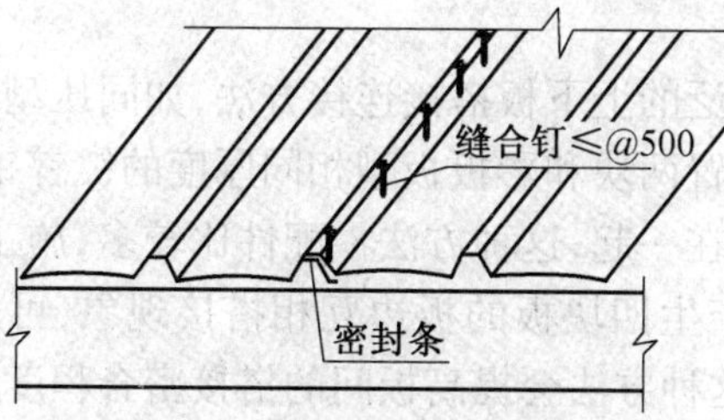

图 6.11　普通压型金属板侧边的搭接

(4)板材典型连接做法。压型金属板典型连接做法,如图 6.12 所示。

1)图 6.12(a)所示的搭接板连接的防水空腔式,是在两个扣合边处形成一个 4 mm 左右的空腔。这个空腔切断了两块钢板相附着时会形成的毛细管通路,同时空腔内的水柱还可以平衡室内外大气静压差造成的雨水渗入室内的现象,这种方法已经被应用到新一代压型金属板的断面形状设计中,这是一种经济有效的方法。

该紧固的连接件外露,是在压型金属板上采用自攻自钻的螺丝将板材和屋面轻型钢檩条或墙梁连在一起。早期人们还曾采用钩螺栓单面施工的方法。凡是外露紧固的连接件必须辅以寿命长、防水可靠的密封垫、金属帽和装饰彩色盖。

2)图 6.12(b)、(c)所示的咬口连接分 180°与 360°两种。这种方法是利用咬边机将板材的两搭接边咬合在一起,180°咬边属于一种非紧密式咬合,而 360°属于一种紧密咬合,它类似于白铁工的手工咬边的形式,所以有一定的气密作用。这种板型是一种理想可靠防水板型,但造价高。

3)图 6.12(d)所示的扣合板连接是两个边对称布置,并在两边部位做出卡口构造边,安装完毕后在其上扣上扣盖。这种方法利用了空腔式的原理设置扣盖,防水可靠,但彩板用量较多。

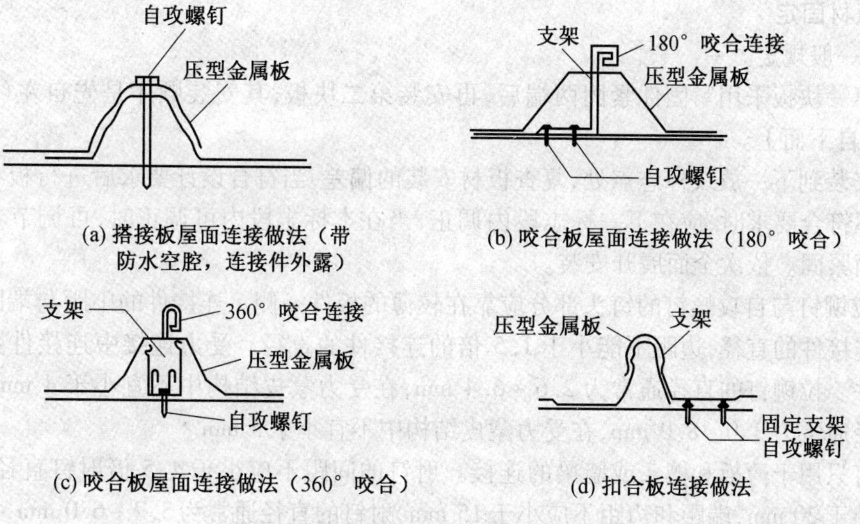

图 6.12　屋面压型金属板典型连接构造

(5)板材搭接做法。屋面压型金属板搭接有直接连接法与压板挤紧法两种,如图 6.3 所示。

直接连接法是将上下两块板间安装两道防水密封条，在防水密封条处用自攻螺钉或拉铆钉将其固定在一起。

压板挤紧法是一种使用广泛的上下板搭接连接方法，如同压型金属板压板挤紧法，施工时将两块彩板的上面与下面设置两块和彩板板型相同厚度的镀锌钢板，其下设置防水胶条，用紧固螺栓将其紧密挤压连接在一起，这种方法零配件比较多，施工工序多，但是防水可靠。当搭接线在一条水平线上时，产生四块板的板边互相搭接现象，可采用如图6.13所示位置切除第2、3块板的搭接斜角，这种方法会提高板间的搭接密合程度。

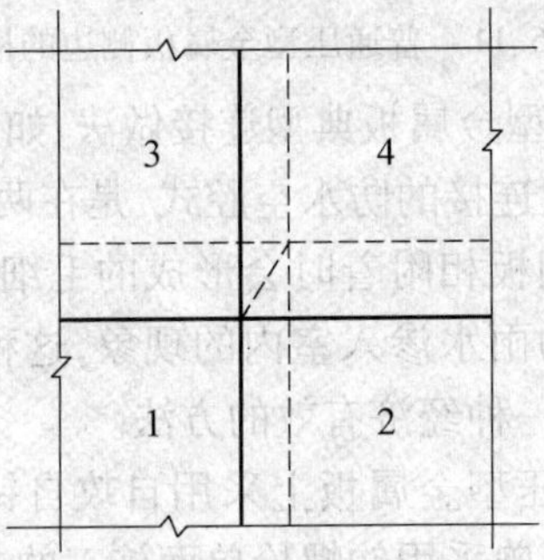

图6.13　搭接示意图

1）搭接长度。搭接长度和屋面坡度有关，当屋面坡度不小于1/10时，搭接长度不宜小于200 mm；当屋面坡度小于1/10时，搭接长度不宜小于250 mm。墙面压型金属板的搭接长度不宜小于120 mm。

2）搭接处密封。搭接处的密封应采用双面粘贴的密封带，不宜采用密封胶，由于两板搭接处空隙很小，连接后的密封胶被挤压后的厚度非常小，且其固化时间较长，在这段时间里因为施工人员的走动造成搭接处的搭接板间开合频繁，使密封胶失效。密封条应靠近紧固位置。

3. 板材固定

（1）一般规定。

1）第一块板采用紧固件紧固两端后，再安装第二块板，其安装顺序是先自左（右）至右（左），后自下而上。

2）安装到下一放线标志点处，复查板材安装的偏差，当符合设计要求后进行板材的全面紧固。不符合要求时，应在下一标志段内调正，当在本标志段内可调正时，可调节本标志段后再全面紧固。依次全面展开安装。

3）拉铆钉与自攻螺钉的钉头部分应靠在较薄的板件一侧。连接件的中距与端距不得小于3倍连接件的直径，边距不能小于1.5倍的连接件的直径。受力连接中连接件数量不应少于两件。拉铆钉的直径通常为2.6～6.4 mm，在受力蒙皮结构中不宜小于4 mm；自攻螺钉的直径通常为3.0～8.0 mm，在受力蒙皮结构中不宜小于5 mm。

射钉只用于薄板和檩条或墙梁的连接。射钉的间距不应小于4.5倍射钉直径，且其中距不应小于20 mm，端距和边距不应小于15 mm，射钉的直径通常为3.7～6.0 mm，射钉的穿透深度不应小于10 mm。在抗拉连接中自攻螺钉和射钉的钉头或垫圈直径不应小于14 mm，而且应通过实验确保连接件从基材中的拔出强度不小于连接件的抗拉承载力设计值。

（2）普通压型金属板。

1)普通压型金属板通过自攻螺钉直接和檩条固定,自攻螺钉如钉在波谷处,蒙皮效应高,但由于屋面压型金属板在室外热胀冷缩的作用下,自攻螺钉孔壁会松动,钉头下的防水垫圈也会老化,所以应将自攻螺钉钉在波峰上以便于防水,如图 6.14 所示。在檐口处,风荷载有周边效应,应在每个波峰的两侧波谷处再安装自攻螺钉以防风吸力作用下将板掀起。

2)在紧固自攻螺钉时需掌握紧固的程度,不可过度,否则会使密封垫圈上翻,甚至可能将板面压得下凹而积水;紧固不够会使密封不到位而发生漏雨,如图 6.15 所示。而新一代自攻螺钉,在接近紧固完毕时将发出一响声,可直接而有效地控制紧固的程度。

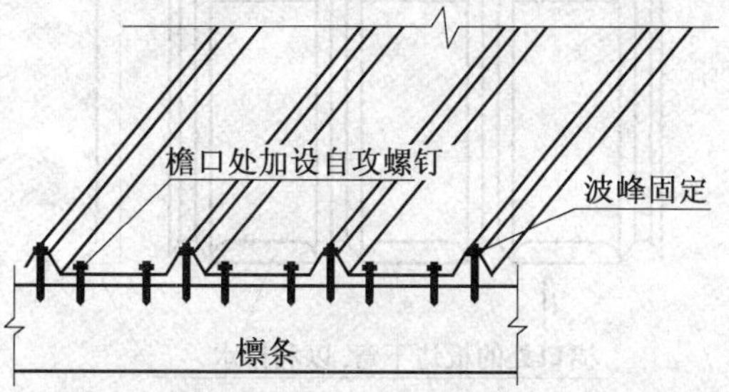

图 6.14　自攻螺钉布置

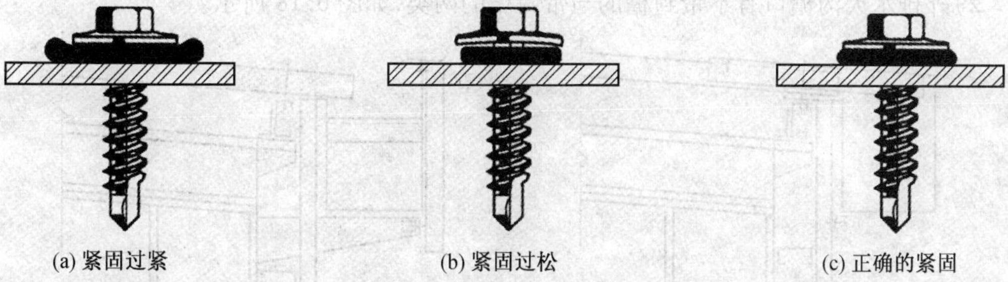

图 6.15　自攻螺钉紧固程度

(3)铺设高波压型金属板。

1)铺设高波压型金属板屋面时,应在檩条上安装固定支架,檩条上翼宽度需比固定支架宽度大 10 mm。固定支架用自攻螺钉或射钉与檩条连接,每波安装一个;低波压型金属板可不设置固定支架,宜在波峰处采用带有防水密封胶垫的自攻螺钉或射钉和檩条连接,连接件可每波或隔波安装一个,但每块低波压型金属板不能小于 3 个连接件。

2)扣合板通过其下的卡座扣紧板以防止其被风掀掉,卡座由自攻螺钉固定在檩条上,在檐口处必须设置自攻螺钉以防风吸力作用下将板掀起,如图 6.16 所示。

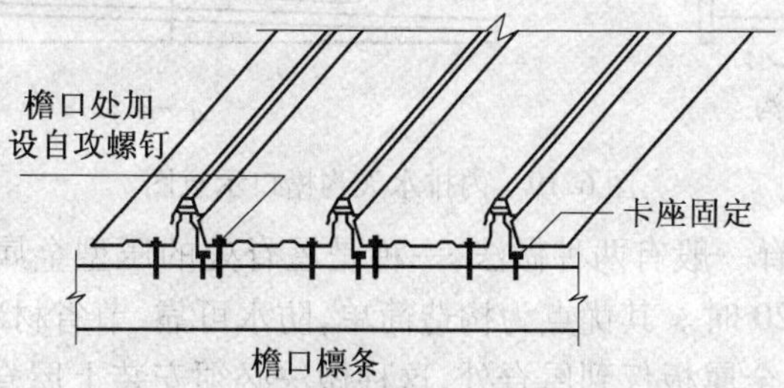

图 6.16　扣合板檐口处加自攻螺钉

4. **板型整理**

(1)檐口做法。檐口可分外排水天沟檐口、内排水天沟檐口和自由落水檐口三种形式。对于围护结构而言,在条件允许时应优先采用自由落水和外排水天沟的檐口形式。

1)面板在屋脊处的板边需采用撬杆工具将其上撬以便于挡水,在檐口处板边向下弯以利排水,如图6.17所示。

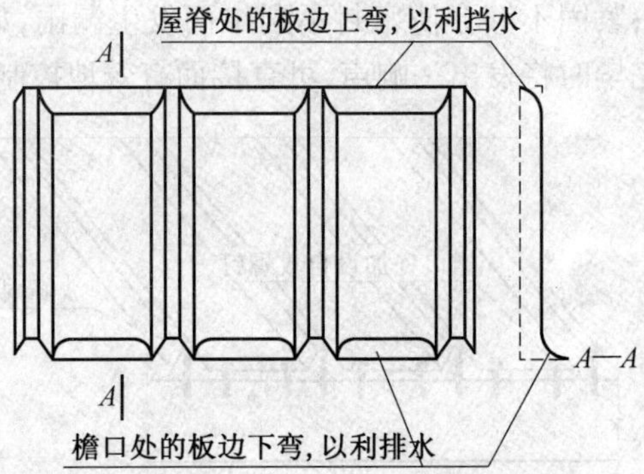

图6.17 檐口压型金属板上、下边缘的弯折

2)外排水天沟檐口有不带封檐的与带封檐的两类,如图6.18所示。

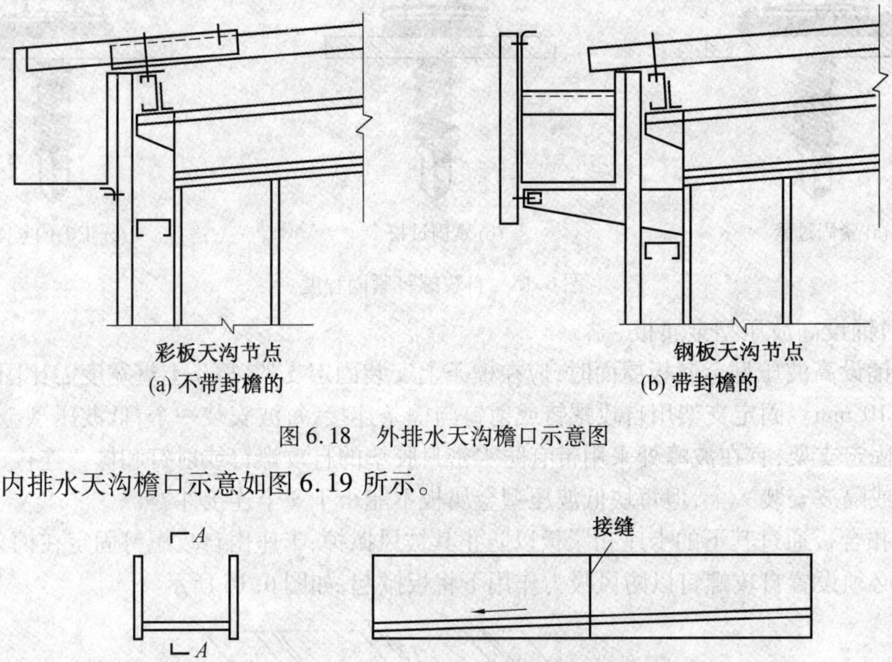

图6.18 外排水天沟檐口示意图

3)内排水天沟檐口示意如图6.19所示。

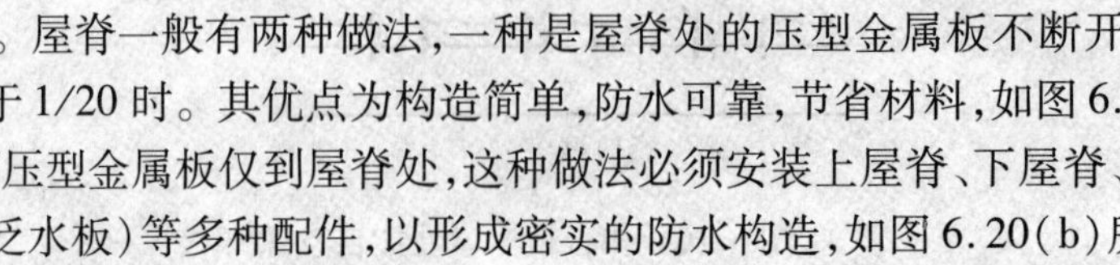

图6.19 内排水天沟檐口示意图

(2)屋脊做法。屋脊一般有两种做法,一种是屋脊处的压型金属板不断开,多用于跨度不大,屋面坡度小于1/20时。其优点为构造简单,防水可靠,节省材料,如图6.20(a)所示。

另一种是屋面压型金属板仅到屋脊处,这种做法必须安装上屋脊、下屋脊、挡水板、泛水翻边(高波时应有泛水板)等多种配件,以形成密实的防水构造,如图6.20(b)所示。

(3)山墙与屋面交接做法。山墙和屋面交接处的构造可分为山墙处屋面压型金属板出

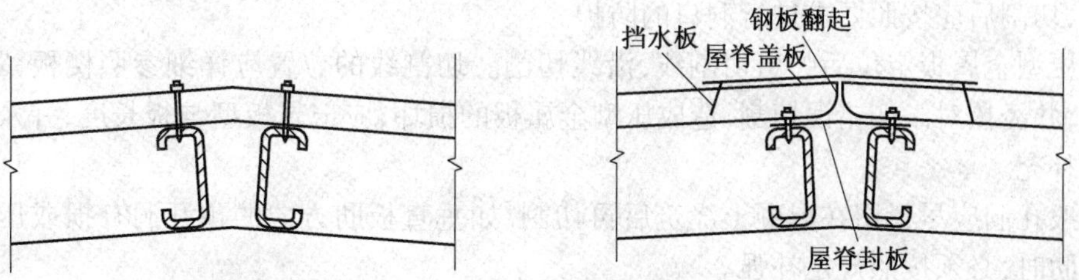

(a) 整体屋脊　　(b) 分体屋脊

图 6.20　屋脊做法示意图

檐、山墙与屋面压型金属板等高随屋面坡度构造，山墙高出屋面压型金属板随屋面坡度构造和山墙高出屋面压型金属板构造，如图 6.21 所示。

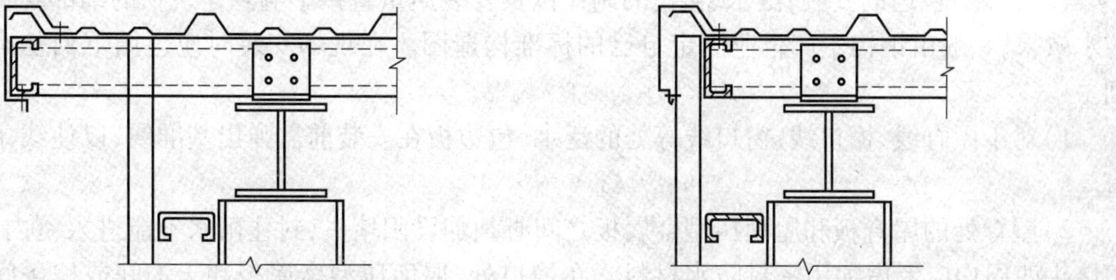

(a) 山墙处屋面压型金属板出檐构造　　(b) 山墙与屋面压型金属板等高随屋面坡度构造

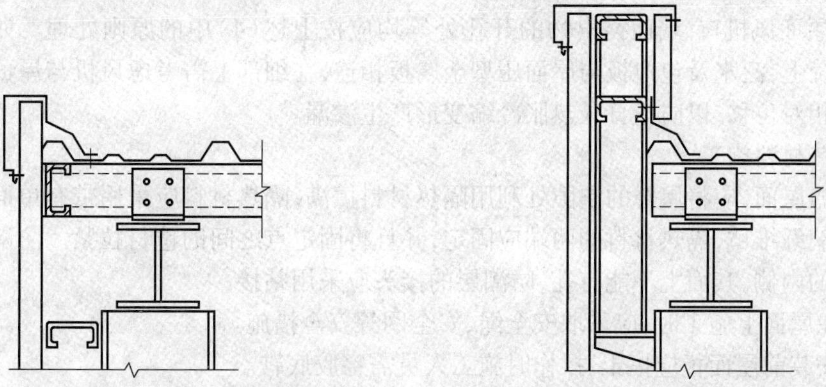

(c) 山墙高出屋面压型金属板随屋面坡度构造　　(d) 山墙高出屋面压型金属板构造

图 6.21　山墙与屋面交接处构造示意图

(4)现场开孔与补强。屋面压型金属板一般不宜开孔，若无法避免，应使孔洞尽可能靠近屋脊部位。为避免洞口上方波槽内积水，应从洞口上方直到屋脊安装通长盖板，与屋脊盖板连接；当洞口远离屋脊时，应采取特殊构造措施排除槽内积水，避免雨水渗进室内。当在屋面压型金属板上开设直径大于 300 mm 的圆洞以及单边长度大于 300 mm 的方洞时，宜依据计算采用次结构加强。屋面压型金属板上应防止通长大面积开孔(含采光孔)，开孔宜分块均匀布置。屋面与墙面压型金属板洞口周边需采用合适的零配件和防水密封材料封闭，防止雨水渗漏。

工地现场所需压型金属板的切割工作，如斜边、切角、超长、留孔以及一些不规则面等，均应使用等离子切割机，防止破坏钢板表面镀层处理。如使用氧-乙炔焰切割，则应在切割口边缘涂上富锌粉防锈漆，避免锈蚀；进行水电、通风管道施工时，由压型金属板施工人员进行切洞,切割后应按照要求进行洞口的防护。

在压型金属板定位后弹出切割线,沿线切割。切割线的位置应详细参照楼板留洞图和布置图,并经核对。如错误切割,造成压型金属板的损坏,应记录板型与板长度,并及时通知供货商补充。

一般孔洞应尽量留在混凝土浇筑后再切割,如垂直板肋方向的预开洞有损或压型金属板的沟肋时,必须按照规定补强。

圆形孔径不大于800 mm,或长方形开孔任何一向的尺寸不大于800 mm的,可以先行围模,等到楼板混凝土浇筑完成后,并达到设计强度的75%以上再进行切割开孔。

开孔角隅和周边应依照钢筋混凝土结构开孔补强的方式,设置补强钢筋。

当开孔直径或任何一向的尺寸超过800 mm时,应于开孔四周添加围梁。

(5)泛水、包边的安装,泛水、包边的制作以及安装质量直接影响到建筑物的细部观感及防水效果,一般由钢构生产企业制定自己的标准构造图。在现场安装时应遵循下列基本原则。

1)对于屋脊线、檐口线、窗口线等处的泛水、包边板在安装前需弹出基准线,以使线条平直。

2)屋脊处的屋脊板和屋面压型金属板之间必须加设阳堵头,封住雨水不能进入室内,且阳堵头四周均应考虑加用密封防水材料。在檐口处,屋面压型金属板和天沟间或檩条间必须加用阴堵头,且阴堵头四周均应考虑加用密封防水材料。

3)出屋面风机口、墙面突出物的开孔处等均应按上述(4)中的原则处理。如风机固定在檩条系统上,泛水及包边板与屋面压型金属板相连,在细部上需考虑风机与屋面压型金属板之间的相对位移,以防止日久热胀冷缩变形产生渗漏。

5. 隔热材料施工

对保温屋面,应将屋脊的空隙处利用隔热材料填满,隔热材料应采用带有单面或双面防潮层的玻璃纤维毡,隔热材料的两端应固定,并且将固定点之间的毡材拉紧。防潮层应设置在建筑物的内侧,其面上不能有孔,防潮层的接头应采用粘接。

(1)在屋面上施工时,应采取安全绳、安全网等安全措施。

(2)安装前屋面板应擦干,操作时施工人员需穿胶底鞋。

(3)搬运薄板时应戴手套,板边应有防护措施。

(4)禁止在未固定牢靠的屋面压型金属板上行走。

6. 采光板安装

(1)采光板的厚度通常为1~2 mm,故在板的四块搭接处将产生较大的板缝间隙,而出现漏雨隐患,应该采用前面提到的切角方法。采光板的选择应尽可能选用机制板,以减少安装中的搭接不合口现象。采光板通常采用屋面压型金属板安装中留出洞口,而后安装的方法。

(2)固定采光板连接件下应增设面积较大的彩板钢垫,以防止在长时间的风荷载作用下将玻璃钢的连接孔洞扩大,以致失去连接及密封作用。

(3)保温屋面需设置双层采光板时,应对双层采光板的四个侧面密封,否则保温效果下降,以至于出现结露和滴水现象。

7. 板材腐蚀处理

压型金属板厚度很薄，容易锈蚀，而且一旦开始锈蚀，发展很快，如果不及时处理，轻者压型金属板穿孔，屋面漏水，影响房屋的使用，重者屋面压型金属板塌落。压型金属板腐蚀处理有以下几种方法：

(1) 在原螺栓连接的压型金属板上，再重叠设置螺栓连接的压型金属板。

在原压型金属板固定螺栓的杆头上，旋紧一枚特别的内螺纹长筒，然后在长筒上旋上一根带有固定挡板的螺栓，新铺设的压型金属板用这个螺栓固定，如图 6.22 所示。

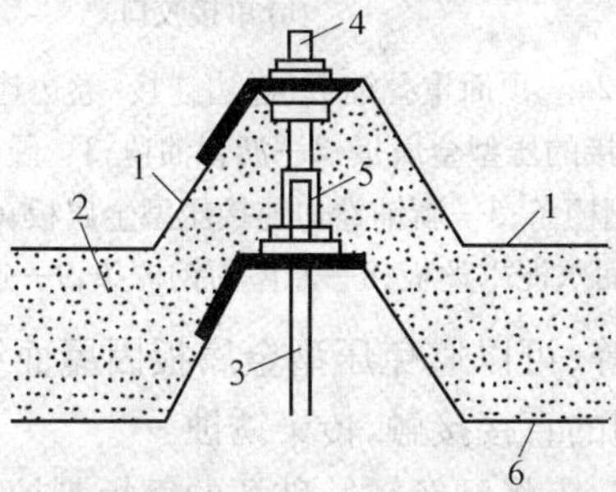

图 6.22　顶面重叠铺板(螺栓连接-螺栓连接)

1—新铺设的压型金属板；2—隔断材料；3—原固定螺栓；

4—新装固定螺栓；5—特制长筒；6—原压型金属板

(2) 在原卷边连接的压型金属板屋面上，再重叠设置螺栓连接的压型金属板。

在原屋面檩条上用固定螺栓安装一种厚度大于 1.6 mm 的带钢制成的固定支架，然后再将新铺设的压型金属板安装在固定支架上。压型金属板和固定支架的连接螺栓可以是固定支架本身带有的(一端紧固在固定支架上)，也可以在固定支架上留孔，用套筒螺栓(单面施工螺栓)或自攻螺钉等进行固定，如图 6.23 所示。

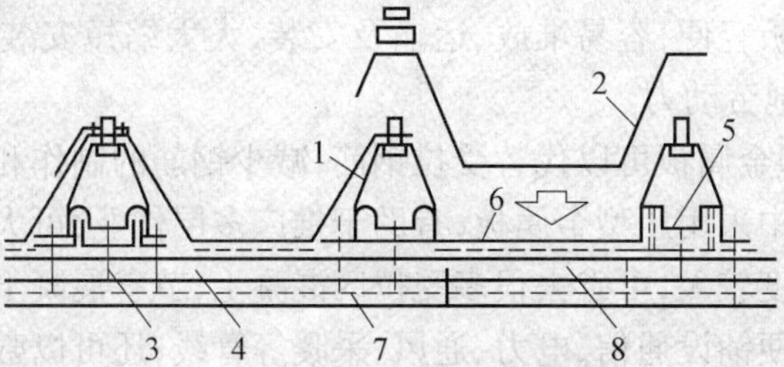

图 6.23　顶面重叠铺板(卷边连接-螺栓连接)

1—安装新压型金属板用的固定支架；2—新铺设的压型金属板；

3—固定螺栓；4—原有隔热材料；5—原有卷边连接的压型金属板；

6—新旧压型金属板间衬垫毡状隔离层；7—原檩条；8—原有压型金属板

(3) 在原卷边连接的压型金属板屋面上，再重叠设置卷边连接的压型金属板。

在原屋面檩条位置上，铺设帽形钢檩条，其断面高度不应低于原有压型金属板的卷边高度，以保证新铺设的压型金属板不压坏原压型金属板的卷边构造，同时使帽形钢檩条能够跨越原压型金属板的卷边高度而不被切断。新的压型金属板就铺设在帽形钢檩条上，如图 6.24所示。

应在新旧两层压型金属板之间依据情况填以不同的隔断材料，如玻璃棉、矿渣棉、油毡

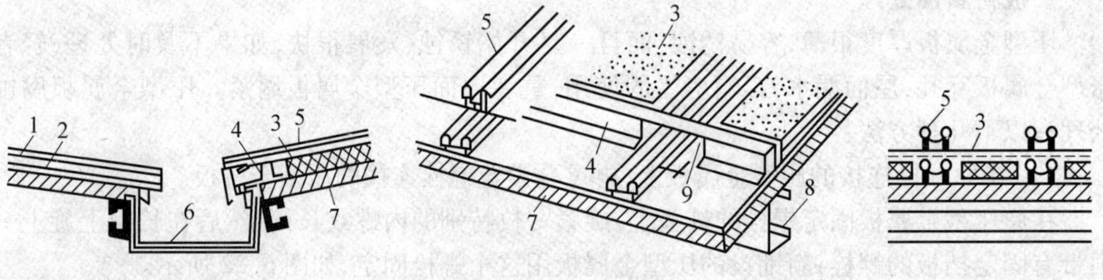

图6.24 顶面重叠铺板(卷边连接-卷边连接)

1—原屋面卷边连接的压型金属板;2—沥青油毡;3—硬质聚氨酯泡沫板;
4—新铺设的帽形钢檩条;5—新铺卷边连接压型金属板;6—原有钢板天沟;
7—原屋面水泥木丝板;8—原屋面钢檩条;9—通气孔道

等卷材,或硬质聚氨酯泡沫板等,可以避免压型金属板因屋面结露而导致和加速锈蚀,同时防止新旧压型金属板相互之间的直接接触,传染锈蚀。

在铺设新压型金属板之前,应将已经锈蚀破坏的钢板割掉,并将切口面用防腐涂料进行封闭性涂刷。对原有压型金属板已经生锈的部位涂刷防锈漆,以防止其继续锈蚀。

讲95:楼承板安装

楼承板又称组合楼层板、组合楼承板、组合楼板、钢承板、楼层板、钢楼承板、镀锌钢承板、镀锌楼层板、镀锌楼承板、楼面钢承板等。广泛应用在电厂、电力设备公司、汽车展厅、钢结构厂房、水泥库房、钢结构办公室、机场候机楼、火车站、体育场馆、音乐厅、大剧院、大型超市、物流中心等钢结构建筑。压型金属板的楼承板有下列特点。

(1)压型金属板可作为浇筑混凝土的模板,节约了大量木模板及支撑。

(2)由于压型金属板轻便,容易堆放、运输及安装,大大缩短安装时间,又因为压型金属板不需拆卸,可减少工地劳动力。

(3)使用阶段,压型金属板可以代替受拉钢筋,减少钢筋的制作和安装工作。

(4)在多高层建筑中采用压型金属板,有助于推广多层作业,可大大加快工程进度。

(5)压型金属板刚度较大,可省去很多受拉区混凝土,节省混凝土用量,减轻结构自重。

(6)压型金属板方便铺设通信、电力、通风、采暖等管线;还可以敷设保温、隔音、隔热、隔震材料;压型金属板表面直接用作顶棚,若需吊顶,可在压型金属板槽内固定吊顶挂钩,使用非常方便。

(7)压型金属板与木模板相比,施工时降低了火灾发生的可能性。

(8)压型金属板与混凝土通过叠合板的黏结作用使得两者形成整体,从而使压型金属板起到混凝土楼板受拉钢筋的作用。施工中,压型金属板还可以起到增强支撑钢梁侧向稳定的作用。

按照压型金属板的形式,楼承板可分为开口楼承板(开口板)、全闭口型楼承板(闭口板)以及燕尾式楼承板(缩口板)等,如图6.25所示,其中开口板又可分为光面开口板和带压痕开口板。

组合楼板中采用的压型金属板净厚度不低于0.75 mm,最好控制在1.0 mm以上。为方

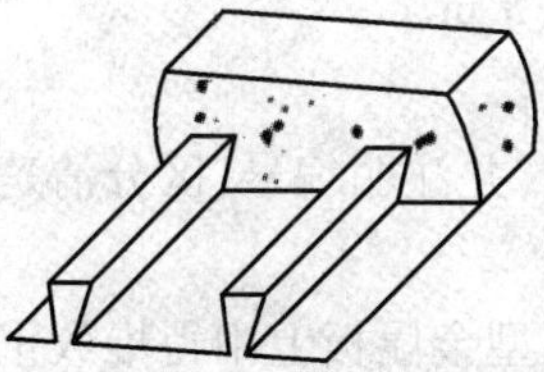
(a) 缩口板

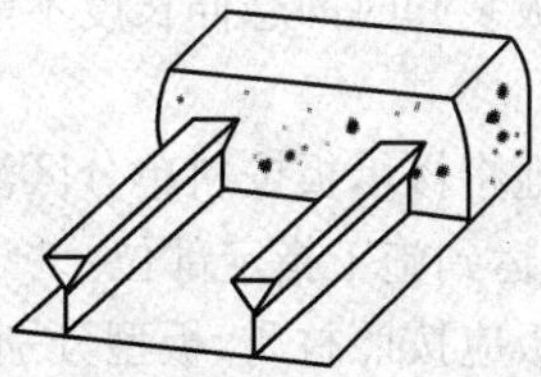
(b) 闭口板

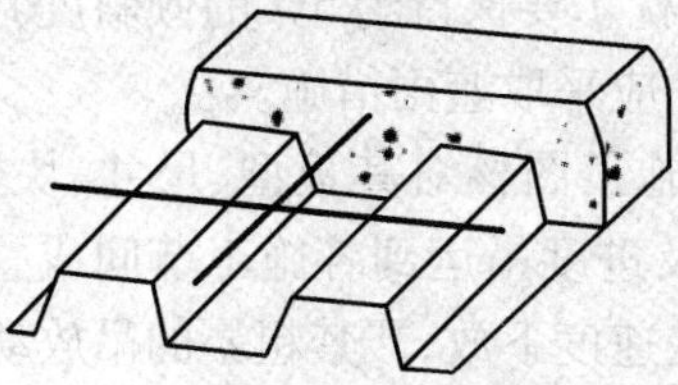
(c) 光面开口板

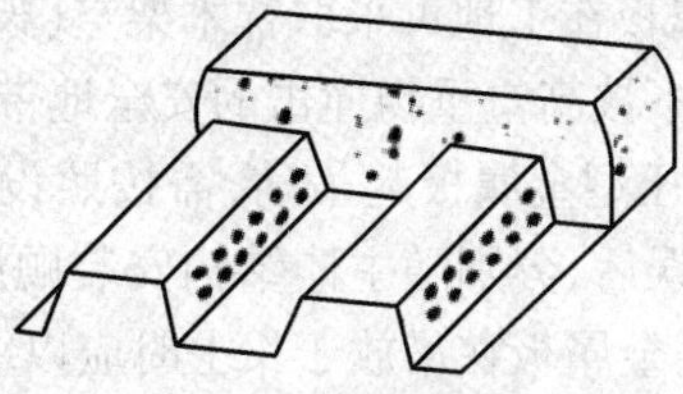
(d) 带压痕开口板

图 6.25　楼承板的形式

便浇筑混凝土,要求压型金属板平均槽宽不小于 50 mm,当在槽内布置圆柱头焊钉时,压型金属板总高度(包括压痕在内)应不大于 80 mm。组合楼板中压型金属板外表面应有保护层,以防施工及使用过程中被大气的侵蚀。楼承板的结构如图 6.26 所示。

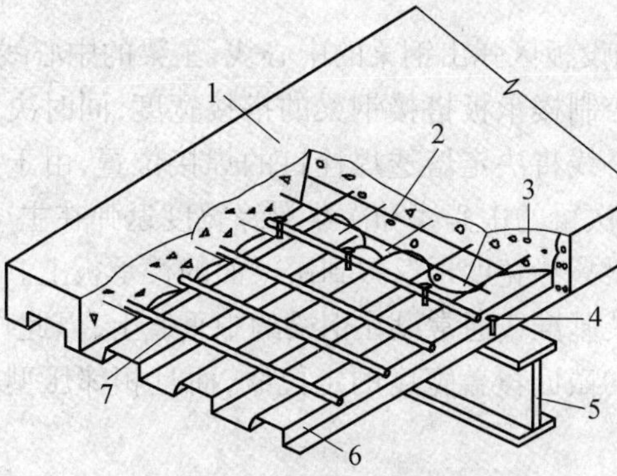

图 6.26　楼承板的结构

1—组合板;2—分布钢筋;3—混凝土;4—栓钉;

5—钢梁;6—压型金属板;7—建立连接钢筋焊于压型金属板上翼

1. 板材运输堆放

(1)运输。

1)压型金属板由指定的厂家供货。压型金属板应以安装单元为单位成捆运到现场,每捆压型金属板按照使用单位提供的布置图,将压型金属板依照铺装顺序叠放整齐。

2)用车辆运输没有外包装的压型金属板时,采用角钢框架分层固定,绑扎牢固后进行运输,并应在车上布置衬有橡胶衬垫的枕木,间距不得大于 3 m。

3)装卸无外包装的压型金属板时,禁止直接用钢丝绳绑扎起吊,吊卸应采用软质吊索,绑扎点要牢固,起吊时要平稳,不得倾斜,防止滑落。每次吊装时应检查软吊索是否存在撕裂、割断现象,以确保楼承板整体不变形,局部不卷边。

在钢丝绳和压型金属板接触的转角处加胶皮或钢板下使用垫木,但必须捆绑牢固。

4)压型金属板装卸时的悬伸长度不能大于1.5 m。

(2)堆放。

1)在堆料场地将楼承板按料单分区清理出来,并注明编号,区分清楚区、号,用记号笔标注,并准确无误地运到施工指定部位。

2)压型金属板应按照材质、板型分别堆放,压型金属板上不得堆放重物,应防止污染。

3)板型规格的堆放顺序需与施工安装顺序相配合。

4)压型金属板在工地可采取枕木架空(架空枕木要保持约5%的倾斜度)堆放。应堆放在不阻碍交通、不被高空重物撞击的安全地带,并应采取遮雨措施。

(3)吊运。压型金属板起吊前,需按照设计施工图核对其板型、尺寸、块数以及所在部位,确认配料无误后,分别随主体结构安装顺序及进度吊运到各施工节间成叠堆放,堆放需成条分散。压型金属板在吊放于梁上时应以缓慢速度下放,严禁粗暴的吊放动作。

安装压型金属板前,应在梁上标记出板铺放的位置线。铺放压型金属板时,相邻两排压型金属板端头的波形槽口需对准。压型金属板吊装就位后,先从钢梁已弹出的起铺线开始,沿着铺设方向单块就位,到控制线后需适当调整板缝。

现场风速≥6 m/s时严禁施工,已拆开的压型金属板应重新捆扎,否则,压型金属板极有可能被大风刮起,造成安全事故或损坏压型金属板。

2. 板材布置

(1)施工放线。先在铺设板区弹出钢梁的中心线,主梁的中心线为铺设楼承板固定位置的控制线。主梁的中心线控制楼承板搭接钢梁的搭接宽度,同时决定楼承板与钢梁熔透焊接的焊点位置。次梁的中心线将决定熔透焊栓钉的焊接位置,由于楼承板铺设后很难观测次梁翼缘的具体位置,故将次梁的中心线和次梁翼缘宽度返弹在主梁的中心线上,固定栓钉时应将次梁的中心线和次梁翼缘宽度再返弹到次梁面的楼承板上。

楼面压型金属板的安装基准线通常设在钢梁的中垂线上,以此作为基准,在每根钢梁横向标示出每块压型金属板的截面覆盖宽度的定位线,而且相邻压型金属板端部的波形槽口应对齐。

(2)板材布置。

1)板材铺设时需严格按排板图的排布顺序设置,相邻跨模板端头的槽口应对齐贯通。

2)布置压型金属板时,要注意凹凸角等问题,尽可能避免特殊加工工序,将吊挂预埋件、开口补强等工序统筹考虑。

3)强边方向板的接头,原则上应布置在梁的上部,不要在跨中布置接头;若为连续板时,板的长度、质量等,应按照其搬运、铺设等作业是否方便来考虑。

4)弱边方向板的布置,当其宽度不恰当时,应在纵向挪动后将波形对准再切割。此外压型金属板宽度尺寸由于制造施工等原因造成的误差,也可以采用这种办法处理。

5)穿过楼板的水管、套管和各种悬挂件等均应事先固定在压型金属板上或埋在槽内。

6)楼承板搁置在钢梁上时应避免探头。铺料时操作人员应系安全带,并确保边铺设边固定在周边安全绳上。

7)楼承板应随铺设随校正随点焊,避免松动滑脱。

8)楼承板间侧向采用搭接方式连接,纵向端头处两板在钢梁上多用栓焊或熔焊与钢梁连接。

9)清扫压型金属板表面的各种杂物,方便下道工序的施工。

(3)现场切割。

1)压型板的切割与钻孔,原则上应采用机械加工,但不能损害压型金属板的材质和形状。

2)压型金属板在切割前必须校正弯曲与变形,切割时产生的毛刺、卷边应及时清除。

3)工地现场所需压型金属板的切割工作,如斜边、切角、超长、留孔等,都应使用等离子切割机,防止破坏钢板表面镀层处理。如使用氧-乙炔焰切割,则应在切割口边缘涂上富锌粉防锈漆,避免锈蚀。

采用等离子切割机式剪板裁剪边角,裁切放线时余量应控制在5 mm范围内,浇筑混凝土时应采取措施,防止漏浆。

4)在压型金属板定位后弹出切割线,沿线切割。切割线的位置需详细参照楼板留洞图和布置图,并经核对。

5)如错误切割造成压型金属板的损坏,应记录板型与板长度,并及时通知供货商补充。

6)一般孔洞应尽量留在混凝土浇筑后再切割,如垂直板肋方向的预开洞有损或压型金属板的沟肋时,必须按规定补强。

(4)板材收边。

1)压型金属板的端头没做封闭处理时,应设堵头板与挡板,防止施工时混凝土的泄漏。

2)边角处应先放样,然后配置,防止缝隙过大。

3)板材铺设过程中,因为钢梁加工的尺寸与板材的规格不符合模数时,钢梁边会留有一定的空隙,对于空隙超过200 mm的部位,可采用切割板材的方式进行封闭;对于空隙小于200 mm的部位,可采用收边板进行封闭。

(5)开孔补强。

1)在压型金属板现场开洞的部位,应对其进行局部补强。

2)圆形孔径不大于800 mm,或长方形开孔任何一向的尺寸不大于800 mm的,可以先行围模,等到楼板混凝土浇筑完成后,并达到设计强度的75%以上再进行切割开孔。

3)开孔角隅和周边应依照钢筋混凝土结构开孔补强的方式,配置补强钢筋,如图6.27所示。

4)当开孔直径或任何一向的尺寸超过800 mm时,应于开孔四周添加围梁,并且将封沿板焊接牢固,如图6.28所示。

3. 板材焊接固定与支撑

楼承板和楼承板侧板间连接采用咬口钳压合,也可采用角焊缝或塞焊缝使得单片楼承板间连成整板,先点焊楼承板侧边,然后固定两端头,最后采用栓钉固定。

板材与钢梁上翼之间的固定连接多使用栓焊工艺,该焊接工艺使用的瞬间大电流使两者快速熔融在一起,其焊速快、质量可靠、操作简便,不用焊条或钻孔。另外,还应符合以下规定。

(1)焊接技术要求。

1)每一片压型金属板两侧沟底都需以熔焊与钢梁固定,焊点的平均最大间距应符合设计规定,通常为30 cm。

熔焊应穿透压型金属板并和钢梁材料有良好的熔接。若采用穿透式栓钉直接透过压型

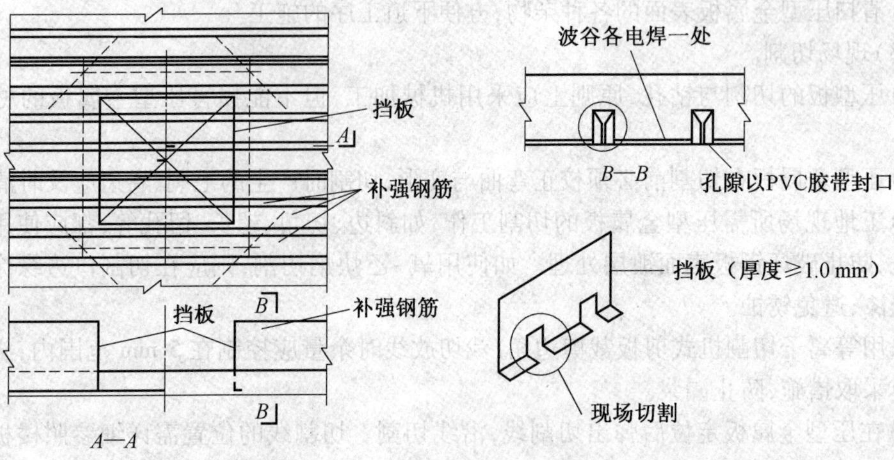

图6.27　开孔及孔洞补强示意图

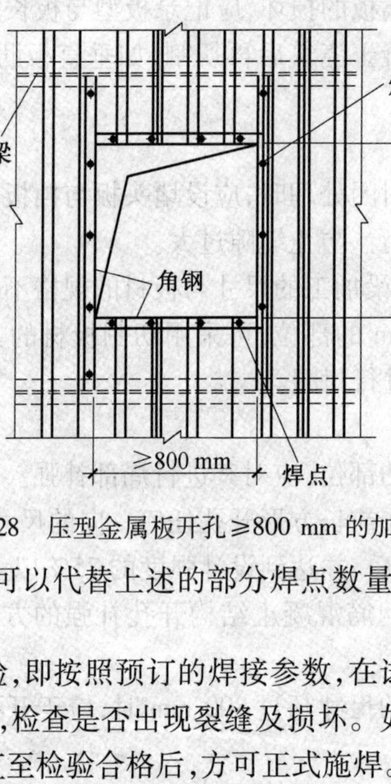

图6.28　压型金属板开孔≥800 mm的加强措施

金属板植焊于钢梁上，则栓钉可以代替上述的部分焊点数量，但压型金属板铺设定位后，仍应按以上原则被固定。

2）施焊前应进行焊接试验，即按照预订的焊接参数，在试件板材上焊两个栓钉，等到其冷却后做弯曲30°和敲击试验，检查是否出现裂缝及损坏。如出现裂缝和损坏，应重新调整焊接工艺参数，重新做试验，直至检验合格后，方可正式施焊。

3）压型金属板在定位后应立刻以焊接方式固定在结构杆件上，楼承板侧向与钢梁搭接处，或楼承板和楼承板侧向搭接处，都需在跨间或90 cm间距（取小值）处有一处侧接固定（采取焊接或嵌扣夹），如图6.29所示。楼承接板纵向对接，如图6.30所示。

4）与钢梁的焊接不但包括压型金属板两端头的支撑钢梁，还包括跨间的次梁。楼承板在梁上焊接，如图6.31所示。

5）若栓钉的焊接电流过大，造成压型金属板烧穿而松脱，需在栓钉旁边补充焊点。

6）栓钉在连接楼承板与钢梁时，如果遇到焊点在楼承板密肋处，需避开密肋，不得破坏楼承板的截面形式，并确保栓钉总体数量符合原设计要求。

7）楼承板和钢梁栓钉焊接时，焊前先弹出栓钉位置线，并将楼承板与钢梁点焊处的表面用砂轮打磨。

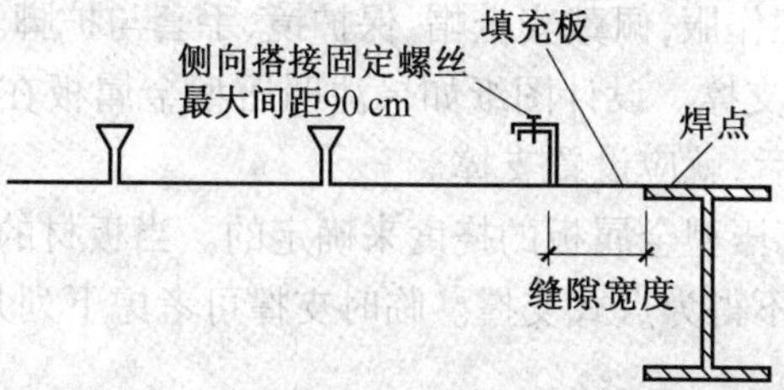

图6.29 楼承板侧向搭接固定示意图

（允许使用填充板的最大缝隙宽度应符合设计要求，一般为200 mm）

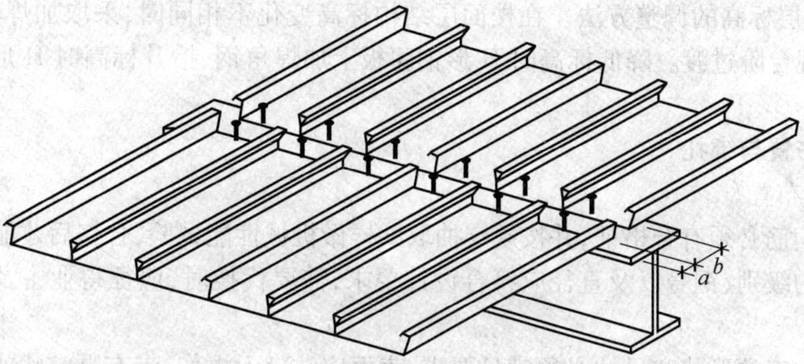

图6.30 楼承板纵向对接示意图

（楼承板与钢梁搭接长度 $a \geqslant 70$ mm，楼承板对接接缝间距 $b \leqslant 10$ mm时无须封口材料）

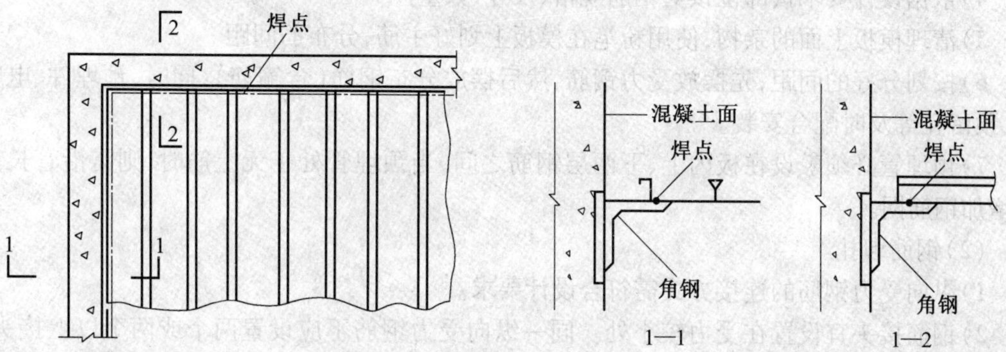

图6.31 楼承板在梁上固定示意图

(2)焊接注意事项。

1)施焊前确定焊接参数的焊接工艺试验，是确保焊接质量和速度的重要环节。

2)栓焊机必须接在独立电源上，工地配电设施应在焊机附近，以便出现故障时快速切断电源。

3)在连接焊机和焊枪的电缆线上切不可压重物或碾压、猛拽猛拉等，在电缆线通过处禁止烟火。

4)气温在0 ℃以下，降雨、降雪或工件上残留水分时都不能焊接。

5)栓钉施焊处以及接地线连接处应除锈、除油漆。

6)全部电缆及其接头都需绝缘。

7)施工现场应备有消防器材，施焊周围及上、下方严禁堆放可燃与易爆物。

8)施焊前应认真检查压型金属板和钢梁是否点固焊牢。

9）施焊时焊工应穿工作服，佩戴安全帽、保护镜、手套与护脚。

（3）压型金属板临时支撑。设计图纸如果注明压型金属板在施工中需要设置临时支撑时，在压型金属板安装以后，就应设置支撑。

临时支撑是通过计算压型金属板的挠度来确定的。当板材的跨度超过 2 400 mm 时，需加设临时支撑，临时支撑不得为点式支撑。临时支撑可考虑下列几种。

1）底部临时支撑。

2）压型板下设置临时梁。

3）从压型板上方设临时吊挂。

（4）楼面层标高的调整方法。在楼面层结构标高变化不相同时，采取加焊型钢措施，使水平结构呈现台阶过渡。降低标高时 H 形钢腹板上加焊角钢，抬升标高时 H 形钢翼缘上加焊槽钢。

4. 钢筋布置与绑扎

（1）钢筋布置。

1）进场钢筋必须有合格证，并按规定抽取试样做机械性能试验，合格后才能使用。

2）钢筋的级别、钢号以及直径应符合设计要求，需要代换时，应征得业主及设计部门的同意。

3）钢筋加工的形状和尺寸必须满足要求，表面应洁净无损伤，带有颗粒状或片状锈蚀钢筋不能使用。

4）依据设计要求按部位核对钢筋规格、尺寸、数量。

5）清理模板上面的杂物，使用粉笔在模板上划好主筋、分布筋间距。

6）按划分好的间距，先摆放受力钢筋，然后摆放分布钢筋（含箍筋），同时，预埋件、电线管、预留孔等及时配合安装。

7）预埋管必须敷设在板内上、下两层钢筋之间，当预埋管处于无上筋时，则需沿管长方向增加钢筋网。

（2）钢筋绑扎。

1）纵向受力钢筋的连接方式需符合设计要求。

2）钢筋接头宜设置在受力较小处。同一纵向受力钢筋不应设置两个或两个以上接头。接头末端到钢筋弯起点的距离不应小于钢筋直径的 10 倍。

3）同一构件中相似纵向受力钢筋的绑扎搭接接头应相互错开。绑扎搭接接头中钢筋的横向净距不得小于钢筋直径，且不得小于 25 mm。

4）钢筋绑扎搭接接头连接区段的长度是 $1.3l_1$（l_1为搭接长度），凡搭接接头中点位于该连接区段长度内的搭接接头都属于同一连接区段。同一连接区段内，纵向钢筋搭接接头面积百分率是该区段内有搭接接头的纵向受力钢筋截面面积和全部纵向受力钢筋截面面积的比值，如图 6.32 所示。

5）同一连接区段内，纵向受拉钢筋搭接接头面积百分率需符合设计要求；当设计无具体要求时，应不大于 25%。

6）绑扎钢筋时通常用一面扣（图 6.33）或八字扣，除外围两根钢筋的相交点需全部绑扎外，其余各点可交错绑扎（双向板相交点需全部绑扎）。如板是双层钢筋，两层钢筋之间应加钢筋撑脚（图 6.34），以保证上部钢筋的位置。负弯矩钢筋每个相交点都要绑扎。

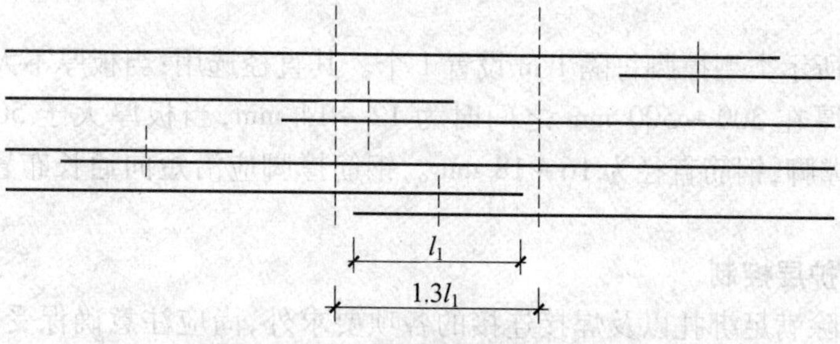

图 6.32 钢筋绑扎搭接接头连接区段及接头面积百分率

（图中所示搭接接头同一连接区段内的搭接钢筋为两根，当各钢筋直径相同时，接头面积百分率为 50%）

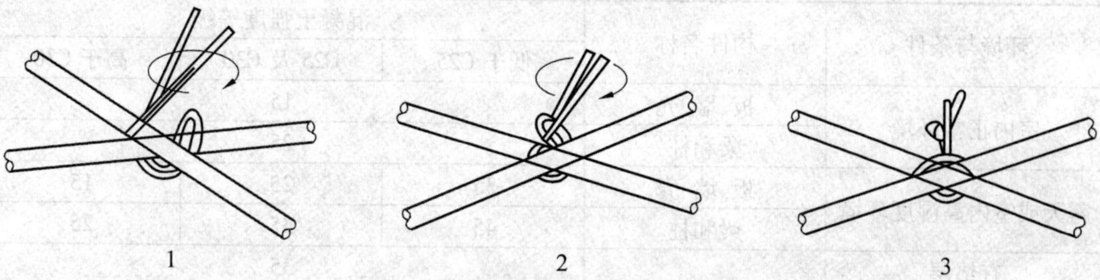

图 6.33 钢筋绑扎一面扣法（1、2、3 为绑扎顺序）

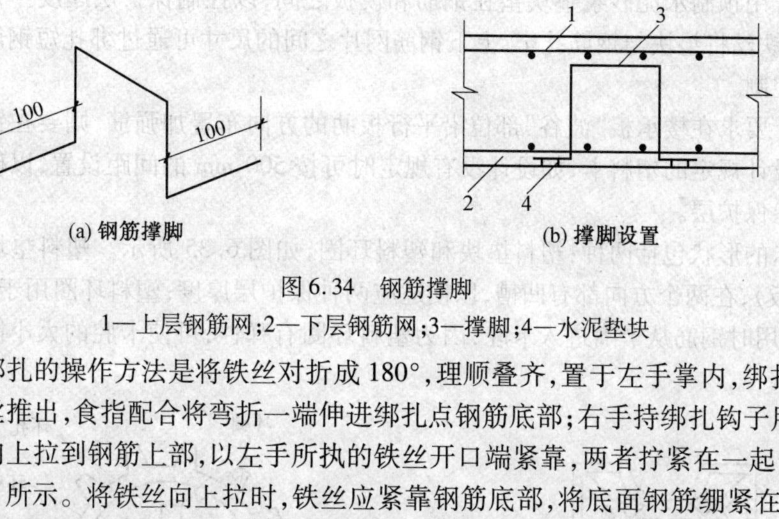

图 6.34 钢筋撑脚

1—上层钢筋网；2—下层钢筋网；3—撑脚；4—水泥垫块

一面扣绑扎的操作方法是将铁丝对折成 180°，理顺叠齐，置于左手掌内，绑扎时左手拇指将一根铁丝推出，食指配合将弯折一端伸进绑扎点钢筋底部；右手持绑扎钩子用钩尖钩起铁丝弯折处向上拉到钢筋上部，以左手所执的铁丝开口端紧靠，两者拧紧在一起，拧转 2～3 圈，如图 6.33 所示。将铁丝向上拉时，铁丝应紧靠钢筋底部，将底面钢筋绷紧在一起，绑扎方可牢靠。一面扣法多用于平面上扣较多的地方，如楼板等不易滑动的部位。

7）可用模板铺设一条施工人员的行走路线，钢筋绑扎完成后禁止其他人员（混凝土浇筑、振捣人员除外）踩踏，防止钢筋变形、钢筋网扭曲、垫块滑脱。

8）钢筋绑扎完毕应及时按照设计间隔在底筋下面垫好垫块，如设计无要求可按 1 m 间隔摆放。在浇筑混凝土前应再检查一次。

9）垫块的厚度等于保护层厚度，应满足设计要求，若设计无要求时，板的保护层厚度应为 15 mm。

（3）钢筋撑脚的加工与放置。钢筋撑脚，也称钢筋马凳，可用直径不小于 12 mm 的钢筋加工，高度按板厚计算，长度应为 600 mm，其撑腿应放置在楼承板的板肋上面，并打弯以防止其在楼承板上滑动，放置间距应为 1.5 m×1.5 m。钢筋撑脚的形式和尺寸，如图 6.34 所示。

图6.34(a)所示类型撑脚每隔1 m设置1个。其直径选用:当板厚不大于300 mm时为8~10 mm,当板厚在300~500 mm之间时为12~14 mm,当板厚大于500 mm时选用图6.34(b)所示的撑脚,钢筋直径为16~18 mm。钢筋撑脚应沿短向通长布置,间距以能确保钢筋位置为准。

4. 混凝土保护层控制

钢筋的安装除满足绑扎以及焊接连接的各项要求外,尚应注意确保受力钢筋的混凝土保护层厚度,当设计没有具体要求时,应满足表6.2的要求。

表6.2 钢筋的混凝土保护层厚度 单位:mm

环境与条件	构件名称	混凝土强度等级		
		低于C25	C25及C30	高于C30
室内正常环境	板、墙、壳	15		
	梁和柱	25		
露天或室内高湿度环境	板、墙、壳	35	25	15
	梁和柱	45	35	25
有垫层	基础	35		
无垫层		70		

工地常用预制水泥砂浆垫块垫在钢筋和模板之间,以控制保护层厚度。为避免垫块串动,常用细铁丝将垫块与钢筋扎牢,上下钢筋网片之间的尺寸可通过绑扎短钢筋或钢筋撑脚的方法来控制。

如设计要求在楼承板"波谷"部位沿平行板肋的方向布置加强筋,则要在钢筋表面套上间距符合设计规定的塑料卡,如设计没有规定时可按500 mm的间距设置,以确保板底加强筋的混凝土保护层。

塑料卡的形状包括两种:塑料垫块和塑料环圈,如图6.35所示。塑料垫块用于水平构件(如梁、板),在两个方向都有凹槽,以便适应两种保护层厚度;塑料环圈用于垂直构件(如柱、墙),应用时钢筋从卡嘴进入卡腔,因为塑料环圈有弹性,可使卡腔的大小能适应钢筋直径的变化。

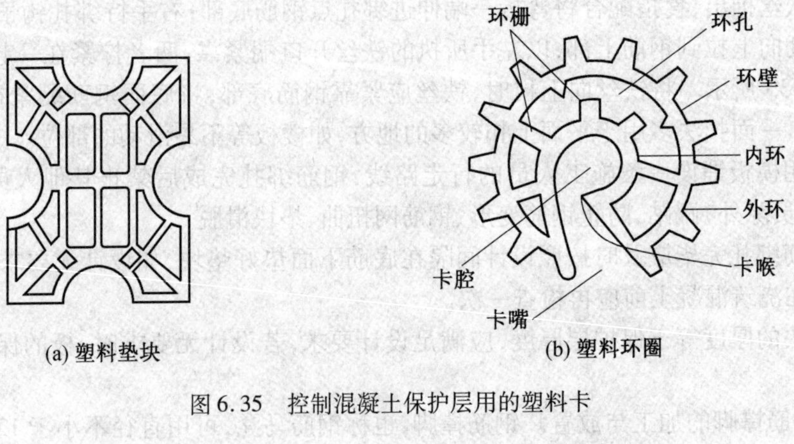

图6.35 控制混凝土保护层用的塑料卡

5. 混凝土浇筑与养护

(1)混凝土浇筑。

1)楼承板安装后,需要将施工垃圾、灰尘、积水等杂物清除干净。

2)混凝土浇筑时采用混凝土泵送、塔吊投放浇筑斗时,需注意倾倒混凝土的部位应选择在钢梁的位置,防止楼承板变形,甚至塌陷。

3)在浇筑工序中,应控制混凝土的均匀性及密实性。混凝土拌合物运至浇筑地点后,应立刻浇筑入模。在浇筑过程中,如果发现混凝土拌合物的均匀性和稠度发生较大的变化,应及时处理。

4)浇筑混凝土时,应注意预防混凝土的分层离析。混凝土由料斗、漏斗内卸出进行浇筑时,其自由倾落高度通常不宜超过 2 m,浇筑混凝土的高度不得超过 3 m,否则需采用串筒、斜槽、溜管等使混凝土下落。

5)在浇筑竖向构件混凝土前,要先清干净新旧混凝土接槎处的凿毛面。

6)浇筑混凝土时,不能局部堆料,混凝土料应分布均匀。

7)浇筑混凝土应连续进行。当必须间歇时,其间歇时间需缩短,并应在前层混凝土凝结之前,将次层混凝土浇筑完成,并严格按规范规定仔细振捣,防止产生蜂窝、麻面及露筋等现象。

8)混凝土在浇筑和静置过程中,应采取措施防止产生裂缝。混凝土因沉降以及干缩产生的非结构性的表面裂缝,应在混凝土终凝前加以修整。

9)浇筑混凝土时,应随时观察压型金属板、支架和钢筋的情况,发现问题,及时处理。

(2)混凝土振捣。

1)每处振点的振捣延续时间,应使混凝土表面呈现浮浆以及不再沉落为宜。

2)对有预留洞、预埋件及钢筋密集的部位,应按预先制订的技术措施,保证顺利下料和振捣密实,在浇筑混凝土时,需注意观察,随时采取补振措施(如插振),防止产生蜂窝、麻面及露筋等现象。

3)浇筑楼板混凝土时宜采用平板振动器,当浇筑小型平板时也可采用人工捣实,人工捣实用“带浆法”,操作时由板边开始,铺上一层厚度为 10 mm、宽约 300 ~ 400 mm 的和混凝土成分相同的水泥砂浆。这时操作者应面向来料方向,与浇筑的前进方向相同,采用反铲下料。

采用平板震动器振捣混凝土时,不能长时间停留在同一个部位,同时要避开钢筋,分段分层振捣。

4)如采用表面振动器时,在每一位置上需连续振捣一定时间,正常情况下为 25 ~ 40 s,但以混凝土面均匀出现浆液为准,移动时需成排依次振动前进,前后位置以及排与排间相互搭接应有 30 ~ 50 mm,以防漏振。振捣倾斜混凝土表面时,应由低处逐渐向高处移动,以确保混凝土振实。表面振动器的有效作用深度,在无筋和单筋平板中为 200 mm,在双筋平板中约为 120 mm。

5)如采用外部振动器时,振捣时间与有效作用随结构形状、模板坚固程度、混凝土坍落度以及振动器功率大小等各项因素而定。通常每隔 1 ~ 1.5 m 的距离设置一个振动器。当混凝土成一水平面不再逸出气泡时,可停止振捣。必要时应通过试验确定振捣时间。等到混凝土入模后方可开动振动器。混凝土浇筑高度需高于振动器安装部位。当钢筋较密和构件断面较深较窄时,也可采用边浇筑边振捣的方法。外部振动器的振动作用深度在250 mm左右,如果构件尺寸较厚时,需在构件两侧安设振动器同时进行振捣。

6)对于钢筋密集部位,应采用机械振捣和人工振捣相配合的方法。即从梁的一端开始,先在起头约600 mm长的一小段里,铺设一层厚约15 mm与混凝土内成分一样的水泥砂浆,然后在砂浆上下一层混凝土料,由两人配合,一人站在浇筑混凝土前进方向一端,面对混凝土采用插入式振动器振捣,使砂浆先流到钢筋密集部位前面及底部,以便让砂浆包裹石子,而另一人站在后边,面朝前进方向,用捣扦靠着侧模和底模部位往回钩石子,避免石子挡住砂浆往前流,捣固梁两侧时捣扦要紧贴模板侧面。等到下料延伸至一定距离后再重复第二遍,直至振捣完毕。

在浇捣第二层时可连续下料,不过下料的延伸距离略比第一层短些,以形成阶梯形。

7)对于主次梁与柱结合部位,可由两人配合进行,一人在前用插入式振动器振捣混凝土,使砂浆先流到梁柱结合部位前面及底下,让砂浆包裹石子,另一人在后用捣扦靠侧板以及底板部位往回钩石子,避免石子挡住砂浆往前流。在梁端部,通常上部钢筋密集,应改用小直径振动棒,从弯起钢筋斜段间隙中斜向插入进行振捣,如图6.36所示。

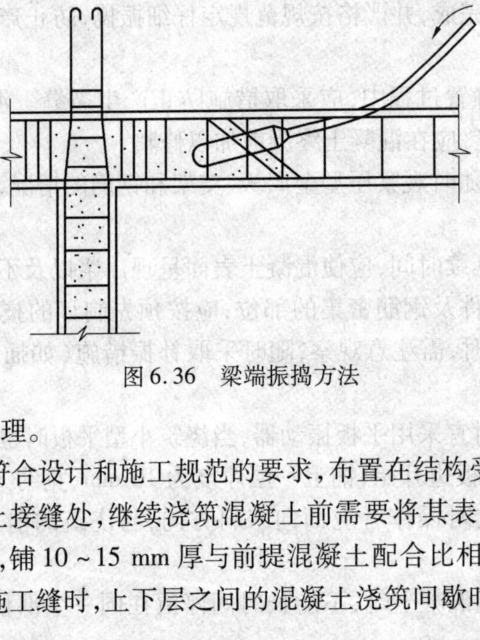

图6.36　梁端振捣方法

(3)施工缝留置与处理。

1)施工缝的留置应符合设计和施工规范的要求,布置在结构受剪力较小且便于施工的位置。施工缝新旧混凝土接缝处,继续浇筑混凝土前需要将其表面凿毛,清除浮浆露出石子,用水冲洗后维持湿润,铺10~15 mm厚与前提混凝土配合比相同的水泥砂浆,然后浇筑混凝土。当不允许留置施工缝时,上下层之间的混凝土浇筑间歇时间不能超过混凝土的初凝时间。

2)有主、次梁的肋形楼板,应顺着次梁方向浇筑,施工缝底留置在次梁跨度中间1/3范围内(图6.37)无负弯矩钢筋与其相交叉的部位。

3)所有水平施工缝需保持水平,并做成毛面,垂直缝处宜支模浇筑;施工缝处的钢筋均应留出,不得切断。为避免在混凝土或钢筋混凝土内形成沿构件纵轴线方向错动的剪力,柱、梁施工缝的表面应垂直于构件的轴线;板的施工缝需与其表面垂直;梁、板也可留企口缝,但企口缝不能留斜槎。

4)在施工缝处继续浇筑混凝土时,已浇筑的混凝土抗压强度应不小于1.2 N/mm^2;首先应清除硬化的混凝土表面上的水泥薄膜以及松动石子和软混凝土层,并予以充分湿润和冲洗干净,不积水;然后在施工缝处铺一层水泥浆或与混凝土内成分一致的水泥砂浆;浇筑

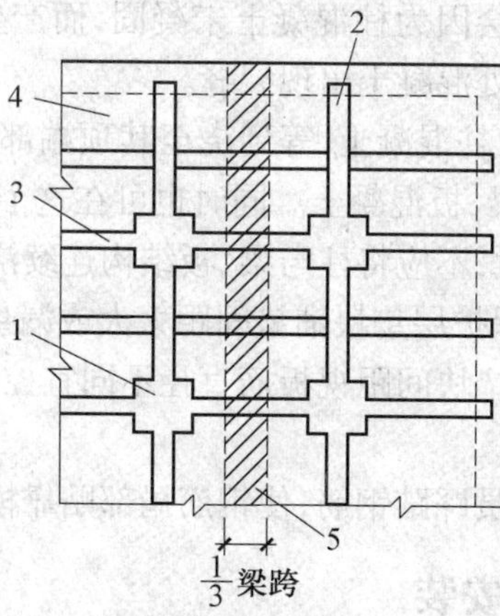

图6.37　有主次梁楼板施工缝留置

1—柱;2—主梁;3—次梁;4—楼板;5—按此方向浇筑混凝土,可留施工缝范围

混凝土时,应细致捣实,使新旧混凝土紧密结合。

(4)混凝土养护。

1)混凝土浇筑完毕,应按照标准要求进行养护。

2)加强混凝土养护的控制时间,有条件的情况下可采用蓄水养护或直接在表面覆盖塑料薄膜。

3)对预留孔洞的周边应进行围护处理,防止养护用水从孔洞或其他空隙向下漏,从而影响下方其他工序施工人员的行走路线。

(5)混凝土表面修整。

1)混凝土振捣完毕,板面如果需要抹光的,先用大铲将表面拍平,局部石多浆少的需补浆拍平,再用木抹子打槎,最后用铁抹子压光。木橛子取出后留下的孔洞,应用混凝土补平拍实后再收光。

2)常温下,肋形楼板初凝后就可以用草帘、麻袋覆盖,终凝后浇水养护,浇水次数以确保覆盖物经常湿润。在高温或特别干燥地区,以及C40以上的混凝土,养护格外重要,首先应洒水,并及早进行,以表面不起皮为准,洒过1~2次水后,方可浇水养护。

(6)试块要求。

1)结构混凝土的强度等级必须满足设计要求。用于检查结构构件混凝土强度的试件,应在混凝土的浇筑地点随机抽取。

2)每盘不超过100 m^3的同一配合比的混凝土,取样应不少于1次。

3)每工作班拌制的同一配合比的混凝土不足100盘时,取样应不少于1次。

4)每一层、同一配合比的混凝土,取样应不少于1次。

5)每次取样需至少留置1组标准养护试件,同条件养护试件的留置组数应依据实际需要确定。

6)试块的取样应在同一车内,并且在卸料过程中卸料量的1/4~3/4之间采取。每组试件(包括同条件试件和防水混凝土备用试件)均应取自同一次拌制的混凝土拌合物。

(7)质量通病防治。

1)柱顶与梁、板底结合处出现裂缝:柱与梁、板整体现浇时,如果柱混凝土浇筑完毕后,立即进行梁、板混凝土的浇筑,会因为柱混凝土未凝固,而产生沿柱长度方向的体积收缩与下沉,造成柱顶与梁、板底结合处混凝土出现裂缝。

正确的浇筑方法:应先浇筑柱混凝土,等到浇至其顶端部位时(通常在梁、板底下约2～3 cm处),静停2 h后,再浇筑梁、板混凝土。同时也可在这个部位留置施工缝,分两次浇筑。必须注意柱与梁、板整体现浇时,不应将柱与梁、板结构连续浇筑。

2)板底露筋:楼板钢筋的保护层垫块铺垫间距太大或漏垫以及个别垫块被压碎,使得钢筋紧贴模板,造成露筋。所以,垫块间距视板筋直径不同宜控制在1～1.5 m之间,并防止压碎和漏垫。

混凝土下料不当或操作人员踩踏钢筋,使钢筋局部贴靠模板,拆模后出现露筋。

讲96:墙面压型金属板安装

1. 安装工艺

(1)安装要求。

1)墙面压型金属板一般采用普通压型金属板或夹芯板,也有采用自攻螺钉是隐蔽式的压型金属板,墙面压型金属板的自攻螺钉应钉在波谷处,使其连接刚度好;并且要注意铺板顺序应逆常年主导风向,使板搭接缝为顺风向,也可按照竖向搭接缝为远离建筑物的主视面考虑。

2)墙面压型金属板的下端宜直接支撑在地面上或矮砖墙上,不应由墙梁承受其质量而产生下挠,造成窗台积雨渗漏,如果有条形通窗分断墙面压型金属板,则应利用上部的斜拉条与拉条调节墙梁,并支撑墙面压型金属板质量。

3)墙面压型金属板之间的侧向连接应采用搭接连接,通常搭接一个波峰,板和板的连接件可设在波峰,也可设在波谷。连接件应采用带有防水密封胶垫的自攻螺钉。

4)墙面压型金属板的安装基准线通常设在距离山墙阳角线(山墙与纵墙梁外表面的相交线)以内的一个设定尺寸(或压型金属板波距的1/4,且应确保墙体两端对称)的垂线上,以此作为基准,在墙梁上标记出每块或若干块压型金属板的截面有效覆盖宽度的定位线。

5)墙体结构通常为异型钢墙梁上挂镀锌压型金属板,板和墙梁之间用抽芯铝铆钉(挂铆钉)铆接连接。墙梁与板的安装通常在可行走的多层作业架上进行,如图6.38所示,每层作业平台上由两人操作,墙梁安装系在柱头挂滑车将梁吊起就位、固定;墙板使用滑车从地面吊起就位后,一人在前用手电钻钻孔,另一人在后用铆枪铆钉,采用各层同时作业的方法。

(2)墙面压型金属板的连接构造。墙面的连接方法,大多采用自攻螺钉自钻的方法或拉铆钉的连接方法,分为外露连接与隐蔽连接两种,如图6.5所示。无论哪种方法,其连接件是相同的,不过隐蔽连接是采取板型间互相遮盖的方法,无需用其他手段,但此方法所采用的墙面压型金属板的板型为单波板,由于波距较大,板的自身刚度不如多波板。

墙面压型金属板连接点的抗拉能力与连接点的数量应通过计算来确定。

墙面压型金属板典型连接构造,如图6.39所示。

(3)墙面压型金属板和墙梁的连接。采用压型金属板作墙板时,可通过下列方式与墙梁固定。

1)在压型金属板波峰处通常采用直径为6 mm的钩头螺栓与墙梁固定,如图6.40(a)所示。每块墙面压型金属板在同一水平处需有3个螺栓与墙梁固定,相邻墙梁处的钩头螺栓

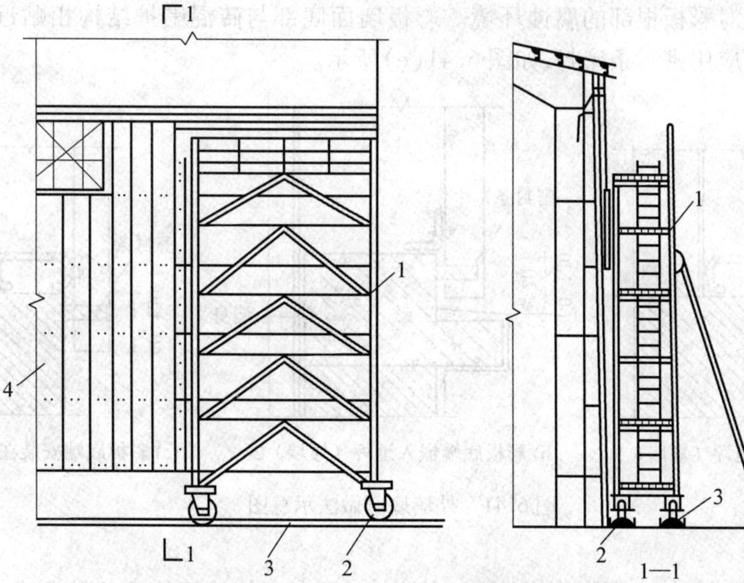

图 6.38 用移动式安装架安装墙梁与墙面压型金属板

1—移动式钢管架;2—架子车轮;3—槽钢轨道;4—压型金属板

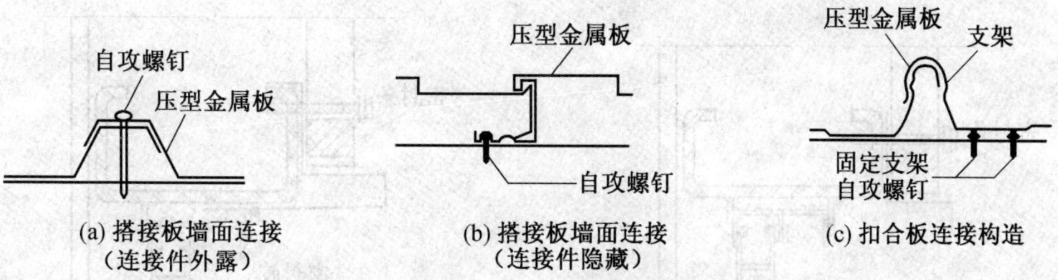

图 6.39 墙面压型金属板典型连接构造

位置宜错开。

2)采用直径为 6 mm 的自攻螺钉在压型金属板的波谷处和墙梁固定,如图 6.40(b)所示。每块墙面压型金属板在同一水平处最好有 3 个螺钉固定,相邻墙梁的螺钉应交错布置,在两块墙面压型金属板搭接处另外加设直径为 5 mm 的拉铆钉予以固定。

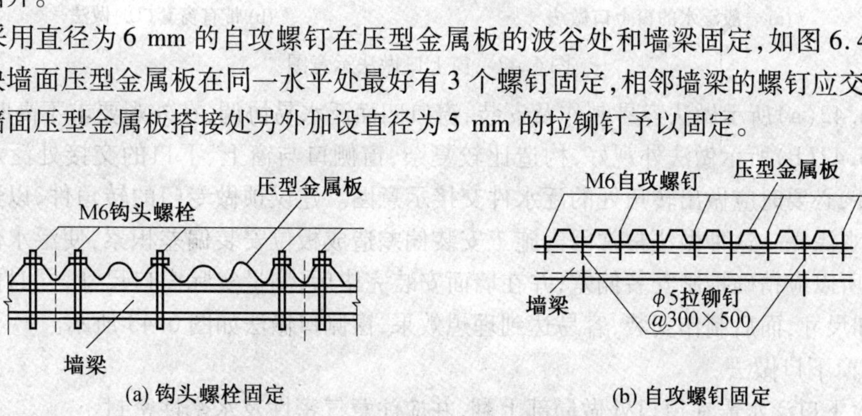

图 6.40 压型金属板与墙梁的连接

(4)外墙底部防水。彩板外墙底部在地坪或矮墙交接处的地坪或矮墙宜高出彩板墙的底端 60 ~ 120 mm,以防止墙面流下的雨水进入室内,如图 6.41 所示。遇到图 6.41(a)、(b)所示的两种做法时,彩板底端和砖混围护墙两种材料间应留出 20 mm 以上的净空,防止底部浸入雨水中造成对彩板根部的腐蚀环境。彩板墙面底部与砖混围护结构相贴近处，它们之间的锯齿形空隙应用密封条密封，如图6.41(c)所示。

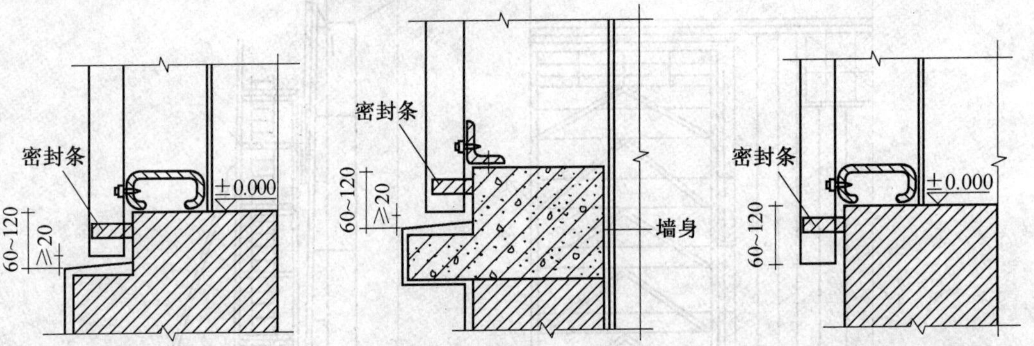

(a) 彩板底端嵌入地坪（矮墙）1　(b) 彩板底端嵌入地坪（矮墙）2　(c) 彩板底端安装在矮墙外主面

图6.41　外墙底部做法示意图

2. 门窗工程

压型金属板建筑的门窗多设置在墙面檩条上，其窗口的封闭构造比较复杂。应特别注意窗(门)口四面泛水的交接关系，将雨水导出到墙外侧，并应注意四侧泛水件的规格协调。

(1)窗上口与侧口做法。窗上口的做法种类很多，图6.42所示为常用的两种。

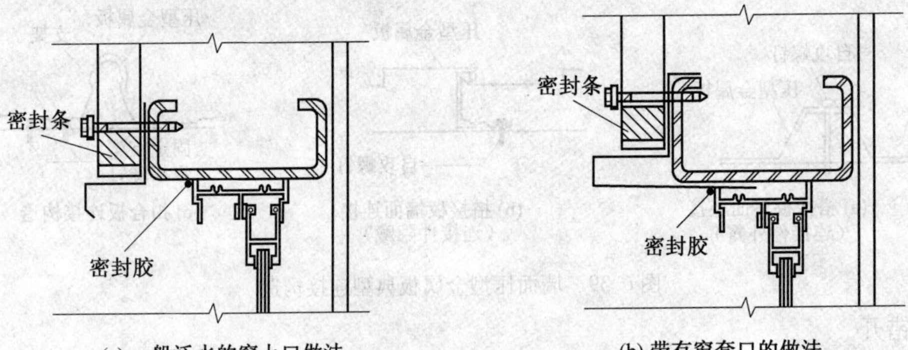

(a) 一般泛水的窗上口做法　(b) 带有窗套口的做法

图6.42　窗上口做法示意图

图6.42(a)所示做法容易制作及安装，窗口四面泛水易协调，在外观要求不高时常用。

图6.42(b)所示做法外观好，构造比较复杂，窗侧口与窗上、下口的交接处泛水处理需细致设计，必要时应做出转角处的泛水件交接示意图。建议预做专门的转角件，以达到配合精准，外观漂亮。这种做法常常因为施工安装偏差造成板位安装偏差积累，使泛水件不能正确就位，所以应精确控制安装偏差，并在墙面安装完毕后，测量实际窗口尺寸，同时修改泛水件形状和尺寸，而后制作安装，容易达到理想效果，窗侧口做法如图6.43所示。

(2)窗下口做法。

1)窗下口泛水需在窗口处做局部上翻，并应注意气密性及水密性密封。

2)窗下口泛水件和侧口泛水件交接处与墙面压型金属板的交接复杂，应依据板型和排板情况，细致研究处理，如图6.44所示。

3)门窗构件与连接它们的钢构件是紧密型配合，所以订购门窗时应注意门窗的实际加工尺寸应与其周边的钢构件留有不超过5 mm以内的空隙。

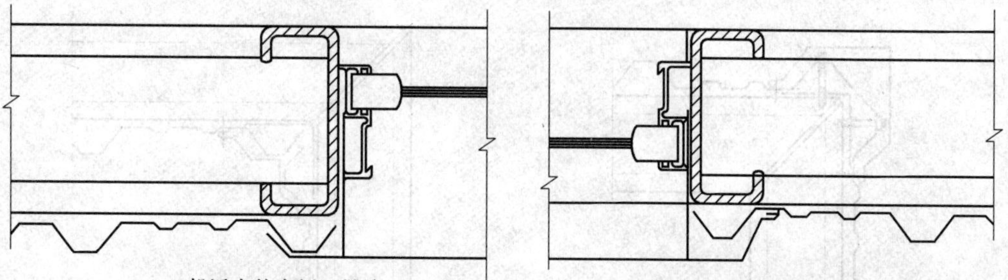

图 6.43 窗侧口做法示意图

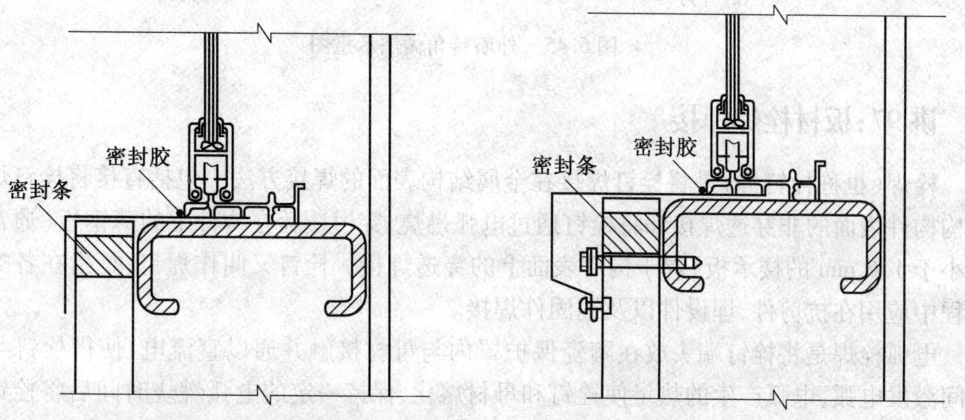

图 6.44 窗下口做法示意图

4)安装完毕的门窗周边需用密封胶密封。

(3)门窗安装。

1)门窗的外廓尺寸与洞口尺寸是紧密配合,一般应控制门窗尺寸比洞口尺寸小约为5 mm,过大的差值会造成安装中的困难。

2)门窗的位置通常安装在钢墙梁上,在夹芯墙面压型金属板的建筑中也有门窗设置在墙面压型金属板上的做法,这时应按照门窗外廓的尺寸在墙面压型金属板上开洞。

3)门窗安装在墙梁上时,应先装置门窗四周的包边件,并使泛水边压在门窗的外边沿处。

4)门窗就位并进行临时固定后,应对门窗的垂直度和水平度进行测量,无误后予以固定。

5)安装完的门窗应对门窗周边进行密封。

(4)泛水、包边的安装。

1)外围护板之间的所有搭接边或缝,外围护板和泛水、包边板之间的搭接边或缝,所有室外的泛水、包边板之间的搭接边或缝,均应针对搭接边加垫密封条(胶)或针对间隙缝填塞密封膏。

2)外墙内外转角的内外面应使用专用包件封包,封包泛水件尺寸宜在安装完毕后按照实际尺寸制作,如图 6.45 所示。泛水、包边板的固定连接需采用防水抽芯拉铆钉。

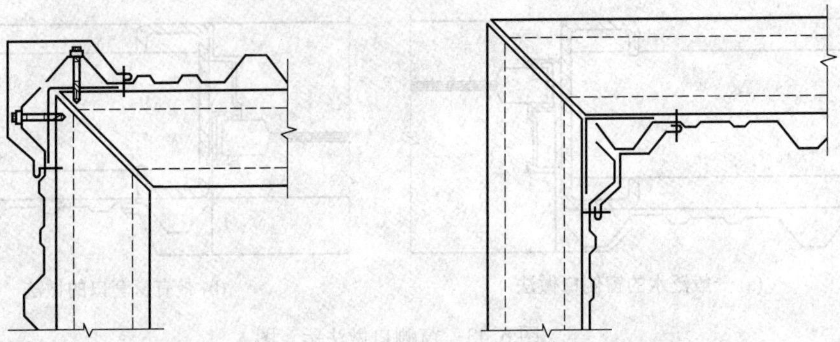

(a) 外封　　(b) 内封

图6.45　外墙转角做法示意图

讲97:板材栓焊焊接

栓焊(也称栓钉焊)是将栓钉焊接在金属结构表面的焊接方法。包括直接将栓钉焊在钢结构构件表面的非穿透焊接和将栓钉通过电弧燃烧、穿过覆盖在构件上的薄钢板(通常为厚度小于1.6 mm的楼承板)焊于构件表面上的穿透焊接。栓钉又叫作焊钉,是指在各类结构工程中应用在抗剪件、埋设件以及锚固件焊接。

电弧栓焊是将栓钉端头放在陶瓷保护罩内与母材接触并通以直流电,使得栓钉与母材之间激发电弧,电弧产生的热量使栓钉和母材熔化,保持一定的电弧燃烧时间后将栓钉压入母材局部熔化区内。电弧栓焊还可以分为直接接触方式和引弧结(帽)方式两种。直接接触方式是在通电激发电弧同时向上提升栓钉,使得电流由小到大,完成加热过程。引弧结(帽)方式是在栓钉端头镶嵌铝制帽,通电之后不需要提升或略微提升栓钉后再压入母材。

瓷环是在栓钉焊接过程中具有电弧保护、减少飞溅并参与焊缝成型作用的陶瓷护罩。陶瓷保护罩的作用是集中电弧热量,隔绝外部空气,保护电弧和熔化金属免受氮、氧的侵入,并预防熔融金属的飞溅。

1. 栓焊焊接过程

为确保栓钉与母材局部有良好的导电性能,保证接触面干净、接触良好,栓焊前应将栓钉接触母材部位周边的油污、金属表面的氧化物等清除干净。栓焊过程,如图6.46所示。

(1)将栓钉放在焊枪的夹持装置中,把相应直径的保护瓷环放在母材上,把栓钉插入瓷环内部与母材接触。

(2)按动电源开关,栓钉自动提升,激发电弧。

(3)焊接电流增大,使栓钉端部与母材局部表面熔化。

(4)设定的电弧燃烧时间达到后,将栓钉自动压入母材。

(5)切断电流,熔化金属凝固,并使焊枪维持不动。

(6)冷却后,栓钉端部表面形成均匀的环状焊缝余高,敲碎并且清除保护环。

2. 栓焊工艺

(1)焊前处理。

1)焊接前应检查栓钉是否带有油污,两端不能有锈蚀,如有油污或锈蚀应在施工前使用化学或机械方法进行清除。

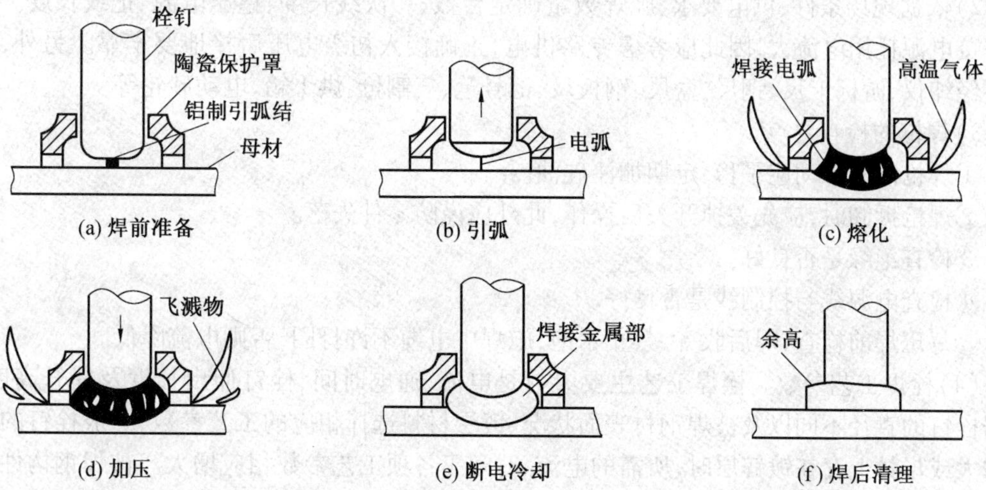

图 6.46 栓焊过程

2）瓷环应保持干燥状态，如受潮需在使用前经 120～150 ℃烘干 2 h。

3）母材或楼承板表面如果存积水、氧化皮、锈蚀、非可焊涂层、油污、水泥灰渣等杂质，应清理干净。

4）施工前应有焊接技术负责人员依据焊接工艺评定结构编制焊接工艺文件，并向相关操作人员进行技术交底。

（2）焊接作业环境要求。

1）焊接作业区域的相对湿度不得大于 90%，禁止雨雪天气露天施工。

2）当焊件表面潮湿或有冰雪覆盖时，应采取加热去湿除潮措施。

3）当焊接作业环境温度为-5～0 ℃时，应将构件焊接区域内不小于 3 倍钢板厚度且不小于 100 mm 范围内的母材预热到 50 ℃以上。当焊接作业环境温度小于-5 ℃时，应单独进行工艺评定。

（3）机具准备。

1）栓焊施工主要的专用设备是熔焊栓钉机。表 6.3 是 JSS-2500 型熔焊栓钉机的主要参数。

表 6.3 JSS-2500 型熔焊栓钉机主要参数

项目	参数
适用电压/V	380±10%
电源频率/Hz	50/60
电功率（电容器）/（kV·A）	225
最大输出电压/V	100
作用时间调节范围/s	0.1～1.9
输出电流调节范围/A	500～2 500
适用的栓钉直径/mm	8～25
适用温度/℃	0～40
质量/kg	420
外形尺寸/mm	1 080×630×825

2)依据现场条件、供电要求、施焊数量确定台数、一次线长度、稳压电源、把线长度。由于焊接电源耗用电流大,因此应考虑专路供电,正确接入初级电压后接地要牢靠。另外,还需要经纬仪、游标卡尺、钢尺、盒尺、钢板尺、记号笔、气割枪、烘干箱、电动砂轮等。

3)焊枪的检查要点。

①焊枪筒的移动应平稳,定期加注硅油。

②焊枪拆卸时,应先关掉开关后操作,此外应谨防零件失落。

③检查绝缘是否良好。

④检查电源线与控制线是否良好。

⑤每班焊前检查,焊后收齐,禁止水泡,施焊中电缆不许打圈,否则电流降低。

(4)栓焊工艺参数。栓焊工艺主要参数是电流、通电时间、栓钉伸出长度及提升高度。依据栓钉的直径不同以及被焊钢材表面状况、镀层材料选择相应的工艺参数,一般栓钉的直径增大或母材上存在镀锌层时,所需的电流、时间等各项工艺参数相应增大。被焊钢构件上铺设镀锌钢板时(如钢、混凝土组合楼板中钢梁上的压型金属板),要求栓钉穿透镀锌钢板和母材牢固焊接,由于压型金属板厚度与镀锌层导电分流的影响,电流值必须相应提高。为保证接头强度,电弧高温下形成的氧化锌必须从焊接熔池中充分挤出,其他各项焊接参数也需要相应提高,提高的数值与镀锌层厚度成正比。

拉弧式栓钉焊接的平焊位置时,栓钉焊接工艺参数见表6.4;横向位置时,栓钉焊接工艺参数见表6.5;仰焊位置时,栓钉焊接工艺参数见表6.6。

表6.4　平焊位置栓钉焊接工艺参数

栓钉规格/mm	电流/A		时间/s		伸出长度/mm	
	非穿透焊	穿透焊	非穿透焊	穿透焊	非穿透焊	穿透焊
ϕ13	950	900	0.7	0.9	3~4	4~6
ϕ16	1 250	1 200	0.8	1.0	4~5	4~6
ϕ19	1 500	1 450	1.0	1.2	4~5	5~8
ϕ22	1 800	—	1.2	—	4~6	—
ϕ25	2 200	—	1.3	—	5~8	—

表6.5　横向位置栓钉焊接工艺参数

栓钉规格/mm	电流/A	时间/s	伸出长度/mm
ϕ13	1 400	0.4	4.5
ϕ16	1 600	0.4	4.0
ϕ19	1 900	1.1~1.2	3.5
ϕ22	2 050	1.0	2.5

表6.6　仰焊位置栓钉焊接工艺参数

栓钉规格/mm	电流/A	时间/s	伸出长度/mm
ϕ13	1 200	0.4	2.0
ϕ16	1 300	0.7	2.0
ϕ19	1 900	1.0	2.0
ϕ22	2 050	1.0	2.0

(5)栓钉焊接施工。栓钉焊接施工应按相关工艺文件的要求进行焊前准备。

每个工作日(或班)正式施焊之前,应按照工艺指导书规定的焊接工艺参数,先在一块厚度与性能类似于产品构件的材料上试验两个栓钉并进行检验。检验项目有外观质量和弯曲试验。检验结果需符合规定,检验合格后才能进行施工,焊接过程中应保持焊接参数的稳定。当检验结果不符合规定时,应重复上述试验,但重复的次数不能超过两次,必要时应查明原因重新制订工艺措施,重新进行工艺评定。

焊前准备工作:放线、抽检栓钉和瓷环、烘干,潮湿时焊件也需进行烘干。

焊前试验:每天正式施焊前做两个试件,弯45°检查合格后,才能正式施焊。

操作要点:

1)焊枪要和工件四周呈90°角,瓷环就位,焊枪夹住栓钉放入瓷环压实。

2)扳动焊枪开关,电流通过引弧剂形成电弧,在控制时间内栓钉融化,随枪下压、回弹、弧断,焊接完成。

3)稍等,用小锤敲掉瓷环。

4)穿透焊采用下列几种方法施工:

①不镀锌的板可以直接焊接。

②镀锌板用氧-乙炔焰在栓钉焊接位置烘烤,敲击后双面除锌。

③采用螺旋钻开孔。

5)拉弧式栓钉穿透焊要求:

①栓钉穿透焊中组合楼盖板的楼承板厚度不能超过1.6 mm。

②在组合楼板搭接的部位,当采用穿透焊不能获得合格焊接接头时,应采用机械或热加工法在楼承板上开孔,然后再进行焊接。

③穿透焊接的栓钉直径不应大于19 mm。

④在准备进行栓钉焊接的构件表面不应进行涂装。当构件表面已涂装并对焊接质量有影响的涂层时,焊接前需全部或局部清除。

⑤进行穿透焊的组合楼板最好在铺设施工后的24 h内完成栓钉焊接。当遇有雨雪天气时,必须采取适当措施确保焊接区干燥。

⑥楼承板与钢构件母材之间的间隙超过1 mm时不得采用穿透焊。

6)焊接完毕,应将套在栓钉上的瓷环或附着在角焊缝上的药皮全部清理干净。

(6)栓焊质量保证措施。栓钉不得有锈蚀、氧化皮、油脂、潮湿或其他有害物质。母材焊接处不得有过量的氧化皮、锈、水分、油漆、灰渣、油污或其他有害物质。如不符合要求应使用抹布、钢丝刷、砂轮机等方法清扫或清除。

保护瓷环应保持干燥,受过潮的瓷环应在使用前放到烘干箱中经120 ℃烘干1~2 h。

施工前应依据工程实际使用的栓钉及其他条件,通过工艺评定试验确定施工工艺参数。在每班作业施工前还需以规定的工艺参数试焊两个栓钉,通过外观检验和30°打弯试验,确定设备完好情况及其他施工条件是否满足要求。

3. 缺陷修复

施工过程中应对焊接质量随时进行检查,发现问题时应修补并注意以下几点。

(1)当栓钉焊的挤出焊脚不足360°,且缺损长度不大于栓钉直径的1/2时,可采用电弧焊方法进行修补,修补焊缝应超出缺损两端10 mm,且焊脚尺寸不能小于6 mm。

(2)当焊缝中存在显著的裂纹缺陷时,应在距母材表面5 mm以上处铲除不合格栓钉,同时将其表面打磨光洁、平整,当母材出现凹坑时,可用电弧焊方法填满修平,然后在原位置重新植焊，且焊接质量应达到要求。其他缺陷也可按这种方法修补，也可以铲除不合格栓钉后在原位置重新植焊。

(3)当挤出焊脚立面出现不熔合，或水平面出现溢瘤时，可不进行修补。必要时可采用机械方法除去溢瘤。栓钉焊接常见外观缺陷产生的原因和措施见表6.7。

表6.7　栓钉焊接常见外观缺陷产生的原因和措施

序号	外观显示	产生原因	调整措施
1	焊缝处颈缩； 焊后长度过长 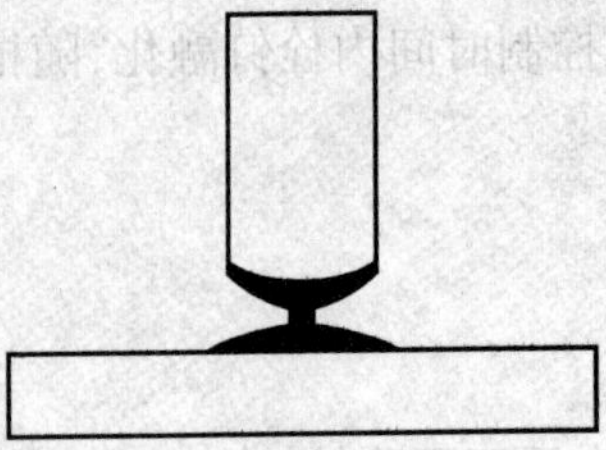	(1)下送长度或提升高度不够； (2)焊接热输入过高	(1)增加下送长度，检查瓷环的对中度及提升高度； (2)减小焊接电流或时间
2	焊肉不饱满，不规则，表面呈灰色； 焊后长度过长 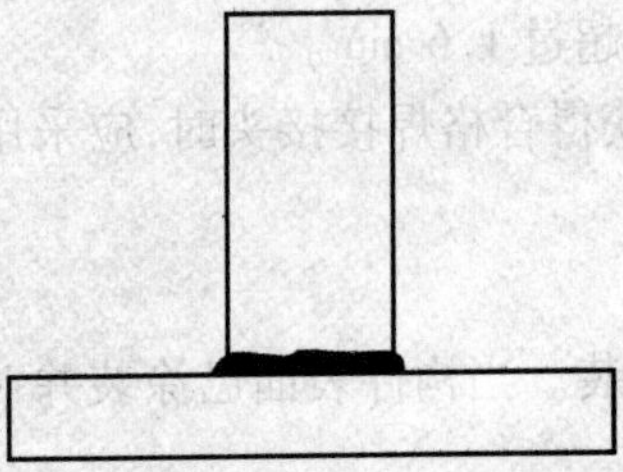	(1)焊接热输入过低； (2)瓷环受潮	(1)增加焊接电流或时间； (2)烘干瓷环
3	焊肉偏弧，咬边 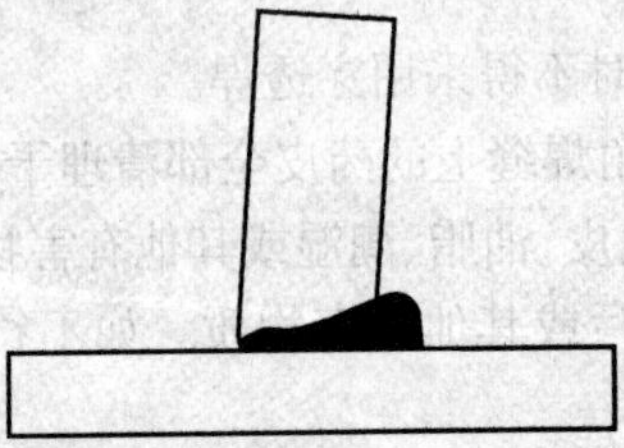	(1)磁偏吹影响； (2)瓷环中心未对正； (3)栓钉不垂直	(1)检查对中； (2)调整栓钉垂直度
4	焊肉不饱满，有光泽，并有大量飞溅； 焊后长度过短 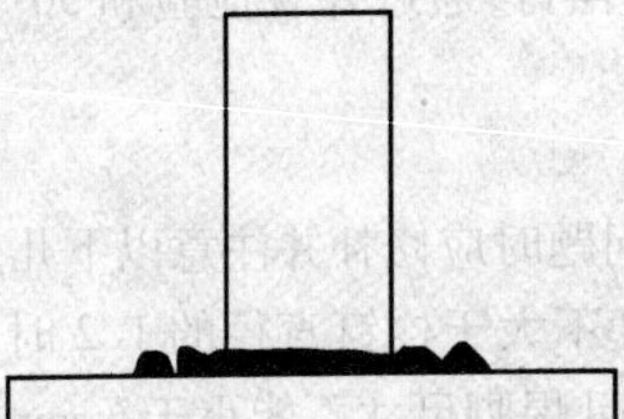	(1)焊接热输入太大； (2)栓钉下送速度过快	(1)减小焊接电流或时间； (2)调节下送长度或焊枪阻尼

7　钢结构涂装细部做法

7.1　涂装前钢构件表面处理细部做法

讲 98:钢材表面的除锈方法

1. 钢材表面除锈方法的分类

(1)按除锈顺序分类。

1)一次除锈。

2)二次除锈。

(2)按工艺阶段分类。

1)车间原料预处理。

2)分段除锈。

3)整体除锈。

(3)按除锈方式分类。

1)喷射除锈。

2)动力工具除锈。

3)手工敲铲除锈

4)酸洗。

2. 钢材表面的除锈方法

(1)人工除锈。金属结构表面的铁锈,通常可采用钢丝刷、钢丝布或粗砂布擦拭,直到露出金属本色后,再用棉纱擦净。

(2)喷砂除锈。在金属结构量很大的情况下,通常可选用喷砂除锈。喷砂除锈能够去掉铁锈、氧化皮以及旧有的油层等杂物。经过喷砂除锈的金属结构,表面变得粗糙又很均匀,对增加油漆的附着力、保证漆层质量有很大的好处。

喷砂是指采用压缩空气把石英砂通过喷嘴喷射在金属结构表面,靠砂子有力地撞击风管的表面,去掉铁锈、氧化皮等杂物。在工地上使用的喷砂工具较为简单,如图 7.1 所示。

由于喷砂所用的压缩空气不能含有水分和油脂,因此,在空气压缩机的出口处,应装设油水分离器。压缩空气的压力通常在 0.35 ~0.4 MPa。

喷砂所用的砂粒,应坚硬而有棱角,粒度要求为 1.5 ~2.5 mm,除经过筛除去泥土杂质外,还应经过干燥。

喷砂时,应顺气流方向;喷嘴与金属表面通常成 70° ~80°夹角;喷嘴与金属表面的距离通常在 100 ~150 mm 之间。喷砂除锈应对金属表面无遗漏地进行,经过喷砂的表面,应达到一致的灰白色。

喷砂处理具有质量好、效率高以及操作简单的优点,然而,由于喷砂处理时会产生很大

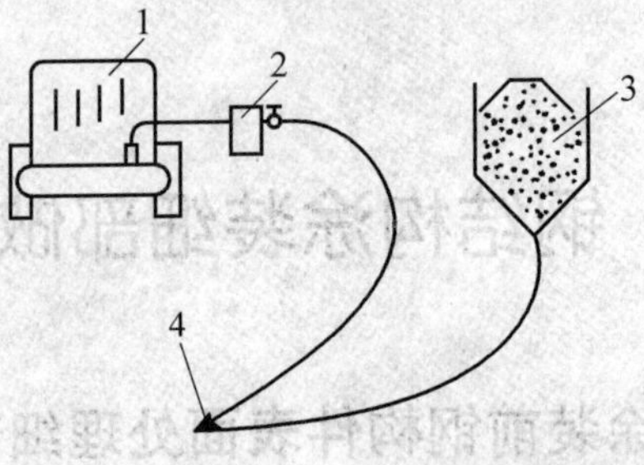

图7.1　喷砂流程示意图

1—压缩机;2—油水分离器;3—砂斗;4—喷枪

的灰尘,因此,在施工时应设置简易的通风装置,操作人员应佩戴防护面罩或风镜和口罩。

经过喷砂处理后的金属结构表面,可采用压缩空气进行清扫,然后再用汽油或甲苯等有机溶剂进行清洗。待金属结构干燥后,方可进行刷涂操作。

(3)化学除锈。化学除锈是指把金属构件浸入15%～20%的稀盐酸或稀硫酸溶液中浸泡10～20 min,然后用清水冲洗干净。

若金属表面锈蚀较轻,可采用"三合一"溶液同时进行除油、除锈以及钝化处理。"三合一"溶液配方为:草酸150 g,硫脲10 g,平平加10 g,水1 000 g。

经"三合一"溶液处理后的金属构件应采用热水洗涤2～3 min,再经热风吹干后,立即进行喷涂。

讲99:表面油污和旧涂层的清除

1.表面油污的清除

(1)碱液清除法。碱液除油主要是借助碱的化学作用来清除钢材表面上的油脂,该法使用简便,成本低。在清洗过程中要经常搅拌清洗液或晃动被清洗的物件。

(2)有机溶剂清除法。有机溶剂除油是借助有机溶剂对油脂的溶解作用来除去钢材表面上的油污。在有机溶剂中加入乳化剂,可提高清洗剂的清洗能力。有机溶剂清洗液可在常温条件下使用,加热到50 ℃的条件下使用,会提高清洗效率。也可以采用浸渍法或喷射法除油。

(3)乳化碱液清除法。乳化碱液除油是在碱液中加入了乳化剂,使清洗液除具有碱的皂化作用外,还有分散、乳化等作用,增强了除油能力,其除油效率比用碱液高。

2.表面旧涂层的清除

在有些钢材表面常带有旧涂层,施工时必须将其清除,其常用的方法如下:

(1)碱液清除法。碱液清除法是借助碱对涂层的作用,使涂层松软、膨胀,从而容易除掉。该法与有机溶剂清除法相比成本低、生产安全、没有溶剂污染,但需要一定的设备,如加热设备等。

(2)有机溶剂清除法。有机溶剂清除法具有效率高、施工简单、不需加热等优点,但有一定的毒性、易燃和成本高的缺点。清除前应将钢材表面上的灰尘、油污等附着物除掉,然后放入脱漆槽中浸泡,或将脱漆剂涂抹在物件表面上,使脱漆剂渗到旧漆膜中,并保持"潮湿"状态,否则应再涂。浸泡1～2 h后或涂抹10 min左右后,用刮刀等工具轻刮,直至旧涂层被除净为止。

7.2 钢结构防火涂装细部做法

讲 100:防火涂料保护措施施工

1.防火涂料的选用

钢结构防火涂料是施涂于建筑物及构筑物的钢结构表面的涂料,其能形成耐火隔热保护层以提高钢结构耐火极限。

(1)防火涂料的适用条件。

1)用于制造防火涂料的原料应预先检验。严禁使用石棉材料和苯类溶剂等作原材料。

2)涂层实干后不得有刺激性气味。燃烧时一般不产生浓烟和不利于人体健康的气体。

3)防火涂料应呈碱性或偏碱性。复层涂料应相互配套,底层涂料应能同普通的防锈漆配合使用。

4)防火涂料刷涂以方便施工为前提,可用喷涂、抹涂、滚涂、刮涂等方法中的任何一种或多种方法,并能在通常的自然环境条件下干燥固化。

(2)防火涂料的选用。

钢结构防火涂料分为薄涂型和厚涂型两类,其选用技巧如下:

1)当防火涂料分为底层和面层涂料时,两层涂料应相互匹配。且底层不应腐蚀钢结构,不应与防锈底漆产生化学反应,面层若为装饰涂料,选用涂料应通过试验验证。

2)对室内隐蔽钢结构、高层钢结构及多层厂房钢结构,当其规定耐火极限在 1.5 h 以上时,应选用厚涂型钢结构防火涂料。对室内裸露钢结构、轻型屋盖钢结构及有装饰要求的钢结构,当规定其耐火极限在 1.5 h 以下时,应选用薄涂型钢结构防火材料。

2.防火涂层厚度的确定

确定钢结构防火涂层的厚度时,施加给钢结构的涂层质量应计算在结构荷载内,但不得超过允许范围。对于裸露及露天钢结构的防火涂层应规定出外观平整度和颜色装饰要求。

(1)涂层厚度的确定原则。钢结构防火涂料的涂层厚度,可按下列原则之一确定:

1)按照有关规范对钢结构不同构件耐火极限的要求,根据标准耐火试验数据选定相应的涂层厚度。

2)根据标准耐火试验数据,计算确定涂层的厚度。

(2)涂层厚度计算。根据设计所确定的耐火极限来设计涂层的厚度,可直接选择有代表性的钢构件、喷涂防火涂料作耐火试验,由实测数据确定设计涂层的厚度,也可根据标准耐火试验数据,对不同规格的钢构件按下式计算定出涂层厚度,即

$$T_1 = \frac{W_m / D_m}{W_1 / D_1} \times T_m \times K$$

式中 T_1——待确定的钢构件涂层厚度,mm;

T_m——标准试验时的涂层厚度,mm;

W_1——待喷涂的钢构件质量,kg/m;

W_m——标准试验时的钢构件质量,kg/m;

D_1——待喷涂的钢构件防火涂层接触面周长,m;

D_m——标准试验时的钢构件防火涂层接触面周长,m;

K——系数,对于钢梁 $K=1$,对于钢柱 $K=1.25$。

(3)涂层厚度的测定。

1)测针与测试图。测针(厚度测量仪)是由针杆和可滑动的圆盘组成,圆盘始终保持与针杆垂直,并在其上装有固定装置,圆盘直径不大于 30 mm,以保持完全接触被测试件的表面。当厚度测量仪不易插入被插试件中,也可使用其他适宜的方法测试。

2)测试时,将测厚探针垂直插入防火涂层直至钢材表面上,记录标尺读数,如图 7.2 所示。

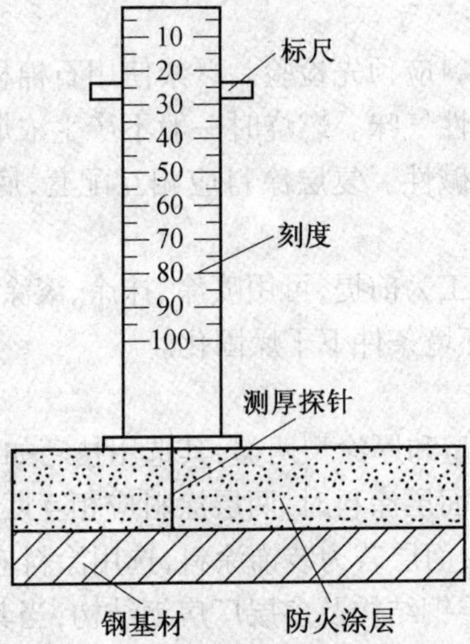

图 7.2　测厚探针测厚度的示意图

3)测点选定。测点选择须遵守以下规定:

①楼板和防火墙的防火涂层厚度测定,可选相邻两纵、横轴线相交中的面积为 1 个单元,在其对角线上,按每米长度选一点进行测试。

②钢框架结构的梁和柱的防火涂层厚度测定,在构件长度内每隔 3 m 取一截面按图 7.3 所示位置测试。

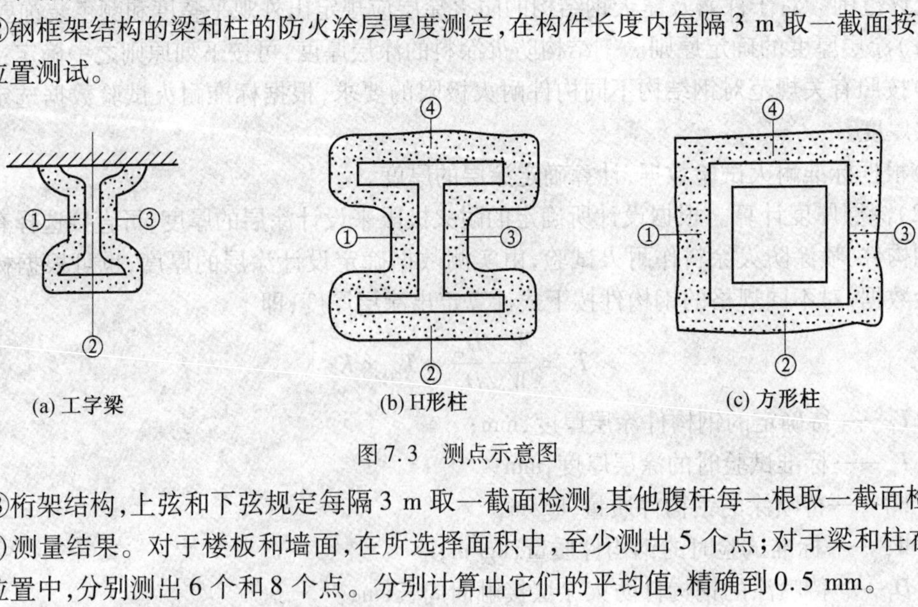

图 7.3　测点示意图

③桁架结构,上弦和下弦规定每隔 3 m 取一截面检测,其他腹杆每一根取一截面检测。

4)测量结果。对于楼板和墙面,在所选择面积中,至少测出 5 个点;对于梁和柱在所选择的位置中,分别测出 6 个和 8 个点。分别计算出它们的平均值,精确到 0.5 mm。

3. **防火涂装施工**

(1)超薄型钢结构防火涂料涂刷。

1)超薄型钢结构防火涂料施工方法:大面积采用喷涂、辊涂工艺,小面积采用刷涂工艺。涂刷顺序为自上而下、从左到右、先里后外、先难后易、纵横交错进行。每道施工厚度不应超过1 mm,前道涂装的涂层表干后,方可进行后道涂装。喷涂时应确保涂层完全闭合,轮廓清晰。施工时要注意通风,严禁火种。

2)超薄型钢结构防火涂料施工质量要求:

①涂层厚度应符合设计要求。

②无漏涂、脱粉、明显裂缝等。如有个别裂缝,其宽度不大于0.1 mm,1 m长度内不得多于1条。

③颜色与外观应符合设计规定,轮廓清晰,接槎平整。

3)超薄型钢结构防火涂料涂刷构造示意图如图7.4所示。

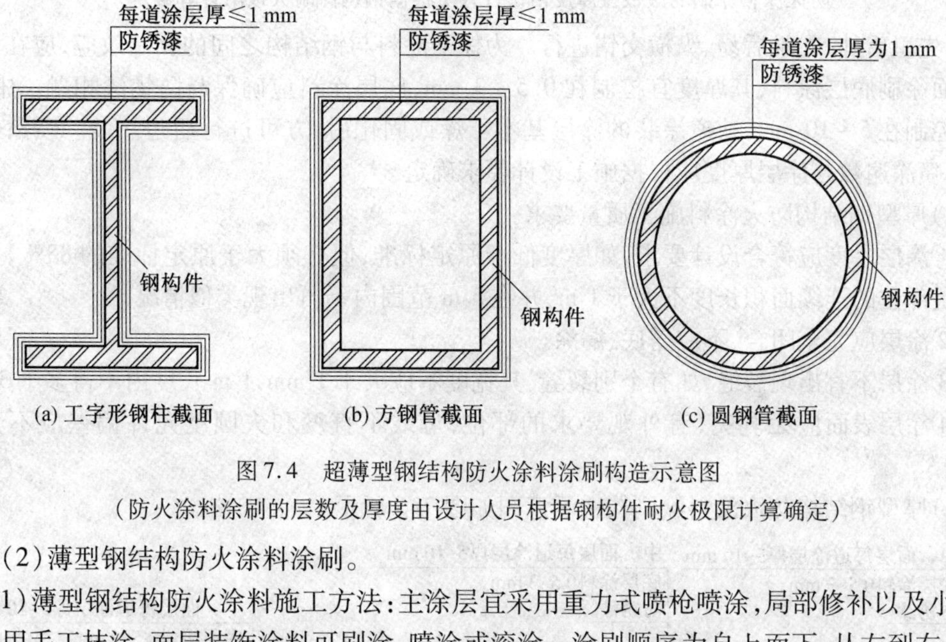

(a) 工字形钢柱截面　(b) 方钢管截面　(c) 圆钢管截面

图7.4　超薄型钢结构防火涂料涂刷构造示意图
(防火涂料涂刷的层数及厚度由设计人员根据钢构件耐火极限计算确定)

(2)薄型钢结构防火涂料涂刷。

1)薄型钢结构防火涂料施工方法:主涂层宜采用重力式喷枪喷涂,局部修补以及小面积可采用手工抹涂,面层装饰涂料可刷涂、喷涂或滚涂。涂刷顺序为自上而下、从左到右、先里后外、先难后易、纵横交错进行。每道施工厚度不应超过2.5 mm,前道涂装的涂层表干后,方可进行后道涂装。喷涂时应确保涂层完全闭合,轮廓清晰。施工时要注意通风,严禁火种。

2)薄型钢结构防火涂料施工质量要求:

①涂层厚度应符合设计要求。

②无漏涂、脱粉、明显裂缝等。如有个别裂缝,其宽度不大于0.5 mm,1 m长度内不得多于1条。

③颜色与外观应符合设计规定,轮廓清晰,接槎平整。

3)薄型钢结构防火涂料涂刷构造示意图如图7.5所示。

(3)厚型钢结构防火涂料涂刷。

1)厚型钢结构防火涂料施工方法:采用压送式喷涂机喷涂。涂刷顺序为自上而下、从左

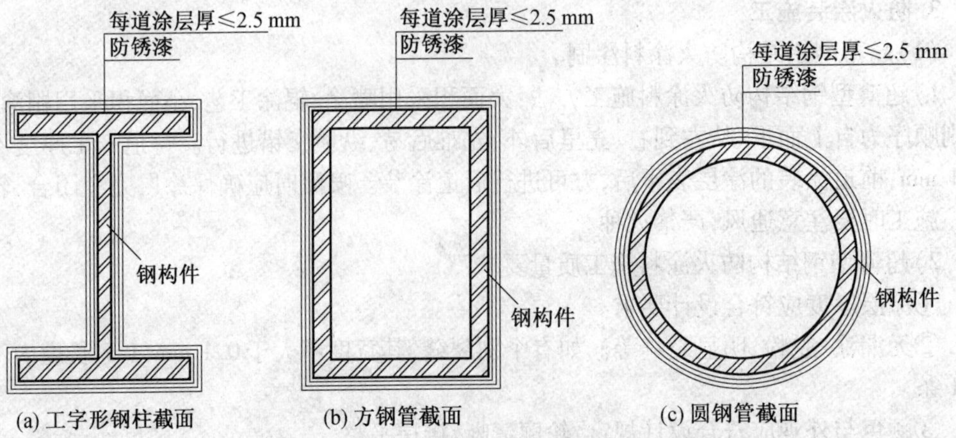

图7.5　薄型钢结构防火涂料涂刷构造示意图
（防火涂料涂刷的层数及厚度由设计人员根据钢构件耐火极限计算确定）

到右、先里后外、先难后易、纵横交错进行。为保证涂料与钢结构之间的黏结效应，应在防锈漆表面涂刷底层涂料，其厚度宜控制在0.5～3 mm，底层涂料应确保与防锈漆相融。中、面层宜控制在5～10 mm，前道涂装的涂层基本干燥或固化后，方可进行后道涂装。喷涂保护方式、喷涂遍数与涂层厚度应根据施工设计要求确定。

2）厚型钢结构防火涂料施工质量要求：

①涂层厚度应符合设计要求，如厚度低于原定标准，但必须大于原定标准的85%，且厚度不足部位的连续面积长度不大于1 m，并在5 m范围内不再出现类似情况。

②涂层应完全闭合，不应露底、漏涂。

③涂层不宜出现裂缝，如有个别裂缝，其宽度不应大于1 mm，1 m长度内不得多于3条。

④涂层表面应无乳突，有外观要求的部位，母线不直度和失圆度允许偏差应不大于8 mm。

3）厚型钢结构防火涂料涂刷构造示意图如图7.6所示。

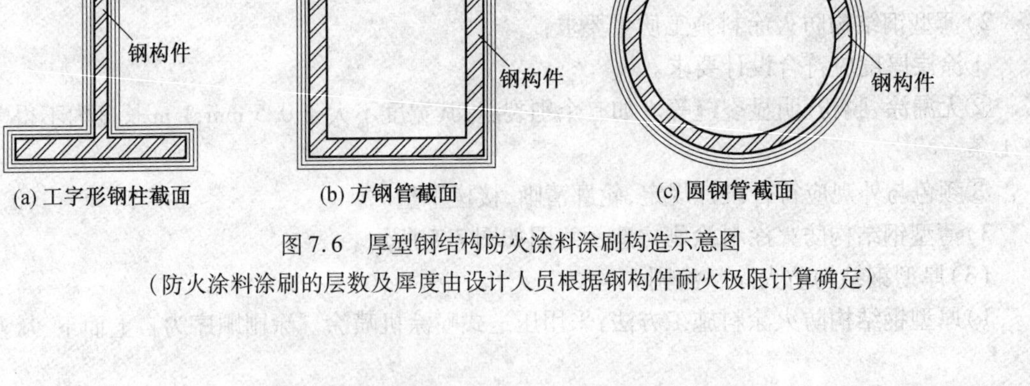

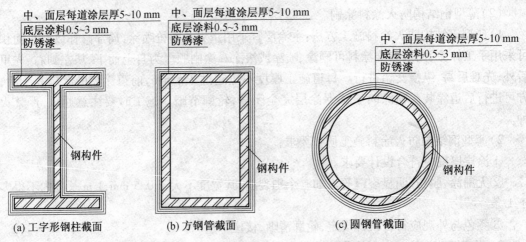

图7.6　厚型钢结构防火涂料涂刷构造示意图
（防火涂料涂刷的层数及厚度由设计人员根据钢构件耐火极限计算确定）

4)厚型钢结构防火涂料的加网防火保护构造：对下列情形之一的钢结构防火保护的涂层内应设置钢丝网来加强厚型涂料的黏结强度，其构造形式如下：

①承受冲击振动荷载的梁。

②涂层厚度大于等于 40 mm 的梁。

③黏结强度小于等于 0.05 MPa 的钢结构防火涂料。

④腹板高度超过 1.5 m 的梁。

加钢丝网防火保护构造示意如图 7.7 所示。

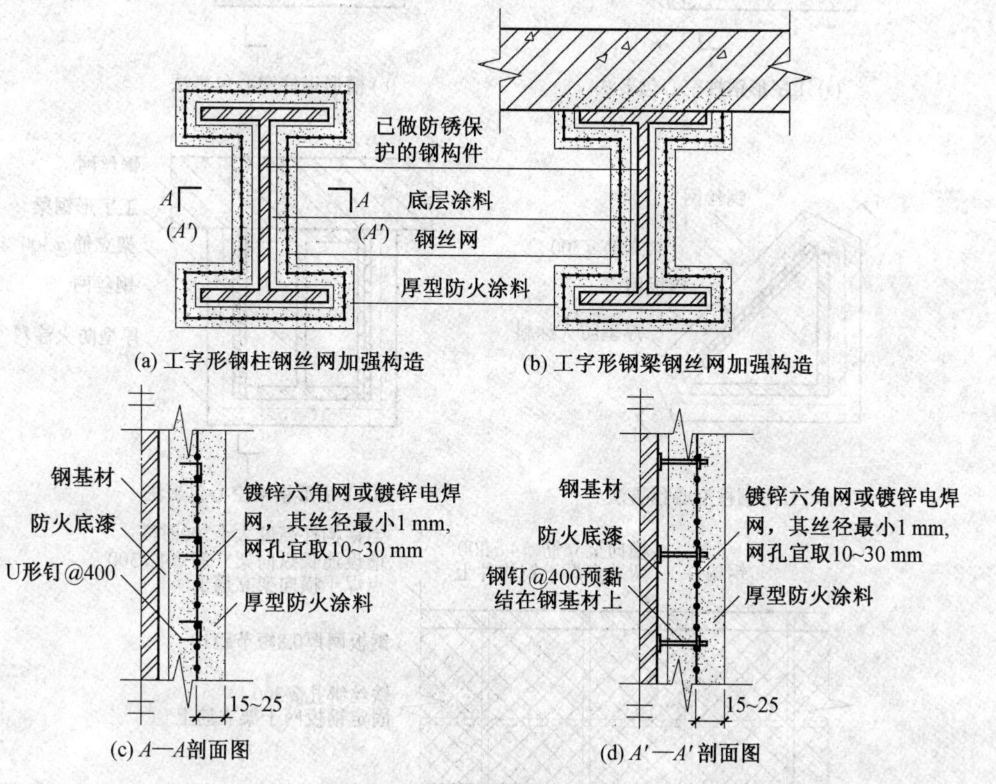

图 7.7 加钢丝网防火保护构造示意图(单位：mm)

其他截面形式钢构件钢丝网加强构造类似于工字形截面钢构件。

钢丝网片与网片之间的最小搭接长度为 50 mm，最大搭接长度为防火涂料涂层厚度的 3 倍。钢丝网可采用 U 形钉(*A—A* 剖面)或预黏结钢钉(*A′—A′*剖面)固定；也可按照具体单项工程设计。

5)厚型钢结构防火涂料空心包裹法的防火保护构造：当工字形、槽形、L 形等钢构件的截面高度较小或有建筑需求时，厚型钢结构防火涂料可采用空心包裹法，空心包裹法采用架立筋与钢板网辅助包裹，其构造形式如图 7.8 所示。钢板网之间的最小搭接长度为 50 mm，最大搭接长度为防火涂料涂层厚度的 3 倍。如有 4)所对应情况时，空心包裹法仍需要设置钢丝网以加强厚型涂料的黏结强度。

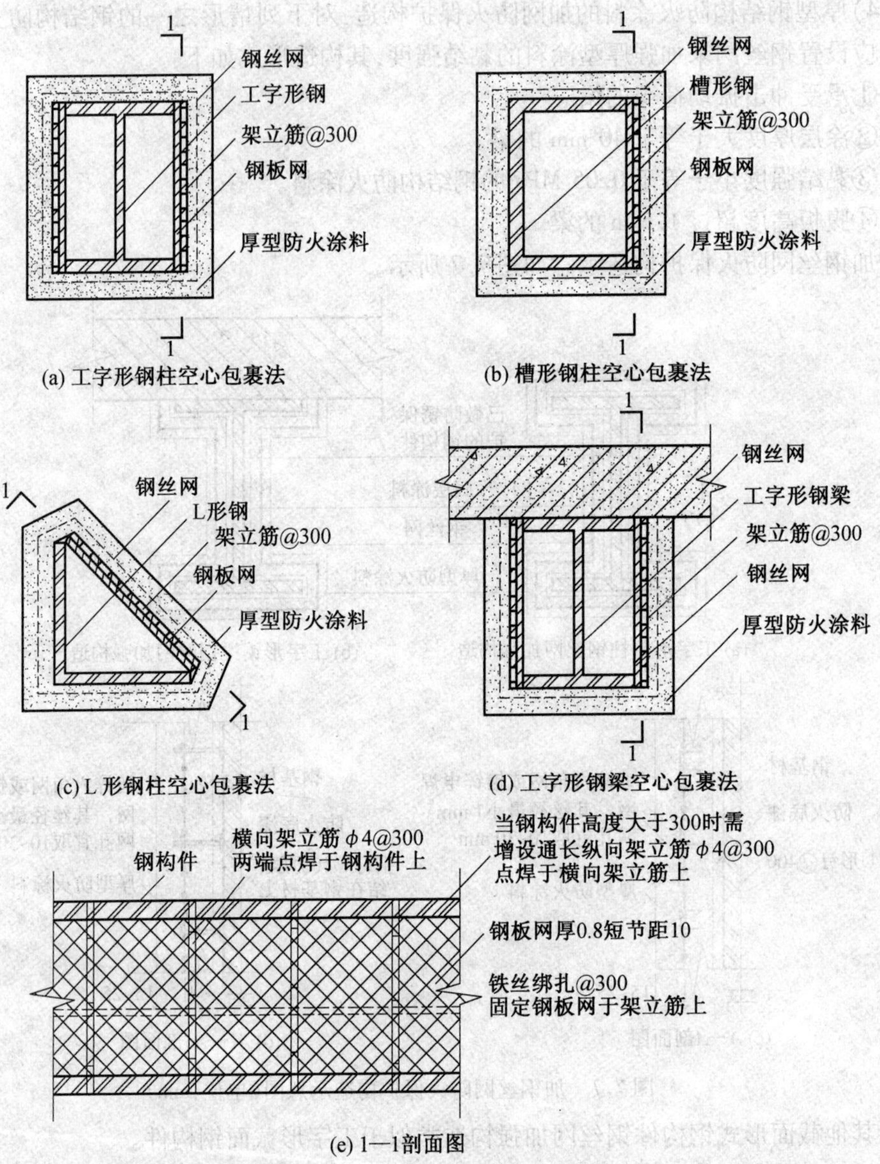

图7.8 厚型钢结构防火涂料空心包裹防火构造示意图

讲101:防火板材保护措施施工

防火板包覆保护可选用石膏板、蛭石板、硅酸钙板、岩棉板等硬质防火板材保护,板材可采用黏结剂或紧固铁件固定,黏结剂应在预计耐火时间内受热而不丧失黏结作用。当包覆层数不小于两层时,各层板应分别固定,板的水平缝至少需错开500 mm。用板材包覆具有干法施工、不受气候条件限制、融防火保护和装修为一体的特点,但板材的裁剪加工、安装固定、接缝处理等技术要求较高,应用范围不如防火涂料普遍。

1. **防火板构造**

(1)防火板的包覆构造。防火板的包覆构造需要根据构件形状、构件所处部位、在达到耐火性能的条件下,充分考虑牢固稳定的要求,设计包覆构造。同时,固定和稳定防火板的龙骨及黏结剂必须是不燃材料,龙骨材料应能便于和构件、防火板连接,黏结剂应能在高温下依旧保持一定的强度,保证结构的稳定与完整。采用防火板的钢结构防火保护构造宜按图7.9、图7.10选用。

采用防火厚板的防火保护构造应按图7.11和图7.12选用。其中图7.11是采用龙骨的构造形式,图7.12不用龙骨而采用自身材料为固定块(底材)辅以高温耐火黏结剂的构造形式。

(2)防火厚板包覆的构造要求。防火厚板对钢结构进行防火包覆时,为了施工方便,通常采用单层包覆,构造参照《民用建筑钢结构防火构造》(06SG 501)的单层包覆构造。包覆板材通过和防火板材同材质的无机龙骨、轻钢龙骨和钢结构连接。板材与板材之间的连接应采用钢钉或自攻螺钉;板材与钢龙骨之间的连接应采用自攻螺钉;钢龙骨与墙体的连接应采用射钉连接;钢龙骨与钢构件的连接应采用点焊或卡条连接固定。

龙骨骨架安装结束之后必须对龙骨骨架尺寸进行验收,板材与龙骨之间须紧贴,防火板对接时宜靠紧,不留缝隙,但不得强压就位;如有缝隙,缝隙宽应小于5 mm。相邻面板层的错缝间距需大于300 mm。固定连接件(自攻螺钉、钢钉)与板材边缘的距离为10~20 mm,每个固定连接件沉入板面1 mm,应采用耐高温黏结剂封堵螺眼,固定件间距为100~200 mm。当使用预焊钢制螺栓连接时,可以采用耐高温黏结剂封堵螺栓孔。

(3)防火薄板包覆的构造要求。采用防火薄板对钢结构进行防火包覆时,如无填充隔热材料(岩棉、矿棉等)的情况下,通常对钢构件采用双层包覆来满足构件的耐火极限要求。包覆板材依靠无机龙骨(材质同板材本身)、轻钢龙骨以及配套钢抱箍与钢结构进行连接。除圆钢柱外的钢构件主要使用无机龙骨辅助固定防火板材,圆柱主要采用配套轻钢龙骨、钢抱箍等辅助固定板材,与钢结构连接固定轻钢龙骨和钢抱箍时不能焊接,应采用钢制螺钉和自攻螺钉。防火薄板通过无机龙骨与钢构件连接时,应使用自攻螺钉和耐高温无机黏结剂。

龙骨骨架安装完毕之后应当对龙骨骨架尺寸进行验收,板材与龙骨之间要紧贴。防火板对接时应靠紧,不留缝隙,但不能强压就位;如有缝隙,缝隙宽应小于5 mm。内外层和相邻面板层的错缝间距应大于300 mm。自攻螺钉距板材边缘为10~20 mm,间距为100~150 mm;位于板缝两侧自攻螺钉需错位,间距为10~20 mm。自攻螺钉沉入板材1 mm,宜选用耐高温黏结剂封堵螺眼。

2. 板材辅助安装件及连接方式

(1)无机龙骨。无机龙骨的间距应不大于600 mm,可分为板块状龙骨和条形龙骨。

1)板块状龙骨:包括嵌固在钢构件的上、下翼缘当中(工字形钢或槽形钢截面)的龙骨以及凹形支撑板龙骨,遮缝面宽度 b 为50 mm(参考图7.13),依据构件截面大小确定其他方向尺寸。

2)条形龙骨如图7.13所示,尺寸见表7.1。

表7.1 条形龙骨的尺寸

类别	h/mm	b/mm	用途
1	25	50	辅助防火厚板固定于钢构件上
2	25	30	辅助防火厚板固定于墙体上
3	20	40	辅助防火薄板固定于钢构件上

注:以上相关尺寸在满足构造要求前提下,对于具体工程可做调整,此为一般构造做法,供设计人员参考

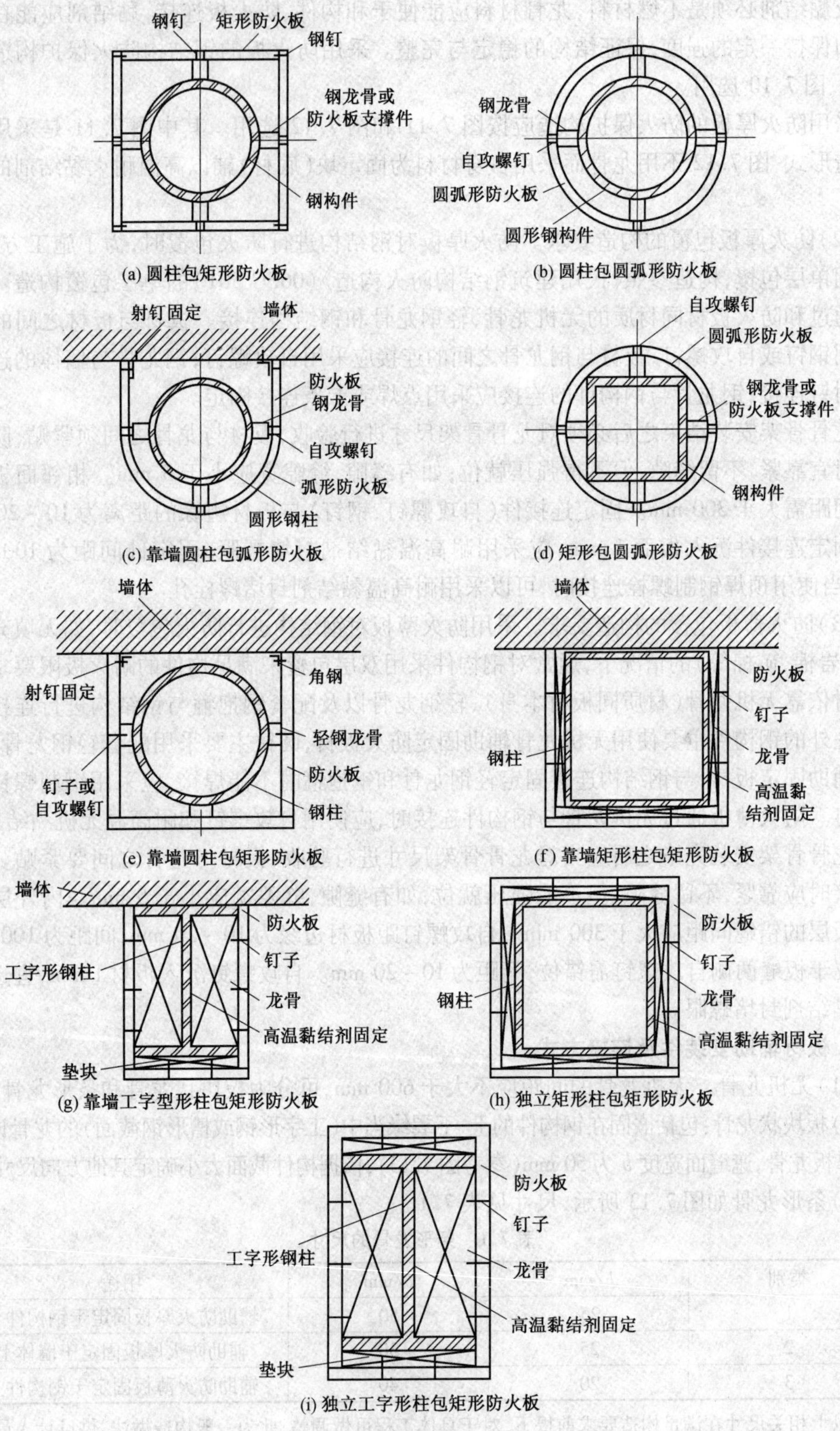

图 7.9　钢柱采用防火板的防火保护构造

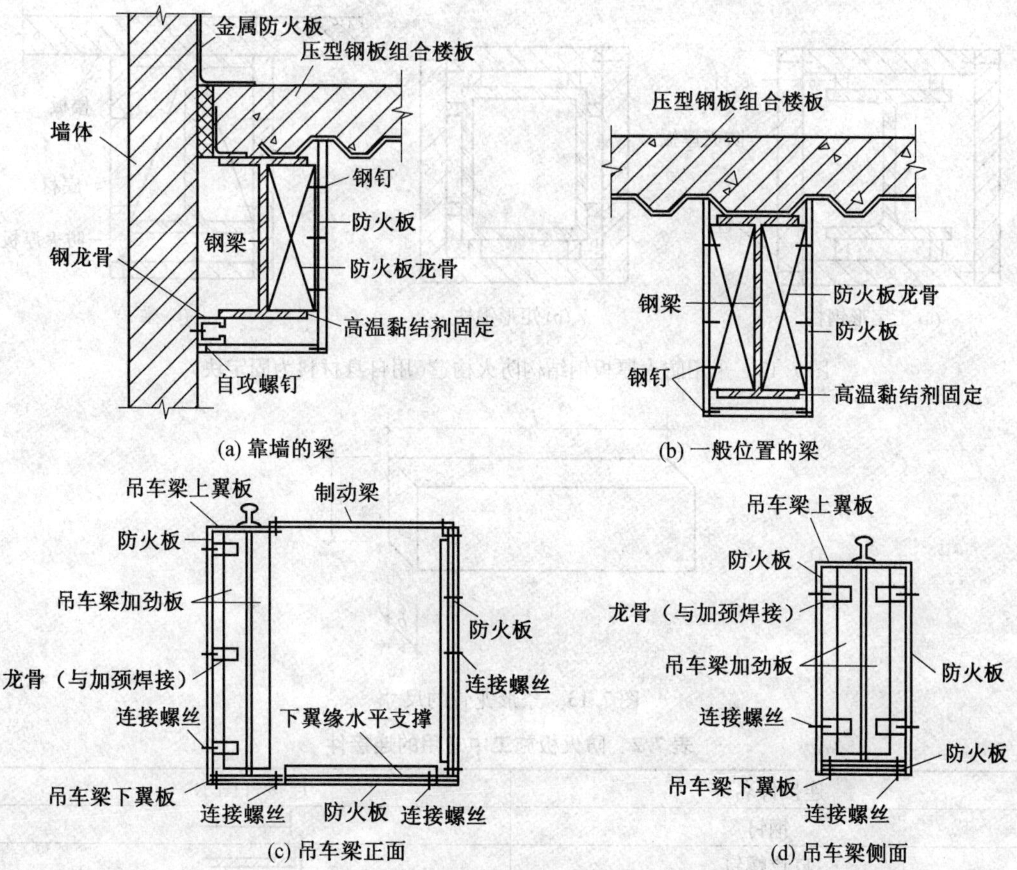

图 7.10 钢梁采用防火板的防火保护构造

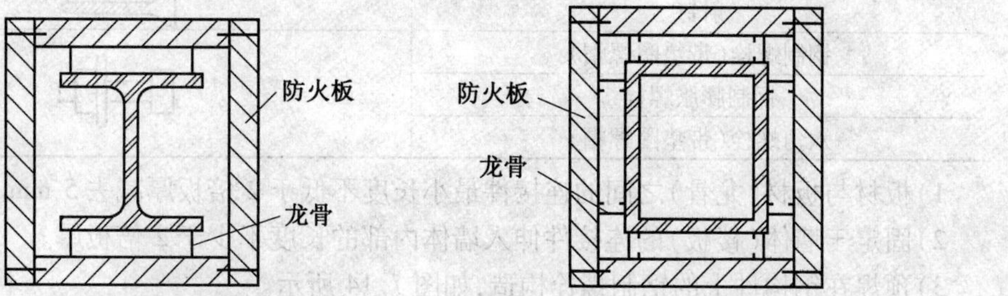

图 7.11 采用防火厚板钢结构防火构造(用龙骨为固定骨架)

(2)钢龙骨。钢龙骨间距应小于 600 mm。钢龙骨可分成 C 形龙骨、角钢龙骨、方管龙骨、钢抱箍等。

钢抱箍:由扁钢龙骨构成,适用于圆钢管柱的防火薄板包覆构造,辅助固定角钢龙骨以进一步固定防火板材。

(3)连接件。防火板施工中常用的连接件见表 7.2。

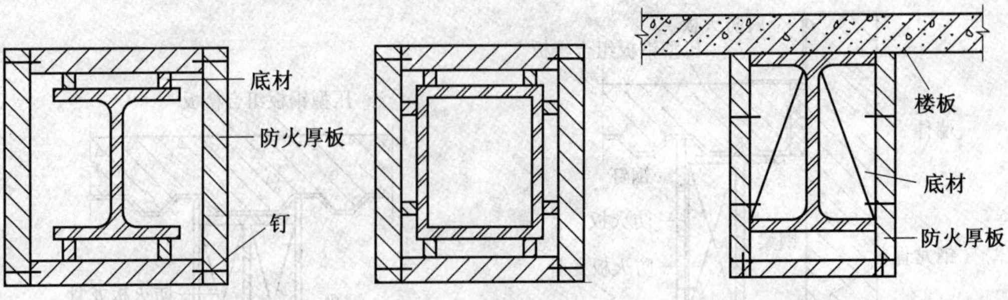

(a) 工字形钢柱　　(b) 矩形钢柱　　(c) 梁

图 7.12　采用防火厚板钢结构防火构造(用自身材料为固定块)

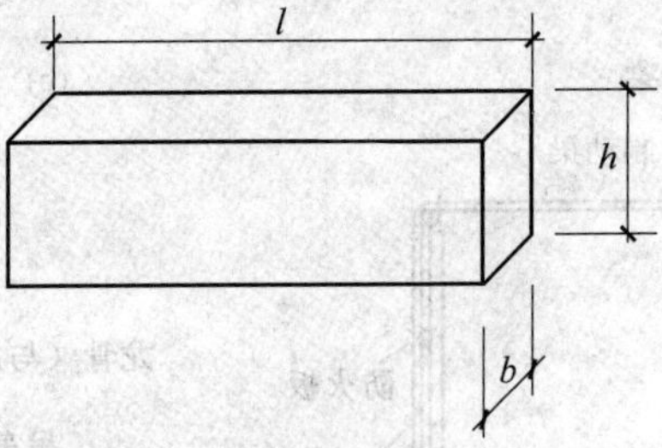

图 7.13　条形龙骨的尺寸

表 7.2　防火板施工中常用的连接件

连接件名称	连接件图示
钢钉	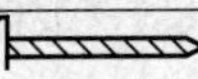
自攻螺钉	
自钻螺钉	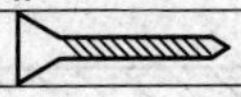
射钉	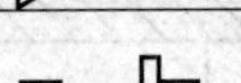
钢制螺栓(带垫圈螺帽)	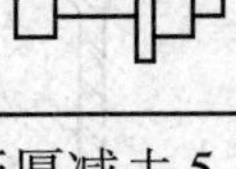
钢制膨胀螺栓	
六角螺栓(带垫圈螺帽)	

1)板材与板材(龙骨)之间的连接件最小长度不低于 2 倍板厚减去 5 mm。

2)固定于墙体(楼板)的连接件伸入墙体内部的长度不少于 2 倍板厚。

3)预焊在钢构件上的钢制螺栓构造,如图 7.14 所示。

(4)耐高温黏结剂和嵌缝剂。耐高温黏结剂通常采用硅酸盐类黏结剂,其成分由板材生产厂商专门配置,嵌缝剂可选用耐高温黏结剂。

1)黏结剂:黏结剂适用于无机龙骨和钢构件之间(图 7.15)以及防火板材与防火板材(图7.16、图 7.17)之间的连接。

当板材厚度小于等于 20 mm 时,采用耐高温黏结剂连接。

2)嵌缝剂:嵌缝剂用于填嵌板材和板材(图 7.18)、板材和墙体或楼板之间的缝隙(图 7.19)。当缝隙小于 2 mm 时,无须嵌缝;当缝隙超过 2 mm 时,则需用耐高温黏结剂嵌缝。通过连接件相连的邻接板材无须嵌缝。

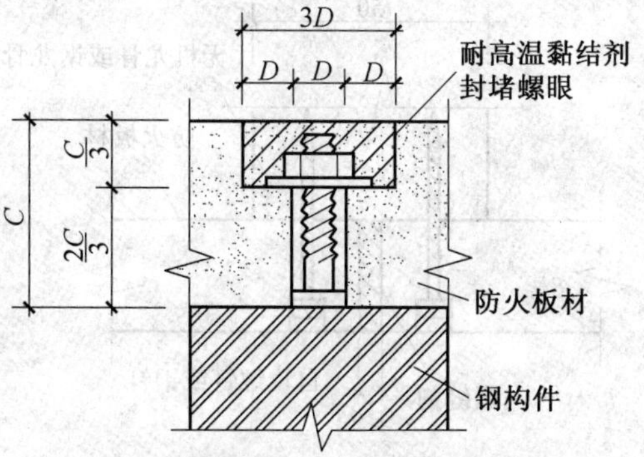

图 7.14　预焊钢制螺栓连接构造（C 为防火板厚；D 为螺栓头直径）

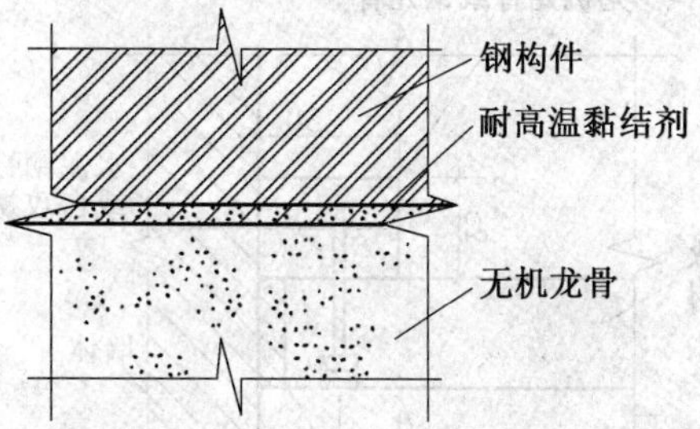

图 7.15　无机龙骨与钢构件的连接

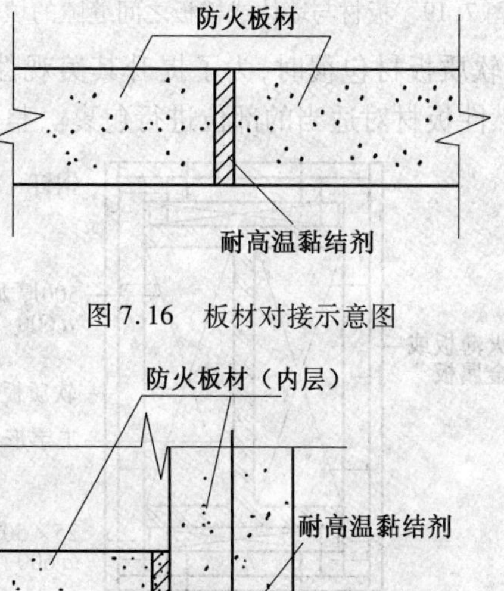

图 7.16　板材对接示意图

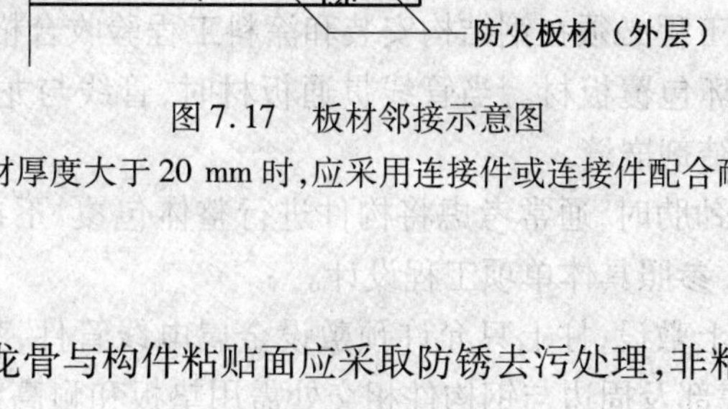

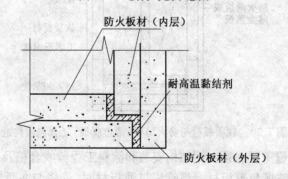

图 7.17　板材邻接示意图

（板材连接时，当板材厚度大于 20 mm 时，应采用连接件或连接件配合耐高温黏结剂连接）

3. 防火板材施工

(1)一般规定。

1)防火板材或无机龙骨与构件粘贴面应采取防锈去污处理，非粘贴面都应涂刷防锈漆。

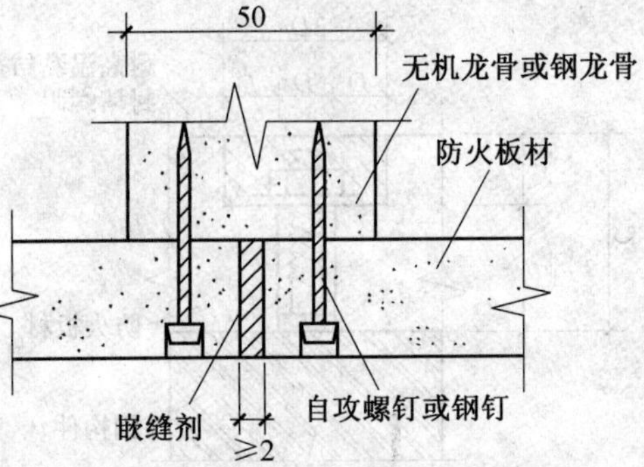

图7.18 对接板材缝隙的填嵌

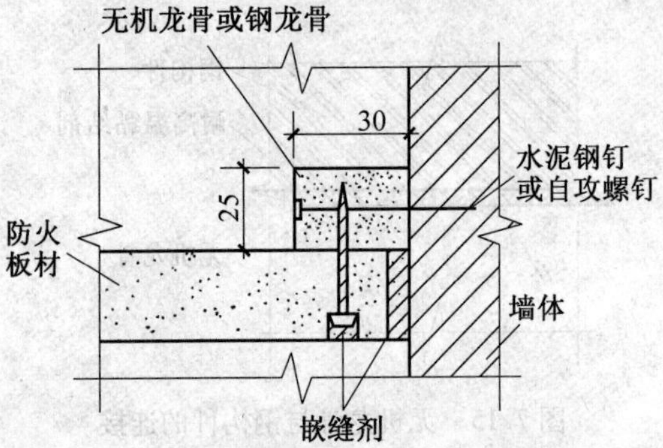

图7.19 板材与墙体或楼板之间缝隙的填嵌

2）当采用岩棉、矿棉等软质板材包覆时，为了提升其美观性以及增强其表面防撞强度，应采用薄金属板或其他不燃性板材对适当的部位进行包裹。整体包覆如图7.20所示。

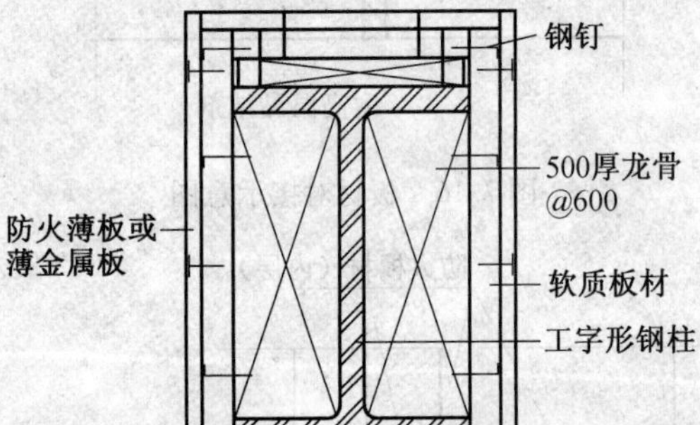

图7.20 软质板材与防火薄板（薄金属板）复合包覆构造

3）板材的防火包覆工程必须在钢结构安装和涂料工程验收合格及所有管线敷设完成后施工，禁止事后安装，破坏包覆板材。当管线贯通板材时，管线与龙骨以及管线与板材相交处的缝隙应用耐高温黏结剂嵌缝。

4）当构件上设有加劲肋时，通常考虑将构件进行整体包覆，不再对加劲肋单独包覆；如果个别结构有特殊要求，参照具体单项工程设计。

5）水电管线宜在墙上敷设，柱上只允许预敷设金属电线管件，禁止事后安装，破坏包覆板材。开关盒、接线盒底部及周边与钢构件相交处需用垫板和耐高温无机黏结剂隔离封堵；

管线与龙骨相交处缝隙应用耐高温黏结剂嵌缝。

(2)薄板用作隔墙和吊顶的罩面板。通常采用防火薄板为罩面板,以轻钢龙骨(或铝合金龙骨、木骨架)作为骨架,在民用和工业建筑中作为隔断工程和吊顶工程得到广泛使用。

其施工方法国内已有成熟技术,可参见《建筑装饰装修工程质量验收规范》(GB 50210—2001)及有关国家和地方施工标准图案。

(3)薄板作为钢结构上厚质防火涂料的护面板。大多应用于钢柱防火,采用防火薄板作为护面板。

(4)厚板用作钢构件的防火材料。使用轻质防火厚板可以将防火材料与护面板合二为一。它和传统的做法(厚质防火涂料+龙骨+护面板)相比,具有以下优点。

1)不需再用防火涂料喷涂,完全干作业,可以进行现场交叉作业。

2)高效施工:防火板可直接在工厂或现场锯裁、拼接及组装,可与其他工序(管道设置、送排风系统及电线配置安装等)交叉进行,可缩减工期及工程施工费。根据相关资料显示:工程费用可以节省20%,施工时间节省30%。

3)节省空间:用于钢柱保护,占地少,使楼层有效面积增加。

(5)厚板用于钢结构保护施工方法。

1)采用龙骨安装。即用龙骨作为骨架,防火厚板为罩面板。

2)不用龙骨,采用自身材料作为固定块(底材),辅助以无机胶(如硅溶胶)、铁钉安装。

(6)各种防火板表面的装修。不论薄板、厚板,当安装完毕后,表面都需进一步修饰。防火板表面装修可分涂料装修与裱糊装修两种。

1)涂料装修主要工序包括:表面处理(局部刮腻子、修补、磨平)、贴接缝带、打底、磨光、涂刷底漆、涂刷面漆。

2)裱糊装修主要工序包括:表面处理(局部刮腻子、磨平)、打底磨光、刷黏结剂、粘贴墙布或墙纸(包括墙布拼缝、对花、赶气泡、抹平等)。

涂料装修、裱糊装修施工及验收方法可参照现行国家标准《建筑装饰装修工程质量验收规范》(GB 50210—2001)的规定执行。

讲102:其他防火保护措施施工

1. 外包混凝土或砌筑砌体

采用外包混凝土或砌筑砌体的钢结构防火保护构造应按图7.21选用。采用外包混凝土的防火保护最好配加构造钢筋。

外包混凝土的防火保护构造,其混凝土可以为一般混凝土,也可以为加气混凝土。为了避免在高温下混凝土爆裂,应配加构造钢筋。H形钢柱中如在翼缘间用混凝土填实,可显著增加柱的热容量,火灾中可充分吸收热量,减慢钢柱的升温速度。

国内外很多建筑都采用浇筑混凝土或砌筑耐火砖,选用混凝土或耐火砖完全封闭钢构件(图7.22),如美国的纽约宾馆、英国的伦敦保险公司办公楼、中国的上海浦东世界金融大厦的钢构件都是采用这种方法。国内石化工业钢结构厂房以前也大多采用砌砖方法予以保护。这种方法的优点为强度高、耐冲击,但缺点是要占用的空间较大。例如,用C20混凝土保护钢柱,其厚度为5~10 cm方可达到1.5~3 h的耐火极限。另外,其模板支设,混凝土浇筑、振捣、养护等施工过程也不方便,特别在钢梁、斜撑上施工更麻烦。

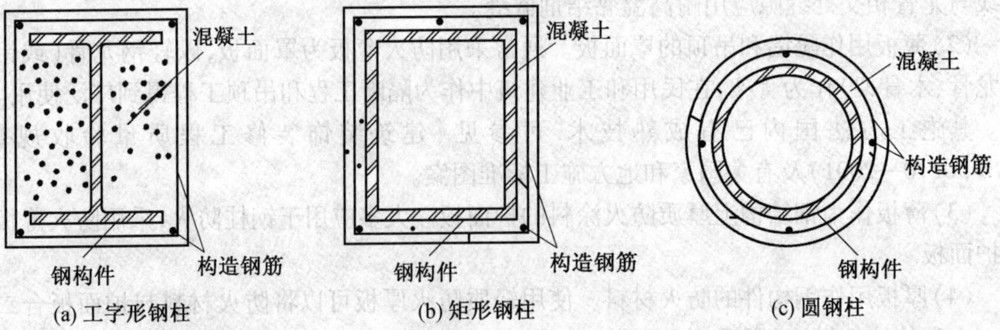

图 7.21 采用外包混凝土的防火保护构造

钢丝网抹灰作保护层，其做法就是在柱子四周包覆钢丝网，缠上细钢丝，外面抹灰，边角另外布置保护钢条（图 7.23），灰浆内掺以石膏、蛭石或珍珠岩等防火涂料。

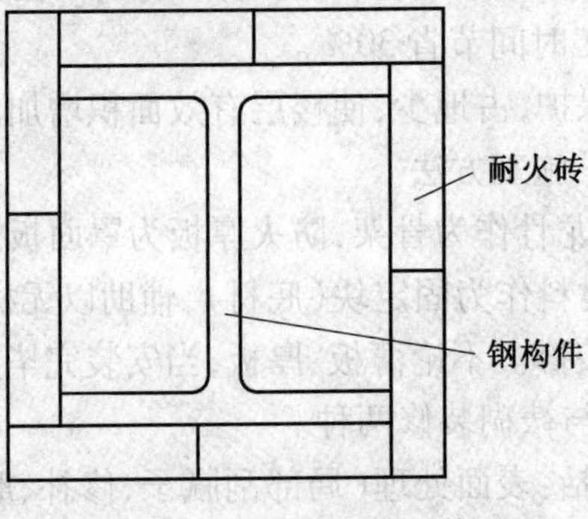

图 7.22 砌筑耐火砖示意图

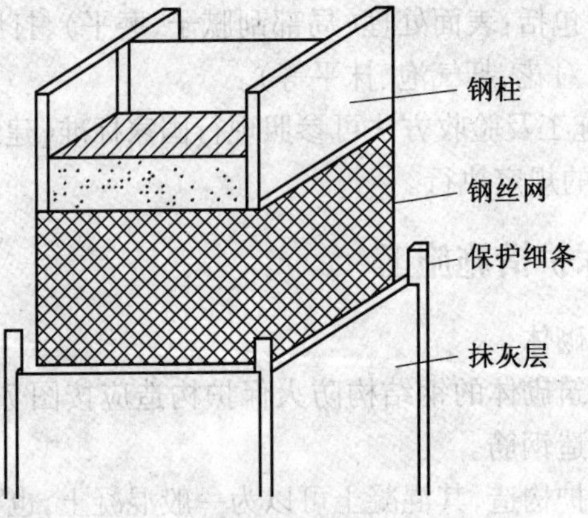

图 7.23 钢丝网抹灰作保护层

2. 柔性毡状隔热材料

柔性毡状隔热材料隔热性好、施工方便、造价低，适用于室内不易受机械伤害以及免受水湿的部位。采用柔性毡状隔热材料的钢结构防火保护构造应按图 7.24 选用。

采用柔性毡状隔热材料的钢结构防火保护时应符合如下要求。

（1）本方法只适用于平时不受机械伤害及不易被人为破坏，而且应免受水湿的部位。

（2）包覆构造的外层应设置金属保护板。

（3）包覆构造应满足在材料自重下，不能使毡状材料发生体积压缩不均的现象。金属保

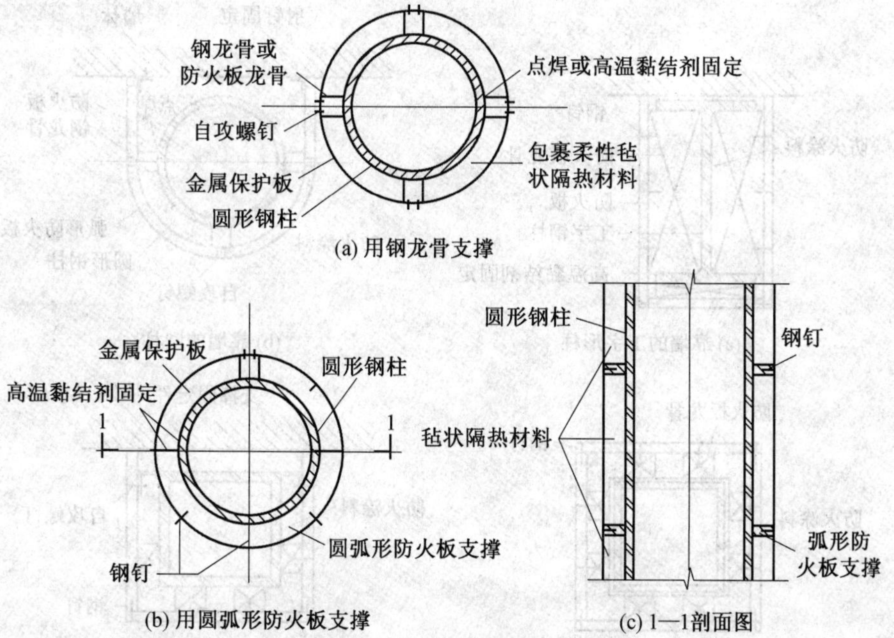

图 7.24　采用柔性毡状隔热材料的钢结构防火保护构造

护板需固定在支撑构件上，支撑构件应固定在钢构件上，支撑构件是不燃材料。

3. 复合防火保护

对于同时使用防火涂料或防火毡与防火板进行复合防火保护的构造，需充分考虑外层包覆施工时，不应对内层的防火构造造成结构破坏及损伤，具体的构造措施可以按图 7.25 ~ 图 7.27 选用。

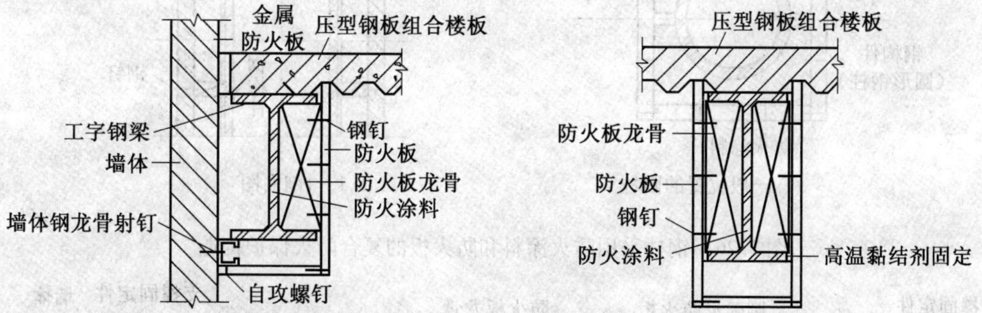

图 7.25　钢梁采用防火涂料和防火板的复合防火保护构造

7.3　钢结构防腐涂装细部做法

讲 103：防腐涂料的选用

钢结构防腐涂料的种类很多，其性能也各不相同，选用时除参考表 7.3 的规定外，还应充分考虑以下各方面的因素，因为防腐涂料品种的选择是直接决定涂装工程质量好坏的因素之一。

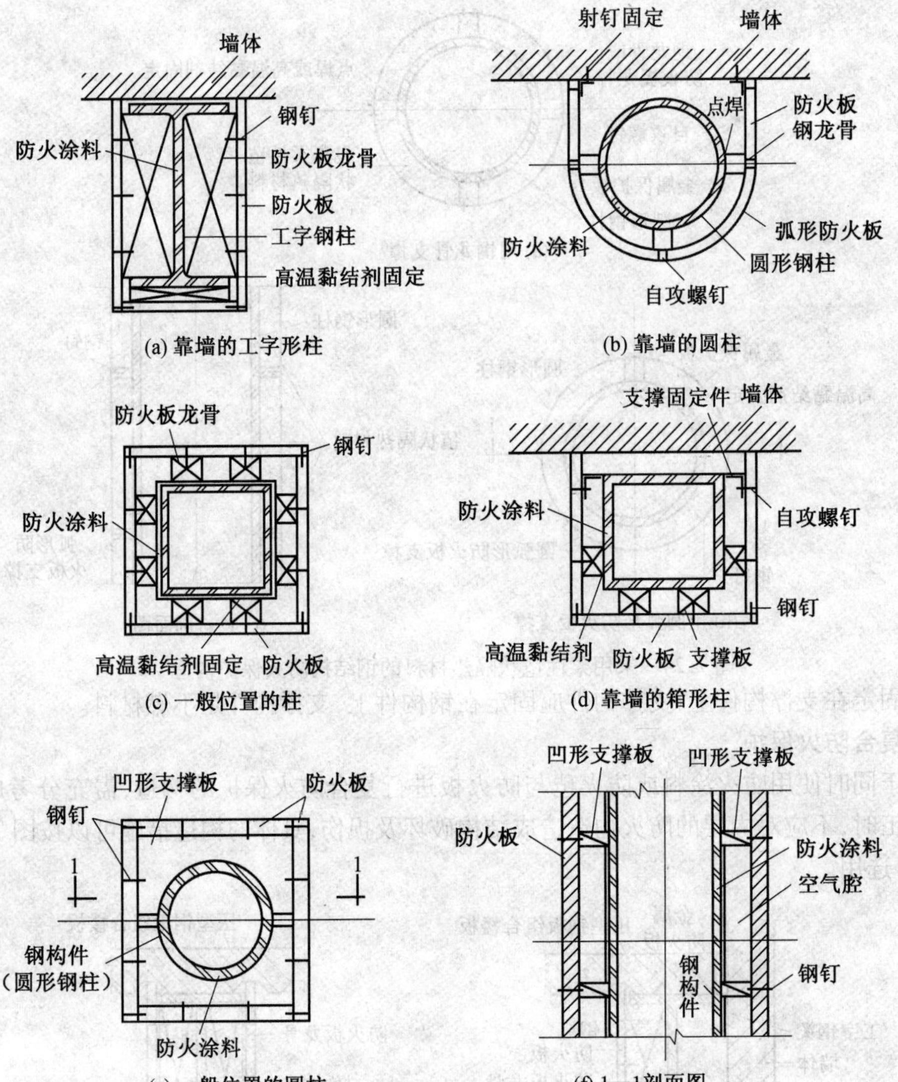

图 7.26 钢柱采用防火涂料和防火板的复合防火保护构造

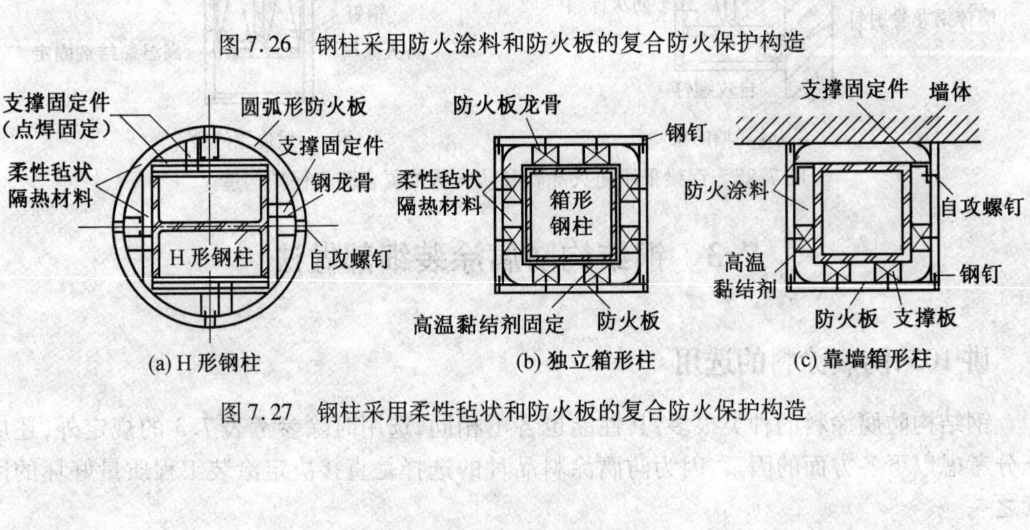

图 7.27 钢柱采用柔性毡状和防火板的复合防火保护构造

表 7.3 各种涂料性能比较表

涂料种类	优点	缺点
油脂漆	耐大气性较好;适用于室内外作打底罩面用;价廉;涂刷性能好,渗透性好	干燥较慢、膜软;力学性能差;水膨胀性大;不能打磨抛光;不耐碱
天然树脂漆	干燥比油脂漆快;短油度的漆膜坚硬好打磨;长油度的漆膜柔韧,耐大气性好	力学性能差;短油度的耐大气性差;长油度的漆不能打磨抛光
酚醛树脂漆	漆膜坚硬;耐水性良好;纯酚醛的耐化学腐蚀性良好;有一定的绝缘强度;附着力好	漆膜较脆;颜色易变深;耐大气性比醇酸漆差,易粉化;不能制白色及浅色漆
沥青漆	耐潮、耐水好;价廉;耐化学腐蚀性较好;有一定的绝缘强度;黑度好	色黑;不能制白色及浅色漆;对日光不稳定;有渗色性;自干漆;干燥不爽滑
醇酸漆	光泽较亮;耐候性优良;施工性能好,可刷、可喷、可烘;附着力较好	漆膜较软;耐水、耐碱性差;干燥较挥发性漆慢;不能打磨
氨基漆	漆膜坚硬,可打磨抛光;光泽亮,丰满度好;色浅,不易泛黄;附着力较好;有一定耐热性;耐候性好;耐水性好	需高温下烘烤才能固化;经烘烤过度,漆膜发脆
硝基漆	干燥迅速;耐油;坚韧;可打磨抛光	易燃;清漆不耐紫外光线;不能在 60 ℃以上温度使用;固体分低
纤维素漆	耐大气性、保色性好;可打磨抛光;个别品种有耐热、耐碱性,绝缘性也好	附着力较差;耐潮性差;价格高
过氯乙烯漆	耐候性优良;耐化学腐蚀性优良;耐水、耐油,防延燃性好;三防性能较好	附着力较差;打磨抛光性能较差;不能在 70 ℃以上高温使用;固体分低
乙烯漆	有一定柔韧性;色泽浅淡;耐化学腐蚀性较好;耐水性好	耐溶剂性差;固体分低;高温易碳化;清漆不耐紫外光线
丙烯酸漆	漆膜色线,保色性良好;耐候性优良;有一定耐化学腐蚀性;耐热性较好	耐溶剂性差;固体分低
聚酯漆	固体分高;耐一定的温度;耐磨能抛光;有较好的绝缘性	干性不易掌握;施工方法较复杂;对金属附着力差
环氧漆	附着力强;耐碱、耐熔剂;有较好的绝缘性能;漆膜坚韧	室外曝晒易粉化;保光性差;色泽较深;漆膜外观较差
聚氨酯漆	耐磨性强,附着力好;耐潮、耐水、耐溶剂性好;耐化学和石油腐蚀;具有良好的绝缘性	漆膜易转化、泛黄;对酸、碱、盐、醇、水等物很敏感,因此施工要求高;有一定毒性
有机硅漆	耐高温;耐候性极优;耐潮、耐水性好;其有良好的绝缘性	耐汽油性差;漆膜坚硬较脆;一般需要烘烤干燥;附着力较差
橡胶漆	耐化学腐蚀性强;耐水性好;耐磨	易变色;清漆不耐紫外光线;耐溶性差;个别品种施工复杂

(1)使用场合和环境是否有化学腐蚀作用的气体,是否为潮湿环境。

(2)是打底用,还是罩面用。

(3)选择涂料时应考虑在施工过程中涂料的稳定性、毒性以及所需的温度条件。

(4)按工程质量要求、技术条件、耐久性、经济效果、非临时性工程等因素,来选择适当的涂料品种。不应将优质品种降格使用,也不应勉强使用不能达到性能指标的品种。

讲104:防腐涂装前准备工作

1.防腐涂料准备

防腐涂料及辅助材料进厂后,应检查有无产品合格证和质量检验报告单,若没有则不应验收入库。施工前应对涂料型号、名称以及颜色进行校对,看其是否与设计规定相符。同时检查制造日期,若超过储存期则应重新取样检验,质量合格后方可使用。

2.防腐涂装的主要机具

钢结构防腐涂装的主要机具见表7.4。

表7.4 钢结构防腐涂装的主要机具

序号	机具名称	单位	数量	备注
1	喷砂机	台	使用数量根据具体工程量确定	喷砂除锈
2	回收装置	套		喷砂除锈
3	气泵	台		喷砂除锈
4	喷漆气泵	台		涂漆
5	喷漆枪	把		涂漆
6	铲刀	把		人工除锈
7	手动砂轮	台		机械除锈
8	砂布	张		人工除锈
9	电动钢丝刷	台		机械除锈
10	小压缩机	台		涂漆
11	油漆小桶	个		涂漆
12	刷子	把		涂漆

3.防腐涂装环境条件

(1)工作场地。涂装工作应尽可能在车间内进行,并保持环境清洁和干燥,以防止已处理的涂件和已涂装好的任何表面被尘土、水滴、油脂、焊接飞溅或其他脏物粘附而影响质量。

(2)环境温度。防腐涂装施工时环境温度通常应控制在5~38 ℃之间。这是由于环氧类化学固化型涂料在气温低于5 ℃的条件下,不能进行的固化反应,因此不能施工;然而对于底材表面无霜条件下也能干燥的氯化橡胶类涂料,控制温度可按涂料使用说明低至0 ℃以下;另外,当气温在30 ℃以上的条件下施工时,溶剂挥发很快,在无气喷涂时,油漆内的溶剂在喷嘴与被涂构件之间大量挥发而发生干喷的现象,此时需要增加合适的稀释剂用量,直至不出现干喷现象为止,然而稀释剂用量过大又不利控制涂层质量,因此,通常要求涂装温度不超过38 ℃。

(3)环境湿度。涂料施工通常宜在相对湿度小于80%的条件下进行。然而,各种涂料的性能不同,所要求的施工环境湿度也不同。如醇酸树脂漆、硅酸锌漆、沥青漆等,可在较高一些的湿度条件下施工;而乙烯树脂漆、聚氨酯漆、硝基漆等则要求在较低的湿度条件下施工。

(4)控制钢材表面温度与露点温度。控制空气的相对湿度,并不能完全表示出钢材表面的干湿程度。《建筑防腐蚀工程施工及验收规范》(GB 50212—2002)规定钢材表面的温度必须高于空气露点温度3 ℃,方能进行施工。露点温度可根据空气温度和相对湿度从表7.5中查得。

表 7.5 露点温度值查对表

环境温度/℃ \ 露点值 \ 相对湿度/%	55	60	65	70	75	80	85	90	95
0	-7.9	-6.8	-5.8	-4.8	-4.0	-3.0	-2.2	-1.4	-0.7
5	-3.3	-2.1	-1.0	0.0	0.9	1.8	2.7	3.4	4.3
10	1.4	2.6	3.7	4.8	5.8	6.7	7.6	8.4	9.3
15	6.1	7.4	8.6	9.7	10.7	11.5	12.5	13.4	14.2
20	10.7	12.0	13.2	14.4	15.4	16.4	17.4	18.3	19.2
25	15.6	16.9	18.2	19.3	20.4	21.3	22.3	23.3	24.1
30	19.9	21.4	22.7	23.9	25.1	26.2	27.2	28.2	29.1
35	24.8	26.3	27.5	28.7	29.9	31.1	32.1	33.1	34.1
40	29.1	30.7	32.2	33.5	34.7	35.9	37.0	38.0	38.9

(5)必须采取防护措施的施工环境。若在有雨、雾、雪以及较大灰尘的环境下施工,在涂层可能受到油污、腐蚀介质或盐分等污染的环境下施工,在没有安全措施和防火、防寒工具条件下施工均需备有可靠的防护措施。

4. 防腐涂料预处理

涂料选定后,在施涂前,通常要进行以下处理操作程序:

(1)开桶。开桶前应将桶外的灰尘、杂物清理干净,以免其混入油漆桶内。同时对涂料的名称、型号和颜色进行检查,是否与设计规定或选用要求相符合,检查制造日期,是否超过贮存期,凡不符合上述要求的应另行研究处理。若发现有结皮现象,应将漆皮全部取出,以免影响涂装质量。

(2)搅拌。将桶内的油漆和沉淀物全部搅拌均匀后才可使用。

(3)配比。对于双组分的涂料使用前必须严格按照说明书所规定的比例来混合。双组分涂料只要配比混合后,就必须在规定的时间内用完,超过时间的不得使用。

(4)熟化。双组分涂料混合搅拌均匀后,需要过一定熟化时间才能使用,为保证漆膜的性能,对此要特别注意。

(5)稀释。有的涂料因施工方法、贮存条件、作业环境、气温的高低等不同情况的影响,在使用时,有时需用稀释剂来调整黏度。

(6)过滤。过滤是将涂料中可能产生的或混入的固体颗粒、漆皮或其他杂物滤掉,以免这些杂物堵塞喷嘴及影响漆膜的性能及外观。一般可以使用 80 ~ 120 目的金属网或尼龙丝筛进行过滤,以保证喷漆的质量。

讲 105:防腐涂装施工

1. 涂层厚度的确定

(1)钢结构涂装设计的重要内容之一,是确定涂层厚度。涂层厚度的确定,应考虑以下因素:

1)钢材表面原始状况。

2)钢材除锈后的表面粗糙度。

3)选用的涂料品种。

4)钢结构使用环境对涂料的腐蚀程度。

5)预想的维护周期和涂装维护的条件。

(2)涂层厚度应根据需要来确定,过厚虽然可增强防腐力,但附着力和机械性能都要降低;过薄易产生肉眼看不到的针孔和其他缺陷,起不到隔离环境的作用。钢结构涂装涂层厚度,可参考表7.6确定。

表7.6 钢结构涂装涂层厚度 单位:μm

涂料品种	基本涂层和防护涂层					附加涂层
	城镇大气	工业大气	化工大气	海洋大气	高温大气	
醇酸漆	100~150	125~175	—	—	—	25~50
沥青漆	—	—	150~210	180~240	—	30~60
环氧漆	—	—	150~200	175~225	150~200	25~50
过氯乙烯漆	—	—	160~200	—	—	20~40
丙烯酸漆	—	100~140	120~160	140~180	—	20~40
聚氨醋漆	—	100~140	140~180	140~180	—	20~40
氯化橡胶漆	—	120~160	140~180	160~200	—	20~40
氯磺化聚乙烯漆	—	120~160	—	160~200	120~160	20~40
有机硅漆	—	—	—	—	100~140	20~40

2.防腐涂装施工

(1)油漆防腐涂装。涂料调制应搅拌均匀,应随拌随用,不得随意添加稀释剂。

不同涂层间的施工应有适当的重涂间隔时间,最大及最小重涂间隔时间应符合涂料产品说明书的规定,应超过最小重涂间隔再施工,超过最大重涂间隔时应按涂料说明书的指导进行施工。

表面除锈处理与涂装的间隔时间宜在4 h之内,在车间内作业或湿度较低的晴天不应超过12 h。

工地焊接部位的焊缝两侧宜留出暂不涂装的区域,应符合表7.7的规定,焊缝及焊缝两侧也可涂装不影响焊接质量的防腐涂料。

表7.7 焊缝暂不涂装的区域 单位:mm

图示	钢板厚度 t	暂不涂装的区域宽度 b
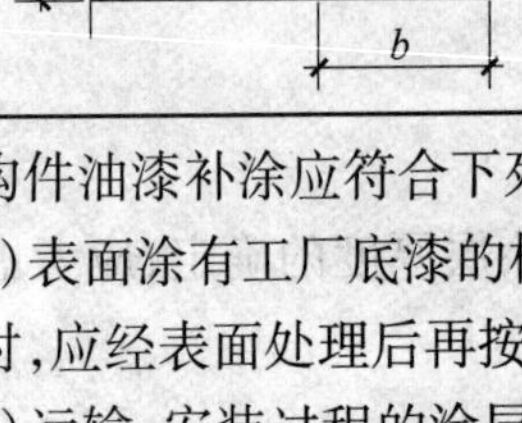	$t<50$	50
	$50 \leq t \leq 90$	70
	$t>90$	100

构件油漆补涂应符合下列规定:

1)表面涂有工厂底漆的构件,因焊接、火焰校正、曝晒和擦伤等造成重新锈蚀或附有白锌盐时,应经表面处理后再按原涂装规定进行补漆。

2)运输、安装过程的涂层碰损、焊接烧伤等,应根据原涂装规定进行补涂。

(2)金属热喷涂。金属热喷涂施工应符合下列规定:

1)采用的压缩空气应干燥、洁净。

2)喷枪与表面宜成直角,喷枪的移动速度应均匀,各喷涂层之间的喷枪方向应相互垂直、交叉覆盖。

3)一次喷涂厚度宜为25~80 μm,同一层内各喷涂带间应有1/3的重叠宽度。

4)当大气温度低于5 ℃或钢结构表面温度低于露点3 ℃时应停止热喷涂操作。

(3)热浸镀锌的防腐。构件表面单位面积的热浸镀锌质量应符合设计文件规定的要求。

构件热浸镀锌应符合现行国家标准《金属覆盖层 钢铁制件热浸镀锌层技术要求及试验方法》(GB/T 13912—2002)的有关规定,并应采取防止热变形的措施。

热浸镀锌造成构件的弯曲或扭曲变形,应采取延压、滚轧或千斤顶等机械方式进行矫正。矫正时,宜采取垫木方等措施,不得采用加热矫正。

3.防腐涂装施工操作技巧

(1)刷防锈漆。涂底漆一般应在金属结构表面清理完毕后就施工,否则金属表面又会再次因氧化生锈。涂刷方法是油刷上下铺油(开油),横竖交叉地将油刷匀,再把刷迹理平。

可按设计要求的防锈漆在金属结构上满刷一遍。如原来已刷过防锈漆,应检查其有无损坏及有无锈斑,凡有损坏及锈斑处,应将原防锈漆层铲除,用钢丝刷和砂布彻底打磨干净后,再补刷一遍防锈漆。

采用油基底漆或环氧底漆时,应均匀地涂或喷在金属表面上,施工时将底漆的黏度调到:喷涂为18~22 St,刷涂为30~50 St。

底漆一般均为自然干燥,使用环氧底漆时也可进行烘烤,质量比自然干燥要好。

(2)局部刮腻子。待防锈底漆干透后,将金属面的砂眼、缺棱、凹坑等处用石膏腻子刮抹平整。石膏腻子配合比(质量比)按下述关系式来进行。

石膏粉:熟桐油:油性腻子(或醇酸腻子):底漆:水=20:5:10:7:45。

可采用油性腻子和快性腻子。用油性腻子一般在12~24 h才能全部干燥;而快性腻子干燥较快,并能很好地黏附于所填嵌的表面,因此在部分损坏或凹陷处使用快性腻子可以缩短施工周期。

另外,也可用铁红醇酸底漆50%加光油50%混合拌匀,并加适量石膏粉和水调成腻子打底。

一般第1道腻子较厚,因此在拌和时应酌量减少油分,增加石膏粉用量,可一次刮成,不用管光滑与否;第2道腻子需要平滑光洁,因而在拌和时可增加油分,腻子调得薄些。

刮涂腻子时,可先用橡皮刮或钢刮刀将局部凹陷处填平。待腻子干燥后应加以砂磨,并抹除表面灰尘,然后再涂刷一层底漆,接着再上一层腻子。刮腻子的层数应根据金属结构的不同情况而定,金属结构表面一般可刮2~3道。

每刮完一道腻子待干后要进行砂磨,头道腻子比较粗糙可用粗铁砂布垫木块砂磨;第2道腻子可用细铁砂或240号水砂纸砂磨;最后两道腻子可用400号水砂纸仔细地打磨光滑。

(3)涂刷操作。涂刷必须按设计和规定的层数进行。涂刷的层数主要目的是保护金属结构的表面经久耐用,所以必须保证涂刷层次及厚度,这样才能消除涂层中的孔隙,以抵抗外来的侵蚀,达到防腐和保养的目的。

1)涂刷第一遍油漆应符合下列规定。

①分别选用带色铅油或带色调和漆、磁漆涂刷,此遍漆应适当掺加配套的稀释剂或稀

料，以达到盖底、不流淌、不显刷迹的目的。冬季施工应适当加些催干剂(铅油用铅锰催干剂)，掺量为 2% ~5%(质量比)；磁漆等可用钴催干剂，掺量一般小于 0.5%。涂刷时厚度应一致，不得漏刷。

②复补腻子：如果设计要求有此工序时，将前数遍腻子干缩裂缝或残缺不足处，再用带色腻子局部补一次，复补腻子应与第一遍漆色相同。

③磨光：如设计有此工序(属中、高级油漆)，应用 1 号以下细砂布打磨，用力应轻且匀，注意不要磨穿漆膜。

2)涂刷第二遍油漆应符合下列规定。

①如为普通油漆，且为最后一层面漆，应使用原装油漆(铅油或调和漆)涂刷，但不应掺催干剂。

②磨光：设计要求此工序(中、高级油漆)时，与上述相同。

③潮布擦净：将干净潮布反复在已磨光的油漆面上揩擦干净，注意擦布上的细小纤维不要被沾上。

(4)喷漆操作。喷漆施工时，应先喷头道底漆，黏度控制在 20 ~30 St、气压为 0.4 ~0.5 MPa，喷枪距物面 20 ~30 cm，喷嘴直径为 0.25 ~0.3 cm 为宜。先喷次要面，后喷主要面。

喷漆施工时，应注意以下事项：

1)在喷大型工件时可采用电动喷漆枪或静电喷漆。

2)在喷漆施工时应注意通风、防潮、防火。工作环境及喷漆工具应保持清洁，气泵压力应控制在 0.6 MPa 以内，并应检查安全阀是否好用。

3)使用氨基醇酸烘漆时要进行烘烤，物件在工作室内喷好后应先放在室温中流平 15 ~30 min，然后再放入烘箱。先用低温 60 ℃烘烤半小时后，再按烘漆预定的烘烤温度(一般在 120 ℃左右)进行恒温烘烤 1.5 h，最后降温至工件干燥出箱。

凡用于喷漆的一切油漆，使用时必须掺加相应的稀释剂或相应的稀料，掺量以能顺利喷出成雾状为宜(通常为漆重的 1 倍左右)，并通过 0.125 mm 孔径筛清除杂质。

一个工作物面层或一项工程上所用的喷漆量最好一次配够，以防多次配不一致，影响喷涂效果。

油漆干后用快干腻子将缺陷及细眼找补填平；腻子干透后，用水砂纸将刮过腻子的部分和涂层全部打磨一遍；擦净灰迹待干后再喷面漆，黏度控制在 18 ~22 St。

喷涂底漆和面漆的层数要根据产品的要求而定，面漆一般可喷 2 ~3 道；要求高的物件(如轿车)可喷 4 ~5 道。

每次都用水砂打磨，越到面层要求水砂越细，质量越高。如需增加面漆的亮度，可在漆料中加入硝基清漆(加入量不超过 20%)，调到适当黏度(15 St)后喷 1 ~2 遍。

参考文献

[1]中华人民共和国住房和城乡建设部. 钢结构工程施工规范:GB 50755—2012[S]. 北京:中国建筑工业出版社,2012.

[2]中华人民共和国住房和城乡建设部. 钢结构焊接规范:GB 50661—2011[S]. 北京:中国建筑工业出版社,2012.

[3]中华人民共和国住房和城乡建设部. 钢结构工程施工质量验收规范:GB 50205—2001[S]. 北京:中国建筑工业出版社,2002.

[4]中华人民共和国住房和城乡建设部. 钢结构现场检测技术标准:GB 50621—2010[S]. 北京:中国建筑工业出版社,2011.

[5]中华人民共和国住房和城乡建设部. 建筑结构荷载规范:GB 50009—2012[S]. 北京:中国建筑工业出版社,2012.

[6]中华人民共和国国家质量监督检验检疫总局,中国国家标准化管理委员会. 焊接结构用铸钢件:GB/T 7659—2010[S]. 北京:中国标准出版社,2011.

[7]中华人民共和国国家质量监督检验检疫总局,中国国家标准化管理委员会. 紧固件机械性能螺栓、螺钉和螺柱:GB/T 3098. 1—2010[S]. 北京:中国标准出版社,2011.

[8]中华人民共和国住房和城乡建设部. 建筑变形测量规范:JGJ 8—2016[S]. 北京:中国建筑工业出版社,2008.

[9]中华人民共和国住房和城乡建设部. 建筑用钢结构防腐涂料:JGT 224—2007[S]. 北京:中国标准出版社,2008.

[10]邱耀. 钢结构基本理论与施工技术[M]. 北京:水利水电出版社,2011.

[11]王恩华. 建筑钢结构工程施工技术与质量控制[M]. 北京:机械工业出版社,2010.

[12]周文瑛. 建筑钢结构焊接工程施工综合技术[M]. 北京:中国建筑工业出版社,2011.